中国石油大学（北京）学术专著系列

固体废弃污染物的
化学处理技术

刘　坚　吴玉龙　编著

科　学　出　版　社

北　京

内 容 简 介

本书全面和系统地论述了固体废弃污染物的化学处理技术特点、化学处理方法、原理及其重要应用成果和最新研究进展。全书共 8 章，第 1 章固体废弃污染物概述，对固体废弃污染物的分类、危害、处理技术做了概括论述。第 2~7 章针对不同类型固体废弃污染物的化学处理技术进行了详细介绍，主要包括块状固体废弃物、颗粒状固体废弃污染物、粉末状固体废弃物、污泥废弃物、半固态废弃物以及非常规固体废弃物的化学处理技术，重点讲述废旧催化剂，工业、交通、建筑领域块状固体废弃物，废气中颗粒物，废石膏，粉煤灰，工业污泥，高浓废润滑油，高浓废有机溶剂，危险废弃物的化学处理技术。第 8 章为固体废弃污染物化学处理技术发展与资源化利用，重点讲述热裂解技术、催化处理技术以及资源化利用现状。

本书可供化学化工、环境、生态资源等领域高等院校的师生，以及相关专业的技术人员和研究人员参考，并可以成为各类理工大学、石油/地质/矿业类大学等高校相关专业的教学参考书。

图书在版编目(CIP)数据

固体废弃污染物的化学处理技术 / 刘坚，吴玉龙编著 . —北京：科学出版社，2021.12

（中国石油大学（北京）学术专著系列）

ISBN　978-7-03-070160-2

Ⅰ. ①固… Ⅱ. ①刘… ②吴… Ⅲ. ①固体废物处理–化学处理–研究 Ⅳ. ①X705

中国版本图书馆 CIP 数据核字（2021）第 214001 号

责任编辑：霍志国 / 责任校对：杜子昂
责任印制：肖　兴 / 封面设计：东方人华

科学出版社 出版

北京东黄城根北街 16 号
邮政编码：100717
http://www.sciencep.com

北京通州皇家印刷厂 印刷

科学出版社发行　各地新华书店经销

*

2021 年 12 月第　一　版　开本：720×1000　1/16
2021 年 12 月第一次印刷　印张：22
字数：441 000

定价：150.00 元
（如有印装质量问题，我社负责调换）

丛 书 序

科技立则民族立，科技强则国家强。党的十九届五中全会提出了坚持创新在我国现代化建设全局中的核心地位，把科技自立自强作为国家发展的战略支撑。高校作为国家创新体系的重要组成部分，是基础研究的主力军和重大科技突破的生力军，肩负着科技报国、科技强国的历史使命。

中国石油大学（北京）作为高水平行业领军研究型大学，自成立起就坚持把科技创新作为学校发展的不竭动力，把服务国家战略需求作为最高追求。无论是建校之初为国找油、向科学进军的壮志豪情，还是师生在一次次石油会战中献智献力、艰辛探索的不懈奋斗；无论是跋涉大漠、戈壁、荒原，还是走向海外，挺进深海、深地，学校科技工作的每一个足印，都彰显着"国之所需，校之所重"的价值追求，一批能源领域国家重大工程和国之重器上都有我校的贡献。

当前，世界正经历百年未有之大变局，新一轮科技革命和产业变革蓬勃兴起，"双碳"目标下我国经济社会发展全面绿色转型，能源行业正朝着清洁化、低碳化、智能化、电气化等方向发展升级。面对新的战略机遇，作为深耕能源领域的行业特色型高校，中国石油大学（北京）必须牢记"国之大者"，精准对接国家战略目标和任务。一方面要"强优"，坚定不移地开展石油天然气关键核心技术攻坚，立足油气、做强油气；另一方面要"拓新"，在学科交叉、人才培养和科技创新等方面巩固提升、深化改革、战略突破，全力打造能源领域重要人才中心和创新高地。

为弘扬科学精神，积淀学术财富，学校专门建立学术专著出版基金，出版了一批学术价值高、富有创新性和先进性的学术著作，充分展现了学校科技工作者在相关领域前沿科学研究中的成就和水平，彰显了学校服务国家重大战略的实绩与贡献，在学术传承、学术交流和学术传播上发挥了重要作用。

科技成果需要传承，科技事业需要赓续。在奋进能源领域特色鲜明世界一流研究型大学的新征程中，我们谋划出版新一批学术专著，期待我校广大专家学者继续坚持"四个面向",坚决扛起保障国家能源资源安全、服务建设科技强国的时代使命,努力把科研成果写在祖国大地上,为国家实现高水平科技自立自强,端稳能源的"饭碗"作出更大贡献,奋力谱写科技报国新篇章!

中国石油大学(北京)校长

2021 年 11 月 1 日

前　言

当前，我国经济已由高速增长阶段转向高质量发展阶段。伴随着城市化进程的脚步，人们的生活水平逐渐提高、生活节奏不断加快，各类商品的产量与消耗速度随之逐年递增，所产生的固体废弃污染物也在以前所未有的速度迅速增长。当今社会正面临着两个方面的重大挑战，一是能源问题，二是环境问题。而固体废弃污染物排放作为一类重要的环境问题，业已成为全世界关注的焦点之一。如何采取合理有效的技术加以处理，成为解决固体废弃污染物排放的关键。而在众多处理技术当中，化学处理技术特别是催化处理技术，已经在过去几十年的研究与探索中取得了长足发展与进步，并且形成了化学、化学工程、环境催化、环境工程、固废处理等交叉学科，有望更加合理有效地解决各种固体废弃污染物，越来越受到化学、化工和环境等方面研究人员的重视。因此，我们编写了《固体废弃污染物的化学处理技术》一书，可供化学化工、环境、生态资源等领域高等院校的师生，以及相关专业的技术人员和研究人员参考，并可以成为各类理工大学、石油/地质/矿业类大学等高校相关专业的教学参考书。

2013 年，习近平总书记提出了"我们既要绿水青山，也要金山银山"的中国绿色发展理念；2016 年，我国颁布了最新修正的《中华人民共和国固体废物污染环境防治法》。这些全新的理念与举措，为我国经济发展划定了生态保护的红线，亮出了中国绿色发展的决心，同时更加体现了国家对固体废弃物污染环境治理问题的重视，对人民群众生活环境与身体健康的关注。在这样的背景下，作者受赵进才院士的委托，将固体废弃污染物处理的化学方法中相对分散的研究成果和相关理论，整理成《固体废弃污染物的化学处理技术》一书，从固体废弃污染物的来源与形状分类特点出发，系统、全面地论述了固体废弃污染物的化学处理技术特点、化学处理方法、原理及其重要应用成果和最新研究进展，能够使读者对固体废弃污染物的化学处理技术有更清楚地了解，对固体废弃污染物化学处理技术前沿的研究产生兴趣、受到启发。

本书系中国石油大学（北京）学术专著系列，编写和出版得到了国家重点研发计划项目、国家自然科学基金等项目的支持。

本书的特点为：①专注于从化学的角度处理固体废弃污染物，特别是一些催化处理的前沿技术；②所涉及的固体废弃污染物种类齐全广泛，不仅包括常规固定源固废，还有移动源的汽车尾气固体颗粒，以及高浓度危险固废和放射源等非常规固废；③全书结构清楚，各类污染物处理技术层次分明，并吸收最近十年来国内外的最新前沿研究成果，有利于读者了解最新的固体废弃污染物化学处理的系统性技术；④适用对象广，化学、化工和环境等专业均可适用。

全书共8章，第1章为固体废弃污染物概述，对固体废弃污染物的分类、危害、处理技术作了概括论述。第2~7章针对不同类型固体废弃污染物的化学处理技术进行了详细介绍，主要包括块状固体废弃物、颗粒状固体废弃污染物、粉末状固体废弃物、污泥废弃物、半固态废弃物以及非常规固体废弃物的化学处理技术，重点讲述废旧催化剂，工业、交通、建筑领域块状固体废弃物，废气中颗粒物，废石膏，粉煤灰，工业污泥，高浓废润滑油，高浓废有机溶剂，危险废弃物的化学处理技术；第8章为固体废弃污染物化学处理技术发展与资源化利用，重点讲述热裂解技术、催化处理技术以及资源化利用现状。第1章由刘坚和马靖文编写，第2和4章由黄国勇、孙源卿编写，第3章由韦岳长、刘坚编写，第5和7章由吴玉龙、马跃和岳长涛编写，第6章由张潇、刘坚编写，第8章由刘坚和宋卫余编写。

本书由刘坚、吴玉龙统一组织编排，刘坚、马靖文、孙源卿修改定稿。感谢中国石油大学（北京）理学院马靖文、孙源卿、宋卫余、马跃等同志为本书的组稿与整理工作付出的辛勤劳动。

由于时间及篇幅有限，本书难以全面收集所有固体废弃污染物分支领域的全部研究进展和成果，尚有许多一线专家的科研成果无法纳入其中，他们的研究成果同样为促进我国固体废弃污染物处理技术的发展做出了重要贡献。

由于编者水平有限，书中不足之处在所难免，恳请广大读者批评指正。

编　者
2021年9月

目　　录

第1章 固体废弃污染物概述

1.1 固体废弃物的定义、来源和危害

1.1.1 固体废弃物的定义和来源

根据《中华人民共和国固体废物污染环境防治法》的规定，固体废弃物是指在生产、生活和其他活动中产生的丧失原有利用价值或者虽未丧失利用价值但被抛弃或者放弃的固态、半固态和置于容器中的气态的物品、物质以及法律、行政法规规定纳入固体废弃物管理的物品、物质。

废弃物根据物质存在状态可以划分为固态、液态和气态废弃物质。对于液态和气态废弃物，如果其污染物质混掺在水和空气中，直接或者经过处理后排入水体和大气，称它们为废水和废气。而对于不能排入水体的液态废弃物和不能排入大气的置于容器中的气态物质，由于多具有较大的危害性，一般归入固体废弃物管理体系，如废油、废酸、废碱、废氯氟烃等。

固体废弃物具有鲜明的时间特性和空间特性。时间特性是指就目前的科学技术和经济条件而言，一时尚无法利用，随着科学技术的发展，今天的废弃物将成为明天的资源。空间特性是指废弃物仅仅相对于某一过程或某一方面没有使用价值，而非在一切过程或一切方面都没有使用价值，某一过程的废弃物往往是另一过程的原料；某一地点被丢弃的东西，又可能在另一地点发挥作用。

固体废弃物主要来源于人类的生产和消费活动，人类在资源开发和产品制造过程中，必然有废物产生，任何产品经过使用和消耗后，最终都会变成废物。

废物的来源大体上可分为两类：一类是生产过程中所产生的废物（不包括废气和废水），称为生产废物。人类生产过程的每一个步骤都是固体废弃物的产生源，只是不同生产性质会产生不同类型的固体废弃物。另一类是在产品进入市场后在流动过程中或使用消费后产生的固体废物，称为生活废物。固体废弃物伴随着社会的存在和发展而产生，源自于人类生产和生活的每个角落。

1.1.2　固体废弃物的危害

1. 对土壤的危害

固体废弃物不加以利用时就需要占地堆放，就会占用大量土地，随着堆积量的增加，占地面积也会增加。据估算，每堆积 1 万 t 废渣大约需要占地 1 亩（1 亩≈666.67m²，后同）。许多城市利用市郊堆放城市垃圾，侵占了大量农田。土地是十分宝贵的资源，尤其是耕地，我国虽幅员辽阔，耕地却十分紧张，是世界平均值的 1/3。由于垃圾产生量的增长速度很快，城市垃圾占地的矛盾也日益突出，目前我国约 2/3 的城市陷入垃圾的包围中；同时大量废弃物的堆积也严重破坏了地貌、植被和自然景观。固体废弃物的堆放和没有适当防渗措施的垃圾填埋，其中的有害物质很容易通过风化、雨淋、地表径流侵蚀渗入土壤之中，改变土壤的结构和性质。这些有害成分的存在，不仅妨碍植物根系的发育和生长，而且会在植物有机体内积蓄。人与受到污染的土壤直接接触，或者生吃受污染土壤种植的蔬菜、水果，就会危及人体健康。另外，土壤是许多微生物聚居的场所，这些微生物形成了一个生态系统，固体废弃物中的有害物质能够对土壤中微生物的活动产生影响，使土壤中的生态系统遭到破坏，甚至导致寸草不生。

2. 对水体的危害

世界范围内有不少国家直接将固体废弃物倾倒于河流、湖泊或海洋，甚至把海洋当成处置固体废弃物的场所之一。固体废弃物弃置于水体，将使水质直接受到污染，严重危害水生生物的生存条件，并影响水资源的充分利用。

此外，堆积的固体废弃物经过天然降水或地表径流进入河流、湖泊或随风飘迁落入河流、湖泊并污染地表水，并随渗沥水渗透到土壤进入地下水，使地下水污染。

固体废弃物排入水体，还会导致河床淤塞，缩减江河湖面的有效面积，使其排洪和灌溉能力有所降低。目前我国每年在不同地区仍有成千上万吨的固体废弃物直接倾入江河湖海之中，产生的后果将是不堪设想的，这种局面不应再继续发展下去。

3. 对大气的危害

堆放的固体废弃物中的细微颗粒、粉尘等可随风飞扬扩散到很远的地方，从而对大气环境造成粉尘污染。在我国的煤炭工业中，一些煤矿堆积在一起，这些煤石有可能会发生自燃，救援工作艰难，火势难以扑灭，大量的二氧化硫被释放出来污染环境。诸如水泥和粉煤灰之类的固体废弃物扩散到空气中，使空气变脏，危害人类健康。堆积的废弃物中某些物质的分解和化学反应可以不同程度地产生毒气或恶臭，造成垃圾堆放场区臭气冲天、老鼠成灾，有大量的含氨、硫污染物的释放，造成地区性空气污染。当温度和湿度都满足时，有机固体废弃物会被微生物分解，释放出大量有害气体造成大气污染。例如，变质的果制品固体在没有及时处理的情况下会形成固体废弃物散发出腥味来污染大气。废弃物填埋场逸出的沼气，会消耗上层空间中的氧使植物衰败。沼气中的 CH_4 会对臭氧层造成破坏，其破坏力比 CO_2 大得多。

4. 对人体健康的危害

在固体废弃物特别是有毒有害固体废弃物存放、处理处置和利用过程中，因其具有毒性、易燃性、反应性、疾病传染性等特点，若处理不当，一些有害成分会通过水、大气、食物等多种途径被人类吸收，危害人体健康。工业废弃物所含化学成分可污染饮用水，生活垃圾携带的病原菌、垃圾焚烧过程中产生的飞灰、二噁英等都会对人体健康造成严重的影响。

5. 对环境卫生的危害

我国生活垃圾、粪便的清运能力较低，无害化处理低，很大一部分垃圾堆放在城市的一些死角，严重影响城镇的环境卫生。未进行处理的工业废渣、露天堆放的垃圾等，除了导致直接的环境污染外，还严重影响了城市容貌和环境卫生。其中"白色垃圾"对环境和市容的影响就是最典型的例子。

1.2　固体废弃物的分类

固体废弃物有不同的来源，而不同来源的固体废弃物具有不同的特征。对于不同的固体废弃物应采用不同的处理、技术和管理方式，因此对固体废弃物进行分类具有非常重要的意义。目前，固体废弃物的分类方法主要有三种：按组成分类、按污染特性分类以及按固体废弃物来源分类。

1.2.1　按组成分类

固体废弃物按其组成可分为有机废弃物和无机废弃物。有机废弃物是指废弃物的化学成分主要是有机物的混合物；无机废弃物是指废弃物的化学成分主要是无机物的混合物。

1.2.2　按污染特性分类

按污染特性分类可以分为危险废弃物和一般废弃物。危险废弃物通常带有一定的毒性、腐蚀性、传染性，这些垃圾的存在对人们生活的影响明显高于一般性固体垃圾。高毒性、腐蚀性、传染性固体废弃物来源非常广泛，成分复杂多变，并且在不同行业领域产生的危险固体废弃物的性质也大不相同。通常，医疗废弃物、工业源废弃物、社会源废弃物、电子废弃物都是高危险固体废弃物的主要类型。一般废弃物是指除危险废弃物以外的废弃物。

1.2.3　按固体废弃物来源分类

按其来源可分为工业废弃物、矿业废弃物、城市垃圾、农业废弃物和放射性废弃物等。根据来源区域的差异，将固体废弃物分为城市生活垃圾、工业固体废弃物和危险废弃物三类进行管理。

1. 城市生活垃圾

生活垃圾是指在日常生活中或者为日常生活提供服务的活动中产生的固体废弃物以及法律、行政法规规定视为生活垃圾的固体废弃物，包括城市生活废弃物和农村生活废弃物，由日常生活垃圾、保洁垃圾、商业垃圾、医疗废弃物垃圾、城镇污水处理厂污泥、文化娱乐业垃圾等为生活提供服务的商业或事业所产生的垃圾组成。它的主要特点是成分复杂，有机物含量高，产量不均匀。生活垃圾主要有纸品类、金属类、塑料类、橡胶类、玻璃类、废电池类、电子废弃物及有机垃圾等。生活垃圾的组分复杂多变，受生活区域的规模、居民生活习惯、能源结构、城市发展水平、消费水平、地理气候及季节变化等诸多因素影响。

伴随我国经济和城镇化水平不断提升，城市生活垃圾产量日益增多。截止到2016年底，全国城市生活垃圾清运量高达 2.04 亿 t，在近 20 年里翻了一倍。目前城市生活垃圾比较突出的是电子废弃物及塑料薄膜白色污染。至今，许多城市的垃圾处理方式还是以卫生填埋为主，无任何防护措施，大量垃圾污水由地表渗入地下，对大气、土壤、水体环境造成了很大污染，严重危害人类健康。另外，单一的垃圾处理方式难以应对生活垃圾的大幅提升以及垃圾组分复杂的问题，因此会引发一系列生态环境问题，造成垃圾围城的困境，制约城市的可持续发展。

2. 工业固体废弃物

工业固体废弃物是指工业生产、加工过程中产生的固体状、半固体状和高浓度液体状废弃物，主要形态有废料、废渣、粉尘和污泥等。按行业划分，工业固体废弃物可以分为矿业固体废弃物、冶金工业固体废弃物（如高炉渣、钢渣、赤泥、有色金属渣等）、能源工业固体废弃物、石油工业固体废弃物（如碱渣、酸渣等）、化工固体废弃物（如硫酸渣、废石膏、盐泥废石、化学矿山尾矿渣等）、燃料灰渣（如粉煤灰、煤渣、烟道灰、页岩灰等）等。典型的工业固体废弃物来源与种类如表 1-1 所示。

表 1-1　工业固体废弃物来源与种类

工业类型	产废工艺	废弃物种类
军工及副产品	生产、装配	金属、塑料、橡胶、木材、织物等
食品类产品	加工、包装、运送	肉、油脂、蔬菜、水果、果壳等
织物产品	编织、加工、染色、运送	织物及过滤残渣
服装	裁剪、缝制、熨烫	织物、纤维、金属、塑料
木材及木制品	木质容器、各类木制产品的生产	碎木头、刨花、锯屑、金属、塑料、胶、涂料等
金属家具	家庭及办公家具的生产、锁、弹簧、框架	金属、塑料、树脂、玻璃、木头、橡胶、织物等
纸类产品	造纸、纸和纸版制品、纸板箱及纸容器的生产	纸和纤维残余物、化学试剂、包装纸及填料等
化学试剂及其产品	无机化学制品的生产和制备（药品、涂料、油漆等）	有机无机化学制品、金属、塑料、涂料、溶剂等
石油精炼及其工业	生产铺路和覆盖屋顶的材料	沥青和焦油、石棉、织物、纤维等
橡胶及各种塑料制品	橡胶和塑料制品的加工工业	橡胶和塑料碎料、化合物染料等
皮革及皮革制品	皮革和衬垫材料加工业	皮革碎料、线、染料、油等
金属工业	冶炼、铸造、锻造冲压、滚轧、成型	黑色及有色金属碎料、炉渣、铁屑、润滑剂等
金属加工产品	金属容器、手工工具、非电加热器、管件附件加工产品、农用机械设备、金属丝和金属的涂层与电镀	金属、尾矿、炉渣、铁屑、涂料、溶剂、润滑剂等
机械（不包括电动）	建筑、采矿设备、电梯、输送机、卡车、拖车、升降机、机床等	炉渣、尾矿、铁芯、金属碎料、木材、塑料、树脂、橡胶、涂料等
电动机械	电动设备、机床、冲压、焊接机械等	金属碎料、炭、玻璃、橡胶、树脂、纤维、织物等
运输设备	摩托车、卡车、飞机、船舶等	金属碎料、玻璃、橡胶、塑料、树脂、纤维、织物、石油产品等
专用控制设备	生产工程、实验室及研究仪器等	金属、玻璃、橡胶、塑料、树脂、纤维、织物等

相关数据表明，近年来，我国在日常工业生产过程中产生的固体废弃物的总量呈逐年上升的态势，尤其在经济快速发展、迅速工业化的新时代背景下，工业固体废弃物的同比年均增长率达到了 10%。热力行业、电力电气行业、有色金属采集行业、黑色金属加工冶炼行业以及黑色有色金属矿采行业所产生的废弃物占到了国内工业固体废弃物总量的 80% 以上，并且因为处理方式方法不够先进的原因，资源浪费的现象在这些行业中也屡见不鲜。

3. 危险废弃物

危险废弃物是指列入《国家危险废物名录》或者根据国家规定的危险废弃物鉴别标准和鉴别方法认定的具有危险特性的固体废弃物。它是从对环境的是否危害的角度来分类的，是相对于无危害的一般固体废弃物而言的。危险废弃物是一类对环境影响极为恶劣的废弃物，许多国家或组织对其定义不同。概括中国、美国以及世界卫生组织的定义，危险废弃物是当操作、储存、运输、处理或其他管理不当时，会对人体健康或环境带来重大威胁，因而必须对其进行特殊处理和处置的极为恶劣的固体废弃物称为危险废弃物。

1.3　固体废弃物的处理技术

固体废弃物处理是指将固体废弃物转变成适用于运输、利用、储存或最终处置的过程，主要处理方法有土地填埋法、物理处理法、生物处理法、化学处理法等。

1.3.1　土地填埋法

固体废弃物的土地填埋是一项最终处置技术，也是固体废弃物最终处置的一种主要方法。土地填埋处理技术是将固体废弃物直接填入深层土地中，废弃物长期在土壤当中就会自然发生物理、化学反应，实现自然降解。土地填埋处置的分类有很多种，一般根据废弃物种类及有害物质释放出需要控制的废物分类，将土地填埋处理方法分为四类，分别是惰性废弃物土地填埋、工业废弃物土地填埋、卫生土地填埋和安全土地填埋。

惰性废弃物土地填埋是指将用于建筑的废石等惰性废弃物直接埋入地下，是一种最简单的土地填埋方法。惰性废弃物土地填埋又分为浅埋和深埋两种。

工业废弃物土地填埋适用于处理工业无害废弃物，因此场地的设计操作原则处于中等严格，场地下部土壤的渗透率要求为 $10^{-5}\,\mathrm{cm/s}$。

卫生土地填埋主要用于填埋城市垃圾等一般固体废弃物，使其对公众健康和环境安全不会造成危害。填埋场结构要求衬里的渗透率$<10^{-7}$cm/s。卫生土地填埋主要分厌氧、好氧和准好氧三种。好氧填埋类似高温堆肥，其主要优点是能够减少填埋过程中由于垃圾降解所产生的水分，进而可以减少由于浸出液积聚过多所造成的地下水污染；其次好氧填埋分解的速度快，并且能够产生高温，这对消灭大肠杆菌等致病细菌是十分有利的。但其结构复杂、施工困难、成本高，不便于推广应用，同理准好氧填埋也存在类似问题，但其造价稍低。目前，世界上广泛采用的是厌氧填埋，这是因为厌氧填埋结构简单、操作方便、施工费用低，同时还可以回收甲烷气体。

安全土地填埋是一种改进的卫生土地填埋方法，主要是用来处置有害废弃物，对场地的建造技术要求更为严格，如衬里的渗透系数小于10^{-8}cm/s，浸出液要加以收集和处理、地表径流要加以控制等。安全土地填埋场的功能是接收、处理和处置有害废弃物。

土地填埋处置的工艺简单、成本较低，适用于处置多种类型固体废弃物。目前填埋处置仍然是大多数国家最终处置固体废弃物的方法，而且对生活废弃物的种类、性质和数量均无苛刻要求。土地填埋处理是一种相对安全、彻底的最终处理方法。当然土地填埋处理也存在一些问题，如浸出液的收集控制问题，以及由于各项法规的颁布和污染控制标准的制定，对填埋的要求更加严格，成本不断增加。因此，土地填埋处理方法尚需进一步改善处理。

1.3.2 物理处理法

物理处理是利用固体废弃物的物理化学性质，通过浓缩或相关变化改变固体废弃物结构，但不破坏固体废弃物的一种处理方法，主要包括压实、破碎、分选和脱水等，主要作为一种预处理技术，可以提高固体废弃物处理和处置效率。

物理处理的主要作用如下：①对以填埋为主的废物进行压实，降低废弃物的体积，进而减少运输量和运输费用，提高填埋场的利用效率；②对以焚烧或堆肥为主的废弃物进行破碎处理，是物料粒度均匀、大小适宜，有利于提高焚烧和堆肥化的效率；③废弃物的资源综合利用，主要进行破碎和分选，进而实现不同物料分别回收利用；④脱水，对含水率超过90%的固体废弃物，必须经过脱水，以便于包装、运输与资源化利用。

压实又称压缩，原理是利用机械方法增加固体废弃物的聚集程度，增大容量和减少体积，便于装卸和运输。无论可燃、不可燃或者放射性废弃物都可压缩处理。压实主要使用与压缩性能大而反复性小的物质，如冰箱、纸箱等；有些固体废弃物如木头、玻璃、塑料等本身已经很密实或是焦油、污泥等半固体废弃物不宜做压实处理。固体废弃物经过压实处理后，体积减少的程度成为压实比。一般情况下，压实比为 3 ~ 5，压实比越大，压实效果越好。同时采用破碎和压实两种技术可使压实比增加到 5 ~ 10。一般生活垃圾压实后，体积可减少 60% ~ 70%。

破碎是在外力作用下，破坏废弃物内部的凝聚力和分子间作用力而使废弃物破裂变碎。使小块固体废弃物颗粒分裂成细粉的过程称为磨碎。固体废弃物破碎和磨碎的主要目的如下：①减小体积，便于运输和储存；②为固体废弃物的分选提供所要求的入选粒度，以便有效地回收固体废弃物中的某种成分；③增大固体废弃物的比表面积，提高焚烧、热解等作业的稳定性和效率；④为下一步加工准备，保护设备等。破碎方法可分为干式破碎、湿式破碎和半湿式破碎三类。按消耗能量形式的不同又可将干式破碎分为机械能破碎和非机械能破碎。其中机械能破碎常用的方法有挤压、劈碎、剪切、磨削、冲击等方式；非机械能破碎主要是利用电能、热能等。

固体废弃物分选简称废弃物分选，其目的是将废弃物中可回收的或对后续处理与处置有害的成分分选出来。废弃物分选是根据废弃物物料的性质如分选物料的粒度、密度、电性、磁性、光电性、摩擦性、弹性以及表面润湿性的差异来进行分离。分选方法包括筛分、重力分选、磁选、电选、光电选、浮选以及最简单最原始的人工分选。

固体废弃物的浓缩脱水主要针对污泥、畜禽粪便等。含水率超过 90% 的固体废弃物必须脱水减容，以便于包装、运输与资源化利用。固体废弃物脱水的方法有浓缩脱水（主要脱出间隙水）、机械过滤脱水（主要脱出毛细结合水和表面吸附水）和泥浆自然干化脱水（利用自然蒸发和底部滤料、土壤进行过滤脱水）三种。

1.3.3 生物处理法

生物从外界环境中不断地摄取营养物质，经过一系列的生物化学反应，转变成细胞的组成部分；同时，产生废弃物并排泄到体外，即微生物的新陈代谢，包括同化作用和异化作用。因此，利用微生物代谢的生物技术处理生物质固体废弃物，可以达到降解有机（污染）物、获得代谢产物及新生物体的目的。而且，即使它们泄露并排放到生态系统中，也不会造成二次污染。生物处理技术是近年来兴起的一种经济价值与环保价值较高的固体废弃物资源化利用技术，因为其基本不会产生二次污染且可转化成能源、饲料或肥料等有经济价值的产品，故被广泛研究并推广。生物处理技术主要包括生物反应器填埋技术、好氧堆肥技术和厌氧硝化处理技术。

（1）生物反应器填埋技术

生物反应器填埋技术是基于微生物对垃圾强大的分解作用而建成的，固体污染物进入垃圾填埋场中首先会进行稳定化过程，因为固体污染物的组成和结构有相当的复杂性和多样性，污染物进入垃圾填埋场后，会建立"垃圾-微生物-渗沥液-填埋气体"微生态系统（胡小龙等，2007），在这个系统中会发生吸附、沉淀、络合、生物降解等物理、化学与生活过程，使污染物得到充分地降解与净化。

生物反应器填埋技术可以有效地将生活垃圾填埋场变为参数可控的生物反应器，优化适宜微生物大量繁殖的温度、适度、空间位置等条件，让微生物在反应器内部能够发挥最大作用，提高固体废弃物的降解效率（陈吉等，2019）。有效减少渗沥液的处理周期，增加燃料气的产量，同时在物理作用上能够对固体污染物的下沉和分解起到促进作用，由此可以改善填埋场空气质量，并且能够有效减弱环境条件对微生物的毒害作用。

（2）好氧堆肥技术

好氧堆肥技术指在良好的通风条件、充足氧气的基础上，好氧细菌对固体废弃物进行吸收、氧化以及分解的过程。好氧细菌在吸收有机物后，可以将有机物分解成简单的无机物并且释放一定量的能量，这些能量一般用来保持微生物的生长、繁殖等基本活动。研究表明，好氧堆肥的最适宜温度在 $55 \sim 60℃$ 时有良好的收效。具体的表现是，在此温度下有机物的吸收与降解速度快、有毒气体发生量小，并且大部分的病原菌也能得到有效杀灭（聂二旗等，2019；许佳瑜等，2019）。

城市生活垃圾和部分农村固体废弃物中含有大量的有机物质，给好氧堆肥提供了一个良好的基本条件，其中有机物含量又属厨余垃圾中最多。目前的大部分对于好氧堆肥的研究也集中在厨余垃圾的处理上，马溪曼等（2015）研究了添加不同代谢菌剂对好氧堆肥的影响，利用聚合酶链式反应-变性梯度凝胶电泳方法对反应进程中的不同种类的菌群进行分析，结果表明：添加菌剂能让有效微生物迅速成为堆肥优势菌群，进而促进堆肥腐殖质。

（3）厌氧硝化处理技术

厌氧硝化处理技术与好氧堆肥技术所需要的条件不同，所利用的基本菌群也不同，该技术主要以城市生活垃圾所产生的有机质作为反应原料。在厌氧菌的作用下，通过控制硝化条件及硝化程度，厌氧硝化可根据需要生产多种产物，但研究主要集中在甲烷和氢气等能源物质。

由于厌氧过程发酵参加反应的微生物种类繁多，所以过程复杂。一些学者对厌氧发酵过程中物质的代谢转化和各种菌群的作用进行了大量研究，但仍有许多问题需进一步探讨。目前，对厌氧发酵的生化过程有三种见解，即两阶段理论、三阶段理论和四阶段理论。

1.3.4　化学处理法

固体废弃物处理的化学处理是利用化学方法将固体废弃物中有毒成分消除，或者将其转变成适于进一步处理、处置的状态。因为化学反应条件复杂，影响因素较多，所以化学反应一般适用于物质成分单一或所含几种化学成分性质相似的废弃物处理方面。而对于混合废弃物，化学处理可能会达不到预期目的。常用的化学处理方法主要包括中和法、氧化还原法、化学沉淀法、固化法、热转换技术（焚烧法、热解法、气化法）和化学溶出法等。

中和法是选择适宜的中和剂与废渣中的碱性或酸性物质发生中和反应，使之接近中性，从而减轻它们对环境的影响。中和剂种类和量的选择取决于废弃物的酸碱性质、含量及废弃物的量。常用的中和剂有石灰、氢氧化物或碳酸钠、硫酸、盐酸。在固体废弃物处理领域，中和法处理的对象主要是各类化工、冶金、电镀等工业中产生的酸、碱泥渣。

氧化还原法是将固体废弃物中可以发生价态变化的某些有毒、有害成分转化为化学成分稳定的无毒或低毒成分。以铬渣为例，常用的氧化还原法主要包括煤粉焙烧还原法和药剂还原法。煤粉焙烧还原法是将铬渣与适量的煤粉或废活性炭、锯末、稻壳等含碳物质均匀混合，加入回转窑中，在缺氧的条件下进行高温焙烧（$500 \sim 800\,℃$），利用焙烧过程产生的 CO 作为还原剂，使铬渣中的六价铬还原为三价铬。药剂还原法是通过还原剂将六价铬还原为三价铬，在酸性介质中利用硫酸亚铁、亚硫酸钠、硫代硫酸钠等为还原剂，碱性介质中利用硫（氢）化钠、硫（氢）化钾为还原剂。

化学沉淀法主要是向溶液中投加化学沉淀剂，形成难溶性的沉淀物，通过固液分离除去有害成分。常用的处理固体废弃物的方法有氢氧化物沉淀、硅酸盐固化（pH 2 ~ 11）、碳酸盐沉淀、硫化物沉淀、共沉淀和无机及有机螯合物沉淀。

固化法是用固化剂将有害成分掺和并包容在密实的惰性基材中，使其转变为不可流动或紧密固体的过程。常用的固体废弃物固化技术有水泥基固化/稳定化技术、石灰基固化/稳定化技术、塑料固化/稳定化技术、玻璃固化/稳定化技术、沥青固化/稳定化技术、自胶结固化/稳定化技术等。目前固化技术已被广泛应用于危险废弃物的管理中，具体主要有以下方面：①对具有毒性或强反应性等危险物进行处理，使其满足填埋处置的要求。②处理其他处理过程产生的残渣。③在大量土壤被有害物污染的情况下，对土壤进行无害化处理。最常用的固定化材料就是水泥，从经济性方面考虑也会使用一些工业废弃物如矿渣、钢渣、粉煤灰等作为固化剂，还有黏土、膨润土、砂石等也可用于固定化技术。

热转换技术主要可以分为焚烧法、热解法和气化法。这三种热处理工艺之间的主要区别是大气条件（即含氧量）和操作温度。最终产品和有用中间产品的质量主要取决于这两个参数。热工艺的操作温度很大程度上取决于工艺设计和原料。

焚烧法是一种基于可燃物质燃烧反应的处理方法，是危险废弃物处理的最终处置方式。危险废弃物焚烧法同一般的堆放焚烧不同，它是一种在密闭空间内的可控焚烧技术。在焚烧过程中，危险废弃物中的有机废弃物从固态、液态转换成气态，气态产物再经进一步加热，在高温下其有机物组分最终分解成小分子，小分子与空气中的氧结合生成气体物质，经过空气净化装置再排放到大气中。通过与空气中的氧气反应，在焚烧炉内转化成气体和不可再燃的固体残留物。作为最常见的垃圾处理技术，其垃圾的质量和体积可以分别减少 70% 和 90% （Cheng，2010），同时还可以产生大量的热能和电能（Singh et al.，2011）。通过将固体废弃物作为固体燃料送入炉膛内燃烧，可燃组分在 800～1000℃ 的高温条件下燃烧，释放出热量并转化为高温的燃烧气和少量性质稳定的固体残渣，从而使固体废弃物减容并稳定。经过焚烧处理，固体废弃物中的有机物能被深度分解并转化。根据不同的操作条件和焚化的废弃物类型，焚烧一般在不同的阶段进行。在固体废弃物处理领域，焚烧法处理的对象主要是各类固体废弃物中的有机污染物。

固体废弃物热解是利用有机物的热不稳定性，在无氧或缺氧条件下受热分解的过程。它是将有机物在无氧或缺氧条件下加热，使之分解为下列可能产物的化学过程：①以氢气、一氧化碳、甲烷等低分子碳氢化合物为主的可燃性气体；②在常温下以乙酸、丙酮、甲醇等液态化合物为主的燃料油；③纯碳与玻璃、金属、土砂等混合形成的炭黑。热解过程可以用通用式表示：有机固体废弃物+热量——→热解气体（H_2、CH_4、CO、CO_2）+有机液体（有机酸、芳烃、焦油）+炭黑+炉渣。其产率和质量主要取决于加热速率、工艺温度、停留时间（Lombardi et al.，2015）、废弃物的组成以及废弃物的粒径（Kalyani et al.，2014）。在较低温度（500～550℃）下，热解油、蜡和焦油是主要产品，而在较高温度（>700℃）下，热解气体是主要产品。对于高质量的热解产品，原料应为特定类型的废物（塑料、轮胎、电子设备、电子废弃物、木材废弃物等）。显然，热解在处理特定的废弃物方面表现良好，但在商业规模上利用热解处理固体废弃物回收利用的研究报道非常有限。

气化是另一种热能转化技术，有机化合物在受控的高温氧气环境下转化为合成气。合成气是气化过程的主要产物，可通过燃烧产生能量。它还可以用于生产化学品和液体燃料的原料。大多数已报道的气化研究集中于固体燃料（煤、木材等）和特定类型的固体垃圾的均质流动。气化技术在煤炭工业中得到了广泛应用。据报道，与焚化炉相比气化产生的 CO_2 量更少（Murphy et al.，2004），并且随着气化装置配备了防护罩，有效地减少了水和土壤污染的程度。

化学溶出法是溶剂选择性地溶解固体废弃物中某种目的组分，使该组分进入溶液而达到与废弃物中其他组分相分离的工艺过程。根据溶出成分种类的不同，溶出可分为酸溶、碱溶和盐溶等方法。

参 考 文 献

陈吉，杨书辉，祁诗月，等，2019. 微生物技术处理固体废弃物的研究进展 [J]. 环境生态学，1：71-76.

胡小龙，劳慧敏，沈东升，等，2007. 生物反应器垃圾填埋技术 [J]. 环境卫生工程，15：22-25.

马溪曼，陆彦宇，谢志全，等，2015. 添加碳氮代谢相关微生物对堆肥过程中菌群结构的影响 [J]. 环境工程，33：95-99+104.

聂二旗，郑国砥，高定，等，2019. 适量通风显著降低鸡粪好氧堆肥过程中氮素损失 [J]. 植物营养与肥料学报，25：1773-1780.

许佳瑜，李庆达，胡军，等，2019. 好氧堆肥环境控制现状综述 [J]. 南方农机，50：15+33.

Cheng H，Hu Y，2010. Municipal solid waste（MSW）as a renewable source of energy：current and future practices in China [J]. Bioresource Technology，101：3816-3824.

Kalyani K A，Pandey K K，2014. Waste to energy status in India：a short review [J]. Renewable & Sustainable Energy Reviews，31：113-120.

Lombardi L，Carnevale E，Corti A，2015. A review of technologies and performances of thermal treatment systems for energy recovery from waste [J]. Waste Management，37：26-44.

Murphy J D，McKeogh E，Kiely G，2004. Technical/economic/environmental analysis of blogas utilisation [J]. Applied Energy，77：407-427.

Singh R P，Tyagi V V，Allen T，et al，2011. An overview for exploring the possibilities of energy generation from municipal solid waste（MSW）in Indian scenario [J]. Renewable & Sustainable Energy Reviews，15：4797-4808.

第2章　块状固体废弃物的化学处理技术

2.1　废旧（脱硝）催化剂的化学处理技术

氮氧化物（NO$_x$）的大量排放是造成大气环境污染日益严重的主要原因之一，可以引发一系列的环境问题。氮氧化物是形成光化学烟雾、造成酸雨和雾霾等环境污染的罪魁祸首之一，其中二氧化氮更是典型的温室气体，会对臭氧层造成破坏（王乐等，2020）。燃煤电厂排放烟气是氮氧化物主要的固定源。据统计，煤炭燃烧所排放的氮氧化物量占到排放总量的70%。对燃煤电厂排放烟气进行脱硝处理，可以改善大气环境质量，保护生态环境。

2.1.1　概述

选择性催化还原（selective catalytic reduction，SCR）烟气脱硝技术的脱硝效率可达90%以上，是目前工业上应用最为广泛、技术最为成熟的一种方法，像美国、日本等发达国家也在广泛使用这一技术。SCR脱硝技术相比其他脱硝技术，装置结构简单，运行稳定，脱硝效率高，维护成本低，目前已经成为燃煤电厂在应用低氮燃烧技术后，进一步控制排放的首选方案。SCR的脱硝机理可以概括为在催化剂的催化作用下，还原剂与氮氧化物发生反应，把烟气中的氮氧化物还原成为氮气和水。SCR脱硝工艺常用的还原剂包括尿素、液氨、氨水等，其中，在使用尿素时，还需要使用解热设备将尿素加热成氨，氨气在一定浓度的氧气下仍然具备良好的脱硝活性，是目前工业上最常用的还原剂。一般来说，锅炉、省煤器出口烟气的温度在300~400℃之间，而根据化学热力学知道，NH$_3$与NO$_x$的反应温度为900~1000℃，所以只有通过设计具备良好催化活性的SCR脱硝催化剂，才能有效降低反应温度，使其在300~400℃之间发生反应，完成烟气脱硝。可以说，脱硝催化剂的催化活性是整个脱硝工艺中的核心一环。

1. SCR脱硝催化剂的分类

（1）贵金属催化剂

贵金属催化剂一般是以铂、银等金属为活性组分，以氧化铝为载体的催化剂。它具有活性较高、反应温度低等优点，例如铂、银等，在脱硝催化剂研究起步的一段时间内得到了广泛应用。但是贵金属催化剂本身具有较强的氧化性，容易和硫发生反应产生有害副产物，且脱硝窗口窄、运行成本高，故逐渐被金属氧化物催化剂替代从而淡出了人们的视野。

（2）分子筛催化剂

分子筛催化剂又称为沸石催化剂，是指以分子筛为催化剂活性组分或主要活性组分之一的催化剂。尽管科学家们已经对它的催化活性进行了改善，但是分子筛催化剂工作温度仍旧处于中高温区，而且抗硫性能差，难以进行大规模应用（周惠等，2017）。

（3）金属氧化物催化剂

金属氧化物催化剂常用的活性组分主要为 V、Fe、Mn、Cu 的金属氧化物中的一种或几种。载体通常为钛、硅、铝等元素的氧化物。金属氧化物催化剂制作成本低、催化效果好。目前我国燃煤火电厂中广泛应用的脱硝催化剂是以锐钛矿型 TiO_2 为载体、负载钒氧化物作为活性组分，并以 WO_3 或者 MO_3 为助剂的 V_2O_5-WO_3（MO_3）$/TiO_2$ 催化剂。

2. 废旧（脱硝）催化剂的产生

虽然从理论上催化剂是可以永久使用的，但是在实际运行过程中，脱硝催化剂的脱硝活性会逐渐下降，一般连续运行 3～5 年即需要更换。造成催化剂活性下降的原因主要包括四个方面：堵塞失活、中毒失活、热烧结和水热失活。脱硝反应器置于电除尘器之前，烟气携带飞灰会堵塞催化剂孔隙。飞灰中的碱金属元素能够大幅影响催化剂的酸性，减弱与氨气的吸附能力，同时也会附着在催化剂表面，减少总孔体积，导致催化剂中毒失活。在高温条件下，催化剂中的低熔点金属会发生热烧结现象，导致催化剂比表面积降低而失活。

3. 废旧（脱硝）催化剂的主要成分分析

目前广泛应用的脱硝催化剂有蜂窝式、板式及波纹式等多种结构。蜂窝式脱硝催化剂的本体全部是催化剂材料，板式脱硝催化剂采用不锈钢筛网板作为支撑结构，波纹式催化剂为非均质催化剂，结构坚硬，耐磨性大，抗冲击能力强（张涛等，2015）。但无论何种结构，其化学组成成分和比例一般都是相似的，主要是 TiO_2、V_2O_5、WO_3、MO_3。下面简要介绍这几种成分的含量和性质，以便为之后的研究提供理论依据。

钒的化合价有+2、+3、+4 和+5 四种。五价钒的化合物（如五氧化二钒）有强氧化性，而低价钒有还原性，且价态越低还原性越强。五氧化二钒微溶于水，极易溶于碱，在弱碱性条件下可生成钒酸盐（VO^{3-}）。在溶于强酸时可以形成氧基钒离子, 有剧毒。在 SCR 催化剂中, 五氧化二钒是最主要的活性组分, 其含量通常为 1% ~5%。

二氧化钛又名钛白粉, 为白色粉末状固体, 熔点高, 黏附性强, 不易起化学反应, 不溶于水、稀硫酸, 但溶于热浓硫酸、盐酸。将二氧化钛溶于热浓硫酸的溶液显酸性, 且加热煮沸能发生水解, 得到不溶于酸、碱的水合二氧化钛。二氧化钛是脱硝催化剂最主要的载体成分, 占到催化剂总量的 85% ~90%。

三氧化钨不溶于水, 溶于碱液, 微溶于酸。钨在催化剂中的质量分数大约有 5% ~10%, 在催化剂中的作用主要是增加活性和热稳定性。

三氧化钼, 在 SCR 反应中加入三氧化钼, 能够防止烟气中 As 导致的催化剂中毒, 同时提高催化剂的活性。

4. 废旧 (脱硝) 催化剂的危害

SCR 脱硝工艺在燃煤电厂中的应用十分广泛, 失效 SCR 催化剂的数量庞大。倘若不对这些废旧催化剂进行化学处理会产生诸多危害。一方面, 废旧催化剂所吸附的有毒、有害物质就会进入水体、土壤之中而污染环境, 同时大量废旧催化剂做搁置处理会造成极大的土地浪费。另一方面, 废旧 SCR 催化剂中所含各种有价金属元素 (例如钛、钒、钨等) 也会流失, 造成资源的极大浪费, 增加火电厂和催化剂制造企业的成本。2014 年 8 月, 国家环境保护部 (现生态环境部, 后同) 出台了《关于加强废烟气脱硝催化剂监管工作的通知》, 正式将废烟气脱硝催化剂 (钒钛系) 作为危险废物进行管理。到 2016 年 6 月, 环保部、发改委、公安部三部门联合发布了《国家危险废物名录》, 明确将废旧脱硝催化剂列为 HW50 类废催化剂 (王晓伟等, 2016)。因此, 对废旧脱硝催化剂进行化学处理尤为重要, 不仅能够实现资源的有效利用、降低生产成本, 同时还能避免造成环境污染。

2.1.2　废旧 (脱硝) 催化剂的化学处理技术

现行的废旧脱硝催化剂的处置方式主要有两种: 一种是将更换下来的催化剂进行再生处理, 恢复其催化活性, 然后重新返厂使用; 另一种就是将彻底失效且无法再生的催化剂交由专业的危险废弃物处理单位处置, 在回收其中的可用资源后进行掩埋。

1. 废旧 (脱硝) 催化剂的再生技术

废旧脱硝催化剂的再生, 是指采用物理、化学方法, 使其恢复活性并达到烟气脱硝要求的活动。通过对脱硝催化剂的再生处理, 可以延长催化剂的使用寿命，实现有限资源的循环利用，减少掩埋造成的土地资源浪费，降低脱硝催化剂的生产成本。目前，烟气脱硝催化剂的可再生率约为60%，常规的脱硝催化剂一般可以再生两到三次，之后只能彻底报废。根据脱硝催化剂失活机制的不同，如催化物堵塞、中毒、烧结等，科学家们设计了很多相关的再生处理技术。

（1）失活脱硝催化剂的再生方法

①水洗再生

水洗再生操作方法最为简单，操作过程为：首先使用压缩空气对失活脱硝催化剂冲刷来去除吸附不牢的灰尘，其次使用去离子水清洗溶解催化剂表面的可溶性颗粒物，最后使用压缩空气干燥即可。对于难以清洗的附着物，可以放入超声波振动设备中深度清洗。在清洗液中可以加入活性组分的前驱体来补充冲洗流失的活性组分。水洗常用于催化剂再生的预处理，一般不会改变催化剂表面孔的结构、尺寸，但是并不能完全恢复催化剂活性，原因在于仅仅依靠水的溶解能力难以去除强吸附于催化剂表面的碱金属氧化物和其他不溶性的污染物。

②酸洗再生

酸洗再生一般是将中毒后的催化剂浸泡在一定浓度的酸溶液中，除去表面和孔道中吸附的碱性毒物，再用清水洗涤至 pH 接近 7，最后干燥。在采用硫酸酸洗时，可以在催化剂的表面引入硫酸根，增加活性酸位。研究表明酸洗对于碱金属中毒的脱硝催化剂再生效果比较好，原因在于酸洗在洗掉催化剂表面碱性毒物的同时，又能恢复 V—OH 等活性位。例如对于钠中毒的催化剂采用硫酸清洗后，样品活性能够基本达到新鲜催化剂水平。对钙和钾中毒的催化剂酸洗后，可以恢复其微观形貌，增加机械强度（陈昆柏等，2017）。

③热再生与热再生还原

热再生主要用于解决铵盐覆盖引起的脱硝催化剂失活。它的操作方法是将催化剂在惰性保护气氛下，提高反应器内的温度，保持一段时间后再降温，这可以降低氧化等反应的发生。此方法可有效解决因铵盐覆盖造成的催化剂失活，其作用机理为沉积在催化剂表面的铵盐容易受热分解，又能吸附催化剂表面的二氧化硫，随惰性气体一起吹出反应器，催化剂的比表面积、孔径等物理性能可以恢复，从而有效改善催化活性。热还原再生是在惰性气体中加入还原性气体（例如氨），在高温条件下可以与催化剂表面的硫酸盐发生反应，实现催化剂的脱硫再生（陈昆柏等，2017）。

④二氧化硫酸化热再生

二氧化硫酸化热再生是将失活脱硝催化剂置于二氧化硫气氛中一段时间，通过化学酸化提高催化剂表面的酸性活位点数，达到恢复催化剂活性的目的。有研究指出，载体二氧化钛用二氧化硫处理后，可以部分形成硫酸根/二氧化钛超强酸，这可以增强抗二氧化硫毒性的能力。

⑤活性盐溶液活化再生

失活脱硝催化剂在经过酸洗或水洗之后，会造成其表面活性物质部分流失。为了补充催化剂的活性组分，恢复其微孔结构，可以把催化剂放入活性盐溶液中进行活化来提高脱硝活性。活化盐溶液的成分一般包括表面活性剂和渗透促进剂，如偏钒酸铵、去离子水。

⑥复合再生

脱硝催化剂的失活是受到多种因素共同作用的结果，单一的再生方法对催化剂的活性再生效果可能并不明显，因此往往需要采用多种再生方法共同作用。复合再生技术灵活多变，可以根据不同电厂的实际条件和催化剂不同的失活原因制定针对性的再生方案，已经成为脱硝催化剂再生的主要方式（陈昆柏等，2017）。

（2）失活脱硝催化剂的再生工艺流程

一种典型的催化剂再生技术工艺路线如图2-1所示（王兵，2016）。

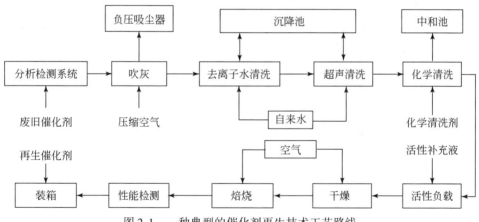

图 2-1　一种典型的催化剂再生技术工艺路线

主要的失活催化剂再生工艺包括以下几个步骤：

①失活催化剂的检测和方案制定

催化剂的再生，首先应当分析检测失活催化剂样品的各项物理化学性能指标（包括组分含量、比表面积、孔隙率等），然后根据催化剂的失活原因制定再生工艺方案，方案内容应当明确清灰方式、清洗药剂的种类和浓度、浸渍方式和浸渍液浓度、浸渍时间等。

②吹灰及去离子水清洗

在负压状态下采用压缩空气进行吹扫，去除催化剂表面附着及孔道内的大部分灰尘颗粒，然后用去离子水冲洗、清洗和溶解沉积在催化剂表面的可溶性物质和部分颗粒。

③化学清洗和超声清洗

化学清洗是根据再生方案，选择适宜的化学清洗药剂种类和浓度，在化学药剂的作用下，清除孔道内的堵塞物和中毒物质。化学处理药剂的选择不应当引入在后续步骤中也无法去除的可能对催化剂造成毒害的物质。超声清洗是利用超声波清除催化剂中的中毒物质和堵塞物，以提高失效催化剂的孔隙率，最后将清洗后的失效催化剂用去离子水冲洗至 pH 接近 7，采用连续热空气干燥（内蒙古电力科学研究院，2019）。

④活性负载

催化剂在运行和再生过程中，都会出现不同程度活性组分的流失，一般可通过浸渍法为清洗后的催化剂进行活性负载。常用的活性补充液为偏钒酸铵、仲钼酸铵、仲钨酸铵等。应当严格控制浸渍液的浓度、温度和浸渍时间，并使催化剂在浸渍液中完全浸没。

⑤干燥及高温煅烧

经活化后的催化剂需要进行干燥和焙烧，然后将其放入炉窑中烧制，其目的是促进活化成分和载体的黏附过程。催化剂烘焙过程应采取程序升温方式来控制温度。催化剂的活性容易受到焙烧温度的影响，焙烧温度过低，不利于催化剂活性相的形成；焙烧温度过高，又容易发生催化剂烧结团聚现象，影响活性相在催化剂中的分散性，导致催化剂的活性下降（于洋等，2015）。

有研究设计了一种脱硝催化剂再生方法，可以在再生过程中同时进行活性检测，实现再生后合格催化剂和不合格催化剂的有效筛选，保证最后获得的脱硝催化剂的合格率。其操作步骤为：吹灰、水洗、酸洗、一级烘干、活性负载、二级烘干、活性检测，活性检测不合格的催化剂需要回到水洗步骤，直到活性检测合格。最后将检测合格的催化剂包装处理即可。

（3）废旧脱硝催化剂再生后技术指标

脱硝效率≥80%；氨逃逸≤3ppm（$1ppm=10^{-6}$，后同）；SO_2/SO_3 转化率≤1（李再亮，2018）。

（4）废旧脱硝催化剂的再生意义

脱硝催化剂属于固体废弃物类别中的危险废弃物，处理好废旧脱硝催化剂是打赢污染防治攻坚战的重要内容。具备可再生条件的催化剂，通过再生技术可以疏通催化剂的单元孔道，明显降低其中的碱金属、碱土金属和沉积物的含量，使其活性恢复到新鲜催化剂活性的 90% 以上，从而有效延长催化剂的使用寿命。火电厂再生工程费用仅仅为更换新的脱硝催化剂工程费用的 40% 左右，这大大降低了火电厂的运行成本。通过对主要经济指标进行推算，可以发现再生技术内部收益率高、投资回报期较短，具有明显经济效益（赵会民等，2018）。

　　2. 废旧（脱硝）催化剂的回收技术

　　随着全国范围内火电厂大量使用 SCR 脱硝技术处理烟气，废旧脱硝催化剂的数目也随之急剧增加，预计每年脱硝催化剂废弃量大约为 25 万 m^3，质量大约为 14 万 t。废旧脱硝催化剂中含有钒、钛、钨、钼等金属元素，若随意堆置会造成环境污染和资源浪费。对废旧脱硝催化剂进行再生处理是一种有效的处理方式，再生后的脱硝催化剂仍然可以具有良好的催化活性，并继续投入脱硝系统中使用。但是脱硝催化剂的再生技术也具有其局限性，经过再生的催化剂，其使用寿命会不可避免地缩减，而且失活的催化剂不可能一直再生，一般再生两到三次之后就彻底报废，最终仍会废弃。对废旧脱硝催化剂的回收利用处理，可以回收其中的金属元素变废为宝，形成脱硝设备的良性循环局面，减小对环境的危害和有价金属的损失，具有重要的环保价值和良好的经济效益。当前对废旧脱硝催化剂的回收利用并没有产业化的成熟技术，国内外可供参考的研究资料也较为有限，所掌握的回收利用研究技术仍停留在实验室阶段。下面对脱硝催化剂的回收利用研究情况进行简要介绍。

　　（1）废旧脱硝催化剂中钛的回收技术

　　废弃催化剂中二氧化钛含量极高，质量分数占 80% 以上。二氧化钛应用价值高，在油漆、冶金、造纸、医药、食品添加剂、化妆品等领域都有广泛应用。因此，二氧化钛的回收利用具有重要意义。目前的回收方法主要包括钛酸盐沉淀分离和二氧化钛沉淀分离两种（张春平等，2020）。

　　①钛酸盐沉淀分离

　　钛酸盐沉淀分离技术回收路线如图 2-2 所示，可以概括为将固体碱（Na_2CO_3 或 NaOH）和废催化剂混合在一起灼烧熔融，然后加水分离得到二氧化钛。首先应当除去催化剂表面可能存在的汞、砷等杂质，然后加热至 650℃，粉碎研磨成粒径小于 200μm 的颗粒，并按比例加入碳酸钠混合后，进行 650~700℃ 的高温焙烧。二氧化钛和碳酸钠可以生成钛酸钠。焙烧后加入热水，充分搅拌后浸出钛酸盐沉淀物，过滤干燥后得到钛酸盐。然后分离出溶于水的偏钒酸钠和钼酸钠，所得到的钛酸盐加入硫酸处理，经过过滤、水洗和焙烧步骤后，得到二氧化钛。这种回收方法所利用的原理是 TiO_2、V_2O_5、MO_3 与碳酸钠反应分别生成钛酸盐、偏钒酸钠和钼酸钠，其中只有钛酸盐是难溶于水的，利用水溶性的差别可以分离出钛酸盐。

　　②二氧化钛沉淀分离

　　二氧化钛沉淀技术一般是将废旧催化剂进行除尘和机械粉碎，然后直接通过

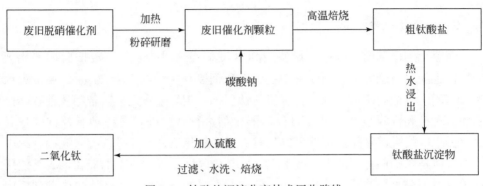

图 2-2　钛酸盐沉淀分离技术回收路线

稀硫酸酸浸废旧催化剂，得到二氧化钛沉淀。这种回收方法实用性较差，一方面是因为三氧化钼和三氧化钨微溶于稀硫酸，会降低二氧化钛的纯度和品质。另一方面此回收方法的提取条件苛刻，并不适用于含有钡和铈等复杂成分的废旧催化剂的提取。

　　这里介绍一种从含钡和铈的废旧脱硝催化剂中提取高纯度二氧化钛的方法：

　　a. 将废旧催化剂吹灰、酸洗、干燥、破碎，制成粉体料。

　　b. 将粉体料放入氢氧化钠或氢氧化钾溶液中碱浸，加热搅拌均匀，反应完全后抽滤得到滤液和滤饼。其中滤饼成分为钛酸盐和未分离的硫酸钡和二氧化铈。

　　c. 将滤饼放入稀硫酸中超声搅拌，制得混合浆料。在浆料中加入过氧化氢溶液充分反应，用于除去二氧化铈。接着抽滤得到滤饼，成分为偏钛酸和硫酸钡。

　　d. 将滤饼放入饱和碳酸钠溶液中，反应完全后去除上清液，重复几次步骤后，加入过量盐酸抽滤。此方法可以使得硫酸钡变成碳酸钡，最后转化成可溶的氯化钡，除去钡组分。此时滤饼的主要成分只剩下偏钛酸。

　　e. 将滤饼干燥 3h，再放入马弗炉焙烧，可以得到高纯度的二氧化钛。

　　(2) 废旧脱硝催化剂中钒的回收技术

　　①沉淀法

　　沉淀法又可以细分为铵盐沉钒法、硫化沉淀分离法、煮沸沉钒法三类。

　　铵盐沉钒法的原理是钒元素可以以偏钒酸根的形式与铵根离子结合生成沉淀，而钼、钨元素则不能。操作方法为：将废旧催化剂粉碎研磨，加入合适比例的碳酸钙，烘焙 2.5h 左右。将烘焙后的熟料按照液固比 2∶1 的比例得到浸出液，在浸出液中加入铵盐并混合均匀，铵盐可以选择氯化铵、硝酸铵、硫酸铵、草酸铵等，偏钒酸根离子便可以与铵根离子结合形成不溶于水的沉淀（$NH_4 \cdot VO_3$），最后经过过滤、加热分解后可以最终回收五氧化二钒。

硫化沉淀分离法本质是利用硫化氢气体可将钼等从碱浸液中沉淀出来的特点，提高溶液中钒元素的比重，以便后续分离回收。

煮沸沉钒法的原理是钒氧化物和碱反应会生成正钒酸钠，将正钒酸钠溶于水中，在煮沸的条件下会生成不溶于沸水的偏钒酸钠，从而实现钒的分离。

②浸出-氧化沉钒法

浸出-氧化沉钒法是通过酸液、碱液或还原剂将钒浸出，然后将浸出液中的钒氧化后沉淀或直接沉淀得到含钒产品。通过还原酸浸-氧化成钒方法回收钒的工艺流程如下（陆强等，2014）：

a. 将废旧脱硝催化剂原料破碎成干粉状，并高温焙烧。

b. 将干粉状的废旧催化剂原料放入酸性溶液中，然后在溶液中加入还原剂，充分加热并搅拌均匀。

c. 反应完全后对溶液进行抽滤，上层为含钒清液，下层是滤渣。

d. 将滤渣代替催化剂粉料重复以上步骤，可以得到更多的含钒清液。

e. 将得到的所有含钒清液混合并浓缩，然后加入氧化剂。

f. 继续在此溶液中加入碱液调节 pH，充分加热并搅拌均匀。使溶液中的含钒离子水解完全后沉淀。

g. 将水解获得的沉淀高温焙烧，可以获得高纯度的五氧化二钒。

此种方法利用了在酸性条件下，还原剂将五价钒还原成易溶于水的四价钒组分，并且不会溶解脱硝催化剂中的其他组分（二氧化钛、三氧化钨等），实现钒的高效分离。最后利用氧化剂氧化成五价钒，调节 pH 水解沉淀，实现了钒组分的高效回收。此方法工艺简单、回收率高、可操作性强，回收的五氧化二钒纯度高。

（3）废催化剂中钨和钼的回收

废旧脱硝催化剂中除了钛和钒之外，还有回收价值很高的钨和钼。钨和钼的分离并不像钛和钒，钨和钼因为镧系收缩效应的影响，化学性质相近，分离难度比钛和钒大得多。

①沉淀法

人们对沉淀分离的方法研究较多，包括①硫化钼沉淀法，利用在弱碱性条件下钼对硫离子亲和性比钨强的性质；②钨酸沉淀法，是根据钨酸在水中的溶解度远小于钼酸，并且温度越高，差距越大的性质设计的；③络合均相沉淀法，是根据钨和钼的过氧化物的稳定性差异设计的；④选择性沉淀法，其分离原理是后加入的沉淀剂可以与硫代钼酸根反应生成沉淀，过滤分离。

湿法沉淀法回收废旧催化剂中的钨、钼、铝、钴工艺流程：首先对废催化剂冲洗、除尘、研磨，然后用氢氧化钠在 120～155℃浸洗，再使用纯热水进行浆化、过滤。滤渣用于回收钴，滤液用于分离钨、钼、铝。往滤液中加入盐酸调节 pH 到 10.5，使用氯化镁溶液除去 SiO_2 等杂质。继续调节 pH，直到析出氢氧化铝来回收铝。在滤液中加入硫化剂（NaHS）加热硫化，降温后过滤得到硫化钼。再将得到的新滤液进行稀释、吸附、淋洗和解吸步骤，可以得到粗钨酸钠溶液，钨、钼、铝的回收技术路线如图 2-3 所示（张春平等，2020）。

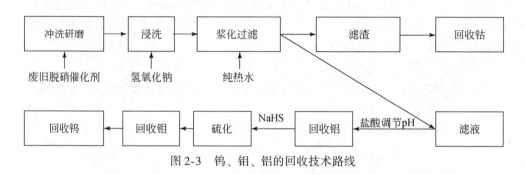

图 2-3　钨、钼、铝的回收技术路线

②萃取法

萃取法是利用化合物在互不相溶的溶剂中分配系数不同来达到分离的目的。有研究提出了一种电化学还原萃取法回收分离钨和钒。操作方法是：首先将废脱硝催化剂与碳酸钠混合焙烧，将催化剂中的钒和钨转化成可溶性的 $NaVO_3$ 和 Na_2WO_4；然后加入稀硫酸实现钒和钨的高效浸出；以三正辛胺（TOA）的煤油溶液为萃取剂，异癸醇为相调节剂，对酸浸液进行反萃取。最后采用阶段性调节 pH 的方式沉淀回收反萃取液，实现钒和钨的高效分离回收，工艺如图 2-4 所示。

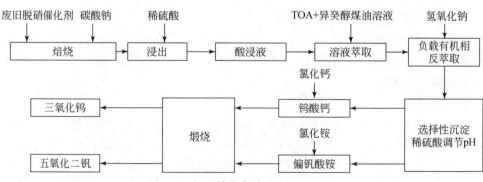

图 2-4　钒和钨的高效分离回收工艺

（4）含有玻璃纤维的脱硝催化剂回收方法

为了提高所制得脱硝催化剂的机械强度，在生产中通常会加入玻璃纤维。其中玻璃纤维的含量甚至会高于三氧化钨的含量。玻璃纤维中含有大量的硅，这会使得脱硝催化剂的分离、提纯工艺变得复杂。有研究设计了一种分离低硅料和高硅料的方法：首先将废旧脱硝催化剂预处理，然后通入气流粉碎机中，在高速的冲击、碰撞条件下，催化剂会粉化成颗粒，其中的玻璃纤维由于自身的纤维状，具有较高的韧性，仍然保持较大的颗粒。粉料通入分级室后，高速旋转，在离心力的作用下分离，细颗粒进入捕集器，粗颗粒返回粉碎室，这样便可以得到低硅料和高硅料。获得的低硅料可以分离提纯得到钛白粉、钨酸和钒酸盐，获得的高硅料可以用于制备新鲜的脱硝催化剂（陈进生等，2020）。

2.1.3　废旧（脱硝）催化剂回收工艺发展现状与发展方向

因为我国的能源结构与其他国家差异较大，国外燃煤电厂使用的脱硝催化剂数量有限，而我国具有发达的冶金工业，因此建立独特的废旧脱硝催化剂回收体系是很有必要的。但是，目前的回收技术研究仍然有限，钠化焙烧、还原酸浸法、浓碱浸出法等处理工艺仍停留在实验室阶段，再加上钒、钨浸出率低、提纯难度大以及成本高等原因，暂时还无法实现工业化应用。未来的研究重点在于积极研发钒、钨等有价金属的提纯分离工艺，改善回收的二氧化钛品质，降低回收成本，以便实现大规模的工业化应用。

尽管废旧脱硝催化剂的化学处理技术已经发展多年，但是其再生成本和回收成本仍然比较高。要想更加高效地处置废弃脱硝催化剂，必须进一步研发相关技术，科学控制运行参数和状态，提高有价金属的回收纯度，积极推广成熟高效的化学处理技术。

2.2　工业块状固体废弃物的化学处理技术

工业固体废弃物是指在工业生产活动过程中产生的固体废弃物，简称工业废弃物，是工业生产过程中排入环境的各种废渣、粉尘及其他废弃物的总称，可细分为一般工业废弃物（包括如高炉渣、钢渣、有色金属渣、煤渣、粉煤灰、赤泥、废石膏、脱硫灰、硫酸渣、电石渣等）和工业有害固体废弃物，即危险固体废弃物。

综上所述，工业块状固体废弃物是工业生产活动中产生的块状固体废弃物，例如一般的工业块状废物：煤矸石、石墨尾矿、铜尾矿、钨尾矿等。

2.2.1　煤矸石的资源化处理

1. 概述

（1）煤矸石组成性质及分类

煤矸石是采煤和洗煤过程中产生的工业固体废弃物，是在成煤过程中与煤层伴生的一种含碳量较低、比煤坚硬的黑灰色岩石。煤矸石的化学成分复杂，其主要成分是 Al_2O_3、SiO_2，另含有少量的 Fe_2O_3、CaO、MgO、Na_2O、K_2O、P_2O_5、SO_3 及微量的稀有元素（Ga、V、Ti、Co 等）。

按来源及最终状态，煤矸石可分为三大类：巷道掘进过程中产生的掘进矸石，采掘过程中从顶板、底板及夹层里采出的自然矸石以及洗煤过程中挑出的选煤矸石（宁平等，2018）。开采条件、煤层条件和洗选工艺的不同煤矸石排放量会有较大差异，掘进矸石一般占原煤产量的 10% 左右，选煤矸石占入选原煤量的 12% ~ 18%。不同地区煤矸石的矿物组成不同，其含量也大不相同，按其主要矿物含量来划分，煤矸石则可以分为砂石岩类、黏土岩类、铝质岩类、碳酸盐类。

煤矸石的原矿粒度较大，例如其中黄铁矿宏观形态以包括结核体、粒状、块状等为主，微观形态以莓球状、微粒状分布。矿物之间紧密共生，呈细粒浸染状，所以在分选前必须进行破碎、磨矿，煤矸石的解离度越高，选别效果越理想。

（2）煤矸石的危害及处理意义

到目前为止，由于技术不完善，各个地域发展不平衡，煤矸石不能充分利用，对环境造成了严重影响，主要表现在下述几个方面：

①污染大气。在地面堆放的煤矸石受到长时间的风吹日晒风化粉碎或吸水后会发生崩解，会产生大量粉尘，严重影响矿区大气质量。此外，煤矸石中有少量的残余煤组分、废木材和碳质泥岩等部分可燃物，煤矸石如果长时间大量露天堆放，热量逐渐积累，当累积热量达到燃点时，矸石堆中的残余煤组分便可发生自燃。自燃后，矸石山内部温度为 900℃ 左右，导致矸石熔结并产生大量的一氧化碳、二氧化碳、二氧化硫、硫化氢等有害气体，其中以二氧化硫为主。不仅使周围空气质量大大降低，严重危害矿区居民的身体健康，还常常影响周边生态环境，导致树木生长缓慢、病虫害增多，农作物减产，甚至死亡（刘涛等，2011）。

②井口附近常常有大量的煤矸石堆场，这些煤矸石堆场不仅占用大量土地资源，还会使附近耕地变得贫瘠，难以被利用。

③危害水土环境的煤矸石中除含有 SiO_2、Al_2O_3、粉尘以及 Fe、Mn 等常量元

素外，还有其他微量有毒重金属元素，如 Pb、Sn、As、Cr 等。经雨水浸蚀后，露天煤矸石堆场会产生含有有毒重金属元素的酸性水，污染堆场周围的土地和水体，甚至污染地下水。当煤矸石堆场位置不合理时，矸石堆易发生滑坡、崩塌，如果在暴雨季节，易发生泥石流，从而对下游的农田、河流及人员安全造成极大危害。

2. 煤矸石的活性活化

煤矸石的一般处理方法是摊铺和填埋。然而，许多研究项目和实践发现，直接掩埋不是一种可持续的方法，通过掩埋处理，大量的煤矸石固体废弃物不仅占用大量土地，而且会引发地质灾害和土地退化。此外，填埋还面临着另一个严重的问题，即重金属 Pb^{2+}、Zn^{2+}、Cu^{2+} 和 Cd^{2+} 的浸出，这些重金属离子通过平流和扩散过程污染地下水，导致二次污染。除了重金属元素外，煤矸石还是 VOCs（挥发性有机化学品）气体排放的来源。显然，将煤矸石掩埋并不是一个有效的办法。

但是在建筑领域，煤矸石可用于制作砖、混凝土砌块、烧结釉面砖、轻骨料和其他易加工的建筑材料。目前，在水泥熟料生产中，煤矸石可以部分或全部代替黏土。但是在混凝土生产中，使用煤矸石存在的主要问题是，与其他普通火山灰相比，其化学结构相对稳定，导致胶结性能差。因此，需要通过热活化、微波活化、复合活化或机械活化等活化方法来提高煤矸石铝酸盐相的活性，从而改善其性能。

①热活化被认为是破坏煤矸石晶体结构以提高其反应活性的最有前途的方法。高温煅烧（通常为 750～1100℃）会使煤矸石中的微粒发生剧烈的热运动，破坏微观结构，使得煤矸石中黏土矿物分解形成大量的三氧化二铝、二氧化硅，从而具有潜在活性。经 800℃ 高温煅烧得到的煤矸石又称为矸石渣，此时煤矸石属于具有火山灰质的活性材料，其中高岭石向偏高岭土的转化最为彻底。

②微波活化是指微波辐射加热的原理，其作用与热活化的原理相似，利用其热效应改变煤矸石的晶体和化学结构。微波可以在较短的时间内使整个体积的材料均匀加热，因为微波可以直接穿透材料并在内部沉积能量。它消除了传统方法（由外到内加热）所面临的以导热和对流为主的障碍，因此加热效率大大提高。微波煅烧的主要优点是能量输出高、时间效率高，仅需约 10min 或更短时间即可充分提高煤矸石的活化度，进而降低能耗。

③复合活化是将两种或两种以上的活化方法结合起来，对煤矸石的活化效果可能远比单一活化方法更为有效。采用两种或三种联合活化方法处理煤矸石以获得较高活性，已得到广泛的研究和应用。推荐最佳热处理（600～700℃）和物理

研磨（细度 $300 \sim 400 \text{m}^2/\text{kg}$）技术，以有效激活煤矸石的反应性，研磨后的煅烧可完全破坏 Si-O-Al^{IV} 高岭石，并形成具有 Si-O-Al^{IV} 结构的非晶态偏高岭石，这种传统的机械-热活化（TMTA）技术表明煤矸石的活性明显提高。

④机械活化是指煤矸石经研磨或球磨后发生的物理化学变化。研磨不仅使煤矸石的粒径变小，黏土脱水，而且引起煤矸石晶体结构变化，产生晶格缺陷和畸变。与传统工艺相比，机械活化有其独特的优势，包括易于操作、生态安全和生产亚稳状态产品。机械活化时间对煤矸石结构和火山灰活性也有影响，随着磨矿时间的延长，煤矸石的脱氧化程度增加（Zhang Y L，et al.，2020）。

3. 煤矸石的化学处理

（1）煤矸石制取化工产品

①制取结晶氯化铝

常见的利用煤矸石制取氯化铝工艺路线见图 2-5。

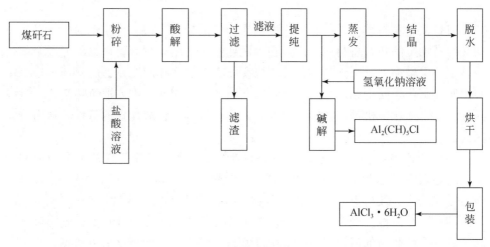

图 2-5　利用煤矸石制取氯化铝工艺路线

a. 酸解

往内衬为耐酸材料并且带有搅拌器的反应釜中加入盐酸含量为 30% 的废液（HCl 用量为理论量的 115 倍），开动搅拌器，然后把经过球磨机粉碎后的煤矸石缓慢加入反应釜中，使其溶解。由于反应放热，不需加热物料温度便可升至 85℃ 左右，连续搅拌 2h，酸解终点时，控制 pH 为 $3.0 \sim 3.2$。酸解过程中，煤矸石中的 Al_2O_3 与盐酸反应，生成氯化铝进入液相，Ca、Mg、Fe 的氧化物也与盐酸反应生成 $CaCl_2$、$MgCl_2$、$FeCl_2$ 进入液相。对物料进行过滤，滤饼用 pH 为 $3.5 \sim 4.0$ 的酸性水洗涤后，即得滤渣，洗涤液送酸解反应釜供稀释用；滤液送至提纯工序。

b. 提纯

上述滤液中含有 $CaCl_2$、$MgCl_2$、$FeCl_2$ 等杂质,为了得到符合国家标准的六水氯化铝晶体,分 3 步除去钙这些杂质。

Ⅰ. 加入草酸。往滤液中加入草酸,会生成草酸钙沉淀、草酸镁沉淀和草酸亚铁沉淀。加入草酸的量以电导仪出现溶液电导拐点为止。上述沉淀反应完成后,对固液混合液进行过滤,除去固体杂质。

Ⅱ. 加入氢氧化钠。由于滤液存在多余的盐酸,会使蒸发结晶时 pH 不断下降,故加入氢氧化钠 30Bé,最终使液相的 pH 为 4.3。

Ⅲ. 加入氨水。由于 $Al(OH)_3$ 的溶度积(1.1×10^{-15})与 $Fe(OH)_2$ 的溶度积(1.64×10^{-14})相差较大,故可加氨水(1∶1),将滤液的 pH 调到 11 ~ 13,使铁完全沉淀,而铝不沉淀[pH 为 10.9 时,$Al(OH)_3$ 完全溶解]。对溶液进行过滤,除去氢氧化铁沉淀。

c. 蒸发结晶氯化铝

氯化铝在水中的溶解度与温度成正比,随温度的降低而减少,因此,先把滤液加热,蒸发除水,使其达到饱和浓度,然后用自由水冷却至常温,使氯化铝从溶液中结晶析出,最后置于离心机中脱水,脱水产品经化验合格后再烘干,即得固体六水氯化铝。经测试,均能达到一级品标准。

d. 聚合氯化铝的制备

将 c 中制备的未经结晶的氯化铝溶液,在 30℃下搅拌,缓慢加入 30Bé 的氢氧化钠,搅拌 4h,保温 15 ~ 20℃,熟化 5d,即得含量 30% 聚氯化铝溶液,经减压浓缩可生成固体聚合氯化铝。经分析测试,液体产品中含氧化铝大于 10%,固体产品中含氧化铝大于 30%(侯福春等,1999)。

②制取沸石分子筛

煤矸石的矿物成分主要是高岭石(Kaolimite,$Al_2O_3 \cdot 2SiO_2 \cdot 2H_2O$,即含水的铝硅酸盐),含有 Al_2O_3、SiO_2 及少量的 Na_2O 这些合成沸石分子筛所必需的成分,只需补充适量的 $Al(OH)_3$ 和 $Na_2SiO_3 \cdot H_2O$,经过适当处理,采用合适的工艺条件,可合成 A 型和 X 型系列分子筛。能够合成分子筛的煤矸石应具备两个特征:一是矿物组成以高岭石为主,且质量分数在 90% 以上,其他有害杂质含量较低;二是石炭纪、二叠纪煤层的煤矸石,经过重结晶作用,形成的煤矸石质地致密、成分较纯。

煤矸石经球磨机以每分钟 400 转(r/min)的转速研磨成细小颗粒,然后通过 200 目筛网。再在马弗炉中于 850℃下煅烧 2h 以除去碳。将 4.0g 处理后的煤矸石、7.0g NaOH 和 0.574g $NaAlO_2$ 放入 64mL 去离子水中,在 25℃下老化 2h,

将混合物转移至 100mL 聚四氟乙烯衬里反应釜中，在 90℃下进行 3h 水热反应，反应结束后，水热产物由布氏漏斗，用去离子水冲洗三次，并在 80℃的烘箱中干燥 12h（Li H，et al.，2020）。

③煤矸石中镓的提取

煤矸石是我国最大的工业固体废弃物之一，也是一种后备资源。采集了陕西渭北地区不同煤矿具有代表性的煤矸石样品，分析了煤矸石中潜在的有用元素（Al、Fe、Ga、Ge 等）。结果表明，以 Al_2O_3（15.18%）和 Fe_2O_3（6.24%）的几何平均值计算，我国煤矸石中铝和铁的储量分别为 2.62 亿 t 和 1.96 亿 t。同时，根据煤矸石中镓、锗、铀的加权平均含量分别为 17.55mg/kg、2.18mg/kg 和 10.47mg/kg，估算出镓、锗和铀的储量分别为 55282t、6867t 和 32981t。此外，相当一部分煤矸石矿山的镓、铝含量均超过了平均值，具有开发利用的前景。

在循环经济兴起和发展的背景下，以固体废弃物控制技术为基础，构建绿色循环利用产业，是解决煤矸石问题的一种途径。目前，已经提出了几种再利用方法（图 2-6）。

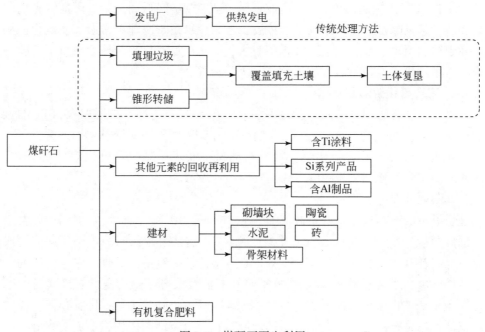

图 2-6　煤矸石再生利用

煤矸石中镓的提取可采用两种方法，即高温煅烧浸出或低温酸性浸出，使煤矸石中的晶格镓或固相镓转入溶液，然后用汞齐法、置换法、萃取法、萃淋树脂法、液膜法等从浸出液中回收镓。

　　煤矸石的酸性浸出，是利用酸与镓、铝、硅氧化物反应，生成相应的镓、铝盐和硅渣。

　　反应过程如下：

$$Ga_2O_3 + 6H^+ \longrightarrow 2Ga^{3+} + 3H_2O \tag{2-1}$$

$$Al_2O_3 \cdot 2SiO_2 + 6H^+ \longrightarrow 2Al^{3+} + 3H_2O + 2SiO_2 \tag{2-2}$$

浸取反应完毕后经过滤，滤液用于回收镓和铝盐。

a. 高温煅烧浸出

　　煤矸石经粉碎到一定粒级后，在 500～1000℃进行煅烧，然后用酸（硝酸、盐酸、硫酸、亚硫酸等）或多种酸的混合物在一定温度和压力下浸出，使铝和镓转入溶液，而硅进入滤渣。由于煤矸石含部分碳质，有时利用自身燃烧释放的热量也能在所需温度下焙烧。差热分析的结果表明，煤矸石在 500～1000℃有强吸热峰，为黏土矿物（高岭石、多水高岭土、伊利石等）的吸热反应，主要是晶体结构的变形与部分化学键的断裂。经过焙烧生成大量活性 γ-Al$_2$O$_3$，更有利于镓、铝的浸出，镓、铝的浸出率可达 85%以上。

b. 低温酸性浸出

　　煤矸石经粉碎至细粒级后，在酸性条件下，加入一些添加剂，80～300℃和一定条件下浸取几小时，使部分镓、铝转入溶液。由于所需温度较低，镓的浸出率不到 75%，并且浸取时间较长，所需酸量较大。低温酸性浸出还有许多工作要做。

　　从酸性母液中富集分离镓，主要有溶剂萃取法、萃淋树脂法、液膜法等。其中溶剂萃取法是最常用的方法之一，萃淋树脂法、液膜法是在溶剂萃取法的基础上发展起来的，正处于研究阶段（边炳鑫等，2019）。

　　镓被认为是分散的微量元素，它在地壳中不是以游离元素的形式存在的。从煤和粉煤灰中回收镓一直是实验室和工业规模的研究重点，煤中镓作为煤燃烧残渣的副产品，有益回收的平均值建议为 30～50mg/kg 回收率。从煤和煤的燃烧副产物中回收镓，为煤炭资源的综合利用提供了一条很有前途的替代途径，这些技术将产生积极的经济和环境影响。

　　此外，我国煤矸石中镓的平均含量明显高于煤，有相当多的煤矸石矿 Ga 含量超过了平均值，如黄龙煤田、陕西渭北煤田桑树坪煤矿、山西西山煤矿，贵州西部的几个煤矿。因此，从煤矸石中提取镓具有良好的开发利用前景。

　　虽然从煤矸石中回收镓在技术上是可行的，但只有镓含量大于 30mg/kg 的煤矸石才被认为具有回收的经济价值。但目前我国从工业层面上还缺乏从煤矸石中回收镓的问题。另外，为了煤矸石资源的综合利用，金属镓回收过程中，铝、硅、碳的再利用是十分必要的。随着国际市场对有色金属需求的增加和铝土矿资源的不断枯竭,未来煤矸石作为氧化铝、镓生产的后备资源将更加有利。

(2)煤矸石高值化利用

①生产烧结砖

由于自然资源有限,快速发展的城市化进程正在造成传统建筑材料的短缺。此外,作为重要建筑材料之一的传统黏土砖,其生产会破坏大量耕地。因此,许多工业废料被回收用来制砖,如粉煤灰、赤铁矿尾矿、煤矸石、锰铁固体废弃物、大理石粉、二氧化钛渣、废过滤土或城市河流沉积物、污泥和硅粉等。煤矸石烧结砖品质较好,颜色匀称,抗折强度一般在 2.5～5MPa 之间,抗压强度通常在 9.8～14.7MPa 之间,还具有耐火抗冻、耐酸碱性能优异等优点,是很好的黏土砖代替品。

煤矸石烧结砖生产工艺主要包括原料制备、陈化处理、挤出成形、干燥与焙烧等环节。

a. 原料制备

原料制备采用破碎、筛分、粉磨及加水搅拌的处理工艺。

来自煤矸石堆棚的大块煤矸石首先要进行颚式破碎机粗碎,而后进入下道工序进行细碎(细碎设备通常采用锤式或反击式破碎机),细破碎后的煤矸石送入滚筒筛进行筛分,结合球磨和锤磨工艺,制得品质较好的合格料(粒度 ≤ 0.02mm)。

b. 陈化处理

搅拌好的原料送入陈化库进行陈化处理,经 3～4d 陈化后的原料由液压多斗取料机装运到胶带输送机上,运到成形车间的箱式给料机进行定量分配,向高真空搅拌挤出机给料。经陈化后的原料,其颗粒容易疏解,水分均匀,原料颗粒表面和内部性能更加均匀一致,塑性指数得到进一步提高(塑性指数的高低主要由原料中粒径小于 0.02mm 部分的颗粒比例来决定的),为成形挤出提供可靠的保障。

c. 挤出成形

经陈化后的原料通过箱式给料机送入搅拌挤出机,在搅拌机内进行二次加水、强力搅拌,原料水分一般控制在 12%～14%,采用连续挤压法,将无定形的松散原料挤压成紧实且有明显断面的条状,使物料性能满足全硬塑挤出成形需要。挤出的泥条经自动切条机、自动切坯机切割成所需规格的砖坯。

d. 干燥与焙烧

由于切割成形的砖坯含水率较高,所以必须经过干燥室干燥后才可入窑焙烧。干燥需要的热量一般可利用隧道窑余热,通过调节送风温度及风量大小,确保砖坯干燥质量。干燥好的砖坯送入焙烧窑中进行煅烧后,即为成品。此步是制砖的关键工序，煤矸石烧结温度一般在 900 ~ 1100℃ 之间，因此窑炉采用轮窑、隧道窑较为合适。

②生产轻骨料

煤矸石生产轻骨料也是一条重要的再利用途径。用煤矸石生产轻骨料的方法主要分为两种：一种是用烧结机生产烧结型的煤矸石多孔烧结料；另一种方法是用回转窑生产膨胀型的煤矸石陶粒，后者生产能耗较高，但该方法制得的产品品质较高、性能较强，非常符合当前市场需求，因此采用回转窑法生产煤矸石轻骨料逐步成为世界的主流。

回转窑生产膨胀型的煤矸石陶粒的主要工艺流程，如图 2-7 所示。

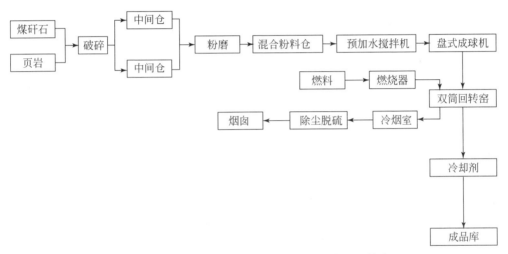

图 2-7　回转窑生产膨胀型的煤矸石陶粒的主要工艺流程

生产煤矸石陶粒所用的原料为煤矸石和页岩。其工艺流程大致为原料经破碎机破碎，按合适的配比用磨机粉磨后，送至粉料储存仓。接着采用预加水搅拌机、圆盘成球机形成大小相对均匀的料球，再经双筒回转窑烧成、冷却剂冷却后得到成品。过程中的烟气被风机抽入除尘脱硫器进行收尘、脱硫处理之后排放。

③生产硅酸盐水泥

水泥熟料通常是以黏土为主要原料配制，使用黏土烧制水泥能耗较高，开采黏土破坏植被、毁坏良田，而煤矸石的化学成分和黏土相似，可代替黏土用来生产水泥。此外，煤矸石含有部分未燃炭可提供一定的热值，减少耗煤，同时煤矸石中的少量微量元素有利于降低物质熔点，降低熟料烧成温度，可进一步减少燃煤消耗。由此可见，研究应用以煤矸石为原料生产硅酸盐水泥熟料，对于保护环境、降低生产成本具有重要的现实意义。

煤矸石生产硅酸盐水泥所用的配料，通常包括石灰石、煤矸石、淤沙和转炉渣。其生产步骤一般包括预处理、配料、制备生料，预热、分解，高温煅烧、冷却等。具体操作步骤为：

a. 将生产原料石灰石、煤矸石、淤沙和转炉渣分别破碎至 50mm 以下，储存在堆棚里。

b. 将石灰石、煤矸石、淤沙和转炉渣按一定的质量比例混合均匀后，投入烘干系统兼粉磨系统之中烘干和粉磨，控制成品水分含量 ≤1.5wt%，80μm 筛的筛余物 ≤16wt%，得到干粉状的生料。

c. 将均化后的生料喂入干法预分解窑进行预热、分解，在水泥回转窑中进行高温煅烧，煅烧温度为 1300 ~ 1450℃，煅烧 7 ~ 9min，得到液相量为 22% ~ 25% 的部分熔融状的物料，将熔融状的物料在篦冷机上用高压风机鼓风，以 40 ~ 50℃/min 的冷却速度冷却至 60 ~ 100℃，可制得硅酸盐水泥熟料。

2.2.2 尾矿的资源化处理

1. 概述

矿物固体废弃物对环境的影响是缓慢和日益积累的。长期以来，对矿物固体废弃物的处理没有得到足够的重视，导致环境保护领域各子行业的矿物固体废弃物处理发展相对滞后，对环境造成了持续的不可恢复的损害和污染。随着 2018 年我国《环境保护法》和《固体矿产绿色矿山建设导则》的实施，走绿色矿山建设之路是矿业企业的必然选择。这对矿山尾矿固体废弃物的绿色处理和综合利用提出了更高的标准和要求。

选矿中分选作业的产物中有用目标组分含量较低而无法用于生产的部分称为尾矿，其来自于各种矿山矿石经选别出精矿后剩余的固体废料。

不同种类和不同结构构成的矿石，需要不同的选矿工艺流程，而不同的选矿工艺流程所产生的尾矿，在工艺性质上，尤其在颗粒形态和颗粒级配上，往往存在一定的差异，因此按照选矿工艺流程，尾矿可分为如下类型：

①手选尾矿。因为手选主要适合于结构致密、品位高、与脉石界限明显的金属或非金属矿石，因此尾矿一般呈大块的废石状。根据对原矿石的加工程度不同，又可进一步分为矿块状尾矿和碎石状尾矿，前者粒度差别较大，但多在 100 ~ 500mm 之间，后者多在 20 ~ 100mm 之间。

②重选尾矿。因为重选是利用有用矿物与脉石矿物的密度差和粒度差选别矿石，一般采用多段磨矿工艺，致使尾矿的粒度组成范围比较宽。按照作用原理及选矿机械的类型不同，可进一步分为跳汰选矿尾矿、重介质选矿尾矿、摇床选矿尾矿、溜槽选矿尾矿等，其中，前两种尾矿粒级较粗，一般大于 2mm，后两种尾

矿粒级较细，一般小于 2mm。

③磁选尾矿。磁选主要用于选别磁性较强的铁锰矿石，尾矿一般为含有一定量铁质的造岩矿物，粒度范围比较宽，一般从 0.05mm 到 0.5mm 不等。

④浮选尾矿。浮选是有色金属矿产的最常用的选矿方法，其尾矿的典型特点是粒级较细，通常在 0.5~0.05mm 之间，且小于 0.074mm 的细粒级占绝大部分。

⑤化学选矿尾矿。由于化学药液在浸出有用元素的同时，也对尾矿颗粒产生一定程度的腐蚀或者改变其表面状态，一般能提高其反应活性。

⑥电选及光电选尾矿。目前这种选矿方法用得比较少，通常用于分选砂矿床或尾矿中的贵重矿物，尾矿粒度一般小于 1mm。

2. 尾矿化学处理资源化利用

(1) 铁矿石尾矿制备硅源合成介孔材料

铁矿石尾矿作为铁矿石开采过程中的一种废渣，长期以来被视为废弃物，占用大量土地，造成环境污染。为了实现铁矿石尾矿减量、再利用和再循环，许多研究者一直在寻找可行的高效利用措施。目前铁矿石尾矿的实际应用主要集中在建材制造、有价元素回收、回填和土壤复垦领域。然而，铁矿石尾矿的功能利用存在着环境负荷大、流程复杂、成本高等缺点。

由于地域差异，铁矿石尾矿的构成也各不相同。一般来说，铁矿石尾矿主要由石英、长石、辉石、云母、方解石等组成，典型铁矿石尾矿的化学成分包括 SiO_2、Al_2O_3、CaO、Fe_2O_3、MgO 和 Na_2O。通常，高硅铁矿石尾矿是分布最广的铁矿石尾矿之一，其中 SiO_2 占化学成分的大部分。值得注意的是，大多数铁矿石尾矿矿物具有与天然非金属矿物相同的硅氧四面体基本结构单元，表明铁矿石尾矿具有潜在的可调框架结构。对于高硅铁矿石尾矿，Si 元素含量高（>70%）以及更多的硅氧四面体，为铁矿石尾矿作为低成本硅源制备功能硅酸盐提供了可行性。铁矿石尾矿已被用作硅源合成介孔材料，如分子筛。

目前，纺织、造纸、橡胶、皮革等行业的合成染料给人类和水生生物带来了极大危害，有必要开发在废水排放前降低染料浓度的技术。近年来，吸附法去除染料的技术受到了相当大的关注。介孔硅酸锌具有成本低、热稳定性和化学稳定性高、可调节的吸附孔径和环境友好等优点，被认为是一种高效的吸附剂。以高硅铁矿石尾矿为原料合成中孔硅酸锌复合材料，无需模板剂或表面活性剂辅助。

首先，将铁矿石尾矿样品球磨，研磨成粒径小于 $74\mu m$ 的粉末。将铁矿石尾矿粉末（2.0g）均匀分散于 30mL 硅酸钠溶液中（0.50mol/L），在磁力搅拌和超声波作用下，获得均匀悬浮液 A。然后加入 30mL，0.5mol/L 醋酸锌溶液到悬浮液 A 中，得到灰色悬浮液 B。悬浮液 B 密封在聚四氟乙烯衬里的高压反应釜中，并在 180℃下进行水热处理 12h。样品冷却至室温后，通过过滤获得最终产品，用去离子水彻底冲洗。

工业废料铁矿石尾矿可以通过一步水热反应成功转化为新型硅酸盐。

（2）石墨尾矿提纯钒

2017 年，全球石墨矿产量约为 1.5 亿 t。我国是石墨矿生产大国，石墨矿基本储量占世界的 43%（2017 年累计产量 8100 万 t，图 2-8）。然而，开采铜铅矿会产生大量的石墨尾矿。经过多年开采，已使石墨尾矿产生的固体废弃物堆积，导致矿山周围环境恶化和水土流失。石墨尾矿的危害性日益受到重视，对其进行绿色处理和综合利用已成为现阶段该领域的研究热点。

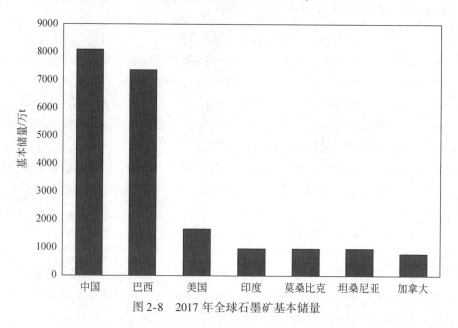

图 2-8　2017 年全球石墨矿基本储量

钒作为具有重要战略意义的稀有金属，在航空工业、国防尖端工业、原子能工业等领域得到越来越广泛的应用，是一种不可缺少的重要资源。

石墨矿中伴生的钒绝大部分都进入尾矿中，若随尾矿被废弃，将造成钒资源的巨大浪费。对金溪石墨尾矿提钒技术的研究，对促进石墨尾矿的开发，提高我国钒资源的保障程度具有重要现实意义。

金溪石墨尾矿是目前唯一发现的含钒石墨尾矿类型，并且含钒品位较高。根据金溪石墨尾矿中钒的特点，结合石煤提纯钒的工艺技术，制定了从金溪石墨尾矿中提钒的试验方案，其原则工艺流程如图 2-9 所示。

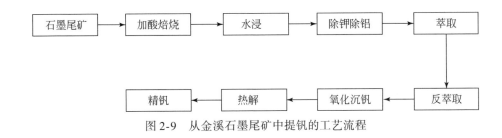

图 2-9　从金溪石墨尾矿中提钒的工艺流程

①加酸焙烧–水浸

原料配比：100g 石墨尾矿样品、10mL 浓硫酸和适量的水。

实验条件：称取石墨尾矿样品置入坩埚中，加入硫酸和水混合均匀，设置马弗炉温度为 550℃，焙烧 3h，然后取出自然冷却。将冷却后的焙烧产物置于烧杯中，加入 500mL 水，于 90℃恒温水浴中搅拌浸出 2h，使钒以离子形式转入溶液中，然后将渣滤出。在此实验条件下，钒的浸出率可达 95.4%~95.6%，得到的滤渣量超过 80g。

②除钾除铝

焙烧产物的浸出过程中，石墨尾矿中的 Al_2O_3、Fe_2O_3、K_2O 等组分也会随钒一起溶出，以 K^+、Fe^{3+}、Al^{3+} 的形式进入浸出液中，所以在提钒前必须对浸出液进行净化处理。实验采用冷凝结晶和加氨水络合的方法，使钾和铝以钾明矾 $[K_2SO_4·Al_2(SO_4)_3·24H_2O]$ 和铵明矾 $[(NH_4)_2SO_4·Al_2(SO_4)_3·24H_2O]$ 的形式结晶出来（钒不参与结晶），达到除钾除铝的目的。

实验方法：先将浸出液浓缩到所需浓度，放入 5℃左右的冰箱中冷凝 24h，使钾和部分铝结晶成钾明矾晶体，然后将钾明矾晶体从浸出液中分离出来。分离出钾明矾晶体之后的浸出液中还有部分铝离子存在，通过加入一定量的氨水，同时加入适量的浓硫酸以补充 SO_4^{2-}，使剩余的铝离子被铵根离子和硫酸根离子络合成铵明矾晶体而得以分离。

根据实验，加氨水络合的最佳条件为浸出液、浓硫酸、氨水的体积比为 50∶3.1∶7（溶液 pH 在 1 左右）。

按照上述方法，处理 100g 石墨尾矿，可获得钾明矾 $[K_2SO_4·Al_2(SO_4)_3·24H_2O]$ 9.2g、铵明矾 $[(NH_4)_2SO_4·Al_2(SO_4)_3·24H_2O]$ 23.2g。

③萃取和反萃取

通过焙烧–浸出的方法，将含钒白云母中的钒转变为水溶性或酸溶性的含钒离子团 [如 $HV_{10}O_{28}^{5-}$、$VO_3(OH)^{2-}$、$V_2O_7^{4-}$、$V_4O_{12}^{2-}$、VO_3^- 等] 后，用有机萃取剂（85% 煤油+5% TBP+10% P204）将浸取液中的钒离子转移至有机相中，从而使得钒与其他金属离子分离开来（其他金属离子大都不能进入有机相）。再用反萃取剂（0.5mol/L 的 Na_2CO_3 溶液）进行反萃取，使钒从有机相转入水相中。

实验方法：使水相（浸出液）与有机相（萃取剂）的体积比为 4∶1。调整混合液的 pH 在 2～3，于分液漏斗中振荡、静置，使钒从水相转入有机相中，然后测萃余液（水相）中残余钒的含量。对萃取液（有机相）按照水相（反萃取剂）与有机相的体积比为 1∶4 的条件进行反萃，使钒转入水相中，然后测水相中钒的含量。

结果表明，萃取–反萃取的最佳 pH 为 2.6，在此条件下，浸出液经过 3 次萃取，钒的总萃取率达到 87.6%；萃取液经过 1 次反萃取，钒的反萃取率达到 99.9%。

④氧化沉钒

反萃取液中的钒为四价钒，在沉钒之前需将其用氯酸钠氧化成五价。氧化后在搅拌条件下，用氨水调溶液 pH＝1.9～2.2，然后在 90～95℃下继续搅拌 1～3h，沉淀出多钒酸铵（红钒），沉淀率可达到 99.0%。

试验表明：pH 控制在 2 左右可获得最高沉淀率；提高温度可加速钒的沉淀；搅拌能使沉淀物均匀扩散，提高反应速度，特别是在沉钒后期溶液中钒浓度不断降低时，搅拌的影响更明显。

沉淀出的红钒经洗涤后，在氧化气氛中于 500～550℃下热解 2h，可得到棕黄色或橙红色粉状精钒产品。

采用加酸焙烧–水浸–除钾铝–萃取–反萃取–氧化沉钒处理金溪石墨矿浮选尾矿，钒的浸出率、萃取率、反萃取率和沉淀率可分别达到 95.5%、87.6%、99.9% 和 99.0%，同时可获得浮选尾矿产率分别为 9.2% 和 23.2% 的钾明矾和铵明矾。

（3）尾矿生产微晶玻璃

建筑装饰中所用的微晶玻璃是一种新型的人造石材，由于其结合陶瓷和玻璃材料的优点，在抗折强度、光泽、耐酸碱度、无放射性等方面具备优良的性能，并且可采用微晶玻璃制造成各种异形异色、花样美观的装饰产品。微晶玻璃广泛应用于建筑物内外墙壁、地面、柱面、桌面等装饰。目前国内外微晶玻璃大都采用纯化工原料，或少量加入废玻璃作为生产原料，成本较为昂贵，无法满足日益增长的需求，不利于市场推广。

在尾矿资源综合利用过程中，有一道工序可以将尾矿（渣）制备成微晶玻璃。尾矿中富含 SiO_2、Al_2O_3、$CaCO_3$ 等资源的非金属矿物，可以通过现有的成熟工艺生产制备微晶玻璃。以中宏利"尾矿综合利用与治理"项目为例：早期利用尾矿只是生产一些地面砖、水泥添加剂等，工艺简单，产品附加值低。

尾矿制作微晶玻璃的方法，包括下列原料的质量比组分：铁尾矿 32～40 份、金尾矿 20 ~ 30 份、钠长石 6 ~ 10 份、石英砂 20 ~ 30 份、硼砂 2 ~ 5 份，氧化钡 2 ~ 3 份。经过粉碎并研磨后，高温制成玻璃液，再使用成形模将玻璃液快速浇注到成形模，最终得到产品（林天祥等，2014）。

2.3　交通和建筑领域块状固体废弃物的化学处理技术

近年来，我国的基建突飞猛进。一方面，加快基础设施建设能够推进经济社会发展；另一方面，建设过程中会产生大量的固体废弃物，尤其是交通和建筑领域中新建筑物的建设以及旧建筑物的维修、拆除等，且所产生的垃圾大多为块状固体废弃物。我国处理块状固体废弃物主要以传统的土地填埋方式为主，但这种处理方式不仅会占用大量的土地资源，还会消耗大量的能耗，其最主要的负面影响是这些固体废弃物中含有各种污染成分，会不同程度地威胁到生态环境以及人类的和谐健康发展。

只有合理回收建设过程中产生的块状固体废弃物，使其再生循环利用，才能大大提高其资源利用效率，才能保护和改善我国的生态环境，实现可持续发展，促进资源节约型、环境友好型社会的建设和发展（刘兴宝等，2019）。

交通和建筑领域的块状固体废弃物主要有废旧混凝土、废旧玻璃、废旧木材、废钢筋、废沥青、废橡胶等。

2.3.1　废旧混凝土的再生与处理

1. 概述

废旧混凝土的排出量在交通和建筑业的块状固体废弃物中占很大比重。随着基础设施建设的不断推进，我国每年因建筑物的建设和改造都会产生大量的废弃混凝土；这些废弃混凝土大多按照传统方式处理，堆积在城市郊区及河流周边，不仅占用了大量土地资源，还严重影响了生态环境。因此，对于建筑废旧混凝土的资源化利用尤为重要。目前主要是采用再生混凝土技术将其回收利用（骆行文等，2007）。

2. 再生混凝土技术

再生混凝土技术是指对废弃混凝土块进行破碎、清洗、分级等一系列预处理步骤后，按一定的比例混合形成再生骨料，可部分或全部代替天然骨料来配制出新混凝土。

　　再生混凝土技术的大致流程为：首先采用凿岩机、电镐等工具对废旧混凝土进行预处理，去除其中的钢筋、塑料、木块、沥青环氧树脂等杂质；然后经过破碎机破碎成需要的粒径，通过水洗、鼓风等操作除去破碎过程中产生的水泥灰、强度较低的松散水泥浆和砂浆；最后采用振动骨料器过筛，得到相应粒径的再生骨料，可按照粒径大小将其分为粒径为 5 ~ 40mm 的再生粗骨料和粒径为 0.15 ~ 2.5mm 的再生细骨料，这两种再生骨料均可用于再生混凝土的配制中，使得再生混凝土的工作性能、力学性能以及耐久性能等均有所提升（任冬燕，2007）。

　　因此，将废旧混凝土经再生骨料配制得到的新混凝土运用到交通和建筑领域施工中，不仅可以帮助企业提高废弃混凝土的资源化利用率，还能够降低建筑固体废弃物排出量，促进建筑经济与生态环境的和谐发展，是工程技术绿色发展的必然要求。

2.3.2　废旧玻璃回收与处理

1. 概述

　　玻璃属于非晶体，没有固定的熔点，只有熔程，在 600 ~ 800℃ 时开始软化，温度越高，其流动性也越好。建筑玻璃主要是硅酸盐玻璃，其主要成分为 SiO_2、CaO 和 Na_2O，还有少量 Al_2O_3 和 MgO 等，建筑玻璃以石英砂、纯碱、石灰石、长石等为主要原料，此外还可以加入助熔剂、澄清剂、脱色剂等少量辅助原料，使玻璃具有某种特性。因此废旧建筑玻璃如果长期露天堆放或填埋，就会导致其中的铬、锰、镍等有害元素大量释放，不仅会导致土壤和水源严重污染，甚至还会危害人类身体健康（唐雪娇等，2018）。

　　回收再利用废旧玻璃尤为重要。研究发现，废旧玻璃可用于制备泡沫玻璃材料。泡沫玻璃具有均匀分布的闭孔和开孔结构，属于多孔分散体系，具有轻质高强、吸音、防火、防水、化学性质稳定、无毒、耐腐蚀、易于加工、寿命长等优异特性，在吸音降噪、石油化工等领域具有广泛应用。

2. 废旧玻璃的处理方法

　　以废旧建筑玻璃为主要原料、碳酸钙为发泡剂、硼酸为助溶剂，先将玻璃粉体、碳酸钙和一定的助溶剂按比例混合，再加入一定量的自来水作为成形黏结剂，球磨后制成混合料，然后取适量混合料置于模具中压制成合适大小的坯体，将坯体置于电炉内，经升温、保温、随炉冷却后，可制得泡沫玻璃。

2.3.3 废旧木材的再生与处理

1. 概述

废旧木材一般是指在生产、加工、使用过程中造成旧损的木材，以及废弃的木料或木制品等。根据相关调查发现，废旧木材的生成主要来源于建筑用料、房屋拆迁以及废旧家具。

由于木材是建筑中广泛使用的材料，随着我国城市的快速发展，废弃木材也日益增多。目前，国内外废旧木材的处理方式主要有两种：直接废弃处理和资源化处理。首先，直接废弃处理是指将废旧木材做焚烧、填埋等传统方式处置，不过当前大部分国家已经立法严禁直接焚烧废旧木材。另外，废旧木材的资源化处理则是指运用一系列先进的技术对木材废弃物进行生产、加工以及再次合成，使其成为再生资源被循环利用，这样不仅可以实现废旧木材资源的产业化利用，有效缓解资源短缺压力，而且有利于减少固体废弃物对环境的污染和温室气体的排放。

2. 废旧木材的资源化处理

一部分从建筑物上面直接拆卸下来且没有经过防腐处理的废旧木材，在对其清洁处理后，可以直接当做木材重新利用，如加工为栅栏、地板、楼梯等；另一部分则是运用防腐剂处理过的废旧木材，由于广泛应用含有少量毒性的防腐剂，例如铜铬砷、五氯苯酚等，虽然可以有效防止真菌、昆虫等一系列破坏以及延长使用寿命，但如不妥善处理，则会对人类和环境造成严重的危害。近年来，国内外不断探索和研发，找到了多种方法去除废旧木材中的防腐剂，使其具有更大的利用价值。如热处理技术、化学修复技术、电渗析修复技术等（王罗春等，2017）。

（1）热处理技术

运用热处理技术处理废旧木材，既可以将其安全地减量，又可以回收热量，主要分为三种工艺：燃烧（焚烧）、气化和热解。①燃烧主要是在高温和高浓度氧含量的条件下进行，其产生的热能量大的可以用于发电，热能量小的可供加热使用；②气化在高温、低浓度的氧含量条件下就可以进行，废旧木材经气化得到的燃料气可以为内燃机等机器发电提供燃料；③热解进行的条件为低温缺氧，可以得到燃料气、燃料油、固体残渣等，其中前两者可贮藏或远距离输送，后者由于具有一定热值，可作为燃料添加剂或道路路基材料等。

（2）化学修复技术

化学修复技术是通过无机或有机酸、氧化剂或螯合剂将从木材中的有毒组分淋洗到液体中的一种技术，例如，经五氯苯酚处理后的废旧木材，用氢氧化钠淋洗可将其中的五氯苯酚转化为可溶性的氯苯酚盐除去；用硫酸淋洗铜铬砷防腐处理后的木材，可有效提取出其中的铜、铬、砷，去除率可达96%、90%、98%，修复后的木材则可直接用作堆肥原料或者焚烧回收能量（朱世杰等，2017）。

（3）电渗析修复技术

电渗析修复技术主要是运用低压直流电将污染基质中的重金属去除，当有外电流通过时，带电粒子在电迁移作用下，由于所带电荷不同向，相应电极移动并发生取代，这是一种比较新的修复工艺。以对经铜铬砷防腐处理后的废旧木材修复为例，研究发现，2.5%草酸溶液预处理下的效果是最好的，其中铜、铬、砷的去除率可分别达到93%、95%、99%。

2.3.4　废钢筋的回收与处理

1. 概述

钢筋是指钢筋混凝土用和预应力钢筋混凝土用钢材，其横截面为圆形，有时为带有圆角的方形。主要包括带肋钢筋、光圆钢筋、扭转钢筋。

废钢筋处理方法与材质和形状有关。易碎且形状不规则的大块物料，一般采用重锤将其击碎。特厚、特长的大型废钢，则可以用火焰切割器切割成合格的尺寸。对于更大的废钢铁块料，则经常采用爆破法爆碎。厚废钢板和条钢、型钢，采用剪切机进行剪切。废薄板边角料等密度较小的轻料，可用打包机压缩成块体后用作炼钢的原料。

直接利用是钢材最为有效的再利用方式，一般情况下采用机械加工，常用机械为压包机、切割机等。废钢主要用于长流程转炉中的炼钢添加料或短流程电炉的炼钢主料。若受条件限制不适用于直接利用，应将废钢筋融化后用于新钢制作。目前，国内外废钢筋的资源化利用率是建筑固体废弃物中最高的（姜健等，2013）。

2. 废钢炼钢

研究发现，将废钢进行筛选、定尺，装入铸型内，并在120~200℃下对铸型预热，将水分去除，在熔炉内熔化为生铁铁水，再将铁水浇铸到装有废钢的铸型内，待铁水凝固，得到废钢和生铁融为一体的金属熔合块后，可用于电炉或者转炉炼钢。

该方法可以减少废钢在炼钢过程中的氧化，降低金属损耗，提高废钢的回收率；提高废钢的密度，减少加料次数，同时便于废钢直接进入熔池，有利于废钢熔化；为冶炼熔池提供能源，提高冶炼效率。

2.3.5 废沥青的再生与处理

1. 概述

沥青是一种黑褐色的复杂混合物，由不同分子量的碳氢化合物及其非金属衍生物组成，并具有不同的形态，可分为液态沥青和固态沥青，在常温状态下为凝固的固体，表面呈黑色，可溶于二硫化碳。沥青是一种防水、防潮、防腐的有机胶凝材料，主要用作道路施工材料和房屋防水材料。若无特殊说明，此节主要讲的是块状固体沥青。

由于沥青具有良好的特点及使用性能，因此大部分道路路面建设都采用沥青。但是沥青路面会因为老化、养护改造等作业产生大量的废旧沥青路面材料，若将其废弃，不但浪费土地资源，而且会导致较严重的环境问题。废旧沥青的再生问题已成为一个非常重要的研究课题。

2. 废沥青的再生工艺

目前废沥青的再生包括冷再生与热再生两种生产工艺，其中冷再生工艺只适用于小修一些要求不高的道路，应用范围和意义并不是很大，而热再生工艺主要应用于城市道路的沥青路面维修，应用范围广。但是传统的热再生工艺回收的沥青的稳定性和回收率并不理想，且在回收过程中产生废气，污染环境。研究发现，将废旧沥青路面材料掺杂在新沥青混合料中再生利用，不仅可以显著节省成本，还可降低建设过程中产生的碳排放量，沥青路面回收是一种技术上可行的施工和修复技术。在大多数情况下，合理添加回收材料的混合料与传统路面的性能表现类似，甚至比传统的路面结构层要好很多。废旧沥青路面再生技术具有资源节约、环境友好、社会经济效益明显等优点，现已被广泛研究和推广应用（李清富等，2019）。

以一种热再生工艺回收废旧沥青为例，步骤如下：

先将收集的废旧沥青回收料中的杂物去除，再对新集料和填充料的混合物进行加热预处理，得到混合热新料；然后在废旧沥青回收料中加入沥青软化剂和促进剂，混合后得到混合回收料，并将其和混合热新料搅拌均匀至充分混合后，可得到拌和再生混合料；将加热后的新沥青和掺拌改性剂按一定比例混合，然后将其与拌和再生混合料充分搅拌，混合均匀后，即可得到新的沥青。

目前，我国对再生沥青路面的应用研究尚不成熟，还存在一系列问题，如废旧沥青混合料的利用率提高、再生剂性能和推广应用程度等方面还需要进一步研究和改进。

2.3.6　废橡胶的回收与处理

1. 概述

橡胶是一种高弹性聚合物材料，具有可逆形变特性，主要分为天然橡胶与合成橡胶两种。天然橡胶是从橡胶树、橡胶草等植物中直接提取胶质后加工制成；合成橡胶则是由各种单体经聚合反应而得。废橡胶主要来源于废轮胎，在轮胎运行过程中胎面与地面连续进行高频率摩擦，加之紫外线等使用环境因素的影响会发生老化，从而导致轮胎不能正常安全使用，只能报废处理。

废轮胎是一种高热值材料，常被人们称为"黑色污染"——将大量的废轮胎收集起来进行填埋或燃烧，不仅会污染生态环境，还会对人们的身体健康造成一定危害。因此，废轮胎的回收再利用尤为重要。对废轮胎进行二次加工处理和再利用，决定着废橡胶领域的再循环。这里以废轮胎为例，对废橡胶的回收再利用加以介绍。其处置方法主要包括翻新再利用、生产胶粉、加工再生胶、热解工艺等。

2. 废橡胶的回收再利用

（1）翻新再利用

废轮胎可直接用于公路或者建筑物的防护栏、水土保护栏、消声隔板等，但这些利用方式所能处理的废轮胎量有限，因此轮胎翻修引起了人们的普遍重视。废轮胎每翻新一次可提高轮胎 60% ~ 90% 的使用寿命，不仅促使废轮胎的减量化，还可以节约橡胶原材料（徐阳阳等，2020）。

废轮胎翻新是指通过打磨等方法除去旧轮胎的胎面胶，再经过局部修补、加工、复胶之后，进行硫化，恢复其使用价值的一种工艺流程。目前，我国工艺设备自动化程度低，比较落后，而且制造精度不高，产品性能差，企业规模也比较小。

（2）生产胶粉

胶粉大部分来源于废轮胎，是通过整体粉碎废轮胎得到的一种粒度极小的橡胶粉粒。

通过废轮胎生产胶粉的方法有两种：低温冷冻粉碎法和常温粉碎法。粉碎废轮胎要先进行分拣、切割、清洗等预处理工序；预处理后的废轮胎需进一步分选，割去侧面钢丝圈后投入开放式的破胶机破碎成胶粒，利用电磁铁将钢丝分离出来，剩下的钢丝圈投入破胶机碾压，将胶块与钢丝分离，接下来用振动筛分离出所需粒径的胶粉。剩余粉料可通过旋风分离器除去帘子线。

以液氮为冷冻介质为例，其工艺流程有两种：一种为废轮胎的超低温粉碎流程；另一种为废轮胎的常温粉碎与超低温粉碎流程。相比较而言，第一种流程粗碎生热影响较大，因此粗碎后必须再用液氮冷冻，而第二种流程比第一种可节省液氮的用量，但有多次粗碎与磁选分离，设备投资增大。

精细胶粉的制造则需要两种方式结合使用。经分级处理可制得精细粉料，从中可提取出符合规定粒径的物料，将这些物料经分离装置去除纤维杂质即可装袋制得成品。部分成品可进行改性处理。表面改性主要是利用物理、化学等方法将胶粉表面改性，改性后的胶粉能与生胶或其他高分子材料等很好地混合，虽然复合材料的性能与纯物质类似，但可极大降低生产成本，同时可回收利用，节约资源，减缓环境污染问题。目前世界上处理胶粉的技术有：在胶粉粒子表面吸附配合剂与生胶交联；在胶粉表面吸附特定的有机单体和引发剂后，在氮气中加热反应，形成互穿聚合物网络与生胶配合；胶粉表面进行化学处理后利用官能团与生胶结合；在粗胶粉表面喷淋聚合物单体后经机械粉碎，产生自由基与单体接枝反应。改性处理后的胶粉易与热沥青拌和均匀用于铺设路面，且不易发生离析沉淀，有利于管道输送、泵送等（赵由才等，2019）。

（3）加工再生胶

再生胶是以废橡胶为主要原料，经过粉碎、加热、机械处理等一系列物理化学过程加工成、有一定塑性和黏性、能重新使用的橡胶。它不仅具有高度分散性和相互掺混性，还有良好的塑性、流动性、耐热性等特性，所以主要利用废橡胶来生产再生胶，生产工艺主要有高温动态脱硫法、油法、水油法等。

①高温动态脱硫法

不管是天然橡胶，还是合成橡胶，均可脱硫。硫化胶的再生是生产再生胶的关键步骤，其主要工艺为硫化胶在热、氧、机械力和化学再生剂等的综合作用下发生降解反应，使硫化胶的立体网状结构得到破坏，从而使废橡胶的可塑性得到一定程度的恢复，达到再生目的。此法脱硫时间短，生产工艺设计较为简单，无污水排放，对环境污染比较小，但设备投资较大，脱硫工艺条件要求也非常严格，适合于多种废胶品种和中大规模的生产。

②油法

油法工艺流程要求废胶要先经过切胶、洗胶等预处理工序，再进行粉碎、纤维分离、拌油、脱硫、捏炼、滤胶、精炼等一系列步骤，最终得到成品。此法工艺简单，无污水污染，投资运行成本低，但再生效果差，再生胶性能偏低，对胶粉粒度要求小，仅适用于小规模生产。

③水油法

水油法流程与油法流程有许多相似之处，但该法工艺较为复杂，生产设备数量多，建厂运行成本较高，对胶粉粒度要求较小，且有污水排放，应增设污水处理设施。但再生效果较好，再生胶品质好，适用于轮胎类等品种的大中规模生产。

（4）热解工艺

热解也称为热裂解，是指在隔绝氧气的状态下使废轮胎高温热裂解，得到燃料气、富含芳烃的油，以及炭黑等有价值的化学产品。一种常见的废轮胎热解工艺流程见图 2-10。

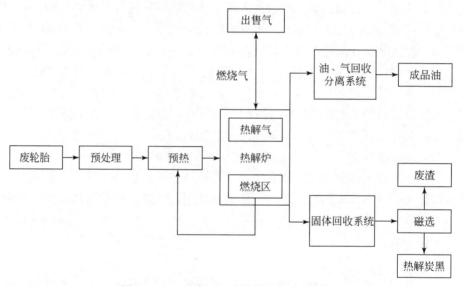

图 2-10 一种常见的废轮胎热解工艺流程

热解方法可极大提高废轮胎的回收利用率，解决了"黑色污染"，实现废轮胎的二次利用，但热解装置的成本偏高，热解炉耗能较大，因此热解技术装备和工艺还要经过进一步改进优化，才能进行大规模地推广应用。

2.3.7 交通和建筑领域块状固体废弃物的处理中存在的问题

我国作为人口大国，伴随着城镇化建设和工业化发展，在发展建设过程中所产生的块状固体废弃物数量巨大，且逐年增长，但处理方式仍处填埋和堆放的传统阶段，不仅对生态环境造成了很大破坏，还使人们的身心健康受到了很大威胁。目前面临的最大问题，就是现有的资源化利用设施处置能力相对不足，资源化利用率低。

因此，应在各个行业的实际生产和建设中，优先考虑较为清洁的原材料和能源，优化各物料配比，探索最优生产工艺路线，开发并利用一些先进的生产设备，尽可能地减少建设过程中出现的固体废弃物，尽量避免在生产建设过程中产生有害物质，从而实现对固体废弃物的源头控制。然而，对于已经产生的固体废弃物来说，政府部门应当加强管理，敦促企业大力发展并采用先进的处理技术将其回收利用，变废为宝，不仅可以提高城市环境质量，而且符合我国绿色发展、经济资源环境协调可持续发展的理念。

2.4　其他块状固体废弃物的化学处理技术

2.4.1　废塑料的再生与处理

1. 概述

塑料是石油化工衍生的有机合成高分子材料，与其他材料相比，具有重量轻、耐腐蚀、比强度高、绝缘性能优异、化学稳定性能优良、易加工、成本低廉等优点。随着工业化进程的不断发展，塑料制品得到了非常广泛的应用，改善了人们的生产生活。但绝大多数塑料制品使用寿命简短，仅 1 ~ 2 年，使得废弃塑料数量急剧增长。据相关数据统计，自 2009 年至 2018 年，全球塑料生产总量高达 30.61 亿 t，其中我国塑料生产总量约 6.40 亿 t，约占全球总产量的 20.92% 左右。

根据塑料的不同理化性质，可分为热固性塑料和热塑性塑料两类。

热固性塑料是一次加热塑型制品，以热固性树脂为主要成分，辅以必要的添加剂，在首次加热时会发生交联聚合反应，从液态变成固态并硬化，且该过程不可逆，即使再次加热也不会重新液化。热固性塑料在生产生活中的应用要少一些，用量约占全部塑料的 10% ~ 15% 左右，常见的热固性塑料包括酚醛塑料、氨基塑料、醇酸塑料、环氧塑料、不饱和聚酯等。

热塑性塑料可以反复加热重塑，以热塑性树脂为主要成分，辅以多种助剂，在加热时软化流动，可塑制成任意形状，待冷却后硬化，该过程属于物理变化，是可逆的。常见的热塑性塑料包括聚乙烯（PE）、聚丙烯（PP）、聚氯乙烯（PVC）、聚苯乙烯（PS）、聚四氟乙烯（PTFE）等。日常生产生活中使用的塑料，大部分都属于热塑性塑料，如人造革、电线包皮、工业管道、医疗用具、儿童玩具等各种日用品。

2. 废塑料的热解处理

(1) 原理及基本工艺

废塑料的热解处理主要适用于聚乙烯、聚丙烯、聚苯乙烯等聚烯烃类热塑性废塑料，热固性废塑料不适宜作热解原料。PET、ABS 树脂，其分子结构中含有氮、氯等元素，热解会生成有害或腐蚀性气体，也不适宜作热解原料。

在高温条件下，废塑料聚合物发生分子链断裂，会生成分子量较小的混合烃，经过蒸馏分离、催化反应等，可制得石油类产品。聚乙烯废塑料在 350℃ 左右开始热解，在 500℃ 左右结束反应，其裂解程度完全，几乎没有残渣生成。聚氯乙烯废塑料热裂解反应分为二段进行，在 230℃ 左右开始发生脱氯反应，进一步加热至 330℃ 左右开始发生二段断链反应，在 500℃ 左右反应结束，其反应率约为 70%，会有约 14% ~ 20% 的残渣生成。聚苯乙烯废塑料在 300℃ 左右开始热解，在 430℃ 左右结束反应，会有约 5% ~ 10% 的残渣生成（聂永丰等，2012）。

(2) 裂解分类

①热裂解

热裂解指仅依靠高温加热分解废塑料，在适宜温度下可生成 $C_1 \sim C_{44}$ 的燃料气、燃料油和固体残渣。此法产生的热解气、热解油中，石蜡、重油和焦油的含量较多，常温时黏度较大，易固化，不易作为燃料油直接使用，需要进一步处理，制备品质较高的燃料油。

②催化热解

催化热解是将催化剂与废塑料同时加入反应器中，催化剂全程参与反应，直接催化废塑料裂解。因为有催化剂的存在，可极大提高反应速率，有效缩短反应时间、降低反应温度。同时，催化剂可提高对产物馏分的选择性，显著改善产品品质。废塑料催化裂解常采用硅铝类催化剂和 H-Y、ZSM-5、REY 等各类沸石催化剂。

③热解-催化

热解-催化裂解工艺流程如图 2-11 所示，分为热裂解和催化裂解两段，通过热裂解得到重油，将其收集在一起；集中进行催化裂解处理，可得到品质较高的燃料汽油。此法可与催化热解相比，热解所得重油杂质较少，可减少催化剂用量、减缓催化剂中毒失活，同时此法对反应设备的要求较低，可大幅降低运行成本。

3. 废塑料的资源化处理

废塑料种类繁多、成分复杂，且自身难以降解，传统的处理方法如焚烧法、

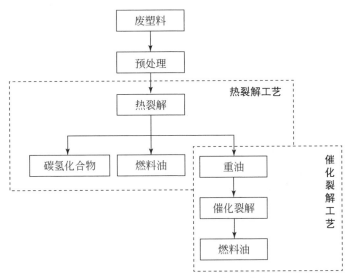

图 2-11　废塑料热解–催化裂解工艺流程

填埋法，易产生严重环境污染、破坏土壤和空气，影响人类身体健康，因此废塑料再生利用技术研究具有重要意义。

（1）废塑料的预处理

废塑料回收利用的第一步是对其进行预处理，主要包括分类、分选和破碎三步。分类是指在废塑料的收集过程中应按照原材料种类、制品形状等进行分类收集。人工分选需要具备鉴别塑料品种方面的知识，废塑料成分复杂，理化性质不同，在回收利用前需要进一步的分选，分选技术还有很多，如磁选法、筛分法、比重法及近红外分离法等。分选后的废塑料一般需要进行破碎或剪碎，便于后续造粒等进一步处理。

（2）废塑料再生

此法主要适用于热塑性塑料，将收集到的单一或混合废塑料高温熔炼，添加适量的改性剂，再次加工成塑料原料或塑料制品。目前常见的改性填料分为无机填料和有机填料两类，无机填料主要包括滑石粉、粉煤灰、赤泥等，有机填料主要包括木屑、麦秆、稻壳等。这些填料经过表面活化处理后，能够很好地与废塑料复合，可提高再生塑料制品的稳定性。

我国于 20 世纪 80 年代就制成了"合成木材"，在废塑料高温重塑过程中，加入一定比例的锯木屑改性填料和其他无机物，这种材料可像真实木材一般使用，且具有质轻、强度高、导热性低等优点，被广泛用于家具、建筑及外包装等方面。

（3）废塑料热能利用

废塑料发热量可达 33000kJ/kg 以上，与同类的燃料油类相当，是理想的燃料。废塑料成分复杂，含氯塑料直接燃烧会对燃烧炉造成腐蚀，且存在尾气污染等问题。为了解决此类问题，可将废塑料破碎、粉碎成粉末，混配多种可燃垃圾（如废纸张、果壳、木屑等）调制成热量均一的固体燃料，这种燃料可有效稀释废塑料的氯含量。

（4）废塑料生产建筑材料

废塑料生产建筑材料具有广阔的发展空间，是废塑料再生利用的重要途径。目前，利用废塑料生产新型建材产品的研究很多，包括废旧聚乙烯塑料生产轻质建筑模板、废旧聚氯乙烯塑料生产塑料油膏、废旧聚苯乙烯塑料生产防腐涂料、废旧塑料生产色漆等。

①废旧聚乙烯塑料生产轻质建筑模板

轻质聚乙烯建筑模板是以废旧聚乙烯塑料为主要原料，配以一定比例的其他种类塑料，再添加适量的稳定剂、引发剂、成核剂和发泡剂，经过粉磨、混料、重塑成型等工序制得。

原料组分：废聚乙烯塑料配比应高于 30%，其他部分可以其他类型塑料进行补充。生产中常用的稳定剂为水溶性的聚醚硅氧烷或丙烯酸类表面活性剂，引发剂为过氧化二异丙苯或 2，5-二甲基-2，5-二（叔丁基过氧基）己烷，成核剂为苯甲酸钠或滑石粉；发泡剂为对甲苯磺酰氨基脲、偶氮二甲酰胺或碳酸氢铵。

具体生产步骤为：

a. 将收集的废聚乙烯塑料、混杂废塑料磨粉、清洗、熔炼制成团粒，备用。

b. 取废塑料原料与配比好的改性剂、发泡剂、稳定剂、成核剂、引发剂全部置于低混机内进行混料，混料时间至少为 5min，得到的混合生料备用。

c. 按照废聚乙烯塑料粉、混料粉、增强网、混料粉、废聚乙烯塑料粉的顺序铺设物料，设置制模模具上下版温度为 190～240℃，启动压机合模压制 25min 左右，开模冷却后取出压制品，即可得到轻质建筑模板。

此生产方法生产原料聚乙烯废塑料和混杂塑料混杂，成分复杂，在加热重塑过程中形态及性质变化各异，加入的各种助剂中存在多活性基团化合物，可促进不同组分间相容，使其重新组合形成类网状结构，制成价格低廉、低密度、高强度、适用性高的轻质建筑模板，可以广泛应用于高层建筑，同时有效解决废塑料处理困难的问题。

②废旧聚氯乙烯塑料生产塑料油膏

塑料油膏通常指聚氯乙烯塑料油膏，是一种新型的防水嵌缝建筑材料。它以煤焦油、废旧聚氯乙烯塑料为主要原料，配以适量的增韧剂、稀释剂、稳定剂及其他填充料，经过煤焦油脱水、塑料粉末，高温混合塑化制成。塑料油膏具有黏结力强、防水防腐蚀性能好，兼具低温柔性与耐热性、耐久性好，材料易得、价格低廉等优点，常用于各种混凝土屋面板的嵌缝防水和大板侧墙、天沟、落水管、桥梁等混凝土构配件的接缝防水以及旧屋面的补漏工程。

原料配比（程军，1996）：塑料油膏生产中常用的稳定剂为硬脂酸钙，硬脂酸铅等，增韧剂一般使用苯二甲酸二丁酯，稀释剂为工业苯，填充剂为滑石粉、粉煤灰等。塑料油膏的生产用料配合比因其用法不同而有所差异：一是现场配制热灌型的塑料油膏配合比为：煤焦油 100 份、废旧聚氯乙烯塑料 18～20 份、二辛酯 3～5 份、滑石粉 20～25 份；二是成品回锅热灌型的塑料油膏配合比为：煤焦油 100 份、废旧聚氯乙烯塑料 16～18 份、二辛酯 3～5 份、滑石粉 30～40 份、二甲苯 15～20 份、糠醛 5 份；三是冷嵌型的塑料油膏配合比为：煤焦油 100 份、废旧聚氯乙烯塑料 18～20 份、二辛酯 2～5 份、滑石粉 80 份、二甲苯 30 份、糠醛 10 份。

③废旧塑料生产色漆

废旧塑料生产色漆，通常选用可溶于醇、脂类的废塑料、环氧树脂、酚醛树脂下脚料以及各种醇类物质的混合料（或乙醇）为主要原料，添加各种着色颜料制得。塑料色漆具有耐酸耐碱、防水、耐热、耐磨等优点，是一种物美价廉的装饰材料。

其具体的操作方法见下（廖松林，1992）：

a. 取 1 份废塑料置入 8～10 份醇类混料（或乙醇）中浸泡 24h，然后搅拌6h 制成胶状溶液，再用 80 目铜丝箩筛过滤，即可制得塑料清漆。

b. 选用所需颜料配以适量的醇类混料（或乙醇），加入球磨机研磨制备色浆，研磨时间视细度而定。

c. 根据配方称取 10 份塑料清漆、0.5～1 份废弃环氧树脂、1 份废弃酚醛树脂搅拌均匀后，加入 1～2 份经调配的色浆，继续搅拌 0.5～1h，再用 120 目铜丝箩筛过滤，即可制得色漆。

2.4.2　废渣的资源化处理

1. 概述

金属冶炼过程中会排放大量的固体废渣，包括高炉矿渣、钢渣、铁合金渣、烧结残渣以及有色金属废渣。这些固体废渣长期堆放，占用大量土地，对附近水体和大气造成严重污染，同时也流失了大量可利用资源。

高炉矿渣是高炉炼铁工业排放的废渣。高炉冶炼生铁以铁矿石和焦炭为主要原料，添加适量的助熔剂，在1400～1600℃高温下反应生成铁和矿渣，矿渣就是铁矿脉石、助熔剂以及其他无法进入生铁中的杂质共同组成的易熔混合物。高炉矿渣的化学成分主要是二氧化硅、氧化铝、氧化钙、氧化镁、氧化铁、氧化硫和氧化锰等，属于硅酸盐类质材料。刚排出的高炉矿渣呈液态，根据其前处理方法的不同，制得成品渣的特性也不一样，主要有水淬渣、膨胀矿渣（珠）和重矿渣三类。

钢渣是高炉炼铁工业排放的废渣。炼钢过程是利用氧气在高温条件下氧化去除生铁中所含碳、硅、磷、硫等杂质，使其具有钢的特性。此过程中冶炼反应物、炉衬材料会生成共熔混合物排出，即为钢渣，主要矿物组分有硅酸三钙、硅酸二钙、钙镁橄榄石、铁酸二钙，以及生铁中碳、硅、磷、硫等元素的氧化物固溶体、游离石灰等。

铁合金渣是冶炼铁合金工业排放的废渣。铁合金是钢铁冶炼过程的重要辅助材料，通常由一种、多种金属或非金属元素和铁元素组成的合金物质。铁合金产品种类很多，冶炼产生的铁合金渣也有很多，常见的有锰系铁合金渣、硅铁渣、铬铁渣、镍铁渣等。

2. 废渣的加工处理工艺

目前，国内外对废渣处理技术的研究有很多，按照废渣的理化性质差异，分别采用不同的处理办法，主要可分为热处理、湿法浸提、稳定化/固化法以及回收利用处理。

热处理是指通过高温熔炼，使金属还原或以蒸气形式逸出，从而得到目标金属。此法工艺简单、对原料要求较低、处理量大，但是产能耗较高、二次污染风险较高，经济效益较低。常用的热处理技术有电炉熔炼法、真空贫化法、渣桶法、电热焦还原法等。

湿法浸提是指利用浸出剂，使废渣中有用成分与杂质分离。此法能耗低、污染小、回收率高，但工艺流程复杂、设备要求较高且浸出剂的后处理困难。常用的湿法浸提技术有硫酸化浸出、氯化浸出、氨化浸出、氧化或硫酸化焙烧-浸出和还原焙烧-氨化浸出等。

稳定化/固化法是指利用物理或化学方法，使得废渣在自然状态下可稳定存在。此法工艺简单、运行可靠，但资源利用率低，无法实现金属回收。常用的稳定化/固化技术有水泥固化法、熔融固化法及石灰固化法。

回收利用，即对废渣进行资源化处理，可用来生产微晶玻璃、水泥、建筑材料以及农业肥料。常见的废渣资源化利用工艺如下。

（1）生产微晶玻璃

目前基本成熟的工业化生产工艺有压延法和熔融法。

压延法的主要流程为：配料→混合→熔化→压延成形→热切割→热处理→冷加工→成品。用矿渣及其他玻璃原料混合熔化后拉制成平板状晶化玻璃，再经磨抛成为具有漂亮花纹的微晶玻璃，用于建筑装饰（刘智伟等，2006）。

一般利用钢厂的钢渣、高炉渣生产微晶玻璃时，常采用熔融法。将高炉矿渣与硅石和结晶催化剂一起加入回转炉中，经高温熔炼，使其熔化成液体，而后采用吹、压等一般玻璃成形方法塑性，并在 730～830℃条件下保温 3h，再次升温至 1000～1100℃保温 3h 使其结晶，待其冷却后，即可得微晶玻璃成品。

（2）生产农肥

废渣中含有多种植物生长所需元素，如钙、硅、磷等，是潜在的复合矿质肥料。含磷高的钢渣、磷铁合金生产产生的磷酸渣，都可用来生产磷肥。对含磷钢渣、磷酸渣进行氧化还原处理，生成五氧化二磷等磷氧化物，再通入吸收塔中，经水吸收形成磷酸，剩余废渣中含有 0.5%～1% 左右的磷和 1%～2% 左右的磷酸，加入石灰石，加热并充分搅拌，即可生产重过磷酸钙，俗称磷肥。

（3）生产建筑材料

在建材方面，废渣可用于生产水泥、矿渣砖、混凝土制备、井下充填材料以及矿物掺和料。这里介绍一种利用镍铁合金废渣制备混凝土的工艺：

①按质量占比称取 57% 的镍铁合金废渣、15% 的水泥、5% 的掺和料。掺和料的组分为 2% 的粉煤灰、2% 的石灰和 1% 石膏。

②将镍铁合金废渣和水泥进行破碎、干燥、粉磨处理，制备镍铁合金废渣粉体和水泥粉体，备用。

③将混合均匀的掺和料陈化 7d、70℃下蒸养 8h、900℃下煅烧制备混凝土膨胀剂。

④将镍铁合金废渣粉体、水泥粉体和粉煤灰搅拌均匀，加入一次水，再加入减水剂、缓凝剂、激发剂充分搅拌，得到混凝土拌和物。

⑤将混凝土拌和物、混凝土膨胀剂、骨料和水高速混合，即可制得混凝土。

利用镍铁合金废渣制备混凝土，能够降低水泥和混凝土工程成本，显著降低混凝土水化热，有效抑制混凝土碱骨料反应，减少离析和泌水的发生。

2.4.3　电子废弃物的回收与处理

1. 概述

电子废弃物俗称"电子垃圾"，包括各种废弃家用电器、信息通信设备及其零部件、电子电器工具以及废弃的精密仪器等。电子废弃物种类庞杂，具有多样性和复杂性。不同类型型号的废弃物，其组分差异较大，但总体而言，金属和塑料的比例最大，钢铁占比约为 48%，有色金属占比约为 13%，塑料占比约为 21%，其他组分还有玻璃、木材、橡胶等。

随着经济和科学技术的快速发展，信息技术的创新和对电子产品的需求快速扩大，同时废弃电子垃圾的数量也急速增加，对电子废弃物处理技术的研究有重要意义。电子废弃物具有双面性：首先电子废弃物极具危害性，其成分复杂，大约含有 100 多种物质，其中相当部分属于有害物质，包括重金属、铅、汞、镉及含溴或其他卤族阻燃剂等，若将其随意堆放或处理不当会，对环境造成严重危害，严重时会对人类身体健康造成威胁。同时，电子废弃物兼具资源性，其一半以上比例是金属，且贵金属含量也相当可观。有数据显示，每吨手机机身中可提炼 140kg 铜、1900g 银、300g 金和 100g 钯，有相当可观的经济效益（张小平，2017）。

2. 电子废弃物的回收处理

（1）火法处理

火法处理又称热处理法，是指利用焚烧、等离子电弧炉或高炉熔炼、烧结等热处理手段，使电子废弃物中的塑料、树脂及其他有机成分分解，使金属熔融富集并回收的方法。火法处理适用于所有形式的电子废弃物，对处理原料的物理成分要求不高，处理工艺简单，金属回收率较高。一种常用的火法处理电子废弃物的工艺流程为：

①对收集到的电子废弃物进行拆解、分离、破碎等预处理，去除硅片、极管、电阻等零部件。

②将破碎后的电子废弃物送入焚烧炉中，鼓入空气或氧气进行焚烧，使其中的有机物完全分解。

③将焚烧后的物料转入熔炼炉与粗铜熔料共同熔炼，使废料中的贵金属及其他金属与铜形成熔融混合物，同时使陶瓷、纤维材料以熔融浮渣的形式排出。

④对熔融混合物进行电解处理，回收贵金属。

该工艺贵金属回收率高，可达 90% 以上，但同时存在许多问题：电子废弃物成分复杂，高温焚烧易产生有毒气体二噁英、呋喃，造成严重环境污染；处理过程中，陶瓷、纤维浮渣的产生易造成金属损失；运用该方法回收金属存在一定的局限性，在现有技术条件下，无法回收锡、铅、铝、锌等金属。

（2）湿法处理

湿法处理又称化学处理法，是指将破碎后的电子废弃物置于酸性或碱性溶液中浸蚀，再对浸泡的液体进行萃取、沉淀、置换、离子交换、过滤及蒸馏等一系列处理，可回收获得高品位的贵金属及部分有色金属。该方法与其他方法相比，具有工艺流程简单、污染小、运行成本低等优点。一种常用的湿法处理电子废弃物的工艺流程为：

①对收集到的电子废弃物进行拆解、分离、破碎等预处理工序。

②将破碎后的废料送入焚烧炉，控制温度为400℃左右进行热解，分解其中的有机成分。

③用硝酸浸取，溶解金属银、铝、铜、锌、钛等氧化物，再经过过滤分离，可得含金、钯、铂的难溶电子废料和含银及其他金属的硝酸溶液。

④对过滤所得滤液进行电解处理，可回收贵金属银。

⑤将难熔滤渣置于王水中溶解、过滤，可得含金、钯、铂的王水溶液，加水稀释，添加亚硫酸盐，可还原制得粗金；可再选用合适的萃取剂，对溶液中的钯、铂进行萃取回收。

该工艺金属回收率高，金的回收率可达99%左右，但也存在明显不足：此法不能直接用于复杂电子废弃物的处理，而且只可回收电子废弃物中贵金属及铜等金属，无法回收其他金属及非金属组分；另外，该工艺消耗大量化学试剂，其浸出液的后处理较为困难。

（3）电化学处理

电化学处理又称电解提取或电解沉积，在处理电子废弃物中常与其他方法连用，用于回收金属的精炼阶段。电化学处理是指在含金属盐的水溶液或悬浮液中通入直流电，可使其中的部分金属在阴极还原沉淀，从而进行回收利用。电化学处理法操作简单，可用于所有贱金属基质上的贵金属的回收，回收率可达95%~97%，而且电解过程所需试剂少，对环境污染小。

关于电子废弃物的回收处理技术，还有微波处理法、生物处理法，但目前尚处于实验室研究阶段，还未进行大规模生产应用。

参 考 文 献

边炳鑫，李哲，解强，2019. 煤系固体废弃物资源化技术（第二版）[M]. 北京：化学工业出版社.

陈进生，苏清发，2020. 一种废脱硝催化剂的回收方法及其装置 [P]. 中国发明专利，CN202010176116.

陈昆柏，郭春霞，魏贵臣，2017. 火电厂废烟气脱硝催化剂处理与处置 [M]. 郑州：河南科学技术出版社.

程军，1996. 用废旧塑料生产化学建材 [J]. 新农村，（12）：24.

侯福春, 谷明春, 闫景辉, 1999-3-30 (3-5). 利用煤矸石制备结晶氯化铝、聚合氯化铝 [J].
　　光学精密机械学院学报.

姜健, 蒋承杰, 蒋学, 2013. 建筑固体废弃物资源化利用及可行性技术 [J]. 科技通报,
　　(03): 212-216.

李清富, 裴俊杰, 吕小永, 等, 2019. 废旧沥青路面再生利用研究现状与进展 [J]. 河南科
　　技, (20): 108-111.

李再亮, 2018. 燃煤电厂 SCR 脱硝催化剂再生及处理技术探讨 [J]. 科学技术创新, (23):
　　155-156.

廖松林, 1992. 利用废旧塑料生产色漆的技术 [J]. 中国物资再生, (11): 37.

林天祥, 杨艳颖, 徐国华, 2014. 尾矿制作微晶玻璃的方法 [P]. 中国发明专利, CN103755144A.

刘涛, 顾莹莹, 赵由才, 2011. 能源利用与环境保护——能源结构的思考 [M]. 北京: 冶金
　　工业出版社.

刘兴宝, 史增强, 刘宗辉, 2019. 浅析建筑固体废弃物资源化利用技术 [J]. 建材与装饰,
　　(01): 168-169.

刘智伟, 孙业新, 种振宇, 等, 2006. 利用高炉矿渣生产微晶玻璃的研究应用 [J]. 莱钢科
　　技, 3: 49-50.

陆强, 陈晨, 张阳, 2014. 一种回收废旧 SCR 脱硝催化剂中五氧化二钒成分的方法 [P]. 中
　　国发明专利, CN201410471988.

骆行文, 管昌生, 2007. 再生混凝土力学特性试验研究 [J]. 岩土力学, (11): 2440-2444.

内蒙古电力科学研究院, 2019. SCR 烟气脱硝催化剂全寿命周期管理 [M]. 北京: 中国电力
　　出版社.

聂永丰, 金宜英, 刘富强, 2013. 固体废弃物处理工程技术手册 [M]. 北京: 化学工业出
　　版社.

宁平, 孙鑫, 董鹏, 2018. 大宗工业固体废弃物综合利用矿浆脱硫 [M]. 北京: 冶金工业出
　　版社.

任冬燕, 2007. 再生混凝土及其可利用性 [J]. 科技资讯, (35): 33.

唐雪娇, 沈伯雄, 王晋刚, 2018. 固体废弃物处理与处置 (第二版) [M]. 北京: 化学工业出
　　版社.

王兵, 2016. 脱硝催化剂再生技术开发和应用效果分析 [D]. 北京: 华北电力大学.

王乐, 刘淑鹤, 王宽岭, 2020. 脱硝催化剂的失活机理及其再生技术 [J]. 化工环保,
　　40 (1): 79-84.

王罗春, 蒋路漫, 赵由才, 2017. 建筑垃圾处理与资源化 (第二版) [M]. 北京: 化学工业出
　　版社.

王晓伟, 王虎, 2016. 燃煤电厂废旧脱硝催化剂回收利用研究进展 [J]. 广东化工, 43 (22):
　　114, 126.

徐阳阳, 霍平, 2020. 废旧轮胎的回收处理及利用 [J]. 广州化工, 48 (2): 27-29.

于洋, 栾九峰, 2015. SCR 脱销催化剂失活原因及其再生技术 [J]. 中国高新技术企业,
　　000 (008): 90-91.

张春平, 秦川, 杨岗, 等, 2020. 失活 SCR 脱硝催化剂处理技术进展 [J]. 华电技术, 42 (1): 8-14.

张涛, 白伟, 肖雨亭, 2015. 不同形式失活脱硝催化剂的再生研究 [J]. 中国电力, 48 (10): 144-147.

张小平, 2017. 固体废弃物处理处置工程 [M]. 北京: 科学出版社.

赵会民, 尹顺利, 刘长东, 等, 2018. 失活 SCR 烟气脱硝催化剂再生工艺工业试验研究 [J]. 中国电力, 51 (9): 179-184.

赵由才, 牛冬杰, 柴晓利, 2019. 固体废弃物处理与资源化 (第三版) [M]. 北京: 化学工业出版社.

周惠, 黄华存, 董文华, 2017. SCR 脱硝催化剂失活及再生技术的研究进展 [J]. 无机盐工业, 49 (5): 9-13.

朱世杰, 王罗春, 王军建, 等, 2017. 防腐处理过的废旧木材的处理与资源化研究进展 [J]. 上海电力学院学报, (02): 173-177+184.

Li H, Zheng F, Wang J, et al., 2020. Facile preparation of zeolite-activated carbon composite from coal gangue with enhanced adsorption performance [J]. Chemical Engineering Journal, 390: 124513.

Zhang Y L, Ling T C, 2020. Reactivity activation of waste coal gangue and its impact on the properties of cement-based materials—a review [J]. Construction and Building Materials, 234: 117424.

第3章 颗粒状固体废弃污染物的化学处理技术

3.1 颗粒状固体废弃污染物的来源及处理技术

固体废弃物通常是指人类生产和生活活动中丢弃的固体和泥状物质，包括从废水、废气中分离出来的固体颗粒物。

3.1.1 颗粒状固体废弃物来源

目前，我国颗粒状固体废弃污染物的主要来源有柴油车、汽油车、天然气车及新能源汽车等机动车的尾气排放，工业废气中也有颗粒状固体废弃物的排放。这些废气中的颗粒物（atmospheric particulate matter）是大气中存在的各种液态和固态颗粒状物质的总称，是大气环境中组成复杂、危害较大的污染物之一。按空气动力学直径大小，分为总悬浮颗粒物（TSP，粒径大于 10 μm）、可吸入颗粒物（PM_{10}，粒径在 10μm 以下）、细颗粒物（$PM_{2.5}$，粒径小于等于 2.5 μm）以及超细颗粒物（UF，当量直径小于 0.1μm）（薛骅骎，2019）。根据亚洲清洁空气中心《大气中国 2017：中国大气污染防治进程》，近年来中国大气质量总体有所改善，但颗粒物仍普遍超标，在中国 338 个城市中，$PM_{2.5}$ 和 PM_{10} 超标城市比例分别高达 71.9% 和 58.3%，超标城市的 $PM_{2.5}$ 平均浓度为 $36 \sim 158 \mu g/m^3$，最高为国家标准的 4.5 倍。

3.1.2 颗粒状固体废弃物的组成

颗粒状固体废弃物中各种化学物质的载体组成比较复杂，主要包括无机元素、水溶性离子、矿物质、有机质等。研究颗粒状固体废弃物的化学组成，对大气污染来源识别和风险评价具有重要意义，是环境管理和政策制定的基础。

根据元素来源和影响因素的不同，将颗粒状固体废弃物中的元素分为地壳元素和污染元素，一部分元素主要来自于土壤扬尘、建筑和交通扬尘，由于和地壳、土壤的分化作用有关，如 Al、Si、Ti、Ca、Fe 等，称为地壳元素，它们的组成反映了当地的地质和地表条件，浓度取决于气候，因为悬浮在大气中的过程往往受到湿度和风的影响，这些元素主要存在于粗颗粒中；另一部分元素与工业生产和燃料燃烧等人类活动密切相关，如 Pb、Cu、Zn、Ni 等，称为污染元素，主要存在于细颗粒物中，对人类健康影响极大；还有一些元素，既可能来自于天然产物，也可能来自于人为污染，称为双重元素（方凤满，2010）。元素组成在冬夏季节也有较大差异，夏季与土壤有关的典型元素铝和硅的百分比增加，可以归因于夏季土壤更干燥，以及平均风速的增加促进了颗粒的形成和抬升；某些金属元素在冬季的含量明显高于夏季，主要原因是缺乏某些来源，如燃煤供暖和机动车排放，也和当地的气象条件对远距离污染传输的影响有关。而工作日与周末情况也不尽相同，反映了交通、建筑和工业生产等区域性人为活动的影响，除了道路和建筑扬尘在周末显著减少外，污染元素富集的小颗粒在大气环境中停留时间比矿物元素富集的大颗粒时间更长也是原因之一（Roosli M et al.，2001）。

同时，在固体废弃物颗粒中也存在一些可溶性离子，可以利用离子色谱法对颗粒状固体废弃物中的阴离子和阳离子进行测试，通常用去离子水对颗粒状固体废弃物滤膜进行浸泡并用超声波清洗仪或恒温水浴振荡器辅助萃取，过滤后过阴阳离子分离柱和保护柱，可以测定 F^-、Cl^-、SO_4^{2-}、NO_3^-、SO_3^{2-}、Na^+、K^+、Ca^{2+}、Mg^{2+}、NH_4^+ 等离子的浓度。

颗粒状固体废弃物中除了重金属等元素组分和水溶性离子等无机组分之外，还吸附了很多有机组分，主要包括多环芳烃、正构烷烃、烷醇等，挥发物中还包含苯系物、醛类、酮类、醇类、酯类、卤代烃等有机化合物，其中受到国内外研究者重视的是多环芳烃和正构烷烃。正构烷烃指有机物中没有碳支链的饱和烃，主要包括甲烷、乙烷、丙烷、丁烷、戊烷、己烷、庚烷、辛烷、壬烷、癸烷、十一烷、十二~二十烷、重油、蜡、沥青等。

3.1.3 颗粒状固体废弃物危害

废气中的固体废弃物颗粒不仅对环境、气候有影响，而且对能见度的影响很大，也是雾霾产生的主要原因。

全球气候变化不但影响经济和社会发展，更影响人类赖以生存的环境。近一百年来，全球平均地表气温显著增加，升温约为 $0.4 \sim 0.8 ℃$，而中国升温尤其明显，主要发生在 20 世纪 80 年代，升温幅度为 $0.5 \sim 0.8 ℃$，略高于全球平均值。联合国政府间气候变化专门委员会（IPCC）和美国国家科学院等科研机构的研究，提出了过去 50 年的气候变暖大部分是由于温室气体的排放导致的。而颗粒状固体废弃物和温室气体一样，都会影响气候变化，人类活动产生的颗粒状固体废弃物增强了太阳辐射的散射和吸收，从而改变地球——大气系统的能量平衡状态，它们还会产生云凝结核变云的特性，间接影响气候。

不同类型的颗粒物引起的气候变化效应也不同。黑炭颗粒是化石燃料或生物质不完全燃烧产生的异质的、高浓缩残留物，具有强烈吸收太阳辐射的性质，而反射能力很小，在传输过程中还会与其他污染物混合形成大气棕色云，可以造成负辐射效应到正辐射效应的转变，导致一个增温效应（约为 $0.9W/m^2$），仅次于二氧化碳（$1.66W/m^2$）。因此有学者提出，减缓全球变暖主要手段为降低黑炭的人为排放。相反的，硫酸盐和硝酸盐颗粒对于短波几乎完全散射，因而可反射更多的太阳辐射，从而产生负的辐射效应，导致与温室气体和黑炭完全相反的致冷作用，根据数值模拟研究得出，仅硫酸盐颗粒使地面损失的太阳辐射约为 $0.5 \sim 1.6W/m^2$。

颗粒状固体废弃物是造成城市能见度下降的重要原因之一，当大气污染物在静风、逆温等气象条件下难以扩散时，雾霾形成，空气中的颗粒物和水汽对光产生吸收和散射，严重影响能见度。相比其他粒径的颗粒状固体废弃物，$PM_{2.5}$ 与能见度的负相关更为显著，细颗粒物对能见度的影响超过相对湿度，成为能见度恶化的主要因素；当 $PM_{2.5}$ 浓度降低但高于 $0.05mg/m^3$ 时，能见度变化并不明显，当 $PM_{2.5}<0.05mg/m^3$ 逐渐降低时，能见度迅速升高，所以细颗粒物污染治理初期，能见度改善可能并不明显。在硫酸盐、硝酸盐、颗粒有机物、光吸收碳、细土壤、粗颗粒成分中，对消光系数贡献度相对较高的为颗粒有机物，贡献率从 $28.7\% \sim 45.5\%$ 不等。所以，除气象因素外，能见度下降主要归因于颗粒状固体废弃物浓度的上升和其中有机物等组分含量的增加。

同时，这些颗粒状固体废弃物对人体的伤害也非常大，很多研究都表明，这些颗粒物对人体的呼吸系统、免疫系统、神经系统和心脑血管有巨大影响（钱吉琛等，2019；杨硕等，2019；索丹凤等，2019）。不同粒径的固体废弃物颗粒中，对人体健康危害最大的为可吸入颗粒物（PM_{10}）和细颗粒物 $PM_{2.5}$，通常情况下，颗粒物粒径越小，比表面积越大，对人体的危害越强，同时也有一定的致癌致死率。

（1）呼吸系统

颗粒物的粒径不同，其进入生物体到达的位置不同，PM_{10} 已被证明会引发与其特定生物成分相关的促炎反应，而 $PM_{2.5}$ 因为尺寸较小、能够进入肺泡区，被认为更具危害性。大量流行病学研究说明，PM_{10} 和 $PM_{2.5}$ 浓度的上升与上呼吸道感染、哮喘等呼吸系统疾病发病率密切相关。PM_{10} 每增加 $100\mu g/m^3$，成人咳嗽发生率升高 4.48%，患支气管炎的发生率增加 5.13%。对儿童呼吸系统危害更大，PM_{10} 每增加 $100\mu g/m^3$，儿童呼吸道症状的患病率显著增加 $32\% \sim 138\%$。

不仅是颗粒状固体废弃物的浓度，颗粒状固体废弃物中的有害成分影响生物学反应致使呼吸系统损伤更大。通过尸检和毒理学实验可以发现，肺组织上叶顶端中会残留粒径小于 $2.5\mu m$ 的硅、硅酸盐和金属颗粒物，这代表重金属等组分会随细颗粒物进入和残留在人体呼吸系统中。铝、硅、锰等元素与血液中多形核白细胞数目增加有关，并且会减少淋巴细胞的数量，硫元素则会产生血液红细胞计数、血红蛋白水平的明显下降，造成生物体的肺损伤甚至死亡。

（2）神经系统

细颗粒物可以通过生物体的嗅神经进入中枢神经，引起心脏自主神经系统功能紊乱和系统炎症反应，如果有臭氧的暴露可增强这种效应。颗粒物中含有的铜、铁等金属进入生物体后会发生反应，释放金属离子，金属离子浓度的升高对自由基的产生有促进作用，颗粒物作用于呼吸系统的巨噬细胞时，耗氧量增加，生物体产生大量活性氧，对氧化应激敏感的神经系统更容易产生氧化损伤。

颗粒状固体废弃物中的铅对机体各个器官和系统都会产生不良影响，由于电荷和离子半径的相似性，铅在生物过程中的作用与钙非常相似，包括将电神经信号转化为化学信号的关键成分和骨骼形成的关键矿物成分，但铅不具有神经递质功能，对儿童神经系统有不可逆转的毒性，从而有效地造成永久性的神经分化缺陷，造成智力发展障碍。

（3）免疫系统

颗粒状固体废弃物对特异和非特异性免疫功能都有损害。一方面，吸入大量颗粒物会增加肺上皮的通透性，减少黏膜纤毛的清除，降低巨噬细胞的功能，从而降低肺的天然防御能力。也有大量的实验证据表明，肺上皮细胞和肺泡巨噬细胞暴露于可在诱导痰液、卵泡液和血液中测量到的大气颗粒时，会产生丰富的炎症介质环境。另一方面，颗粒状固体废弃物影响细胞增殖。对 17 个欧洲城市的颗粒状固体废弃物和儿童血液进行研究，发现 $PM_{2.5}$ 暴露后淋巴细胞数差异较大，疫球蛋白随颗粒物浓度升高而增加，尤其是 $PM_{2.5}$ 浓度升高时增幅更大。

（4）心脑血管

首先，当颗粒状固体废弃物进入肺部时，产生局部的炎症介质环境，这导致骨髓中白细胞和血小板的释放增加，肝脏中急性期蛋白的产生增加，血管内皮细胞的活化，从而促进新的不稳定的形成和现有动脉粥样硬化斑块的破裂。其次，除了肺部炎症外，全身炎症的变化也受到颗粒物的诱导，对凝血也有同样的影响。颗粒状固体废弃物污染引起肺刺激和血凝块改变，一定概率会阻塞血管，导致心绞痛甚至心肌梗死。再次，颗粒状固体废弃物中的重金属元素特别是汞、镍和砷导致心动过速、血压升高和造血抑制等症状，将引起贫血。最后，流行病学研究已将大气中二噁英暴露与缺血性心脏病的死亡率升高联系起来，在小鼠的机体中，重金属也可增加甘油三酯水平，过高的甘油三酯水平是导致冠心病的一项独立危险因素。

综上，颗粒状固体废弃物影响气候变化、能见度和人体健康，尤其是细颗粒物对生物体有着直接的危害作用，可引起机体呼吸系统、神经系统、免疫系统异常症状和疾病，甚至提高致死率。

3.1.4 颗粒状固体废弃物常见的处理技术

因其危害严重，故而消除废气中的颗粒状固体废弃物迫在眉睫。

颗粒状固体废弃物种类繁多，如果处置不当，不仅会占用农田与土地，还能够对土壤、水体以及空气造成严重的影响。因此，我们需要对固体废弃物进行有效地处置。现阶段，针对固体废弃物的处置，主要可以分为无害化处理与资源化处理两个方面。

所谓的无害化处理，是指去除掉固体废弃物中的有害物质，或是采用固定的方式，避免固体废弃物中的有害物质向周围环境扩散而造成更大隐患的一种处理方式，如垃圾填埋等方法。

而资源化处置方式相对复杂，且对于固体废弃物处置的方法与具体技术有很高的要求。从具体的技术手段来进行分类，可以分为直接资源化和间接资源化两种，二者的区别在于具体处置方式的不同。从上述的研究现状来看，更多的研究集中在相关技术手段的更新与推广层面，对于技术自身的特征分析针对性不强，进而使得其对于实际工作的指导意义不强。针对这个现象，本文以固体废弃物的处置为研究对象，对具体的处理方式特点进行分析，进而为后续的实际工作提供指导。

所谓的固体废弃物的无害化处理，是指采用填埋等方式对固体废弃物进行处置。在具体的填埋过程中，必须做好固体废弃物的固定，即采用混凝土与固体废弃物混合的方式，使得相关的污染物被固定，从而消除由于空气与水分的流通而产生的污染物转移，进而消除固体废弃物的环境危害。此种处置方式在现阶段最为常见，其特点主要为如下方面：

首先，无害化的处置模式存在一定的环境风险。一方面，固体废弃物的种类繁多，填埋过程中不可避免的产生一定量的可迁移污染物，随着气体与渗滤液进入土壤与水体中，并产生浓度更大而危害更大的环境风险。另一方面，固体废弃物在填埋过程中需要固定的场所。

此类情况容易受到其他因素的影响，如地震、洪水等，当事故发生后会造成二次污染。其次，无害化处理成本较高，且不存在任何经济收益，需要政府负担巨大的财政支出，也无法引入社会资本共同参与。此种情况决定了掩埋的固定无害化处置方式仅作为一种其他处置方式无法处置的废物处理模式。最后，填埋的方式需要利用一定的土壤资源，而填埋后的土地虽然能够通过回填的方式部分恢复土壤的效力，但是由于此种方式对于土壤的扰动较大，短时间内很难恢复正常生态。另外，在填埋之后，部分固体废弃物，尤其是生活垃圾能够产生渗滤液、沼气等，需要持续的投入，更对后续的土地利用造成影响。

固体废弃物的资源化处置可以分为直接资源化与间接资源化两种。其具体模式与特点主要如下。

直接资源化：主要是指固体废弃物不经过任何处理，便可以作为一种资源而参与后续的生产。"垃圾只是放错位置的资源"，部分固体废弃物经过分类便可以成为一种资源，比如金属类、纸张类、塑料产品等。此种方式能够对固体废弃物进行有效减量，并产生一定的经济效益，可以有效吸纳社会资本进入固体废弃物处置体系中来。但是，由于此种处置方式入门门槛较低，更多的处置方式都以个人为单位，容易造成处置混乱。另外，直接资源化处理方式对于终端垃圾分类与收集要求较高，现阶段的硬件与社会行为规范建设很难满足要求。

间接资源化：指对固体废弃物通过一定的处置方式来获得资源（能源），主要分为焚烧与沼气两种模式。部分固体废弃物是可燃的，或者部分有机固体废弃物可以在堆肥的过程中产生沼气。上述两种模式均是固体废弃物资源化的应用模式，焚烧与沼气燃烧产生的能源可以用于发电等能源产业。在具体操作过程中，其有如下特点：①首次投入较大。资源化处置装备的建设成本较高，且需要不断地投入与维护，相比其受到规模的限制，经济收益需要较长的成本回收周期；②在焚烧过程中会存在烟尘的二次污染，要求我们在实际建设过程中予以重视；③此种模式能够有效降低固体废弃物的总处理量，同时还产生一定的经济效益。但是，在转变职能的过程中，除了上述特征之外，还应该注意生产中的可能风险。如沼气生产中的安全、垃圾焚烧中有毒有害气体的处理、焚烧后固体废弃物的处置等。

本章将针对废气中的颗粒状固体废弃物，具体到每一部分来源来进行介绍。

3.2　柴油车尾气颗粒物的催化净化

柴油发动机作为高效耐用的内燃动力装置之一，在矿山开采和交通运输等方面得到了广泛应用。随着涡轮增压和电子控制柴油直喷等技术的改进和完善，越来越多的轻型机车也使用柴油发动机。相对于汽油发动机，由于柴油发动机具有热效率高、CO_2 排放低、寿命长、续航距离远和经济性好等优点，可以大大缓解能源短缺，降低 CO_2 排放量。我国汽车产业规划大力支持柴油车的发展，汽车柴油化的趋势不可阻挡，柴油车数量将不断增加（贺泓等，2007）。但是，柴油车炭烟颗粒物（PM）的排放量比汽油车高 50 倍以上，这些颗粒物作为强致癌物苯并芘、硝基稠环芳烃的载体，对人体健康和生态环境危害极大。柴油机排放的炭烟颗粒物是由烃类燃料在高温缺氧条件下裂解或燃烧温度过低造成燃烧不完全形成的，其中70%的粒径小于0.3 μm，是城市大气固体污染物的主要来源（北京市环境保护局，2018）。目前，降低柴油机炭烟颗粒物排放量主要通过三种技术措施：改良发动机、改进燃油品质和催化氧化后处理技术。改良发动机技术是指通过改善燃烧条件抑制PM的生成，是早期柴油机排放控制的主要技术手段。改进燃油品质技术是指改进车用柴油品质规格，如十六烷值、蒸馏性态、密度、硫含量、芳烃含量等，抑制PM的生成，从而降低炭烟颗粒物排放量。催化氧化后处理技术是指对发动机排出物质在进入大气前进行处理，利用颗粒物过滤器对PM进行过滤，同时利用负载于过滤器上的催化剂催化氧化PM为CO_2，使过滤器得到再生的技术（于学华等，2014）。改良发动机和改进燃油品质技术尽管对降低PM排放量起到了一定作用，但净化效果有限，并且不同程度地给汽车的动力性和经济性带来负面影响。随着世界各地排放法规的日益严格，降低柴油车尾气颗粒物的排放迫在眉睫，既具有重要的基础科学研究意义，而且具有重要的环境保护意义和社会效益。

催化再生过滤器系统（CRT）被认为是可以解决柴油车排放颗粒物污染最有效的方法。催化再生过滤器系统包括高效率颗粒物捕集器（DPF）和高活性炭烟颗粒催化燃烧催化剂。目前，高效率颗粒物捕集器是相关比较成熟的技术，整体式堇青石DPF过滤器和碳化硅DPF过滤器已经商业化，由于柴油机排气温度远低于炭烟颗粒物的燃烧温度，在催化再生过滤器系统中，必须依靠催化剂的高活性在较低的排气温度下燃烧除去炭烟颗粒物，从而降低柴油车尾气中炭烟颗粒物的排放量，所以在催化再生过滤器系统中，催化剂是其中的核心要素，也是当前解决柴油车排放颗粒物污染研究的热点和难点问题。柴油炭烟颗粒物的消除反应是一个复杂的固（炭烟颗粒物）—固（催化剂）—气（O_2和NO）三相深度氧化反应。催化炭烟颗粒物燃烧的活性不仅与催化剂的本征催化性能有关，还与固体催化剂和炭烟颗粒物之间的接触效率有关（Schuster M E et al.，2011）。针对催化柴油炭烟颗粒物燃烧反应的特点，设计出高性能的催化材料，实现柴油车尾气过滤器的催化再生，主要遵循以下两点设计思路：第一，提高催化剂与炭烟颗粒物的有效接触面积。柴油炭烟颗粒物的直径一般较大（通常大于25nm），而普通催化剂的孔径通常小于10nm，炭烟颗粒物无法进入催化剂孔内，从而导致催化剂的有效活性表面积较小。设计合成具有三维有序大孔（3DOM）结构的催化剂，有利于炭烟颗粒物在催化剂孔道内的扩散，可以增加催化剂与炭烟颗粒物的有效接触面积。第二，增加催化剂表面吸附和活化氧的能力，即增强催化剂的氧化还原性能。通过设计担载具有不同组分（贵金属、氧化物、碱金属、复合物）、不同粒径（纳米颗粒、纳米簇、单原子分散）、不同形貌（合金、核壳）和良好吸附活化能力的活性位，提升催化剂的催化活性和稳定性（Shangguan W

F et al., 1998）。采用"化学剪裁"的方法设计并合成高性能的新型催化材料，既能保证催化剂与炭烟颗粒物之间有良好的接触，又具有良好的活化氧的能力，不仅对气—固—固多相复杂反应高效催化剂的设计具有重要的基础研究意义，而且具有重要的环境保护意义和社会效益。

以下将从活性位组分加以类别阐述四种柴油车尾气颗粒物催化净化催化剂。

3.2.1　贵金属催化剂

贵金属独特的催化活性、选择性和稳定性，在催化剂行业备受关注。目前实际应用最广的炭烟颗粒物燃烧催化剂是金属氧化物担载贵金属催化剂。贵金属催化剂的活性组分种类包括 Pt、Pd、Rh、Au 和 Ir 等。其中商业化炭烟燃烧贵金属催化剂主要含 Pt、Pd、Rh 三种元素，以 Pt 基催化剂的氧化性能最好，但容易将尾气中的 SO_2 氧化为 SO_3，而 SO_3 与水反应可以生成硫酸，从而与载体反应生成各种硫酸盐覆盖在催化剂的活性位上，引起催化剂的失活。Pd 基催化剂与 Pt 基催化剂相比，氧化性能相对较弱，仅仅产生中等数量的硫酸盐，因此抗硫中毒能力要高于 Pt 基催化剂。而 Rh 基催化剂与前两者相比，展示了最弱的氧化还原性能，因此对炭烟颗粒物催化燃烧活性很低，但 Rh 有抑制 Pt 硫中毒的能力。在固态催化剂与固态炭烟颗粒物松散接触的条件下，Pt 基催化剂是活性最高的催化体系。该类催化剂体系的催化原理是：首先利用 Pt 基催化剂将另一污染组分 NO 氧化为 NO_2，再由氧化性极强的 NO_2 将柴油炭烟颗粒物氧化为 CO_2 和 CO，在这一间接催化氧化反应过程中，NO_2 作为催化反应的反应中间物或气体分子催化剂，实现炭烟颗粒物与催化剂的非直接接触，明显改善了催化剂与炭烟颗粒物之间难以实现直接接触的问题，提高柴油炭烟颗粒物催化燃烧的反应速率（Oi-Uchisawa J et al., 2003）。

贵金属组分活性位粒径尺寸和分布的可控合成是设计贵金属催化剂的一个难题和重要挑战。许多方法都被用来实现贵金属组分粒径和结构的可控合成，如控制还原条件，利用载体介微孔的限域效应，颗粒自组装以及表面活性剂的保护等方法。这些方法都取得了不错的效果，但是也都有一定的局限性，一般来讲，纳米贵金属颗粒在溶液中的形成，大致经历成核、生长、成熟和稳定四个步骤，控制贵金属纳米颗粒的成核与生长过程是达到制备贵金属纳米颗粒粒径尺寸可控合成的关键步骤。韦岳长等在深入认识氧化物担载贵金属纳米颗粒合成机理的基础上，建立了一种制备氧化物担载贵金属催化剂的制备方法——气膜辅助还原法（GBMR）。图 3-1 展示了气膜辅助还原法的制备原理图和制备不同粒径尺寸负载型贵金属（以 Au 为例）纳米颗粒的 TEM 照片（Wei Y C et al., 2011）。

GBMR 法主要是利用装置中两根陶瓷膜管上孔径为 40nm 的微孔来实现还原

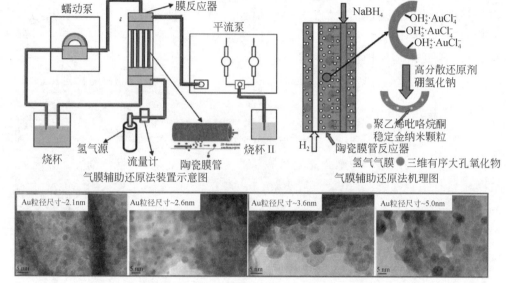

图 3-1　气膜辅助还原法（GBMR）的实验装置示意图、机理图以及担载不同粒径尺寸
Au 纳米颗粒 TEM 照片

剂的定量、高分散地添加，有效控制贵金属纳米颗粒在氧化物表面的成核和生长过程，实现 Au 纳米颗粒在氧化物表面的高分散和粒径尺寸可控合成。为了保证 Au 颗粒尽量多地担载在氧化物催化剂的表面，采用的 Au 前驱体是水解带负电荷的 $[AuCl_4]^-$，而与氧化物载体混合时，利用稀盐酸调节溶液 pH 略低于氧化物载体表面的等电点（pH 的范围大约为 4~6），使其表面在水解作用下出现 $[OH_2]^+$ 基，有利于吸附 Au 的前驱体 $[AuCl_4]^-$，经过还原剂的还原，能够担载在氧化物载体的表面。控制 Au 纳米颗粒成核与生长过程主要利用了以下几个因素：第一，还原剂 $NaBH_4$ 在溶液中均匀分散，使得 Au 前驱体离子能够缓慢还原，避免因溶液中还原剂浓度梯度而引起 Au 颗粒团聚的发生。这主要利用气膜还原装置中两根陶瓷膜管上孔径为 40nm 的微孔来实现，还原剂通过微孔缓慢均匀地扩散到膜管外，减少了还原剂在 Au 前驱体溶液中的浓度梯度。同时氢气透过另外两根陶瓷膜管上 40nm 的微孔也扩散到膜管外，氢气可以进一步促进溶液的混合均一，以充入氢气来代替机械搅拌，可以减少对催化剂结构的破坏。第二，稳定剂聚乙烯吡咯烷酮（PVP）的添加可以控制 Au 核的生长过程，避免 Au 核团聚或过快生长，并且调节稳定剂 PVP 浓度可以方便地调节 Au 纳米颗粒的粒径尺寸分布。

　　在 GBMR 法的基础上灵活应用，可设计出具有特殊形貌的贵金属活性位。例如合金、核壳、单原子分散等特殊结构的贵金属活性位，既可以高效利用贵金属组分，又可以通过活性位的形貌结构来保护贵金属纳米颗粒，避免催化剂的烧结或中毒而影响催化性能。

如图 3-2 所示为利用 GBMR 法制备的 $La_2O_2CO_3$ 纳米棒上合成 $Au_n@La_2O_3$ 核

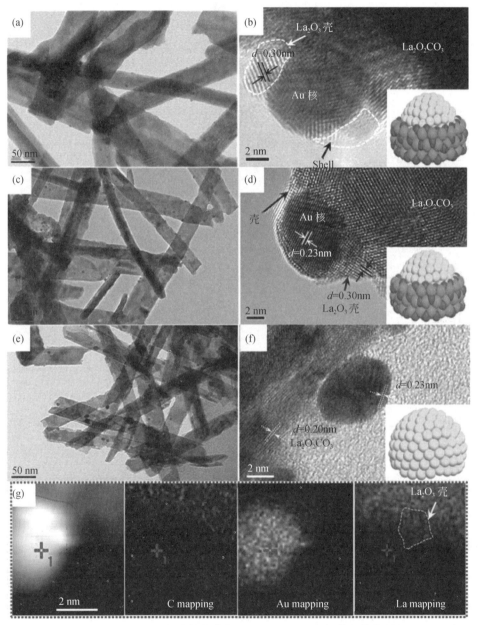

图 3-2　$Au_n@La_2O_3/LOC\text{-}R$ 核壳结构催化剂和 $Au_4/LOC\text{-}R$ 担载型催化剂的 TEM 照片

（a）、（b）$Au_2@La_2O_3/LOC\text{-}R$；（c）、（d）$Au_4@La_2O_3/LOC\text{-}R$；（e）、（f）$Au_4/LOC\text{-}R$ 催化剂；

（g）$Au@La_2O_3$ 核壳纳米颗粒的元素分布

壳结构活性位，该催化剂对炭烟催化燃烧反应具有优异的性能，由于核壳结构的存在，贵金属–载体间的接触面积增大，强相互作用可有效活化气体反应物，并且有效避免了贵金属 Au 组分的团簇生长，增强了催化剂的稳定性和耐受性（Wu Q Q et al.，2019）。由 TEM 照片可以观察到，该催化剂的载体 $La_2O_2CO_3$ 纳米棒具有均一规整的形貌结构。担载的 $Au_n@La_2O_3$ 核壳结构活性位高度分散、尺寸均一。元素扫描发现，自发形成的 La_2O_3 壳层有效包裹了贵金属核，限制了其团簇生长，保持了优异的催化活性和构效关系。

图 3-3 为作者课题组利用 GBMR 法制备的三维有序大孔 TiO_2 担载 PtPd 合金

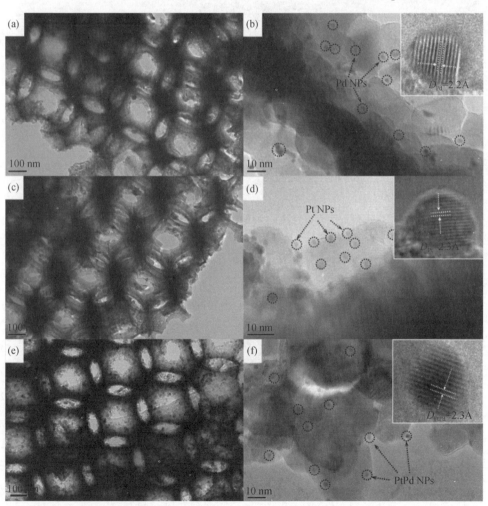

图 3-3　3DOM TiO_2 担载 PtPd 合金纳米颗粒催化剂的 TEM 照片

（a）、（b）Pd/3DOM TiO_2；（c）、（d）Pt/3DOM TiO_2；（e）、（f）PtPd/3DOM TiO_2

纳米颗粒催化剂（Wei Y C et al., 2019）。Pt 和 Pd 双贵金属组分形成平均尺寸为 3.6nm 的合金纳米颗粒，合金颗粒的组成及粒径尺寸可由 GBMR 装置调控前驱体离子比例及还原剂供给速度灵活改变，通过贵金属活性位（PtPd）与氧化物载体（TiO_2）间的强相互作用（SMSI），有效提升了催化剂的本征氧化还原性能。对于炭烟颗粒物催化燃烧反应，其 T_{10}、T_{50}、T_{90} 温度分别达到了 262℃、338℃、386℃。此外，贵金属双组分形成合金颗粒还能提升催化剂的热稳定性，为进一步设计高效稳定的炭烟燃烧催化剂提供良好的思路。

3.2.2　金属氧化物催化剂

在简单氧化物中，过渡金属氧化物和稀土金属氧化物是目前柴油炭烟颗粒物净化领域研究较多的催化剂。常见的过渡金属氧化物催化剂有 Fe、Cu、Mo、V、Co、Cr 和 Mn 等。Co 基氧化物催化剂（Co_3O_4）对炭烟颗粒物燃烧展示了良好的活性，而不同的制备方法对 Co 基催化剂的活性有很大影响，这主要是由于 Co_3O_4 晶态在载体表面的分散程度不同引起的，分散度越高，催化活性越好。

稀土（rare earth, RE）元素主要包括镧系元素：镧（La）、铈（Ce）、镨（Pr）、钕（Nd）、钷（Pm）、钐（Sm）、铕（Eu）、钆（Gd）、铽（Tb）、镝（Dy）、钬（Ho）、铒（Er）、铥（Tm）、镱（Yb）、镥（Lu），以及与镧系密切相关的两个元素：钪（Sc）和钇（Y），共 17 种。稀土元素的电子构形通式为 $4f^{0\sim14}5s^25d^{0\sim1}6s^2$。从电子构形来看，稀土金属离子的外层 d、f 轨道未充满，4f、3d 层的电子有跃迁能力，它们的离子（如 Ce^{3+}、Pr^{3+}）失去电子后，可达到全空或半充满的稳定结构（如 Ce^{4+}、Pr^{5+}），由于稀土元素的电子跃迁活泼性较大，因而稀土金属氧化物表现出较强的氧化还原性能。

目前，稀土元素中使用范围最广的是 Ce 基金属氧化物，被广泛应用于汽车尾气催化净化催化剂中。CeO_2 具有独特的立方萤石型晶体结构，晶胞中的 Ce^{4+} 按面心立方点阵排列，O^{2-} 占据所有的四面体位置，每个 Ce^{4+} 被 8 个 O^{2-} 包围，而每个 O^{2-} 则有 4 个 Ce^{4+} 配位。这样的结构中有许多八面体空位，即使从晶格上失去相当数量的氧，形成大量氧空位之后，CeO_2 仍能保持立方萤石型晶体结构。同时，Ce 最外层电子排布的特殊性（$4f^15d^16s^2$），使其具有可变价态，CeO_2 中的 Ce 离子由于能够在 Ce^{4+}-Ce^{3+} 之间相互转化，因而 Ce 基材料具有优越的储存和释放氧性能，以及良好的氧化还原性能，可以避免催化效率随尾气组成的变化而发生波动，起到氧缓冲器的作用。在 CeO_2 中掺杂诸如 Zr^{4+}、Pr^{3+}、Y^{3+}、La^{3+}、Ga^{3+} 等，可明显提高 CeO_2 的抗高温烧结性能。由于 ZrO_2 具有优良的离子交换性能，且 Ce^{4+} 与 Zr^{4+} 粒子半径相近，电荷数相当，特别是 Zr 离子的掺入，不仅可以提高 CeO_2 的热稳定性，而且有助于提高晶格氧的扩散速度和活性，从而提高催化剂的储氧能力。

图 3-4　多级孔道 $Ce_{1-x}Zr_xO_2$ 复合氧化物催化剂的 TEM 图片

（a）、（b）ZrO_2；（c）、（d）$Ce_{0.2}Zr_{0.8}O_2$；（e）、（f）$Ce_{0.4}Zr_{0.6}O_2$；（g）、（h）$Ce_{0.5}Zr_{0.5}O_2$

　　如图 3-4 所示为作者课题组利用双模板法制备的多级孔道铈锆固溶体氧化物催化剂（Xiong J et al.，2019）。以 PMMA 微球为大孔模板剂，以 F127 为介孔模板剂，可以构筑兼具三维有序大孔–有序介孔多级孔道结构的铈锆固溶体氧化物。$Ce_{1-x}Zr_xO_2$ 复合氧化物催化剂的组成在 $1>x\geqslant0.5$ 范围内灵活可调。大孔孔径为（250 ± 10）nm，孔窗尺寸为（80 ± 5）nm，孔道贯通有序，十分有利于固体反应物的传质传输。介孔孔径为 5nm 左右，有利于提高催化剂的比表面积以及对于小分子气体反应物的活化性能。

　　过渡金属氧化物（transition metal oxides，TMO）中，Co_3O_4 具有优异的本征氧化还原性能及良好的分散性，常应用于催化氧化反应中。在 Co_3O_4 中掺杂其他元素，形成尖晶石型氧化物（AB_2O_4）催化剂，可进一步增强催化剂的氧化还原性能，提升催化性能，最常见的是尖晶石型铁酸盐和钴酸盐催化剂。

　　如图 3-5 所示为作者课题组设计制备的三维有序大孔 $M_xCo_{3-x}O_4$（M = Zn、Ni）系列催化剂在炭烟催化燃烧反应中的催化机理（Zhao M J et al.，2019）。催化剂中的最优化结构与氧空位的构效关系，揭示了掺杂元素对炭烟催化燃烧性能影响的具体机制，为进一步设计与制备高活性、高稳定性的 PM 燃烧催化剂提供理论依据和指导。

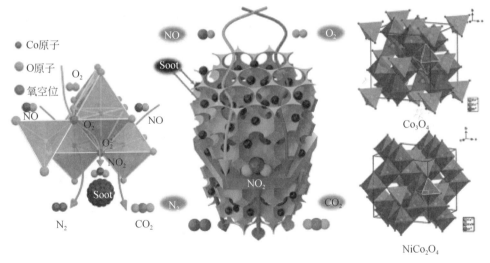

图 3-5　三维有序大孔 $M_xCo_{3-x}O_4$（M = Zn、Ni）催化剂在炭烟催化燃烧反应中的机理

　　另外，过渡金属氧化物还可应用于多功能担载活性位的设计制备中，利用廉价且具有可变价态的过渡金属氧化物与贵金属结合设计活性位，既可减少贵金属的用量，还可有效保护活性位，并提高吸附活化能力。

如图 3-6 所示为作者课题组设计制备的三维有序大孔 Al_2O_3 担载 Pt@TMO 活性位催化剂对于炭烟催化燃烧反应的作用机理（Wu Q Q et al., 2019）。以 Pt 纳米颗粒为核、过渡金属氧化物为壳的活性位具有极高的金属-氧化物接触面积，从而有效增强了贵金属与氧化物之间的强相互作用。该活性位可高效吸附转化气体反应物，转化的 NO_2 具有更强的氧化性能，并提高了催化剂与反应物之间的间接接触效率。同时，活性位的核壳微观结构能有效保护贵金属组分，防止其流失或团簇，提高催化剂的热稳定性及抗中毒性能。

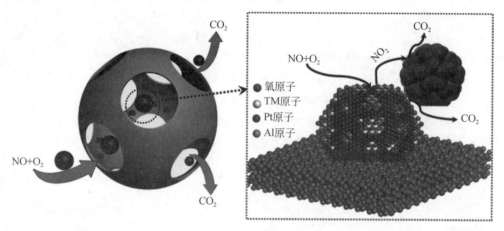

图 3-6　三维有序大孔 Al_2O_3 担载 Pt@TMO 活性位催化剂在炭烟催化氧化反应中的机理

3.2.3　碱金属催化剂

碱金属（Na、K 和 Cs 等）氧化物和碱土金属（Ca，Ba 和 Mg 等）也对炭烟颗粒物燃烧具有一定的催化活性。由于碱金属（Na、K 和 Cs 等）氧化物或盐类一般熔点较低，在催化剂中仅仅添加少量碱金属，就可以达到改善催化剂与炭烟颗粒物接触的目的，并显著降低炭烟颗粒物燃烧的起燃温度，使碱金属在催化炭烟颗粒物燃烧反应中表现出优异的活性。因此，碱金属经常作为活性组分或助剂修饰金属氧化物，此类催化剂体系也是当前炭烟颗粒物燃烧催化剂的研究热点之一。

在碱金属元素中，钾展示出最高的炭烟颗粒物燃烧催化活性，同时也是炭烟颗粒物燃烧催化剂的一种良好助剂。这归功于碱金属可以明显改善松散接触条件下炭烟颗粒物与催化剂的接触状态。同时，碱金属的添加，也可以增强炭烟颗粒物燃烧催化剂表面各组分之间的协同效应。

如图 3-7 所示为作者课题组设计制备的三维有序大孔 $La_{0.80}K_{0.20}NiO_3$ 催化剂（Mei X L et al., 2019）。在钙钛矿型氧化物 $LaNiO_3$ 的基础上，在晶格间掺杂 K 离子，能够提高 Ni 组分的价态以及氧空位的数量，进而提高活性氧物种的数量，增强炭烟催化燃烧反应的性能。在松散接触条件下，3DOM $La_{0.80}K_{0.20}NiO_3$ 催化剂展现了良好的炭烟催化燃烧性能，T_{50} 降低至 338℃，而 CO_2 的选择性达到 98.2%，与 Pt 基催化剂活性相当。一方面，三维有序大孔结构能够有效提高催化剂活性；另一方面，K 元素的掺杂提高了 Ni 的价态，从而提升了表面活性氧物种数量，这对于后续设计高性能炭烟催化燃烧催化剂具有指导意义。

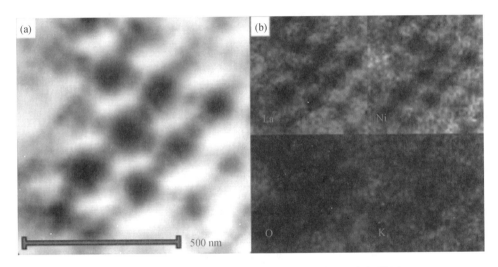

图 3-7　三维有序大孔 $La_{0.80}K_{0.20}NiO_3$ 催化剂的元素扫描图

如图 3-8 所示为作者课题组前期研究中关于碱金属表面改性的过渡金属氧化物催化剂体系（Liu J et al., 2006）。研究结果展示，碱金属表面改性可以改善催

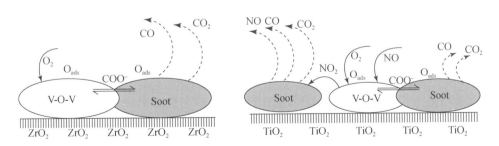

图 3-8　V_4/ZrO_2 和 V_4/TiO_2 催化剂对于炭烟催化燃烧反应的机理

化剂表面活性位的移动性，并提高催化剂的本征性能，其中，K-VO_x/TiO_2催化剂展示了较高的炭烟颗粒物催化燃烧活性。利用原位 UV-Raman 光谱系统研究了催化剂对柴油炭烟颗粒物催化燃烧过程，获得了中间表面含氧络合物（SOC）物种的相关信息，从而提出了 V 基催化剂催化炭烟颗粒物燃烧的反应路径和机理。

3.2.4　复合催化剂

复合氧化物催化剂是由两种或多种金属元素形成的具有固定结构的氧化物。在固定结构复合金属氧化物中，不同金属之间往往存在协同效应，因而具有良好的氧化还原性能和催化活性。目前常用的固定结构氧化物炭烟燃烧催化剂，包含钙钛矿、尖晶石和水滑石等结构类型的多组分金属氧化物。

钙钛矿型氧化物的原子配比通式为 ABO_3 构型。一般来讲，A 位经常为稀土或碱土离子，而 B 位常为过渡金属离子。钙钛矿结构具有 A、B 位离子均可被部分取代，而原有结构保持不变的特性，此种结构特点导致钙钛矿型氧化物催化剂的存在形式具有多样性。鉴于钙钛矿型氧化物具有的价态可调变性能，非常适合于作为柴油车尾气后处理技术催化剂的应用。

尖晶石型活性位催化剂的原子配比结构通式为 AB_2O_4。柴油炭烟颗粒物燃烧催化剂的尖晶石型氧化物都是非化学计量的，少量的其他元素掺杂即可影响活性位的物化性质。

如图 3-9 所示为作者课题组设计制备的多级孔道铈锆氧化物担载 $Pd_xCo_{3-x}O_4$ 活性位催化剂（Xiong J et al., 2018）。铈锆固溶体氧化物的多级孔道微观形貌改善了催化剂与反应物的接触效率，提高了催化剂对气体反应物的吸附活化性能。担载的尖晶石型 $Pd_xCo_{3-x}O_4$ 活性位以贵金属 Pd^{2+} 离子取代 Co_3O_4 中的 A 位点，既保留了对于深度氧化反应具有良好性能的高价态 Co^{3+} 位点，又引入了对于 NO 等气体反应物具有优异转化能力的贵金属活性位点，极大增强了活性位的本征氧化还原性能以及吸附活化能力，因此对炭烟颗粒物催化燃烧反应具有良好的性能。活性最高的 3DOMM $Pd_1Co_2O_4$/CZO 催化剂，其 T_{10}、T_{50}、T_{90} 值分别为 313℃、367℃、404℃，CO_2 选择性达到 99.7%。

水滑石型氧化物催化剂的结构通式为 $\left[M_{1-x}^{2+}M_x^{3+}(OH)_2 \right]^{x+}(A^{n-})_{x/n} \cdot mH_2O$，其中，$M^{2+}$、$M^{3+}$ 代表金属离子，A^{n-} 代表阴离子。高温焙烧后的水滑石为固定结构的复合金属氧化物，具有高的比表面积和强碱性。含过渡金属的水滑石复合氧化物可用于催化炭烟燃烧反应，包括含 Co、Mn、Cu 的 Mg-Al 水滑石以及 Co-Al 水滑石等。

如图 3-10 所示为李新刚课题组以纳米花型的 Co-Al 水滑石为前驱体焙烧制备的 CoAlO 氧化物载体担载 Ag 金属纳米颗粒催化剂（Ren W et al., 2019）。

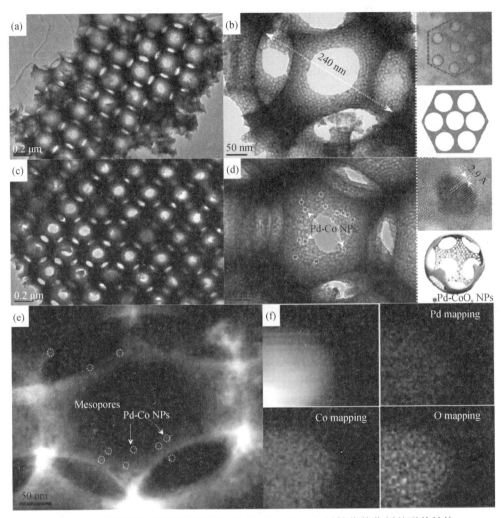

图 3-9　多级孔铈锆氧化物担载尖晶石型 $Pd_xCo_{3-x}O_4$ 活性位催化剂的形貌结构

（a）、（b）多级孔 $Ce_{0.2}Zr_{0.8}O_2$ 氧化物载体；（c）、（d）3DOMM $Pd_1Co_2O_4/Ce_{0.2}Zr_{0.8}O_2$ 催化剂；

（e）、（f）Pd-Co 活性位元素 mapping

Ag 组分高度分散的原因，是从 Co 组分到 Ag 组分的电子转移引起的相互作用。同位素 $^{18}O_2$ 吸/脱附实验结果证明，在炭烟催化氧化过程中，活性氧物种直接吸附在 Ag 位点上；而动力学结果表明，Ag-CoAlO 的相互作用提升了活性氧物种的数量。同时，纳米花状的形貌结构有效提高了催化剂与反应物之间的接触效率，进而增强催化剂的反应性能。

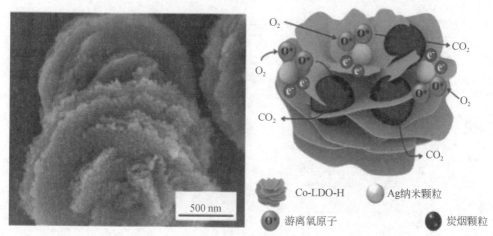

图 3-10　纳米花型 CoAlO 水滑石氧化物担载 Ag 活性位催化剂在炭烟催化燃烧反应中的应用

3.3　汽油车及天然气汽车尾气颗粒物的催化净化

汽车是一种现代交通工具，在国民经济、人民生活中起着重要作用。汽车作为工业化进程中的典型产品，在给人类带来交通便利、社会繁荣的同时，也给环境带来了很大危害。随着汽车保有量的急剧增加，汽车产生的有害气体已成为主要大气污染源。据统计，汽车排放的有害气体已占全球整个大气污染的 50% 以上，从而导致整个地球生态环境的变化，直接影响和威胁人类的正常生活和生存。尤其在人口居住密集的城市，由于建筑物密集，使得空气流动差；城市汽车密度大，而且发动机大都处在低速、频繁启动制动的高排放工况，因此控制城市车辆有害污染物的排放已十分迫切（闫云飞，2004）。

根据 2019 年《中国移动源环境管理年报（2019）》发布的数据，我国近年来汽车保有量持续增加（图 3-11）。同时，数据显示，汽车使用造成的污染所占的比例在不断增加，尤其是北京、上海等一些经济快速发展的城市，这一表现更为明显。

20 世纪 40 年代以来，汽车尾气造成的光化学烟雾事件在美国洛杉矶、日本东京等城市多次发生，造成不少的人员伤亡和巨大的经济损失。随着机动车数量的增加，尾气污染也越来越严重（中华人民共和国生态环境保护部，2019）。我国 2018 年不同燃料类型汽车的污染物排放量分担率如图 3-12 所示。

控制汽车尾气排放是世界各国环境保护措施的重要环节。汽车生产厂家在每辆新车上都必须安装一套催化转换器系统，以满足国家汽车尾气排放限值标准。

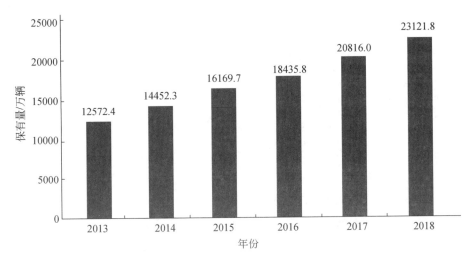

图 3-11 2013～2018 年全国汽车保有量变化趋势

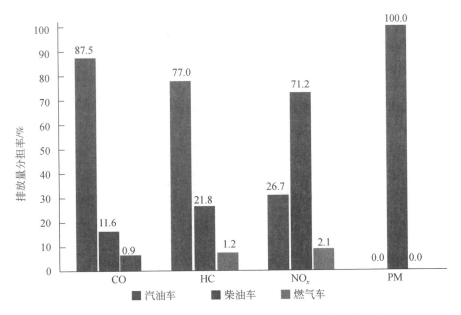

图 3-12 2018 年不同燃料类型汽车的污染物排放量分担率

随着我国汽车行业的迅速发展，国家相关规定和要求也在日益严格，对汽车排放标准的要求也逐步在向发达国家标准靠拢。国家环境保护部和国家质量监督总局在 2016 年 12 月 23 日联合发布了"轻型汽车污染物排放限值及测量方法（中国第六阶段）GB 18352.6—2016"（简称国 6 标准），并在 2020 年 7 月 1 日起实施（姚小刚等，2018）。

相关资料显示，目前我国城市空气的大气污染多数指标中，机动车尾气的"贡献值"已超过 60%。例如北京机动车所产生的城市空气污染物排放分别为 NO_x 占 52%、CO 占 88%、HC 占 50%、PM_{10} 占 23%。此外，铅污染也是机动车排放的主要污染之一，约 80%～90% 的 Pb 来源于含铅汽油的燃烧。机动车按所使用燃料的不同，大体可分为汽油车和柴油车。对于汽油机而言，NO_x、CO 和 HC 是排放的主要污染物；而颗粒物（往往粒径小于 1μm）是柴油机排放的主要污染物。

3.3.1　汽油车尾气污染物的成分及其危害

汽车尾气中的污染物主要为一氧化碳（CO）、氮氧化物（NO_x）、碳氢化合物（包括苯、苯并芘）、醛、含铅化合物和炭烟颗粒。

（1）一氧化碳（CO）

CO 会降低人体血液的输氧能力，抑制思考，使人反应迟钝，引起睡意；浓度很高时会出现头疼、昏昏沉沉的症状。暴露在高浓度的 CO 中会加剧心绞痛，增加冠心病患者发生运动性心痛的可能性，这可能影响胎儿的正常发育。交通高峰时段常常出现 CO 的污染峰值（图 3-13），汽车内浓度有时比车外更高。CO 自身也是一种重要的温室气体，是大气中的体积分数在所有温室气体中位居第三，且以 0.25% 的年增长率递增（邬忠萍等，2014）。

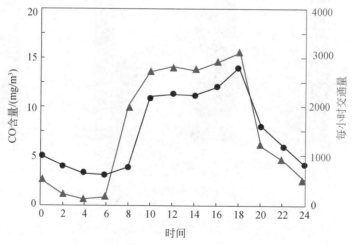

图 3-13　城市中 CO 含量和交通量的关系

（2）氮氧化物（NO_x）

NO_x主要导致酸雨和光化学烟雾污染，在水系中的沉降会造成富营养化；其中二氧化氮（NO_2）可以引起胸部绷紧，降低肺功能，哮喘病人和儿童最容易受伤害；使呼吸道对室内尘埃过敏，通过破坏其自然净化机能，降低人体对感染的抵抗力。

（3）碳氢化合物（包括苯、苯并芘）

HC 是指发动机废气中的未燃部分，还包括供油系统中燃料的蒸发和滴漏。单独的 HC 只有在含量相当高的情况下才会对人体产生影响，一般情况下作用不大，但它却是产生光化学烟雾的重要成分。NO_x与 HC 受阳光中紫外线照射后发生化学反应，形成有毒的光化学烟雾。当光化学烟雾中的光化学氧化剂超过一定浓度时，具有明显的刺激性。它能刺激眼结膜，引起流泪并导致红眼症，同时对鼻、咽、喉等器官均产生刺激，能引起急性喘息疲劳，可以使人呼吸困难、眼红喉痛、头脑晕沉，造成中毒。

（4）醛

醛是由烃类不完全燃烧而产生，此类物质大多源自于内燃机，通常在汽车短暂停留时大量产生，汽车排放的醛类以甲醛为主，占 60% ~ 73%（表 3-1）。甲醛是有刺激性气味的气体，对眼睛有刺激性作用，也会刺激呼吸道，嗅觉阈值为 0.06 ~ 1.2mg/L，高浓度时会引起咳嗽、胸痛、恶心和呕吐。乙醛属于低毒性物质，高浓度时有麻醉作用。丙醛是一种辛辣刺激性气体，对眼睛和呼吸道有强烈刺激作用，可引起支气管细胞损害，嗅觉阈值为 0.48 ~ 4.1mg/L。

表 3-1　汽车尾气中的醛类组成

名称	甲醛	乙醛	丙醛	丙烯醛	丁醛	丁烯醛	戊醛	苯甲醛	其他
成分/%	60 ~ 73	7 ~ 14	0.4 ~ 16	2.6 ~ 9.8	1 ~ 4	0.4 ~ 14	0.4 ~ 0.6	3.2 ~ 8.5	0 ~ 10

（5）含铅化合物

铅接触和铅中毒可能是由多种来源和多种产品引起的，但汽油中的铅是全球环境铅污染的最大污染源。汽车尾气排放的含铅颗粒大部分来自内燃机的尾气排放。四乙铅是作为抗爆剂加入汽油中的，一般汽油中的含铅量在 0.08% ~ 0.13% 之间。含铅汽油经过燃烧后，85% 左右的铅排入大气中造成铅污染。铅氧化物除危害人体健康外，还会吸附在汽车尾气催化净化装置的催化剂表面上，对催化剂产生"毒害"，缩短尾气催化净化装置的寿命。

（6）炭烟颗粒

炭烟颗粒是烃类燃料在高温缺氧条件下裂解而形成的黑色烟雾状的颗粒，以柴油发动机排放为主，其排放量约为汽油机的 30 ~ 80 倍，其中 $PM_{2.5}$ 占大多数。

炭烟颗粒可影响大气能见度造成交通事故，同时带有少量特殊味道，吸入后使人感到恶心和头晕。另一方面，颗粒物的粒径很小，可以进入呼吸系统，深入人体肺部，对肺部造成危害。其成分也比较复杂，并能吸附空气中的有害物质，如强致癌物苯并芘、金属粉尘、细菌等，危害人体健康。

　　综上所述，在合理利用机动车便利性优点的同时，我们还需注重汽车尾气污染控制，从而降低由此造成的负面影响。机内净化技术以改善发动机燃烧过程为主要内容，对降低排气污染起到了较大的作用，但其效果有限，且不同程度地给汽车的动力性和经济性带来负面影响。随着对发动机排放要求的日趋严格，改善发动机工作过程的难度也越来越大，能统筹兼顾动力性、经济性和排放性能的发动机越来越复杂，成本也急速上升。因此，世界各国都先后开发废气后处理净化技术，在少影响或不影响发动机其他性能的同时，在排气系统中安装各种净化装置，采用物理的和化学的方法，最终降低排气中的污染物向大气中的排放。

　　当前，国际上通常采用先进的发动机控制技术，辅之以完善的后处理技术，来达到消除汽车尾气污染物的目的。其中，汽车尾气净化催化器一般由两部分组成，一部分是尾气净化催化剂，其起到催化尾气发生化学反应，从而净化尾气的目的；另一部分是催化剂载体，其作用是使催化剂具有更加合适的形状和必要的强度。这两者对汽车尾气净化效果的影响都十分巨大，缺一不可（黄国龙等，2017）。下面我们针对后处理技术进行详细阐述。

3.3.2　汽油车尾气颗粒物的催化净化

　　第一代汽车尾气净化催化剂的原理是催化尾气中的一氧化碳和碳氢化合物与氧气反应，生成对空气没有污染的二氧化碳和水，被称为氧化催化剂，由于其只对一氧化碳和碳氢化合物起作用，也被称为"两效催化剂"。但是，随着环保标准的提高，对汽车尾气中氮氧化合物的排放也提出了新的要求，这时还能够降低氮氧化合物排放的"三效催化剂"应运而生。"三效催化剂"是目前汽车尾气净化催化剂的主流技术，其发展经历了三个阶段。第一个阶段是以金属铂（Pt）和铑（Rh）为催化剂，这种催化装置需要消耗大量的铂和铑，而这两种重金属的价格昂贵且易铅中毒。第二个阶段是以钯（Pd）部分替代铂和铑制造合金催化剂来降低成本。第三个阶段是单钯催化剂。"三效催化剂"已经应用了三十年，历经了三代技术，但是在使用中仍然面临受空燃比影响较大、容易失活等问题。

　　目前应用的汽车尾气净化催化剂一般有两种分类方法：第一种是按催化效果将其分为"两效"催化剂和"三效"催化剂；第二种是按照催化剂成分分为贵金属型催化剂、非贵金属型催化剂、贵金属与稀土复合型催化剂。这些催化剂的基本原理都是利用汽车尾气中既有还原性气体一氧化碳、碳氢化合物，又有氧化性气体氧气、氮氧化合物的特点，催化这些物质，再加上水发生反应，生成对人体和大气无害的水、二氧化碳、氮气。

1. 氧化催化剂

作为第一代催化剂，国外是 Pt、Pd 氧化型催化剂。但此类催化剂只能控制一氧化碳和碳氢化合物的排放量，因此称其为"两效"催化剂。只适用于早期达标排污的汽车。从 20 世纪 80 年代起，美国联邦政府提高了车辆 NO_x 的排放标准，使此类催化剂不能达到标准而慢慢被淘汰，也促进了新型催化剂的产生和发展。

2. "三效"催化剂

作为目前汽车尾气净化的主流技术，它的发展经过了三个阶段。由于对 NO_x 的排放标准提高了，所以应运而生了 Pt、Rh 催化剂，该催化剂可以同时净化一氧化碳、碳氢化合物和氮氧化物，故称为"三效"催化剂。这是"三效"催化剂研究的第一阶段。但此催化剂需要大量的 Pt、Rh 等贵金属，价格昂贵又容易受铅中毒。因此不适合含铅汽油的汽车使用。第二阶段：用 Pd 来部分替代 Pt、Rh 以降低催化剂的成本，制备以 Pt、Rh、Pd 为主体的"三效"催化剂。第三阶段：全钯催化剂。Pd 比 Pt、Rh 资源丰富，价格便宜且耐热性能好。

但在实际应用中，"三效"催化剂仍有一些问题需要解决。例如空燃比匹配对催化剂催化特性的影响，催化剂失活等。

三效催化转化器一般包括三部分（图 3-14）：壳体、垫层和催化剂，能同时净化 HC、CO 和 NO_x 等 3 种有害气体。而催化剂（图 3-15）又分为载体、涂层和活性组分。其中载体和活性组分是关键部分，对催化器的性能起着决定性的作用。因此，近年来将催化器的研制重点集中在载体和活性组分的研究。

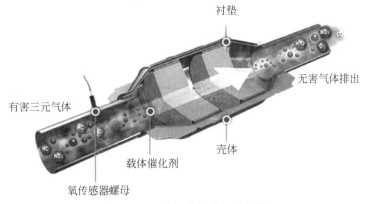

图 3-14　三效催化转化器的结构

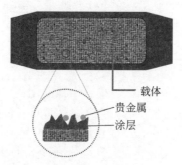

图 3-15   "三效"催化剂的组成

汽车尾气在这些三效催化转化器主要发生的反应如表 3-2 所示（王笃政等，2011）。

表 3-2   三效催化剂上主要发生的反应

主要化学反应	化学反应式
CO、HC 氧化反应	$CO+O_2 \longrightarrow CO_2$
	$H_2+O_2 \longrightarrow H_2O$
	$HC+O_2 \longrightarrow CO_2+H_2O$
	$CO+NO \longrightarrow CO_2+N_2$
NO 还原反应	$HC+NO \longrightarrow CO_2+N_2$
	$H_2+NO \longrightarrow H_2O+N_2$
水蒸气重整反应	$HC+H_2O \longrightarrow CO+H_2$
水煤气转换反应	$CO+H_2O \longrightarrow CO_2+H_2$

（1）载体

催化剂载体的性能严重影响催化效果和催化剂的使用寿命，良好的催化剂载体应该有较高的机械强度、较好的耐热性、适当的孔隙结构、良好的导热性、较大的比表面积、不与催化剂发生反应和较低的成本等特点。

催化剂载体一般有陶瓷和金属两种材料，结构形式上一般有颗粒型、蜂窝状以及硅碳泡沫陶瓷型三种。①颗粒型载体。最初的催化剂载体均采用颗粒型，其是由直径在 3~4mm 的活性氧化铝球状物堆积而成，催化剂附着于氧化铝小球的表面。这种载体的优点是比表面积大、机械强度高、成本较低，但是这种结构会增大排气阻力，使发动机功率下降、油耗上升，而且容易在高温气流的冲击下粉碎化。目前，颗粒型载体已经被淘汰。②蜂窝状载体。其排气阻力只有颗粒型的1/20，且高温性能好、比表面积大，因此得到了广泛应用。最初的蜂窝状载体均采用陶瓷材料，但是近些年随着技术进步，也出现了性能更加优良的金属蜂窝状载体。金属蜂窝状载体与陶瓷相比，具有开孔率高、比表面积大、导热性好、热容量低、机械强度高等优点。但是，由于金属载体研究的时间比较短，还有高温抗氧化性差和成本高等问题。③硅碳泡沫陶瓷载体。由于温度对催化效果影响很大，而前述几种形式的载体都无法解决对载体进行电加热的问题，因此硅碳泡沫陶瓷载体应运而生。其最大的特点是可以利用电加热快速提高尾气温度，改善催化效果。

目前广泛采用蜂窝状整体式载体，优点是排气阻力小、机械强度大、热稳定性好和耐冲击。目前市场销售的汽车排气净化催化剂的载体一般用堇青石制造，化学成分为 $2MgO \cdot 2Al_2O_3 \cdot 5SiO_2$，其外形类似于蜂巢。这种载体尾气排放的背压小，而且耐高温、耐腐蚀，热膨胀系数小，同时具有一定的机械强度。由于载体孔隙较少，比表面积仍不能满足要求，另一方面堇青石高温烧制后亦不易与催化剂有效成分黏结，必须对其表面进行修饰改性，即在内外壁上负载一层高度多孔的氧化铝层。

（2）涂层

由于蜂窝陶瓷载体本身的比表面积很小，不足以保证贵金属催化剂的充分分散，因此常在其壁上涂覆一层多孔物质，以提高载体的比表面积，然后再涂上活性组分。涂层材料常用 $\gamma\text{-}Al_2O_3$，虽然其有很强的吸附能力和大比表面积，但是在温度高于 1000℃ 时不稳定，会相变成比表面积很小的 $\alpha\text{-}Al_2O_3$，从而使催化能力下降。为了防止 $\gamma\text{-}Al_2O_3$ 的高温劣化，通常加入 Ce、La、Ba、Sr、Zr 等稀土作为助剂。

理想的涂层可使催化剂有合适的比表面积和孔结构，从而改善催化剂的活性和选择性，保证助催化剂和活性组分的分散度和均匀性，提高催化剂的热稳定性。同时还可以节省贵金属的用量，节约生产成本。

（3）活性组分

根据活性组分不同，可把催化剂分为三类：贵金属型催化剂、非贵金属型催化剂、贵金属与稀土复合型催化剂。

①贵金属型催化剂

20 世纪 70 年代，汽车尾气的危害初露端倪，美国首先掀起了贵金属三效催化剂的研发工作。贵金属三效催化剂体系的主要活性组分为 Pt、Pd、Rh，其中 Pt、Pd 主要催化氧化 HC 和 CO，Rh 起着还原 NO_x 的作用，是三效催化剂的核心技术。催化活性实验和 TEM 观测结果表明，其催化活性与贵金属粒径成线性关系，粒径越小，活性越高（叶青等，2000）。三种活性组分的单金属和复合金属的活性如下：

氧化 HC 和 CO 性能：Pt/Rh = Pd/Rh > Pd > Rh > Pt；

还原 NO_x 性能：Pt/Rh > Pd/Rh > Rh > Pd > Pt

然而，该催化剂存在诸如铂族贵金属稀缺昂贵、排放法规越来越严格、去除效率及温度窗口的拓宽等问题的限制。随着技术的发展，贵金属三效催化剂已经发展成熟。到 20 世纪 90 年代，贵金属三效催化剂的功能涉及面更广，还可解决汽车启动时的污染控制。目前，汽车尾气催化剂被世界上如巴斯夫的几家大公司垄断，他们的产量占整个市场的 95% 左右。

国内院校在催化剂的活性研究方面，也只是在近 10 年左右才日趋活跃。例如郭家秀（2005）的研究发现，通过 La 稳定的 Al_2O_3 和含铈复合氧化物为载体材料制备的贵金属含量为 0.7g/L 的 Pt-Rh 型三效催化剂，具有优异的温度特性、空燃比特性及抗老化性能。王玉云（2014）研究发现，贵金属 Pd-Rh 负载总量为 0.4% 及比例 10 : 1 的三效催化剂表现较好的活性。此外，她还研究了掺入 Co、Ni 对三效催化剂的影响，结果表明，掺入 1% Co_3O_4 和 2% NiO 的催化剂净化效果最佳，具有较好的三效净化效果，350℃时，催化脱除 C_3H_8、CO 和 NO 的效率分别为 100%、97%、37%；400℃时，对 C_3H_8、CO 和 NO 的脱除率分别为 100%、100%、99%。马自达公司制备的三效催化剂，贵金属粒子浓度小于 5nm，其保持较好的活性和稳定性时，贵金属用量减少 70% ~ 90%。

Silveira 等（2009）比较了添加 Mo 对钯催化剂的影响，发现当钼含量较高时，可以大大提高对 NO 的吸附作用，从而间接地提高了转化率。Kim 等（2007）用微乳化法制备出以 Ce、Zr 为助剂的 $Pd/Ce_xZr_{1-x}O_2/Al_2O_3$ 催化剂，结果发现其低温活性对 CO、NO_x 催化转化能力较好。杨冬霞等（2016）比较了水热法、共沉淀法、柠檬酸溶胶–凝胶法制备 $Pa/Y-ZrO_2$ 氧化 HC 催化性能，发现水热法制备的催化剂具有较高的催化活性剂，较低的起燃温度，且稳定性好。

然而，贵金属类汽车尾气净化催化剂除了价格昂贵之外，贵金属在 800℃以上会发生晶粒长大和结块现象，还要求必须使用无铅汽油，铅、硫、磷等元素易引起它中毒；另外，要求实现发动机的闭环控制，精确控制比在理论值的 14.7 : 1 附近。因此，在推广和使用方面受到了一定的限制。

②非贵金属型催化剂

由于贵金属资源短缺，价格昂贵，人们在开发具有更高性能催化剂的同时，也将如何降低成本作为一个必要考虑的条件。稀土金属具有独特的 4f 电子定域化和不完全填充，使其具有独特的光学、磁学性能，并广泛应用于催化领域。基于此，一些学者将注意力转移至以 ABO_3 型钙钛矿结构的复合氧化物为代表的非贵金属型催化剂的研究中。其中 A 通常是碱金属、碱土金属或稀土等离子半径较大的金属，B 是离子半径较小的过渡金属，如 Co、Mn、Cu、Ni 等。但非贵金属催化剂无论在起燃特性、空燃比特性还是抗中毒能力等方面，都难以与贵金属催化剂相媲美，因此贵金属催化剂在汽车净化中仍占主导地位。将贵金属与钙钛矿型化合物结合起来，可以对贵金属起到很好的稳定作用，防止贵金属高温烧结或高温蒸发，防止贵金属与载体反应。

Summers（1979）于 1971 年首次提出 $LaCoO_3$ 具有优异的 CO 催化还原 NO_x 的性能，可作为汽车尾气催化剂。ABO_3（A 代表稀土金属离子，B 代表过渡金属）钙钛矿稀土复合氧化物进入研究者重点关注和研发的视野。钴钙钛矿 La-CoO_3 和 $PrCoO_3$ 以及锰钙钛矿 $AMnO_3$（A = Pr、Nd、Ba、Sr）具有优异的 CO 催化还原 NO_x 的性能，且抗铅、硫、磷的中毒能力优于贵金属催化剂。顾其顺等（1993）研究的 $A_{1-x}A'_xB_{1-y}B'_yO_3$ 催化剂（其中 A–稀土元素，A'- 碱土金属，B- 过渡金属，B'- 贵金属）具有较好的热稳定性和三效性能。李丽等（李丽等，2006）研究了一系列不同取值的多元复合铁基钙钛矿化合物。在模拟条件下，以起燃温度和气体转化效率90%时的温度为评价指标测定 HC、CO 及 NO_x 的三效催化活性结果表明，改性催化剂具有更高的催化活性和抗老化能力；一定取代量的非贵金属引入，可较大幅度提高催化活性，且催化活性与掺杂少量贵金属 Ru 离子的相似，多元调变使 B 位离子的变价能力提高，同时使表面氧脱附能力增强，样品的三效催化性能较佳，起燃温度分别可达到 CO 360℃、NO_x 380℃、HC 520℃。Tanaka 等（2007）研究了钙钛矿催化剂在汽车尾气催化中的特点，大致总结如下：一是在 $LnMO_3$（Ln- 镧系元素，M- 过渡金属）的钙钛矿中，氧化催化活性主要由过渡金属元素决定，按活性顺序钴>锰>镍>铁>铬。二是在 $LnMO_3$ 钙钛矿，还原气氛的结构稳定性也取决于过渡金属，按顺序排列为铬>铁>锰>钴>镍。三是钙钛矿结构增加了过渡金属氧化物的热稳定性，且提高了金属催化剂的催化活性。

目前，钙钛矿催化剂对 CO、HC 的转化活性较高，但是对 NO_x 的还原活性要低于贵金属催化剂，还存在比表面积小、抗硫中毒性能差等缺点。CeO_2-ZrO_2 掺入能提高催化剂的比表面积、储氧性、稳定性，表现出较高的耐热性。在含有 CeO_2-ZrO_2 固溶体中掺入 BaO，能扩大催化剂的工作窗口，提高催化剂的三效性能。目前，钙钛矿复合氧化物催化剂已应用于汽车尾气，但还存在一些问题，使其没有大规模推广应用。

③贵金属与稀土复合型催化剂

其中最具代表性的为稀土含钯催化剂。单钯汽车尾气催化剂一般用稀土金属、碱土金属和过渡金属的氧化物作为助剂。稀土元素因其独特的次外层电子层结构和相应的催化活性，而被广泛应用于三效催化剂中，以提高其热稳定性、储氧能力和抗中毒能力。加入适量的助剂，可以大大改善催化剂的性能，提高催化剂的低温活性、高温热稳定性、催化选择性和使用寿命；影响催化反应的起燃温度、空燃比特性等，并能有效减少主催化剂的用量，降低催化剂的成本。

Fornasieo 等（1999）研究了 Pd（含量 1.83 g/L）稀土复合氧化物三效催化剂，并与 Pt-Rh（含量 0.88 g/L）三效催化剂进行比较，在内燃机上对其净化性能进行评价。结果发现，在宽的 A/F 时 Pd 催化剂的性能优于 Pt-Rh 催化剂，而在较窄的 A/F 时，对 NO_x 的转化率，Pd 催化剂低于 Pt-Rh 地催化剂。Huang 等（Huang R G et al., 2003）研究了贵金属含量为 0.35 ~ 0.564 g/L 的低贵金属高稀土氧化物三效催化剂。通过共沉淀法制备了 La、Ce 稳定的 Al_2O_3 作为基体涂层，然后再沉积贵金属 Pt、Pd、Rh（Pt：Pd：Rh=7：3：2）。Pt 和 Pd 先沉积在基体涂层上，经过还原气氛处理后，再沉积 Rh。在基体涂层中包括 CaO、BaO、TiO_2、ZrO_2 中的一种或更多种，结果该催化剂具有贵金属用量少，对 HC、CO、NO_x 转化率高的特点。

Shockley 等（1961）测得负载双组分 1wt% Pd ~ 0.5wt% Au/TiO_2 在 150 ~ 400℃下，NO_x 转化率高于单负载的同种催化剂。Dewan 等（2014）制备一系列不同 Pd 含量的催化剂，测得 $2Pt_{20}Ba_5Co$ 在槽流状态 300℃下，对 NO_x 的储存能力为 9.88 mmol/L，400℃时为 9.92 mmol/L，比负载 5wt% Co 前提高了 79%。同时也可得到，Co 的最佳掺杂量为 2wt%。

综上所述，将贵金属与非贵金属结合所制成的催化剂，不仅可以改善催化剂的低温活性，而且可以提高催化剂的稳定性，更适合用于工业推广。

3.3.3　天然气汽车尾气颗粒物的催化净化

新能源汽车的英文为 New Energy Vehicles，我国于 2009 年 7 月 1 日正式实施了《新能源汽车生产企业及产品准入管理规则》，此规则明确指出：新能源汽车是指采用非常规的车用燃料作为动力来源（或使用常规的车用燃料，但采用新型车载动力装置），综合车辆的动力控制和驱动方面的先进技术，形成的技术原理先进，具有新技术新结构的汽车。其中，非常规的车用燃料是指除汽油、柴油、天然气（NG）、液化石油气（LPG）、乙醇汽油（EG）、甲醇等之外的燃料。但也有人把天然气汽车、液化石油气汽车、乙醇燃料汽车、甲醇燃料汽车也划归为新能源汽车。在这里，我们不去纠结它的分类，而以天然气汽车为代表，简述尾气污染物的组成、危害及消除办法（崔胜民等，2015）。

　　近年来，我国天然气汽车产业迅猛发展，加气站和天然气汽车总量均有大幅增长。截至 2014 年 1 月，国内各类加气站总数已突破 4800 座，天然气汽车保有量超过 100 万辆。

　　从国家层面看，2012 年国家相继颁布的《节能与新能源汽车产业发展规划》《节能减排"十二五"规划》《天然气利用政策》，明确鼓励天然气汽车产业的发展和产业技术创新。从地方层面看，目前各地均在不断加大天然气汽车的推广力度。例如，北京、广东规定，新增城市公交车必须是新能源汽车（包括天然气汽车），上海、江苏、浙江、辽宁、山东等省市规定，天然气汽车每年要保持一定比例的增长，以替代传统燃料汽车。从长远看，天然气汽车对传统汽车具有明显的替代效应，这代表着未来汽车行业低碳环保的市场发展方向，发展天然气汽车对解决环境问题和能源问题，具有十分重大的现实意义。

3.3.4　天然气汽车尾气颗粒物的组成及危害

　　天然气汽车是指以天然气作为燃料的汽车。按照所使用天然气燃料状态的不同，天然气汽车可以分为压缩天然气汽车（CNGV）和液化天然气汽车（LNGV）。

　　压缩天然气是指压缩到 20.7 ~ 24.8 MPa 的天然气，储存在车载高压气瓶中。它是一种无色透明、无味、高热量、比空气轻的气体，主要成分是甲烷，由于组分简单，易于完全燃烧，加上燃料含碳少，抗爆性好，不稀释润滑油，能够延长发动机使用寿命。

　　液化天然气是指常压下、温度一般为-162℃的液体天然气，储存于车载绝热气瓶中。液化天然气燃点高、安全性能强，适用于长途运输和储存。

　　与同功率的传统燃油汽车相比，天然气汽车尾气中的 HC 排放量可减少 90%，CO 可减少约 80%，CO_2 可减少约 15%，NO_x 可下降 40%，并且没有含铅物质排出。在节能减排方面，天然气汽车的优势不言而喻。

　　目前，天然气尾气主要是 CO、HC 以及少量的 NO_x 等。其中 CH_4 是 HC 的主要成分，含量约占 90% ~ 95%以上，而 CH_4 是大气中一种重要的温室气体，其吸收红外线的能力是二氧化碳的 26 倍左右，其温室效应要比二氧化碳高出 22 倍，占整个温室气体贡献量的 15%，其中空气中的含量约为 2 ppm。随着油品的清洁化，其中 NO_x 的排放量已经大大降低，所以目前的研究主要集中于如何将 CH_4、CO 和 HC 氧化为 CO_2 和 H_2O。传统的汽油车三效催化剂不适用于天然气汽车尾气排放要求，因此，开发高性能天然气汽车尾气净化催化剂是控制排放污染的关键。

3.3.5　天然气汽车尾气颗粒物的催化净化

天然气车辆的尾气排放具有冷启动时间长，尾气温度高等特点，其尾气净化催化剂必须具备对甲烷催化氧化起活温度低，且具有较好的抗老化性能。据有关甲烷燃烧催化剂的研究文献，发现传统的甲烷低温氧化催化剂 Pd/Al$_2$O$_3$ 存在着起燃活性较低的缺点。尽管也有文献报道其他氧化物载体负载的 Pd 催化剂，其甲烷低温催化氧化活性较 Pd/Al$_2$O$_3$ 有了一定的提高，但仍然不能满足天然气车辆的尾气净化对催化剂的低温起燃的要求。

天然气汽车尾气中的 CO 和 CH$_4$ 采用氧化法净化去除，使其生成无污染的 CO$_2$ 和 H$_2$O，NO$_x$ 采用催化还原法去除，将其转化为无害的 N$_2$。因此，对于理论空燃比天然气汽车尾气净化，需要研究开发低温高效的三效催化剂，实现 CH$_4$、CO 和 NO$_x$ 污染物同时催化净化。

对于稀燃比天然气汽车，由于尾气温度低和过量 O$_2$ 的存在，NO$_x$ 排放量较低，不经净化即可达标排放，或通过废气再循环技术，将 NO$_x$ 排放量降低到排放标准。因此，稀燃汽车尾气需要净化的主要污染物为 CH$_4$ 和 CO（屠约峰等，2017）。

工业用天然气汽车三效催化剂主要以堇青石蜂窝为基体，以大比表面积的活性 Al$_2$O$_3$ 为载体，以 CeO$_2$、ZrO$_2$ 和 La$_2$O$_3$ 稀土氧化物为复合载体或助剂，贵金属 Pd 为主要活性组分，同时添加少量贵金属 Pt 和 Rh。国外天然气发动机专用催化转化器中催化剂配方主要有 Pt：Pd：Rh = 2：50：1 和 Pd：Rh =（5 ~ 15）：1（马凡华等，2000）。

早期的催化剂配方主要是借鉴汽油车三效催化剂，采用 Pt-Rh/Al$_2$O$_3$，添加助剂 CeO$_2$ 处理天然气汽车尾气中的 CH$_4$、CO，尤其是 NO$_x$。将汽油车改为天然气汽车后，原装的三效净化催化剂对尾气中 CH$_4$ 转化率一般小于 15%。工况不变前提下，将尾气中 CH$_4$ 完全净化，催化剂中贵金属含量需高于传统三效催化剂 3 倍多。因此，传统的汽油车尾气净化三效催化剂不适用于天然气汽车尾气的净化，必须研发性能更好的专用催化剂，主要包括理论空燃比和稀燃氧化型两种催化剂。

（1）富燃尾气净化催化剂

Subramanian 等（1993）模仿传统汽油车净化催化剂配方，将其中的活性组分 Pt 和 Rh 更换为更易催化氧化甲烷的 Pd，采用活性 Al$_2$O$_3$ 为载体，加入助剂 La$_2$O$_3$，或添加少量助剂 WO$_3$、MoO$_3$ 代替 La$_2$O$_3$，以制备适用于富燃工况的三效催化剂，在略微富燃、温度（400 ~ 750）℃和空速（0 ~ 100 000）h^{-1} 条件下，CH$_4$、CO 和 NO$_x$ 转化率超过 90%，尾气 CH$_4$ 起燃温度低于 450℃，最低至 300℃，

助剂 La_2O_3 的添加明显提高了催化剂对 CH_4 的转化率，但需要严格控制空燃比，才能获得良好的活性。

（2）理论比附近尾气净化催化剂

Sakai 等（1992）分别研究了 Pt、Pd 和 Rh 贵金属催化剂对 CH_4 的催化氧化性能。研究表明，理论空燃比条件下，对 CH_4 催化氧化活性最好的是 Pd，Pt 和 Rh 较差，但 Pd 催化剂的工作窗口较窄，若空燃比略微偏向稀燃，CH_4 的氧化活性就会急剧下降。稀燃情况下，Pt 活性明显高于 Pd 和 Rh 对 CH_4 的氧化性能。

尚鸿燕等（2015）研究了 CeZrYLa+LaAl 复合氧化物为载体的 Pd 催化剂，用于理论空燃比条件下的汽车尾气净化，考察了尾气中 H_2O 和 O_2 对 CH_4 与 NO 反应的影响。研究表明，10% 的 H_2O 存在下，CO_2 与 CH_4 重整受到影响；添加计量比的 O_2 后，能提高 CH_4 的转化率，但降低 NO 转化率，同时添加 O_2 和 H_2O，NO 氧化反应、CH_4 蒸气重整反应和 CH_4 被 O_2 氧化反应同时进行，CH_4 与 NO 转化率提高。

Tzimpilis 等（2008）研究了在钙钛矿型化合物中添加贵金属 Pd 的催化剂，并用于理论空燃比条件下的汽车尾气净化。结果表明，由 La、Mn、Ce 和 Pd 组成的 $La_{0.91}Mn_{0.85}Ce_{0.24}Pd_{0.05}O_2$ 复合氧化体系及由 La、Mn 和 Pd 组成的 $La_{1.034}Mn_{0.966}Ce_{0.24}Pd_{0.05}O_2$ 复合氧化体系均具有较好的高温稳定性，同时抗硫中毒能力强。

（3）稀燃尾气净化催化剂

Claub（2000）研究表明，Pd 催化剂对 CH_4 和 CO 活化氧化活性高，在稀燃条件下，能高效催化氧化尾气中的 CH_4，达到净化要求。

Williamson 等（1998）以活性 Al_2O_3 为载体，制备了纯 Pd 催化剂和添加稀土的 Pd 催化剂，分别在稀燃、富燃或计量比尾气条件下进行性能评价。结果表明，稀燃时 Pd/Al_2O_3 对 CH_4 起燃温度（T_{50}）为 343℃，催化剂活性较好，CO 转化率较高，CO 起燃温度为 185℃；而富燃或计量比条件下，添加稀土 $Pd/Ce/La/Al_2O_3$ 的活性更高，CH_4、CO 和 NO_x 的起燃温度分别为 356℃、204℃ 和 182℃。

Hu 等（2015）在一个通有模拟稀燃天然气汽车尾气成分的固定床反应器中，研究了 Pd-Pt 双金属基甲烷氧化催化剂的催化活性、抗水热老化性和耐硫性。研究发现，Zr 掺杂的 $Pd-Pt/Al_2O_3$ [$Pd-Pt/Zr_xAl_{(1-x)}O_{(3+x)/2}$] 提高了催化活性、抗水热老化性和耐硫性。相比于 $Pd-Pt/Al_2O_3$ 和 $Pd-Pt/ZrO_2$ 催化剂，在不同条件下预处理，Zr 的添加明显提高了催化剂的性能，其中催化剂 $Pd-Pt/Zr_{0.5}Al_{0.5}O_{1.75}$ 展现了最好的催化活性、抗水热老化性以及耐硫性（图3-16、表3-3）。

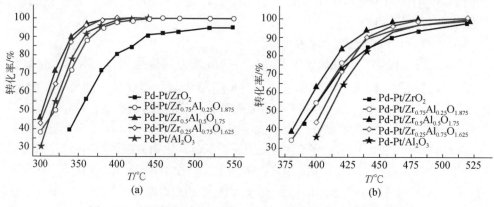

图 3-16　　CH_4 在 Pd-Pt/$Zr_x Al_{(1-x)} O_{(3+x)/2}$ 催化剂上的转化率曲线

（a）无水蒸气条件；（b）有水蒸气条件

表 3-3　在 Pd-Pt/$Zr_x Al_{(1-x)} O_{(3+x)/2}$ 催化剂上 CH_4 氧化的起燃温度（T_{50}）、完全转化温度（T_{90}）和 ΔT

催化剂	无水蒸气条件			有水蒸气条件		
	T_{50}/℃	T_{90}/℃	ΔT/℃	T_{50}/℃	T_{90}/℃	ΔT/℃
Pd-Pt/ZrO_2	351	485	84	395	463	68
Pd-Pt/$Zr_{0.75} Al_{0.25} O_{1.875}$	320	366	46	394	444	50
Pd-Pt/$Zr_{0.5} Al_{0.5} O_{1.75}$	303	340	37	388	433	45
Pd-Pt/$Zr_{0.25} Al_{0.75} O_{1.625}$	306	346	40	405	439	34
Pd-Pt/ $Al_2 O_3$	315	357	42	410	454	44

3.4　空气中颗粒物的催化净化

细颗粒物（particles matter，$PM_{2.5}$）是指悬浮在空气中的动力学等效直径小于等于 2.5μm 的颗粒物，主要含有多种有毒有机物和重金属等对人有害的成分，其中部分成分例如黑炭对太阳光有很强的吸收特性。$PM_{2.5}$ 因其本身的特殊性质以及可以在大气滞留时间长的特点，对环境、大气能见度、气候变化都有重要影响。工业革命以来，随着化石燃料的大规模使用，并向空气中大量排放工业废气以及固态颗粒污染物，造成了一系列重大环境污染问题，其中固体颗粒污染物也引起了人们的重视。20 世纪 80 年代后，与我国快速发展随之而来的环境问题，近几年在我国经济发达地区集中爆发，空气质量不尽理想令人担忧。目前，我国的空气污染状况已经开始从传统的总悬浮颗粒物及可吸入颗粒物污染，转向为以颗粒物 $PM_{2.5}$ 和污染气体（臭氧、二氧化硫、氮氧化物）形成的复合型污染。$PM_{2.5}$ 成为我国当前首要的大气污染物，其形成机理、化学特征以及合适的净化途径等是国内外科学研究的重点。

催化转化是指废气通过催化剂床层的催化反应，使其中的污染物转化为无害或易于处理与回收利用物质的净化方法。这种方法可对不同浓度的污染物都有很高的转化率，且无需将污染物与主气流分离，这样既可避免与其他方法结合造成的二次污染，又可以简化操作过程简化。因此，该方法在固体废气污染物治理中得到了较多的应用。

3.4.1　城市空气颗粒物的催化净化

"健康城市"是为改善城市人居环境、提高公众生活健康而提出，世界卫生组织强调其健康人群、健康环境和健康社会相结合的有机整体，涉及健康的大气环境、食品、饮水、公共空间等多方面内容。改善城市大气环境，为人们提供清洁和安全的环境，是健康生活最基本的保障，被世界卫生组织列为健康城市的首条标准。我国当前仍面临着严峻的城市环境问题，其中悬浮于大气中的颗粒物是大部分城市的主要污染物之一，按照粒径可分为总悬浮颗粒物（TSP）、可吸入颗粒物（PM_{10}）、细颗粒物（$PM_{2.5}$）等。其中以 PM_{10}、$PM_{2.5}$ 为主要污染物的大气颗粒物污染频发，增加呼吸系统疾病、肺癌患病风险，对人们的身体健康造成严重危害。

发达国家在推进城镇化过程中，都曾困扰于严重的颗粒物空气污染问题。著名的伦敦烟雾事件导致 4000 多人死亡，被视为 20 世纪重大环境灾害事件之一，相关事件还有美国多诺拉烟雾事件、德国鲁尔工业区空气污染事件等。这些事件引起西方国家重视，在其后期城市空气污染治理中，将城市规划、环境立法作为重要解决措施。这些城市治理空气污染都经历了数十年的艰辛历程，一直持续到城镇化后期。目前，发展中国家在城镇化过程中共同面临着颗粒物空气污染的严峻挑战，以中国为例，依据 2017 年国家环保部门统计的 338 个地级及以上城市中，空气质量达标仅占 29.3%。根本解决城市颗粒物空气污染，需要依靠"控源"手段，从产业结构调整工业、交通污染等方面进行源头把控。对于风景园林学科，城市绿化在"降污"方面也能起到较大作用。通过优化城市空间结构，可同时从"控源"与"降污"两方面有效调节颗粒物污染。城市空间可分为绿色空间与灰色空间。广义上的绿色空间包括城市环境中所有植被形成的开放空间，强调空间的开放性与绿色性，包括城市公园、广场、绿色廊道、滨水绿带、湖泊湿地和自然保护区等，是消减颗粒物的重要途径之一，通过绿色植物可以主动吸收滞留颗粒物，从而降低大气颗粒物浓度。而灰色空间由于人类频繁的建设活动，往往成为颗粒物空气污染产生的直接原因，但通过空间的合理规划布局，也能对颗粒物的快速扩散起到一定作用。

（1）城市颗粒物的来源

空气颗粒物是一种有机物和无机物的混合物，在大气中既有固体形式又有液体形式，其主要成分有灰尘、铵盐、硝酸盐、硫酸盐、重金属、微量元素、多环芳烃、水分，以及夹杂其中的病菌等。有机成分和地壳元素是其重要组成成分，NH_4^+、NO_3^- 和 SO_4^{2-} 三种离子是颗粒物中水溶性离子的主要组成部分。空气颗粒物的来源有自然源和人为源两种（表 3-4），可以看出，无论是人为源还是自然源，都会产生一次和二次颗粒物。自然源在全球范围内分布均匀，以大尺度的面源为主；人为源虽然数量相对少一些，但分布比较集中，主要分布在工业地区和人为活动的密集区。在城市中主要以人为源为主，在北京人为造成的 $PM_{2.5}$ 占总排放量的 60%~80%，主要来源于燃煤排放和机动车排放；特别是柴油动力汽车，天津市区一年道路灰尘 PM_{10} 排放量为 5372 t。此外，城市生活垃圾产量大，如果处理不当，也将成为城市的一个重要污染源（王跃思等，2000）。

表 3-4　空气颗粒物的来源

来源	人为源	自然源
一次颗粒物	燃煤烟尘、汽车尾气、灰尘，工厂废气、重金属、油类、垃圾、建筑工地	扬尘、土壤和岩石侵蚀、火山喷发、森林火灾、海盐
二次颗粒物	硝酸盐、硫酸盐、铵盐、PAHs	植物排放 VOCs、植物花粉、病菌

（2）城市颗粒物的分布特点

不同粒径的颗粒物在空气中的停留时间和传输距离不同，如图 3-17 所示。可以看出，粒径越小的颗粒物，在空气中停留的时间越长，传输和影响的范围越广，例如细颗粒物可在空气中停留几天到几十天，传输距离有几百到几千千米。一个地区的颗粒物浓度和成分，与当地的发展程度、地理位置和绿化率等因素有密切关系，例如美国华盛顿和凤凰城，主要成分是灰尘、硫化物、油类和盐类；在欧洲，主要成分是汽车尾气、沙尘、海盐和化学燃料燃烧及其产生的二次颗粒物；中国吉林市空气颗粒物的主要成分是扬尘、土壤风沙尘和建筑尘，青岛市的主要成分有土壤扬尘和燃煤飞灰、硫酸钙和其他硫酸盐类的二次颗粒物、有机物质颗粒物、盐类。在城市内部，小尺度上空气颗粒物有明显的时空分布特征。例如，北方受冬季采暖影响，空气颗粒物在时间上也有明显的季节变化；在韶关市交通区以汽车尾气尘的污染最为严重，工业区冶金尘和煤烟尘的贡献值最大，居民区建筑水泥尘的贡献最大，休闲区扬尘的贡献最大。空气颗粒物的分布还受到天气状况、地形条件和扩散环境的影响，特别是风、空气相对湿度和降雨等气象条件的影响，城市中下风向地点颗粒物浓度远远高于上风向地点（Berkowicz R et al.，1996）。

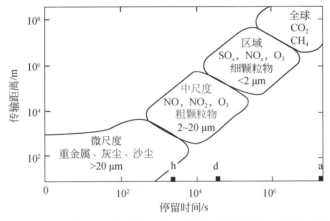

图 3-17　不同粒径颗粒物与气态污染物的传输距离和停留时间

（3）颗粒物对健康的危害

大量流行病学研究发现，空气颗粒物的污染水平与心肺系统疾病的发病、死亡存在密切关联，主要为空气颗粒物对呼吸系统、心血管系统及神经系统的毒性作用。据在欧洲 29 个城市和美国 20 个城市进行的多城市研究报道，PM_{10} 的短期暴露浓度每增加 $10\mu g/m^3$（24h 均值），死亡率将分别增加 0.62%、0.46%，$PM_{2.5}$ 导致人们的平均寿命减少 8.6 个月。这些结果与亚洲城市的研究非常相似（杨维等，2013）。空气颗粒物之所以能对人体健康造成重大影响，主要与颗粒物大小和化学成分有密切关系。研究表明，颗粒物越小，其危害越大。粒径 $10\mu m$ 以上的颗粒物，会被挡在人的鼻子外面；粒径在 $2.5\sim10$ μm 之间的颗粒物能够进入呼吸道，沉积在咽喉与气管等上呼吸系统，但部分可通过痰液等排出体外，对人体健康危害相对较小；细颗粒物 $PM_{1.0\sim2.5}$ 可以进入支气管等下呼吸系统；更细的颗粒物 $PM_{0.1\sim1.0}$ 则能够进入肺部，超细颗粒物 $PM_{0.1}$ 能够穿透肺泡进入血液循环系统，并可进入血液输往全身，对人体健康造成重大危害。颗粒物所携带的微生物、细胞碎片、酶、花粉、重金属、病毒和细菌等生物气溶胶可引起过敏和其他各种中毒反应。有研究发现，60%～70% 的多环芳烃富集在 $PM_{2.0}$ 上，细粒子还可以作为携带细菌、病毒、重金属和致癌物的载体侵入人体肺部。$PM_{2.5}$ 表面吸附很多有毒有害物质，通过人体呼吸作用进入机体后，随着血液循环进入人体其他组织器官，引起呼吸系统、循环系统、中枢神经系统等疾病。虽然空气颗粒物所引起的各种呼吸道疾病已经得到医学界广泛关注，但迄今为止，尚不清楚颗粒物的病理生理学机理。

（4）颗粒物对能见度的影响

能见度降低的主要原因是空气颗粒物对光有散射和吸收效应。在极干净的大气环境中，能见度可以达到 30 km 以上；而在城市污染大气中，能见度只能达到 5 km 左右甚至更低。颗粒物散射效应与粒径有关，颗粒物的吸收效应与颗粒物的成分特别是元素碳和 NO_x 有关，颗粒物散射能减弱 80% 的能见度。与粗颗粒物相比，细颗粒物（$PM_{2.5}$）降低能见度的能力更强。研究表明，空气颗粒物尤其是细颗粒物（$PM_{2.5}$）是造成北京及周边地区低能见度的重要原因，而在石家庄的研究表明，PM_{10} 对能见度影响最大，这可能与当地颗粒物的浓度有关（Deng X J et al.，2008）。

（5）颗粒物对气候的影响

空气颗粒物主要通过影响辐射平衡而影响气候变化。颗粒物对气候的影响可分为两方面，即直接影响和间接影响，直接影响指空气颗粒物吸收和散射太阳辐射和地面辐射出长波辐射，从而影响地–气辐射收支平衡。有研究表明颗粒物促进城市热岛形成，也有研究表明颗粒物促进城市冷岛形成，但现在还没有定论，需要进一步研究。颗粒物的间接影响是影响云的形成、光学特性、云量、云的寿命等，而云的变化反过来影响气候，例如增加降水（杨耀等，2010）。

（6）颗粒物对植物生长的影响

城市植物在净化大气、吸附颗粒物方面发挥着巨大作用，同时也受到颗粒污染物的胁迫影响。有研究表明，颗粒物沉降在叶表面上，会削弱叶片所能接受到的光合有效辐射，叶片表面的颗粒物会降低气孔导度，影响植物的光合作用、呼吸作用和蒸腾作用。受空气中氮氧化物、硫氧化物和重金属的影响，叶片的叶绿素含量下降，叶片的蜡质层分解和上表皮也会受到破坏。目前，对于空气颗粒物对植物伤害的研究，特别是自然条件下颗粒物对植物的生理生态特性的深入研究较少（王宏炜等，2009）。加强这方面的研究，可以正确地评价颗粒物污染对园林绿化和农业生产的影响。

（7）颗粒物的控制措施

空气颗粒物已经对人类健康构成了威胁，急需对现有的大气状况进行治理，治理措施大致可分为 3 类：控制污染源，从源头上减少颗粒物的产生；植物吸附，利用植物去除空气中已经产生的颗粒物；催化净化。

①控制污染源

在控制污染源方面采取的措施主要分三大类：一是改进现有设备，欧盟主要针对能源、交通、工业等部门的大气污染治理措施进行升级，如燃料替换（煤改气）、设备改进等，对二次颗粒物主要控制其前体物，如低硫燃料替代高硫燃料、机动车减排等，经过多年努力，欧盟经济区的空气质量显著改善。二是改善交通，控制汽车数量，日本通过严格交通管理以及提高发动机性能等措施，大气颗粒物和 $PM_{2.5}$ 的年平均浓度分别下降了 62.6% 和 49.8%；北京奥运会期间，对北京及周边 6 省（市）地区实施了协同减排措施，在市区采取临时管控措施，如单双号限行、封存部分公车和增加道路清扫等，有效控制了大气粗粒子的主要排放源，如建筑扬尘，同时也减少了机动车的直接排放，降低了机动车引起的道路扬尘的浓度。三是制定限制排放的法律法规，美国国家环境保护署（USEPA）通过实施清洁空气洲际条例（CAIR）、清洁空气能见度条例（CAVR），要求控制工业设施排放的污染物，包括颗粒物以及导致细颗粒物生成的前体污染物，同时制定一系列的减排方案，使空气质量明显好转。总之，要从改善能源结构，严格控制汽车保有量，提高能源效率、发展洁净能源，减少煤炭消费等方面着手，来减少空气颗粒物的排放（Hara K et al., 2013；宋少洁等，2012）。

②植物吸附

绿地在城市中具有多种生态服务功能，对空气颗粒物同样有很好的吸附和净化作用。植物叶片通过干沉降、扩散和湍流等方式，阻滞和截留空气中的颗粒物，并将其吸附在植物的叶片和嫩枝表面，有些细小的颗粒物（<0.1 μm）可以通过叶片的气孔进入叶片内部，颗粒物的前体物质如 SO_2 和 NO_x 可以伴随 CO_2 和 O_2 通过气孔进入叶片，经过转化形成硫酸盐和硝酸盐或吸收固定在植物器官上。吸附在叶片表面的颗粒物可能会有以下几种去向：通过降雨进入土壤中，通过风吹重新回到大气中，随落叶和枝条降落到地面。据统计，大约有 50% 的颗粒物会重新回到大气中，但是对于某些针叶树，颗粒物则被固定在角质层中成为永久性吸附，最终随落叶降落到地面。影响植物吸附颗粒物的因素主要有物种差异、叶表面粗糙程度、污染物浓度、叶面积指数和气象条件等。一般而言，粗糙的叶表面比光滑的叶表面吸附效率高；针叶树比阔叶树吸附效率高。幼树和灌木有较大的叶面积指数，同样有较高吸附效率。总之，植物叶子形状越细小，结构越复杂，吸附效率越高，另外，树木健康状况、绿地的种植结构和管理都会影响植物的吸附量。研究表明，在上海进入森林 50～100 m，颗粒物减少 9.1%；芝加哥城市森林面积占市区面积的 11%，每年可以吸附 234 t 的 PM_{10}；美国萨克拉曼多市的城市森林对 PM_{10} 的日清除率达到 2.7 t。在美国，全国的城市树木可以吸附 21.5 万 t PM_{10}，全国的城市森林年滞尘量为 71.1 万 t。研究发现，如果将 1/4 的城市用地用于绿化，可以减少 2%～10% 的 PM_{10}。可见，城市植物在提高空气质量和滞尘方面发挥着重要作用，通过植物吸附颗粒物是一种相对便宜、容易实

施，并且环境友好的改善方法，事实上也是目前唯一能够广泛应用于室外的改善方法（Yin S et al., 2011）。

③催化净化

城市中的主要颗粒物来源于汽车尾气，随着机动车产量和保有量的逐年提高，所排放的有害物质对环境造成的污染也越来越严重，成为主要大气污染源之一。在全国机动车排放污染物分担率中，柴油车占氮氧化物的 43%，占颗粒悬浮物的 83%。柴油机排气污染物主要包括颗粒污染物（PM）、氮氧化物（NO_x）、碳氢化合物（HC）和一氧化碳（CO）等，其中 HC 和 CO 含量较低，而且易于净化，所以柴油机排气控制主要针对 PM 进行。PM 是柴油机排放的主要污染物，主要由干炭烟（DS，40wt% ~ 50wt%）、可溶性有机物（SOF，35wt% ~ 45wt%）和硫酸盐（5wt% ~ 10wt%）三部分组成，其直径大约在 0.01 ~ 10μm，其中 70% 的粒径小于 0.3μm，且吸附多种有机化合物，如 C_1 ~ C_{20} 的烃类（其中含磷化钡）、酚类、胺、致癌物苯并芘及其他含氧化合物，这些粒度极细的颗粒物在空气中的沉降速率不同，而其大小恰又使它悬浮于大气中人们呼吸层的高度内，能深入至肺泡且不易排出体外，而颗粒物又是强致癌物质苯并芘、硝基稠环芳烃的载体，危害极大。

3.4.2 大气中颗粒物的催化分解

大气环境本身是一个复杂、巨大且由多种因素共同构成的交互系统。大气环境颗粒物指的主要是悬浮在空气中的微小颗粒，其中主要包含固体、液体和气溶胶，最为常见的形式就是烟尘、烟雾、云雾等。可吸入颗粒主要指其微粒直径小于 10μm 固体颗粒，可吸入颗粒物已经成为大气污染物的主要构成部分，因为可吸入颗粒物结构特殊，会在城市中形成雾和霾，从而对人们的生活和健康造成影响。

大气中颗粒物来源分为三类：第一类是天然源。包含火山爆发释放的火山灰、地面扬尘、大风或者干旱引起的沙尘以及植物的孢子、花粉等。第二类是人为源。主要包含燃料在燃烧过程中产生的飞灰和烟尘，汽车尾气中含有的含铅化合物，以及工业生产过程中散发出来的产品或者原料微粒。第三类是混合源。主要指在自然力和人力共同作用下排放的颗粒物，常见的为扬尘。大气中可吸入颗粒物的来源和含量会因国家或者地区的经济发展水平、管理水平、生产工艺、能源结构等不同而存在差异，其中以冶金工业、建筑工业、燃煤工业、汽车尾气等产生的可吸入颗粒物为主。大气中颗粒物的防治措施如下。

（1）制定严格的排放标准

上文对于颗粒污染物的来源展开了阐述，首先应该对自然环境中直接产生的颗粒污染物进行治理,如加强对沙尘暴、火山爆发后火山灰的治理。其次就是对人类生产生活中出现的颗粒污染物进行治理,如汽车尾气、工业废气等。针对沙尘暴带来的危害,要求相关环境管理部门应该制定必要的环境保护措施,尤其应该加强对沙尘暴易发区域进行有效治理,积极落实退耕还林还草工作,加强人工防护林建设。而对于人类生产生活中出现的颗粒污染物也需要进行重点治理工作,例如制定相应的法律法规,对汽车或者工厂排放标准进行限制,对汽车进行限号管理,鼓励人们出行时多乘坐公共交通工具。在落实上述防治措施时,所涉及的工作部门比较多,各个部门要加强交流沟通,以更好的方法落实完善防治措施。

（2）发挥相关部门的积极作用

在空气污染防治各环节,政府相关部门应该正确认识自身的积极作用。因为政府不仅是相关防治手段的制定者,更应该是防治措施的主要执行者。在工作中,相关政府部门应进一步加强对自身的调控。例如相关工厂在引进过程中,就应明确工厂的可排放标准。对于生产技术较差或耗能高、污染物排量大的工厂是不允许生产的。此外,政府相关部门还应该积极发挥监督作用,既要确保环境监督工作得到有力支持,还要在执法环节增强有效性和针对性。同时,还应该加强防治空气污染中的宣传工作,尽可能提升民众的环保意识,为环境保护和颗粒污染物治理工作奠定良好基础。总之,只有不断完善相关部门的防治措施,才能显著增强治理的针对性,最终获得更好的治理效果。

（3）加强城市的绿化工作

相关部门在防治颗粒污染物过程中,不仅需要借助政府宏观调控实现对相关工作的推进,而且应该进一步加强对城市绿化工作的有效建设。工作中,政府的市政规划部门和相关园林单位需要对绿化用地进行科学规划,针对当前城市发展实际和未来发展方向,对公园、绿化带等组织更具针对性的施工。此外,还应该在城市内加强对小范围水域的建设,因为水体对于空气中颗粒物的调节也有着十分重要的作用。提升城市绿化面积和水域面积,不仅能够有效净化空气,还能有效阻隔风沙,降低城市绿化成本,这对积极发挥空气防治作用产生极大的帮助作用。通过对相关数据的研究和分析发现,如果一个城市有较大的绿化面积,那么这个城市的颗粒污染物必然会大大降低;如果一个城市绿化面积比较少,那么其发生沙尘暴的概率也将显著增加,最为显著的例子就是我国西北地区。因此政府相关部门在防治颗粒污染物过程中,需要根据本地当前实际情况开展工作,针对绿化面积及其作用,有效选择植被类型,积极促进城市生态化建设（黄亚华,2016）。

3.5　工业废气中颗粒物的催化净化

3.5.1　工业废气颗粒物的催化燃烧

1. 工业废气的分类及危害

中国是化学品生产大国，能生产 37000 多种化学品（其中有毒化学品占 8%）。工业生产（如石化、制鞋等行业）中排放的有毒有害废气，其中 95% 以上的废气尚未治理，已经成为城市主要污染源之一。这些废气中的有害物质被排放到大气中，不仅对生态环境造成了污染，更对人类健康带来了巨大威胁（张雪黎等，2006）。为了更好地对工业废气进行处理，我们对工业废气的组成进行分类。

（1）颗粒污染物及其危害

污染大气的颗粒物质又称气溶胶。环境科学中把气溶胶定义为悬浮在大气中的固体或液体物质，或称微粒物质或颗粒物。按其来源的性质不同，气溶胶又可分为一次气溶胶和二次气溶胶。前者指从排放源排放的微粒，例如从烟囱中排出的烟粒、风刮起的灰尘以及海水涌起的浪花等；后者指从源头排放时为气体，经过一些大气化学过程所形成的微粒，例如来自排放源 H_2S 和 SO_2 气体，经过大气氧化过程，最终转化为硫酸盐微粒。烟尘主要来自火力发电厂、钢铁厂、金属冶炼厂、化工厂、水泥厂，以及工业和民用锅炉的排放。

大气颗粒污染物来源广泛，成分复杂，含有众多对人体有害的无机物和有机物。它还能吸附病原微生物，传播多种疾病。大气固体颗粒物主要是粉尘和烟尘，粒径大的在 $100\mu m$ 以上，粒径小的可在 $10^{-3}\mu m$ 左右。由于重力的作用，粒径在 $10\mu m$ 上的降尘能迅速沉降至地面；而小于 $10\mu m$ 的飘尘能在空气中长期悬浮并做布朗运动，容易进入人的呼吸系统。由于飘尘几乎不能被上呼吸道表面体液截留并随痰排出，所以很容易直接进入肺部并在肺泡内沉积，因此对人体危害最大，危害程度取决于固体颗粒物的粒径、种类、溶解度以及吸附的有害气体的性质等。侵入肺部没有被溶解的沉积物会被细胞所吸收，损伤并破坏细胞，最终侵入肺组织而引起尘肺，如吸入煤灰形成的煤肺，吸入金属粉尘形成的铁肺、铝肺，吸入硅酸盐粉尘形成砂肺等。如果沉积物被溶解，则会侵入血液，并送至全身，造成血液系统中毒。例如阻碍血红蛋白生成的铅烟尘，可以引起急性中毒或慢性中毒，其症状是精神迟钝、大脑麻痹、癫痫，甚至死亡。

颗粒污染物对于植物同样存在危害，能落在植物的叶片上，不仅堵塞叶片的气孔，抑制植物的呼吸作用，并能减少光合作用所需的阳光，影响有机质的合成，从而抑制植物生长。若粉尘沉降到植物花的柱头上，则会阻止花粉萌发，直接危害其繁育。同时，可食用的叶片若沾上大量灰尘，将影响甚至失去食用价值。

(2) 气态污染物

挥发性有机物 VOCs 是指在常压下沸点低于 260℃ 或室温时饱和蒸气压大于 71 Pa 的有机化合物。VOCs 的种类繁多，比较常见的是用作工业溶剂的芳香烃、醇类、酯类和醛类。大多数 VOCs 有毒、恶臭，甚至有致癌性，对人体和环境产生极大危害。不同工业中的废气物毒性也是有所不同的，对于人类身体伤害主要表现在以下几个方面：①工业废气物中的苯类有机物主要对人的中枢神经造成障碍，严重者则引起致死性急性中毒；②工业废气物中的有机磷化合物主要会降低人类血液中胆碱酯酶的活性，从而造成人体神经系统功能性障碍；③工业废气物中的腈类有机物可直接导致人类呼吸困难、意识丧失、严重窒息等，严重者甚至会造成死亡。我国一些城市空气中 VOCs 的浓度是美国城市的 5~15 倍，工业排放有机废气已经成为城市主要污染源之一。根据行业内推算，目前全国总的工业 VOCs 年排放量应该在 2000 万 t 以上，达到甚至超过了全国 NO_x 的排放水平，而且随着国民经济的发展呈现出不断增长的趋势（杨桂贤，2016）。

世界各国对毒害性 VOCs 排放限值和治理制定了相关法律法规，而且标准日趋严格。美国相继颁布了《国家环境政策法》（NEPC）、《清洁空气法》（CAA）、《清洁空气州际法规》（CAIR）和《环境空气质量标准》（NAAQS）等，采取多层次管理手段进行 VOCs 管控。同时，各国对污染物分类更加详细，相应的限制也更加明确。虽然中国对 VOCs 的管理起步较晚，但随着工业化快速发展，相应的政策也逐渐成熟和完善。在《中华人民共和国环境保护法》和《中华人民共和国大气污染防治法》基础上，逐步制定了不同行业的专项规定，如《乘用车内空气质量评价指南》等。2013 实施的《挥发性有机物污染防治技术政策》，对源头防治和过程控制以及末端治理与综合利用等做了相应规范。

大气污染物中的含硫化合物包括硫化氢、二氧化硫、三氧化硫、硫酸、亚硫酸盐、硫酸盐和有机硫气溶胶等，主要以 SO_2 为主。

二氧化硫（SO_2）又名亚硫酸酐，是一种无色不燃气体，具有强烈的辛辣、窒息性气味，遇水会形成具有一定腐蚀作用的亚硫酸，是当今人类面临的大气污染物之一。SO_2 主要通过呼吸道系统进入人体，与呼吸器官发生生物化学作用，引起或加重呼吸器官疾病，如鼻炎、咽喉炎、支气管炎、支气管哮喘、肺气肿、肺癌等，危害人体健康。SO_2 往往被飘尘吸附，SO_2 和飘尘的共同效应对人体危害更大。吸附 SO_2 的飘尘可将 SO_2 带入人的肺部，毒性增加 3~4 倍。二氧化硫对植物也有极严重的危害，其危害程度因植物种类而异。煤炭和石油等矿物燃料燃烧、金属冶炼、化工生产、木材造纸及其他含硫工业原料的生产，均会产生含二氧化硫的烟气。其中，煤炭和石油燃烧排出的二氧化硫数量最大，约占世界总排放量的90%。

大气中对环境有影响的含氮污染物主要是 NO 和 NO_2，其他还有 NO_3 及铵盐。NO 和 NO_2 是对流层中危害最大的两种氮氧化物。NO 的天然来源有闪电、森林或草原火灾、大气中氨的氧化及土壤中微生物的硝化作用等。NO_2 的人为源主要来自化石燃料的燃烧（如汽车、飞机及内燃机的燃烧过程），也来自硝酸及使用硝酸等的生产过程，氮肥厂、炸药厂、有色及黑色金属冶炼厂的某些生产过程等。氨在大气中不是重要的污染气体，主要来自天然源，它是有机废物中的氨基酸被细菌分解的产物。氨的人为源主要是煤的燃烧和化工生产过程中产生的。在许多气体污染物的反应和转化中，氨起着重要的作用，它可以和硫酸、硝酸及盐酸作用生成铵盐，在大气气溶胶中占有一定比例。NO 是一种有毒性气体，其与血红蛋白的结合能力比 CO 大几百倍，NO 在空气中容易被氧化成 NO_2。NO_2 的毒性是 NO 的 4~5 倍，它对呼吸器官有强烈的刺激及腐蚀作用，能迅速破坏肺细胞，引起气管炎、肺炎、肺气肿，甚至肺癌，对心脏和肾脏以及造血组织等也有影响。氮氧化物在大气中经过一系列转化，可形成硝酸、硝酸盐或亚硝酸盐等酸性雨雾，对大自然构成极大的危害。此外，氮氧化物也是光化学烟雾以及臭氧层的破坏源头之一。

含碳污染物主要是 CO 和 CO_2，一氧化碳（CO）是低层大气中最重要的污染物之一，是一种无色有毒气体，进入人体后会与血液中的血红蛋白结合，导致缺氧中毒。主要来源是化石燃料的燃烧以及炼铁厂、石灰窑、砖瓦厂、化肥厂的生产过程。二氧化碳（CO_2）是动植物生命循环的基本要素，通常它不被看作大气污染物。就整个大气而言，长期以来 CO_2 浓度是保持平衡的。但是近几十年，由于人类使用矿物燃料的数量激增、自然森林遭到大量破坏，已超出自然界能"消化"的限度。其对人类环境的影响，尤其对气候的影响是不容低估的，最主要的如"温室效应"。

碳氢化合物统称烃类，是指由碳和氢两种原子组成的各种化合物，碳氢化合物主要来自天然源。在大气污染中较重要的碳氯化合物有四类：烷烃、烯烃、芳香烃、含氧烃。表面上烃类对人类健康未造成明显的直接危害，但是在污染的大气中，它们是形成危害人类健康的光化学烟雾的主要成分。

存在于大气中的含卤素化合物很多，在废气治理中接触较多的主要有氟化氢（HF）、氯化氢（HCl）等，它们能破坏大气的臭氧层，使紫外线更多的照射到人体，导致人类患癌症、皮肤病等概率增加。

2. 工业废气的主要来源

造成大气污染的废气及污染物主要来自工业污染源,在我国历年《全国环境统计公报》中主要统计工业废气,包括燃料燃烧废气和生产工艺废气。我国废气治理的重点是燃料燃烧(主要是燃煤)废气、生产工艺废气,以及汽车尾气。

(1) 燃料燃烧废气

作为一次能源的化石燃料的燃烧,特别是不完全燃烧,将导致由烟尘、硫氧化物、氮氧化物、碳氧化物的产生而引起的大气污染问题,以燃煤引起的大气污染最为严重。我国使用的能源燃料中,煤和石油天然气占全国能源使用的绝大比例。然而煤燃烧是烟尘、硫氧化物、氮氧化物、一氧化碳等主要污染物的来源。由于存在不完全燃烧,燃烧天然气排放的废气天然气的主要成分是二氧化碳,也含有不定量的乙烷和少量的氮、氨和甲烷。一般要求天然气加工厂回收可液化的组分,并在去除硫化氢后方可使用。燃烧天然气一般过量空气率范围为 10% ~ 15%,但是一些大型锅炉却在较低的过量空气率下运行,以增加燃烧效率和减少氮氧化物排放量。但当操作不当、混合不好、空气不充足时,都可能产生大量的烟、一氧化碳和烃类等污染排放物。同时,在工厂加工时,为使人易于察觉,把含硫的硫醇加到天然气中,因此在燃烧过程中也会产生少量硫氧化物。

(2) 工业生产源

①煤炭工业源

煤炭加工主要有炼焦及煤的转化等,在这些加工中,均不同程度地向大气排放各种有害物质,主要有颗粒物、二氧化硫、一氧化碳、氮氧化物及挥发性有机物及无机物。

②石油和天然气工业源

石油原油是以烷烃、环烷烃、芳烃等有机化合物为主的成分复杂的混合物。除烃类外,还含有多种硫化物、氮化物等。除了石油炼制,在天然气处理过程中,从高压油井来的天然气,通常经过井边的油气分离器去除轻凝结物和水。天然气中常含有天然汽油、丁烷和丙烷,因此要经天然气处理装置回收这些可液化的成分方能使用。

③钢铁工业

钢铁工业主要由采矿、选矿、烧结、炼铁、炼钢、轧钢、焦化以及其他辅助工序(例如废料的处理和运输等)所组成。各生产工序都不同程度地排放污染物。生产 1 t 钢要消耗原材料 6 ~ 7 t,包括铁矿石、煤炭、石灰石、接矿等,其中约 80% 变成各种废物或有害物进入环境。排入大气的污染物主要有粉尘、烟尘、SO_2、CO、NO_x、氟化物和氯化物等。

④有色金属工业

有色金属通常指除铁（有时也除铬和锰）和铁基合金以外的所有金属。有色金属可分为四类：重金属、轻金属、贵金属和稀有金属。重有色金属在火法冶炼中产生的有害物，以重金属烟尘和 SO_2 为主，也伴有汞、镉、铅、砷等极毒物质生成。

生产轻金属铝时，污染物以氟化物和沥青烟为主；生产镁和钛、锆等时，排放的污染物以氯气和金属氯化物为主。

⑤建材工业

建筑材料种类繁多，其中用量最大最普遍的当属砂石、石灰、水泥、沥青、混凝土、砖和玻璃等。它们的主要排放物为粉尘。

⑥化学工业

化学工业又称化学加工工业，其中产量大、应用广的主要化学工业有无机酸、无机碱、化肥等工业。其排放的污染物，由原料、加工工艺、生产环境等方面决定。

3. 催化燃烧处理技术

（1）催化燃烧的基本原理

催化燃烧是典型的气–固相催化反应，其实质是活性氧参与深度氧化作用。在催化燃烧过程中，催化剂的作用是降低反应的活化能，同时使反应物分子富集于催化剂表面，以提高反应速率。借助催化剂可使有机废气在较低的起燃温度条件下发生无焰燃烧，并氧化分解为 CO_2 和 H_2O，同时放出大量的热量（何毅等，2004）。化学式表示如下：

$$C_nH_m + \left(n + \frac{m}{4}\right)O_2 \xrightarrow{\text{催化剂}} n\,CO_2\uparrow + \frac{m}{2}H_2O + \text{热量} \tag{3-1}$$

在有机物废气的催化燃烧中，所要处理的有机物废气在高温下与空气混合易引起爆炸，安全问题十分重要。因而，一方面必须控制有机物与空气的混合比，使之在爆炸下限；另一方面，催化燃烧系统应设监测报警装置和有防爆措施。

（2）催化燃烧的发展

催化燃烧法是一种传统的有机废气治理技术，从 1949 年美国研制出世界上第一套催化燃烧装置到现在，这项技术已广泛应用于油漆、橡胶加工、塑料加工、树脂加工、皮革加工、食品业和铸造业，以及汽车废气净化等方面。中国在1973 年开始将催化燃烧法用于治理漆包线烘干炉排出的有机废气，随后又在绝缘材料、印刷工业等方面进行了研究，使催化燃烧法得到了广泛应用，现在已经是我国有机废气治理的主要技术之一。目前在我国有机废气治理设备中，催化燃烧净化设备约占总数的 30% 左右（夏治强，1993）。催化燃烧设备型号很多，如

图 3-18 所示，主要可分为卧式催化燃烧器和立式催化燃烧器两大类。

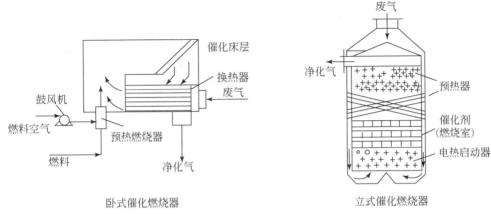

图 3-18　卧式催化燃烧器和立式催化燃烧器

催化燃烧主要用来治理工业有机废气和消除恶臭。早期的催化燃烧技术主要用于高浓度或者高温排放的有机污染物的治理，由于对空气的加热升温需要耗费大量的热能（电加热或者燃料加热），在大风量、低浓度的 VOCs 治理中运行成本过高，因此近年来发展了针对低浓度有机废气净化的蓄热式催化燃烧技术（RCO）。蓄热式热氧化（简称 RTO）回收热量采用一种新的非稳态热传递方式，主要原理是有机废气和净化后的排放气交替循环，通过多次不断地改变流向来最大限度地捕获热量，蓄热系统提供了极高的热能回收，基本原理如图 3-19 所示（阎勇，1999）。

在某个循环周期内，含 VOCs 的有机废气进入 RTO 系统，首先进入耐火蓄热床 1（该床已被前一个循环的净化气加热），废气从床 1 吸收热能使温度升高，然后进入氧化室；VOCs 在氧化室内被氧化成 CO_2 和 H_2O，废气得到净化；氧化后的高温净化气离开燃烧室，进入另一个冷的蓄热床 2，该床从净化排放气中吸收热量，并储存起来（用来预热下一个循环的进入系统的有机废气），并使净化排放气的温度降低。此过程进行到一定时间，气体流动方向被逆转，有机废气从床 2 进入系统。此循环不断吸收和放出热量，作为热阱的蓄热床，也不断以进口和出口的操作方式改变，产生了高效热能回收，热回收率可高达 95%，VOCs 的消除率可达 99%。和常规催化燃烧技术相比，蓄热式催化燃烧技术可以大大降低设备运行功率，主要应用于较低浓度的有机废气的净化（一般 500~3000mg/m^3 之间）。国内外的研究与实践已经证明，对于有机废气的治理，蓄热式催化燃烧技术是比较经济有效、应用前景广阔的净化技术之一。

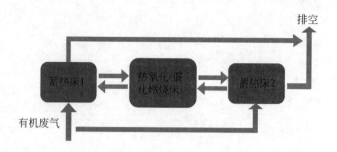

图 3-19　蓄热系统基本原理

4. 催化燃烧法的特点

①可以降低有机废气的起燃温度。有机废气在通过催化剂床层时，碳氢分子和氧分子分别被吸附在催化剂表面而被活化，因而能在较低温度下迅速完全氧化生成 CO_2 和 H_2O。与直接燃烧法相比，催化燃烧法的最大特点是起燃温度低、节能（表3-5）。

表 3-5　直接燃烧法和催化燃烧法的比较

项目	直接燃烧法	催化燃烧法
处理温度/℃	$600 \sim 800$	$200 \sim 400$
燃烧状态	使其在高温火焰中停留一定时间	使其接触催化剂而不产生火焰
空速/h^{-1}	$7500 \sim 12000$	$15000 \sim 25000$
停留时间/s	$0.5 \sim 0.3$	$0.24 \sim 0.14$

②适于处理浓度范围广、成分复杂的有机废气。对于低浓度有机废气，如能采用吸附—催化燃烧联合处理，则效果更好。

③基本上不会造成二次污染。该法处理有机废气净化率一般都在 95% 以上。由于反应温度低，能大量减少氮氧化物（NO_x）的生成。

5. 工艺流程

根据废气的预热方式及富集方式，催化燃烧工艺流程可分为 3 种形式（赵永才等，2007）。

（1）预热式

催化燃烧的最基本流程形式，其基本原理见图 3-20。有机废气温度在 311K 以下、浓度较低时，热量不能自给，因此在进入反应器前，需要在预热室加热升温。通常采用煤气或电加热，将废气升温至催化反应所需的起燃温度；燃烧净化后的气体在热交换器内与未处理的废气进行热交换，以回收部分热量。

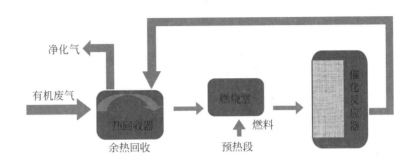

图 3-20　预热式催化燃烧处理系统流程

（2）自身热平衡式

有机废气温度高且有机物含量较高，通常只需要在催化燃烧反应器中设置电加热器供起燃时使用，通过热交换器回收部分净化气体所产生的热量，正常操作下就能够维持热平衡，不需要补充热量，其流程见图 3-21。

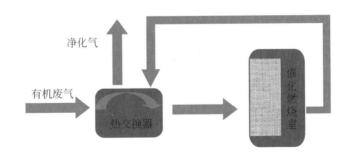

图 3-21　自身热平衡催化流程

（3）吸附-催化燃烧

当有机废气的流量大、浓度低、温度低，采用催化燃烧需消耗大量的燃料时，可先采用吸附手段，将有机废气吸附于吸附剂上并进行浓缩，然后通过热空气吹扫，使有机废气脱附成为高浓度有机废气（可浓缩 10 倍以上）后，再进行催化燃烧。不需要补充热源就可以维持正常运行（欧海峰，2006），其工艺流程见图 3-22。

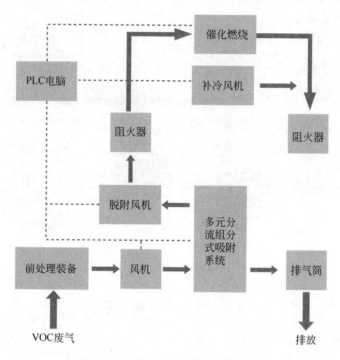

图 3-22　吸附−催化燃烧工艺流程

　　有机废气催化燃烧工艺的选择主要取决于：①燃烧过程的放热量，即废气中可燃物的种类和浓度；②起燃温度，即有机组分的性质及催化剂活性；③热回收率，当回收热量超过预热所需热量时，可实现自身热平衡，无需外界补充热源，这是最经济的。

6. 催化燃烧催化剂

　　催化燃烧反应的核心是选择合适的催化剂。对催化燃烧催化剂的一般要求是：在一定的燃料/空气比下应具有低的起燃温度，在最低预热温度和最大传质条件下仍能保持完全转化率，燃烧反应是放热反应，释放出大量的热，可使催化剂表面达到 500~1000℃ 的高温。而催化剂容易因熔融而降低活性，所以要求催化剂能耐高温。通常催化燃烧 VOCs 用的催化剂主要集中在贵金属催化剂和金属氧化物催化剂。

3.5.2　工业废气颗粒物的催化净化

1. 催化脱硫

（1）催化还原脱硫

①H_2S 还原 SO_2（Claus 法，H_2S 还原 SO_2，回收 S）

$$SO_2+2H_2S \longrightarrow 3S+2H_2O \tag{3-2}$$

通常是在铝矾土类催化剂作用下，反应温度在 $220 \sim 350℃$ 范围内，利用 H_2S 与 SO_2 反应生成硫黄。该过程要求 H_2S 的初始浓度应大于 $15\% \sim 20\%$，否则 H_2S 的燃烧不能提供足够的热量来维持反应所需要的温度。

②H_2 还原法

反应式：

$$SO_2+2H_2 \longrightarrow S+2H_2O \tag{3-3}$$

$$S+H_2 \longrightarrow H_2S \tag{3-4}$$

常用催化剂：多孔载体负载 Fe、Co、Ni 等活性组分的催化剂；铝矾土做催化剂；钌负载于多种载体（MgO、TiO_2、ZrO_2、SiO_2、Al_2O_3 和 VO_2），钌催化剂还有一个共同的特点，就是反应的选择性几乎为百分之百，出口气体中检测不到 H_2S。催化剂 Ru/TiO_2 在低温时具有很高的活性。

③碳还原法

碳还原 SO_2 的过程复杂，由于该方法所需反应温度较高，反应过程经历步骤较多，其中主要反应包括：

$$C+SO_2 \longrightarrow S+CO_2 \tag{3-5}$$

$$CO_2+C \longrightarrow 2CO \tag{3-6}$$

$$CO+S \longrightarrow COS \tag{3-7}$$

$$4SO_2+H_2O+6C \longrightarrow 4CO_2+H_2S+COS+CS_2 \tag{3-8}$$

$$C+S_2 \longrightarrow CS_2 \tag{3-9}$$

副产物 H_2S、COS 和 CS_2 都是还原剂，它们都能和 SO 在一定温度下反应而生成单质硫。

④烃类还原法

通常用 CH 作为还原剂，主要反应是：

$$2SO_2+CH_4 \longrightarrow 2\ [S]\ +CO_2+2H_2O \tag{3-10}$$

式中 [S] 表示气相中不同形式的硫种，反应所需温度一般在 $600℃$ 以上，但伴随有副反应发生，主要副产物有 H_2S、COS、CS、CO、H_2 和炭黑。

⑤氨还原法

以 NH_3 为还原剂，还原 SO_2 主要用于焦炉煤气的脱硫过程，因为该反应条件适合于还原反应的发生。常用 TiO_2 负载过渡金属（Mn、Fe、Co、Ni、Cu）硫化物作为催化剂，几种过渡金属硫化物催化剂活性顺序为：$CoS_2\text{-}TiO_2 > FeS_2\text{-}TiO_2 > NiS_2\text{-}TiO_2 > CuS_2\text{-}TiO_2 > MnS_2\text{-}TiO_2$。

硫化物催化剂的反应机理：NH 首先在过渡金属硫化物上发生分解反应，然后分解的 H_2S 与 SO_2 反应，紧接着生成 H_2S 与 SO_2。

（2）催化氧化脱硫

①液相催化氧化法

该法是用水或稀 H_2SO_4 吸收废气中的 SO_2，再利用溶液中的 Fe^{3+} 或 Mn^{2+} 作为催化剂将其直接氧化，可生成硫酸，即

$$2SO_2+O_2+2H_2O \xrightarrow{Fe^{2+}} 2H_2SO_4 \tag{3-11}$$

例如千代田法烟气脱硫就是利用这一原理来实现的。该法首先将废气由鼓风机送入除尘器除灰尘，同时增湿冷却到60℃，然后送入吸收塔，用含有 Fe^{3+} 催化剂的稀硫酸（浓度2%~3%）吸收 SO_2。脱硫后的废气经除雾器放空。其流程如图3-23所示。

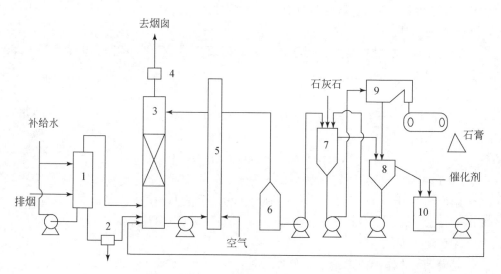

1-除尘器；2-压滤器；3-吸收塔；4-除雾器；5-氧化塔；6-吸收液槽；
7-结晶槽；8-增稠器；9-离心分离器；10-母液槽

图3-23　千代田法烟气脱硫工艺流程

②气相催化氧化法

气相催化氧化法是在工业接触法制酸的工艺基础上发展起来的，一般以 V_2O_5 作催化剂，将 SO_2 氧化为 SO_3 而制成硫酸。该法用于处理硫酸尾气，在技术上比较成熟，也已成功应用于有色冶炼烟气制酸。SO_2 在催化剂表面上的反应可用式（3-12）表示：

$$SO_2 + \frac{1}{2}O_2 \xrightarrow{V_2O_5} SO_3 \qquad (3\text{-}12)$$

2. 催化脱氮

（1）催化分解法

NO 的分解反应在热力学上是一个有利的反应，分子筛担载的金属氧化物催化剂具有很好的活性，尤其是 Cu 交换的 ZSM-5 催化剂，对 NO 分解具有最好的活性和稳定性。有研究表明，在 450℃下，Cu-ZSM-5（按一个 Cu^{2+} 交换两个 Na^+ 为 100 计）上 NO 转化率稳定在 95%，N_2 的生成率为 75%，O_2 的生成率为 55%，持续 30h 以上活性不变。大量研究证明，Cu^+ 是 NO 分解反应的活性中心，ZSM-5 载体起稳定 Cu^+ 的作用。除 ZSM-5 外，Y 沸石、丝光沸石上交换的 Cu 都表现出相当的 NO 分解活性，但都不如 Cu-ZSM-5。

（2）催化还原法

利用不同的还原剂，在一定温度和催化剂的作用下，将 NO 还原为无害的氮气和水，称为催化还原法。净化过程中，可依还原剂是否与气体中的氧气发生反应，分为非选择性催化还原和选择性催化还原两类。

①非选择性催化还原法

含 NO_x 的气体在一定温度和催化剂作用下，与还原剂发生反应。其中的二氧化氮还原为氮气，还原剂与气体中的氧发生反应生成水和二氧化碳。还原剂有氢、甲烷、一氧化碳和低碳氢化合物。在工业上可选用合成氨释放气、焦炉气、天然气、炼油厂尾气等作为还原剂，一般将这些气体统称为燃料气。

H_2 为还原剂时：

主反应：

$$H_2 + NO_2 \longrightarrow H_2O + NO \qquad (3\text{-}13)$$

$$2H_2 + 2NO \longrightarrow 2H_2O + N_2 \qquad (3\text{-}14)$$

$$2H_2 + O_2 \longrightarrow 2H_2O \qquad (3\text{-}15)$$

副反应：

$$5H_2 + 2NO \longrightarrow 2H_2O + 2NH_3 \qquad (3\text{-}16)$$

$$7H_2 + 2NO_2 \longrightarrow 4H_2O + 2NH_3 \qquad (3\text{-}17)$$

CH_4 为还原剂时：

主反应：

$$CH_4 + 4NO_2 \longrightarrow CO_2 + 4NO + 2H_2O \qquad (3\text{-}18)$$

$$CH_4+2O_2\longrightarrow CO_2+2H_2O \tag{3-19}$$

$$CH_4+4NO\longrightarrow CO_2+2N_2+2H_2O \tag{3-20}$$

副反应： $$7CH_4+8NO_2\longrightarrow 8NH_3+7CO_2+2H_2O \tag{3-21}$$

$$5CH_4+8NO+2H_2O\longrightarrow 8NH_3+5CO_2 \tag{3-22}$$

非选择催化还原的催化剂可选择贵金属 Pt、Pd 作催化剂，通常以质量分数 0.1%~1% 的贵金属负载于氧化铝载体。

（2）选择性催化还原法

选择性催化还原法指在催化剂的作用下，用 NH_3、CO、H_2S 等作为还原剂，在较低温度下有选择地将废弃中的 NO_x 还原为 N_2，还原剂不与废气中的 O_2 发生化学反应，从而减少了还原剂的用量。

通常以 NH_3 作为还原剂，其主要反应为：

$$4NH_3+6NO\longrightarrow 5N_2+6H_2O \tag{3-23}$$

$$8NH_3+6NO\longrightarrow 7N_2+12H_2O \tag{3-24}$$

由于 NH_3 为还原剂，反应比较容易进行，因此既可以使用贵金属催化剂，也可以使用铜、铬、铁、钒、钼、钴、镍等金属化合物为催化剂。

③催化氧化法（SCO 法）

因燃煤烟气中的 NO_x 90% 以上是 NO，而 NO_x 脱除的主要困难在于 NO 难溶于水，气相选择性催化氧化（SCO）是指，先将 NO 氧化成 NO_x，再用氨水吸收的同时脱硫脱氮的技术。该法的特点是 NO 的 SCO 过程能耗低、效率高；氨水可同时吸收 NO 和 SO_2，属于化学吸收，NO 和 SO_2 能够发生氧化还原反应，生成硫酸铵，因此该技术可实现燃煤烟气同时脱硫脱氮。

3. 新型废气催化净化法

（1）低温等离子法

当废气浓度很低时，常见的吸收、吸附以及燃烧法并不能有好的处理效果，此时，低温等离子法就有较好的用武之地。

等离子体被称为除固态、液态和气态外，物质的第四种形态，当外加电压达到气体的着火电压时，气体被击穿，产生包括电子、各种离子、原子和自由基在内的混合体。放电过程中虽然电子温度很高，但重粒子温度很低，整个体系呈现低温状态，所以称为低温等离子体。低温等离子体降解污染物是利用这些高能电子、自由基等活性粒子和废气中的污染物作用，使污染物分子在极短时间内发生分解，并发生后续各种反应以达到分解污染物的目的。

低温等离子净化器能有效去除挥发性有机物（VOCs）、无机物、硫化氢、氨气、硫醇类等主要污染物，以及各种恶臭味，对于长期弥漫、积累的恶臭、异味，24h 内即可祛除，不但具有强力杀灭空气中细菌、病毒等各种微生物的能力，而且具有明显的防霉作用。低温等离子技术具有自动化程度高、工艺简便、操作方便、效率高、无二次污染，以及能够处理大部分废气和除臭等优点，其缺点也很明显，易产生火花放电，在高峰值电压下，反应器易产生火花放电，不仅增大电能消耗，还破坏放电的正常进行，使得处理废气不完全，净化效率低，还存在危险性。目前国内低温等离子技术还处于摸索阶段，尚不成熟。Francke 等（Francke K P et al.，2000）通过介质阻挡放电（DBD）产生等离子体，降解干燥空气中的三氯乙烯（TCE）(250 ppm)，实验结果表明，降解效率高达 99% 以上。

总的来说，低温等离子技术在 VOCs 废气处理方面，具有低能耗、处理量大等优点，适用于处理中浓度气体，对去除恶臭尤其有效。然而该法会产生许多副产物，无法完全将有机物降解为无害的 CO_2 与 H_2O。

（2）光催化法

光催化法利用光激发催化剂，使催化剂的电子、空穴分离，用于氧化或还原吸附于其上的污染物。自从光催化现象被 Fujishima 和 Honda（1972）发现以来，得到国内外广泛研究。大量研究表明，光催化法对 VOCs 中各种物质，如苯、甲苯、甲醛、乙醛、乙烯、正己烷等，均有较好的降解效果（施冬梅等，2002）。

光催化技术中，最为核心的是光源和催化剂。光源根据光波长的不同，分为紫外光和可见光。波长越短，光能越强，越能激发催化剂的电子空穴分离，越有利于污染物的降解。因此对紫外光催化降解 VOCs 的研究很多，相关技术成熟。而可见光技术近年来才被广泛研究，若技术发展成熟，将可利用太阳光谱中占 43% 的可见光降解污染物，节省能耗。研究较多的催化剂包括 TiO_2、WO_5、$BiVO_4$、ZnS、CdS 等，通过负载、掺杂等方法改性，提高催化性能。

光催化技术在 VOCs 废气处理工程中有所应用。采用除尘-光催化技术处理含各类烯烃、炔烃、醇类以及恶臭、颗粒物、硫化物等污染物的废气，最终使得尾气污染物浓度达到国家相关要求。光催化技术具有反应效率高、易回收、装置占地面积小，操作简便等优点，适用于低浓度有机废气处理，有很好的除臭效果。但是，高性能催化剂成本太高、制备过程复杂，不能大批量生产；废气中的颗粒物对催化剂影响较大，适用于去除较为洁净的废气；对于组成太复杂的废气，催化剂容易失效。

参 考 文 献

北京市环境保护局，2018. 2017 年北京市环境状况公报 [R].

崔胜民，韩家军，2015. 新能源汽车概论（第 2 版）[M]. 北京：北京大学出版社.

方凤满，2010. 中国大气颗粒物中金属元素环境地球化学行为研究 [J]. 生态环境学报，19：979-984.

顾其顺，陈宏德，况荣祯，等，1993. 汽车排气净化催化剂三效性能的研究 [J]. 环境化学，12：81-86.

郭家秀，2005. 高性能低贵金属 Pt-Rh 型三效催化剂的研究 [D]. 成都：四川大学.

何毅，王华，李光明，等，2004. 有机废气催化燃烧技术 [J]. 江苏环境科技，17：35-38.

贺泓，翁端，资新运，2007. 柴油车尾气排放污染控制技术综述 [J]. 环境科学，28：1169-1177.

黄国龙，闫倩倩，2017. 汽车尾气净化催化剂及载体发展现状 [J]. 科技风，16：124-124.

黄亚华，2016. 大气环境颗粒物污染的预防和治理 [J]. 科技展望，26：351.

李丽，袁福龙，付宏刚，等，2006. 多元复合铁基非贵金属催化剂的性能研究 [J]. 哈尔滨工业大学学报，6：960-962.

马凡华，许忠厚，2000. 天然气发动机专用催化转化器的研究与发展 [J]. 车用发动机，1：1-3.

欧海峰，2006. 吸附-催化燃烧法处理喷漆废气实例 [J]. 环境科学技术，4：93-94.

钱吉琛，裴颖皓，曹玙，等，2019. $PM_{2.5}$ 暴露对心血管疾病影响的研究进展 [J]. 医学综述，25：3880-3884.

尚鸿燕，胡伟，王云，等，2015. 理论空燃比天然气汽车尾气中 H_2O 和 O_2 对 CH_4 与 NO 反应的影响 [J]. 物理化学学报，31：750-756.

施冬梅，李再兴，多金环，2002. 纳米 TiO_2 光催化降解水体污染物研究进展 [J]. 环境科学与技术，25：46-48.

宋少洁，吴烨，蒋靖坤，等，2012. 北京市典型道路交通环境细颗粒物元素组成及分布特征 [J]. 环境科学学报，32：66-73.

索丹凤，曾三武，2019. 空气细颗粒物 $PM_{2.5}$ 对人体各系统危害的研究 [J]. 医学信息，18：40-42.

屠约峰，2017. 天然气汽车尾气净化催化剂研究进展 [J]. 工业催化，7：20-23.

王笃政，祁金才，彭金成，等，2011. 汽车尾气三效催化剂最新研究进展 [J]. 化工中间体，8：4-8.

王宏炜，曹琼辉，黄峰，等，2009. 尘污染对植物的生理和生态特性影响 [J]. 广西植物，29：621-626.

王玉云，2014. 低贵金属含量 Pd-Rh 型三效催化剂的性能研究 [D]. 南京：南京工业大学.

王跃思，周立，王明星，等，2000. 北京大气中可形成气溶胶的有机物现状及变化规律的初步研究 [J]. 气候与环境研究，5：13-19.

邬忠萍，谢三山，2014. 汽车尾气对环境的危害及其对策 [J]. 成都工业学院学报，4：51-53.

夏治强，1993. 催化燃烧法治理有机废气 [J]. 城市环境与城市生态，6：34-38.

薛骅骏，2019. 大气颗粒物的化学组成、来源识别和污染评价研究——以合肥市为例 [D]. 合肥：中国科学技术大学博士学位论文.

闫云飞，2004. 天然气汽车三元催化器净化特性研究 [D]. 重庆：重庆大学.

阎勇，1999. 喷烤漆行业有机废气处理技术 [J]. 中国涂料，1：34-38.

杨冬霞，郑婷婷，宁平，等，2016. 不同制备方法对 Pd/Y-ZrO$_2$ 消除 HC 催化性能的影响 [J]. 中国稀土学报，34：17-23.

杨桂贤，2016. 生物法净化在工业废气处理中应用及前景分析 [J]. 山东工业技术，12：54-55.

杨硕，李圣，郑珂，等，2019. 防霾止咳方治疗 PM$_{2.5}$ 致慢性咳嗽人群疗效及机制研究 [J]. 辽宁中医药大学学报，10：157-160.

杨维，赵文吉，宫兆宁，等，2013. 北京城区可吸入颗粒物分布与呼吸系统疾病相关分析 [J]. 环境科学，34：237-243.

杨耀，邰阳，张燕，2010. 大气颗粒物的危害及其解析技术研究综述 [J]. 北方环境，22：82-87.

姚小刚，刘颖，欧阳清检，等，2018. 纳米材料在汽车尾气净化方面的应用 [J]. 绿色科技，8：121-123.

叶青，金钧，陈永宝，等，2000. 汽车尾气三效催化剂的现状、发展及动向 [J]. 北京工业大学学报，26：112-117.

于学华，韦岳长，刘坚，等，2014. 柴油车尾气排放 PM$_{2.5}$ 氧化消除催化剂的设计、制备与催化作用 [J]. 中国科学：化学，44：1905-1922.

张雪黎，罗来涛，2006. 稀土催化材料在工业废气、人居环境净化中的研究与应用综述 [J]. 气象与减灾研究，29：47-52.

赵永才，郑重，2007. VOCs 催化燃烧技术及其应用 [J]. 现代涂料与涂装，10：19-23.

中华人民共和国生态环境部，2019. 中国移动源环境管理年报（2019）[S].

Berkowicz R，Palmgren F，Hertel O，et al.，1996. Using measurements of air pollution in streets for evaluation of urban air quality-meterological analysis and model calculations [J]. Science of the Total Environment，189-190：259-265.

Claub B, 2000. Ceramic fibres: State- of- the- art and perspective [J]. Technische Textilien, 43: 246-251.

Deng X J, Tie X X, Wu D, et al., 2008. Long-term trend of visibility and its characterizations in the Pearl River Delta (PRD) region, China [J]. Atmospheric Environment, 42: 1424-1435.

Dewan A, Ay S U, Karim M N, et al., 2014. Alternative power sources for remote sensors: a review [J]. Journal of Power Sources, 245: 129-143.

Fornasiero P, Kašpar J, Sergo V, et al., 1999. Redox behavior of high-surface-area Rh-, Pt-, and Pd-loaded $Ce_{0.5}Zr_{0.5}O_2$ mixed oxide [J]. Journal of Catalysis, 182: 56-59.

Francke K P, Miessner H, Rudolph R, 2000. Cleaning of air streams from organic pollutants by plasma-catalytic oxidation [J]. Plasma Chem Plasma Process, 20: 393-403.

Fujishima A, Honda K, 1972. Electrochemical Photolysis of Water at a Semiconductor Electode [J]. Nature, 238: 37-38.

Hara K, Homma J, Tamura K, et al., 2013. Decreasing trends of suspended particulate matter and $PM_{2.5}$ concentrations in Tokyo during 1990—2010 [J]. Journal of the Air & Waste Management Association, 63: 737-748.

Hu W, Wang Y, Shang H Y, et al., 2015. Effects of Zr addition on the performance of the Pd-Pt/ Al_2O_3 catalyst for lean-burn natural gas vehicle exhaust purification [J]. Acta Physico-Chimica Sinica, 31: 1771-1779.

Huang R G, Li J, Hurley R G, 2003. Low- precious metal/high- rare earth oxide catalysts. US: US6540968 B1.

Kim D H, Woo S I, Noh J, et al., 2007. Synergistic effect of vanadium and zirconium oxides in the Pd-only three-way catalysts synthesized by sol-gel method [J]. Applied Catalysis A: General, 207: 69-77.

Liu J, Zhao Z, Xu C M, et al., 2006. The structures of VO_x/MO_x and alkali-VO_x/MO_x catalysts and their catalytic performances for soot combustion [J]. Catalysis Today, 118: 315-322.

Mei X L, Xiong J, Wei Y C, et al., 2019. Three- dimensional ordered macroporous perovskite-type $La_{1-x}K_xNiO_3$ catalysts with enhanced catalytic activity for soot combustion: the effect of K-substitution [J]. Chinese Journal of Catalysis, 40: 722-732.

Oi- Uchisawa J, Obuchi A, Wang S, et al., 2003. Catalytic performance of Pt/MO_x loaded over SiC-DPF for soot oxidation [J]. Applied Catalysis B: Environmental, 43: 117-129.

Ren W, Ding T, Yang Y, et al., 2019. Identifying oxygen activation/oxidation sites for efficient soot combustion over silver catalysts interacted with nanoflower- like hydrotalcite- derived CoAlO metal oxides [J]. ACS Catalysis, 9: 8772-8784.

Roosli M, Theis G, Kunzli N, et al., 2001. Temporal and spatial variation of the chemical composition of PM_{10} at urban and rural sites in the Basel area [J]. Switzerland. Atmospheric Environment, 35: 3701-3713.

Sakai T, Choi B C, Osuga R, et al., 1992. Purification characterstitics of catalytic converters for natural gas fueled automotive engine [J]. SAE Paper: 920596.

Schuster M E, Hävecker M, Arrigo R, et al., 2011. Surface sensitive study to determine the reactivity of soot with the focus on the European emission standards IV and VI [J]. The journal of physical chemistry. A, 115: 2568-2580.

Shangguan W F, Teraoka Y, Kagawa S, 1998. Promotion effect of potassium on the catalytic property of $CuFe_2O_4$ for the simultaneous removal of NO_x and diesel soot particulate [J]. Applied Catalysis B: Environmental, 16: 149-154.

Shockley W, Queisser H J, 1961. Detailed balance limit of efficiency of p-n junction solar cells [J]. Journal of Applied Physics, 32: 510-519.

Silveira R S, Oliveira A M, Pergher S B, et al., 2009. Palladium and molybdenum mono and bimetallic catalysts on modernite for direct NO decomposition reaction [J]. Catalysis Letters, 129: 259-265.

Subramanian S, Watkins W, Chattha M, 1993. Three-way catalyst for treating emissions from compressed natural gas fueled engines. US: US5208204 A.

Summers J C, Ausen S A, 1979. Interaction of cerium oxide with noble metals [J]. Journal of Catalysis, 58: 131-143.

Tanaka H, Taniguchi M, Kajita N, et al., 2007. Design of the intelligent catalyst for Japan ULEV standard [J]. Topics in Catalysis, 30: 389-396.

Tzimpilis E, Moschoudis N, Stoukides M, et al., 2008. Preparation active phase composition and Pd content of perovskite-type oxides [J]. Applied Catalysis B: Environmental, 84: 607-615.

Wei Y C, Liu J, Zhao Z, et al., 2011. Highly active catalysts of gold nanoparticles supported on three-dimensionally ordered macroporous $LaFeO_3$ for soot oxidation [J]. Angewandte Chemie International Edition, 50: 2326-2329.

Wei Y C, Wu Q Q, Xiong J, et al., 2019. Efficient catalysts of supported PtPd nanoparticles on 3D ordered macroporous TiO_2 for soot combustion: snergic effect of Pt-Pd binary components [J]. Catalysis Today, 327: 143-153.

Williamson B W, Silver R G, 1998. Palladium catalyst washcoat supports for improved methane oxidation in natural gas automotive emission catalyst. US: US5741467 A.

Wu QQ, Jing M Z, Wei Y C, et al., 2019. High-efficient catalysts of core-shell structured Pt@ transition metal oxides (TMOs) supported on $3DOM-Al_2O_3$ for soot oxidation: the effect of strong Pt-TMO interaction [J]. Applied Catalysis B: Environmental, 244: 628-640.

Wu QQ, Xiong J, Zhang Y L, et al., 2019. Interaction-induced self-assembly of $Au@ La_2O_3$ core-shell nanoparticles on $La_2O_2CO_3$ nanorods with enhanced catalytic activity and stability for soot oxidation [J]. ACS Catalysis, 9: 3700-3715.

Xiong J, Wei Y C, Zhang Y L, et al., 2019. Facile synthesis of 3D ordered macro-mesoporous $Ce_{1-x}Zr_xO_2$ catalysts with enhanced catalytic activity for soot oxidation [J]. Catalysis Today, on line.

Xiong J, Wu Q Q, Mei X L, et al., 2018. Fabrication of spinel-type $Pd_xCo_{3-x}O_4$ binary active sites on 3D ordered meso-macroporous Ce-Zr-O_2 with enhanced activity for catalytic soot oxidation [J]. ACS Catalysis, 8: 7915-7930.

Yin S, Shen Z, Zhou P, et al., 2011. Quantifying air pollution attenuation within urban parks: an experimental approach in Shanghai, China [J]. Environmental Pollution, 159: 2155-2163.

Zhao M J, Deng J L, Liu J, et al., 2019. Roles of surface active oxygen species on 3DOM cobalt-based spinel catalysts $M_xCo_{3-x}O_4$ (M = Zn and Ni) for NO_x-assisted soot oxidation [J]. ACS Catalysis, 9: 7548-7567.

第4章 粉末状固体废弃物的化学处理技术

4.1 废石膏的化学处理技术

石膏是一种重要的矿物资源，石膏胶凝材料作为传统的三大胶凝材料之一，已有3000多年历史，是一种多功能气硬性胶凝材料，其制品具有质轻、快凝、价格低廉和防火隔热等诸多优点，在化工、建筑行业中有着广泛的用途。石膏（$CaSO_4 \cdot 2H_2O$）的主要成分是硫酸钙，可分为天然石膏和工业副产石膏两种，后者是人类在生产活动和环境治理过程中排放出来的废弃物，包括处理含二氧化硫有毒烟气时排出的脱硫石膏、工业生产磷肥时排出的磷石膏、氢氟酸生产过程中排出的氟石膏和生产柠檬酸过程中排放的柠檬酸石膏等，其中脱硫石膏和磷石膏排放总量占工业副产石膏总量的90%左右。20世纪六七十年代，中国就已经出现磷石膏，但产量很小，不足以影响环境。进入90年代后，燃煤电厂陆续安装了脱硫装置，大量脱硫石膏随之出现。目前，全国脱硫石膏年排量已达7000多万t，磷石膏年排量已超1亿t，同时还有基本没有利用的其他工业副产石膏500多万t。产量巨大的工业副产石膏给我国的生态环境造成了巨大影响，也给消纳带来了巨大压力。

4.1.1 概述

石膏分为天然石膏和工业副产石膏。工业副产石膏又称化学石膏，是一种以硫酸钙为主要成分的工业废渣，常见的化学石膏包括脱硫石膏、磷石膏、氟石膏等。

1. 脱硫石膏

目前工艺最成熟，应用最广泛的燃煤电厂脱硫工艺为湿式石灰石-石膏法。湿式石灰石-石膏法高效、稳定，能吸收二氧化硫产生大量的副产物脱硫石膏。脱硫石膏又称烟气脱硫石膏，主要成分为 $CaSO_4 \cdot 2H_2O$。石灰/石灰石-石膏法的工艺流程如下：首先，在吸收塔中喷入经过破碎、制粉配制成的石灰石浆液；然后将除尘后的烟气导入吸收器中，使得烟气与浆液进行充分接触混合，目的是让吸收器中的 SO_2 气体能被浆液充分洗涤并吸收，进而生成 $CaSO_3 \cdot 0.5H_2O$；

接着，向吸收器中鼓入大量的空气氧化，使亚硫酸钙氧化生成硫酸钙；最后，从吸收剂中分离出来结晶的硫酸钙得到脱硫石膏（刘明华，2013）。脱硫石膏通常可以用于生产水泥、生产建材和改良土壤。以石灰石作吸收剂的反应简式如式（4-1）、式（4-2）所示：

$$CaCO_3 + SO_2 + 0.5H_2O \longrightarrow CaSO_3 \cdot 0.5H_2O + CO_2 \qquad (4-1)$$

$$CaSO_3 \cdot 0.5H_2O + 0.5O_2 \longrightarrow CaSO_4 + 0.5H_2O \qquad (4-2)$$

2. 磷石膏

磷石膏主要成分为 $CaSO_4 \cdot 2H_2O$，是磷酸厂湿法制取磷酸工艺过程中磷矿石与硫酸反应产生的工业固体废渣，该反应的方程式为

$$Ca_5F(PO_4)_3 + 5H_2SO_4 + 10H_2O \Longrightarrow 5CaSO_4 \cdot 2H_2O + 3H_3PO_4 + HF\uparrow \qquad (4-3)$$

目前，化工副产磷石膏主要来自三个方面：①湿法工艺生产工业磷酸盐过程中副产磷石膏；②湿法磷酸生产钙镁磷肥和磷酸一铵过程中副产磷石膏；③湿法磷酸生产饲料级磷酸氢钙、磷酸二铵的过程中副产磷石膏。磷石膏可以用于制作硫酸和水泥、生产建筑石膏产品、生产肥料和饲料。但是在湿法制备磷酸的过程中，会发生磷矿石分解不完全、同晶取代等现象，所制得的磷石膏不能直接用于生产，必须进行预处理。磷石膏产量巨大，目前其堆存量已经超过了60亿t，并且这个数字还在不断增加，而利用率仅有15%左右。随着磷石膏堆存量的逐年增加，土地占用量随之增大，处置成本不断升高，对水资源及周边生态环境造成严重污染。

3. 氟石膏

氟石膏主要来源于盐化工行业，是生产氢氟酸及氟铝酸钠过程中的主要副产品，其工艺主要分为湿法和干法两种。利用浓硫酸与氟化钙反应的湿法工艺可制得石膏，其主要反应式为

$$H_2SO_4 + CaF_2 \Longrightarrow 2HF + CaSO_4 \qquad (4-4)$$

净化后的氟化氢气体遇水得到氢氟酸，其中的固体产物即为石膏，因其混杂少量尚未反应的 CaF_2，所以又称为"氟石膏"。新排放的氟石膏中常含有一定量的 HF、H_2SO_4，属强腐蚀性有毒有害废弃物，不可直接弃置。

目前，氟石膏的处理方法有石灰中和法和铝土矿中和法两种，其中前者是将刚出炉的石膏与水混合均匀后，投入石灰中和硫酸生成硫酸钙，此法可得到纯度较高的氟石膏，被称为"石灰氟石膏"。后者是用铝土矿来中和剩余的硫酸，可制得产品硫酸铝，此时整个体系略呈酸性，需加入石灰中和使其达到排放标准。因铝土矿中含一定的杂质，使得最后排出的氟石膏纯度较低约为70%~80%，通

过这种方法处理得到的氟石膏称为"铝土氟石膏"。

4. 其他工业副产石膏

其他工业副产石膏还包括钛石膏、硼石膏、锰石膏、柠檬酸石膏和海盐石膏等。钛石膏是用硫酸法生产钛白粉时产生的工业废渣,此法生产过程中需加入石灰或电石渣来中和大量的酸性废水,生成以 $CaSO_4 \cdot 2H_2O$ 为主的副产石膏,其中含有杂质 Fe^{2+},长期置于空气中会逐渐被氧化成 Fe^{3+} 而呈现红(黄)色,因此钛石膏又称红石膏或黄石膏。硼石膏是硼钙石和硫酸反应生产硼酸后的工业废渣,灰白色固体,湿度较大,需经晾晒或烘干。锰石膏是苯胺法生产对苯二酚过程中产生的一种工业废渣,每生产 1t 对苯二酚产生 3t 左右的锰石膏;盐石膏是海边晒盐过程中的沉积物,在卤水精制(即脱除 SO_4^{2-})过程中由化学结晶沉淀而形成的化合物,主要成分为二水硫酸钙($CaSO_4 \cdot 2H_2O$),二水硫酸钙的含量高达95%以上,还含有少量的 $CaCO_3$、$MgCO_3$ 和黏土性杂质。柠檬酸石膏是生产柠檬酸过程中,利用硫酸酸解柠檬酸钙时产生的工业废渣,其二水硫酸钙含量在85%以上,含有未反应完全的柠檬酸钙以及少量的柠檬酸,接下来简要介绍柠檬酸石膏(喻小平等,2011)。

在柠檬酸的生产过程中,会使用不同的生产工艺,所采用的原料和发酵方式不同,其产生的柠檬酸石膏的硫酸钙含量、酸度、色泽等都呈现出不同的特性。柠檬酸石膏呈现潮湿松散的颗粒状,一般含有生产柠檬酸残留的蛋白质、油脂、色素等。回收利用柠檬酸石膏最大的障碍就是残留的柠檬酸。柠檬酸是石膏的缓凝剂,会阻碍石膏结晶的形成。柠檬酸会明显降低石膏强度,使得柠檬酸石膏生产的石膏粉强度很低,不凝聚,吸潮,严重变形。水洗是清除柠檬酸石膏残留柠檬酸最有效的方法,但是水资源浪费严重,无法实现产业化应用。现行的石膏技术发展趋势是制成石膏晶须,作为增强剂提升制品强度。

4.1.2　废石膏的特性及危害

1. 废石膏的特性

(1) 物理特性

天然石膏一般呈白色块状,颗粒粗细差别较大,粉碎后的粒度约为140μm。而工业副产石膏是潮湿、松散均匀的细小颗粒,颗粒直径主要集中在 100 ~ 1000μm 之间,呈酸性且 pH 约为 1.5 ~ 4.5,含有20% ~ 25%的游离水,堆积密度与水的密度相当,为1000kg/m³。常见的工业副产石膏中,脱硫石膏多为黄褐色粉末,有时脱硫过程可能带进粉煤灰等杂质,因此产生的脱硫石膏颜色发黑;

磷石膏一般为灰白色粉末；而新生的氟石膏多为灰白色粉粒状晶体。

（2）化学组分

在组成上，工业副产石膏主成分与天然石膏一样，都是二水硫酸钙（CaSO₄·2H₂O），钙硫组分占总量的76%左右，另含有少量重金属离子及放射性元素和游离酸等杂质。表4-1为我国典型的工业副产石膏组分。

表4-1　我国典型的工业副产石膏组分

$W(CaO)$ /%	$W(SO_3)$ /%	$W(SiO_2)$ /%	$W(Fe_2O_3)$ /%	$W(Al_2O_3)$ /%	$W(MgO)$ /%	$W(P_2O_5)$ /%	$W(CaF_2)$ /%	$W(H_2O)$ /%
31.112	41.897	4.963	0.187	0.628	0.299	1.162	0.843	5.011

工业副产石膏的主要杂质成分有 SiO_2、Al_2O_3、Fe_2O_3、F、K_2O、$CaCO_3$、$MgCO_3$、P_2O_5 等，可能含有少量 Na、K、Cl 等离子以及可燃有机物粉煤灰等。

脱硫石膏颗粒细小，外观规整，与天然石膏相比颗粒特征差异明显。脱硫石膏与天然石膏化学组成相似。脱硫石膏中含有少量碳酸钙颗粒，这是由于少量石灰石粉末与二氧化硫反应不充分所致。脱硫石膏中含有多种杂质，主要来源于烟气中飞灰和石灰石。在脱硫过程中，杂质会进入石膏，使石膏的脱水性能下降。

磷石膏颗粒级配为正态分布，微观形貌为板状粗大晶体，颗粒分布高度集中，以磷石膏作为石膏胶凝材料流动性差，需水量高且结构疏松。磷石膏中含有很多有害物质，最主要的是可溶性磷，它会延缓建筑石膏的凝结硬化，降低强度。杂质分布在晶体表面，其含量随磷石膏粒度增加而增加，磷石膏一般采用水洗或石灰中和的方法降低杂质的影响。对磷石膏进行球磨预处理能够显著改善颗粒形貌与级配，大大降低水膏比和硬化体孔隙率，使硬化体结构致密。也可以将杂质含量较高的磷石膏筛选出来除去，提高磷石膏的性能（张凡凡等，2017）。杂质的存在对石膏的生产加工性能会造成较大的影响。主要有以下几种：

①可燃有机物主要包括未完全燃烧的煤粉，在石膏中呈现出较大的黑点，大约有一半数量的颗粒，其尺寸大小位于 16~200μm 之间，而另一部分则小于16μm，在煅烧过程中，煤粉的组成和形态不会随着煅烧温度和煅烧时间的变化而变化。煤粉的存在不仅影响制品的美观，而且在制作纸面石膏板时，还会阻碍石膏与纸的黏结。

②Al_2O_3、SiO_2 和 Fe_2O_3 对石膏的工艺性能影响也很大，主要是由于石膏的颗粒较小，而 Al_2O_3 和 SiO_2 的颗粒则较粗，都会对石膏的易磨性产生影响。Fe_2O_3 对石膏的影响比较复杂，细的氧化铁颗粒会对石膏的颜色产生影响，而较粗的颗粒则会对石膏的易磨性产生大的影响。

③工业副产石膏生产石膏板时，$CaCO_3$ 和 $MgCO_3$ 会对其产生重要的影响。这

是因为煅烧脱硫石膏时，当煅烧温度较高时，会有部分 $CaCO_3$ 和 $MgCO_3$ 分解成 CaO 和 MgO，而此类碱性氧化物会影响脱硫石膏的碱度，进而影响纸和板芯的黏结力，但是天然石膏煅烧时，$CaCO_3$ 则不会分解。

④其他杂质影响：经研究表明，较高含量的 Mg 离子和 Cl 离子会降低脱硫石膏的活化能。Cl 离子也会影响脱硫石膏的黏结性。Na、K 离子对脱硫石膏更为有害，它们会使制品表面出现返霜，影响制品质量、黏结性和美观。

2. 废石膏的危害

工业生产会产生大量废石膏废弃物。颗粒状的石膏粉料在遇水时变为糊状物，会渗透到缝隙之中，阻碍像筛网、粉碎机、传送带等设备的正常运转。若将废石膏填埋处理，其中的硫酸盐在厌氧条件下会降解，产生硫化氢有毒气体，危害生物健康。大量废石膏的堆积会占用大量土地，浪费土地资源，随着占地费用连年增加，企业成本也相应增加，造成产品纯利润减少，失去竞争力；废石膏中含有氟化物、游离酸等有害物质，长时间堆放会污染地下水源，影响周边群众生活；废石膏长时间日晒后，其粉末被风吹起后飘散于大气中，既污染环境，又威胁人们健康。

4.1.3　废石膏预处理

由于工业副产石膏成分复杂、直接利用较为困难，因此在利用前首先需对其进行预处理，降低其中杂质的含量，提高可利用性，拓宽利用途径。目前对工业副产石膏预处理的方法有水洗、浮选、煅烧、筛分、碱激发等。

水洗法工艺简单、成本较低，主要是为了去除或减少工业副产石膏中的可溶性杂质及少量有机物，得到性能稳定、杂质含量低、符合建筑要求的石膏产品。但是水洗时石膏中的部分杂质又转移到洗涤水内，且该法用水量较大，如何处理所产生的废水又是一大难题。

浮选法是利用浮选药剂与目标物质结合，且能浮于水面等特性进行选矿的方法，以对工业副产石膏中的重金属离子和二氧化硅进行预先提取。该法既纯化了工业副产石膏，又回收了其中的某些组分。但该法去除可溶性杂质的效果比水洗法差，通常应与石灰中和、煅烧法等结合，去除石膏中的二氧化硅，才能制得符合要求的建筑材料。当工业副产石膏中含有较多有机质时，可考虑选用浮选工艺进行预处理。

煅烧法主要是在 800℃ 下对工业副产石膏进行煅烧。该方法可以在高温下释放掉一些有毒有害物质，也可以钝化原料中的一部分有毒有害物质，使其不易浸出，以便为后期资源化利用奠定基础。

筛分法是利用不同粒径颗粒的杂质含量差异进行杂质分离的方法，通常颗粒大杂质含量多，筛分去除粒径大于 0.2 ~ 0.3mm 的颗粒，能明显减少有机物以及可溶性磷、氟的含量。筛分法主要取决于杂质在不同粒径石膏颗粒中的分布，因此只有粒径颗粒分布严重不均时，才能利用该法减少石膏杂质含量。

碱激发法是在工业副产石膏中加入碱中和的助剂以降低石膏的酸性的方法，将石膏中的可溶性磷和氟转化为难溶盐，提高原料 pH，减少石膏中杂质的危害性。碱中和的助剂主要有氢氧化钠、氢氧化钙等，目前多为石灰质助剂，因为此类助剂经济成本较低。

工业副产石膏的预处理方法还有很多，如利用柠檬酸处理石膏中的磷和氟等杂质，形成可溶的柠檬酸盐、铝酸盐和铁酸盐而溶解在溶液中，再进一步去除；以及联合处理方法，如碱激发-球磨法、水洗-碱激发法、碱激发-浮选法等，均可提高工业副产石膏的预处理效果。

4.1.4　废石膏化学处理方法

目前，我国处理及利用工业副产石膏常以填埋堆放为主，或以物理法生产低端建筑材料，如石膏粉、建筑石膏板等，尽管处理量大，但易造成二次污染，且产品附加值低、资源利用率低，浪费了丰富的钙硫资源。因而，采用化学处理手段将工业副产石膏转化成其他钙硫产品，是全面综合利用工业副产石膏较为有效的方法。

1. 固化处理

生产建筑材料：通常来说，以废石膏为原料生产石膏板、粉刷石膏、填充石膏等建筑材料的技术较为简单，但先要对废石膏进行预处理，去除其中的有害杂质；然后脱水，将二水硫酸钙转化为半水硫酸钙；干燥后经高温煅烧生产出石膏粉，即可作为制造建筑石膏板的原料。

用作水泥缓凝剂：可以增强水泥的凝结效果，同时确保水化反应处于平稳状态，激发矿渣，从而提高水泥质量、强度。一般工业常以天然石膏为缓凝剂，而将废石膏掺入天然石膏或者直接代替天然石膏作为生产缓凝剂的原料，不仅符合国家可持续发展战略，提高废石膏资源化程度，还可降低水泥生产成本，推动经济社会高质量发展。

2. 资源化利用

（1）工业副产石膏制硫酸联产水泥

石膏制硫酸联产水泥是解决工业副产石膏堆存污染，实现硫和钙资源循环再利用的一条重要途径。我国于 20 世纪 70 年代开始对石膏制硫酸联产水泥技术进行研究与开发,现已取得了重大进展,出现了以山东鲁北化工股份有限公司为代表的众多优秀企业。工业副产石膏制硫酸联产水泥大多以磷石膏为原料,对磷酸厂排放的磷石膏进行脱水处理,将二水硫酸钙转化为无水硫酸钙,再通过高温煅烧,使其分解为二氧化硫和氧化钙,其中二氧化硫可被氧化成三氧化硫来制取硫酸,氧化钙则可与其他熟料、矿渣、石膏等混合配制水泥。

以山东鲁北化工股份有限公司的 200kt/a 硫酸联产 300kt/a 水泥装置(图 4-1)为例,石膏制硫酸联产水泥通常需要经过烘干脱水、生料配制、原料均化、熟料烧成、水泥磨制、窑气制酸、尾气氨法脱硫等生产工序(寿鲁阳,2017)。

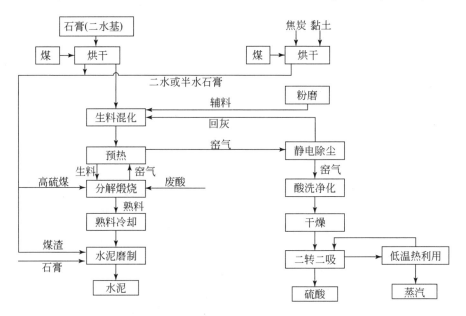

图 4-1　山东鲁北化工股份有限公司工业副产石膏制硫酸联产水泥工艺流程图

①烘干脱水

将含水量为 10%～30% 的石膏投入烘干机内,与来自热风炉的热烟气接触,使游离水分快速蒸发变成脱水石膏,送入石膏库储存备份。

②生料配制

取石膏储库的石膏和适量的焦炭、黏土等辅助原料送入混化机,磨成细粉、混合均匀后制得生料入仓贮存和均化备用。工业副产石膏的组分含量波动范围较大,为了后续工艺的稳定操作必须对原料进行预均化,要是使 SO_3 的组分含量大于 40%,P_2O_5 的组分含量小于 1%,SiO_2 的组分含量小于 8%,同时 F^- 含量要求小于 0.35%。

③熟料烧制

熟料烧制应采用长径较大的回转窑（$L/D>28$）以提高窑的预热分解能力，使生料反应完全。将均化后的石膏生料投入窑尾旋风预热器进行预热，然后转入的回转窑进行高温煅烧，最终可分解制得水泥熟料和含 SO_2 的窑气（鲍树涛，2011）。其反应过程见式（4-5）：

$$2CaSO_4+C \xrightarrow{900 \sim 1200℃} 2CaO+2SO_2+CO_2 \tag{4-5}$$

高温煅烧石膏生料会生成游离 CaO，在回转窑中可与生料中的 SiO_2、Fe_2O_3、Al_2O_3 等氧化物发生矿化反应，得到的硅酸二钙、硅酸三钙、铁铝酸四钙、铝酸三钙等即为水泥熟料。水泥熟料出回转窑冷却后，送熟料库储存、陈化。

④水泥磨制

将水泥熟料与石膏、矿渣粉、粉煤灰等混合辅料按比例计量后，送入球磨机进行粉磨、选粉、二次粉磨，所得细料即为成品，可散装或袋装出厂。

⑤窑气制酸

高温煅烧所得窑气的 SO_2 浓度通常为 8% 左右，当所用副产石膏品质较差，二水硫酸钙含量较低时，煅烧所得 SO_2 浓度就会有所降低。由预热器收集来的含 SO_2 窑气需先经过稀酸洗涤净化，再配以适量的空气进入干燥塔进行转换，生成 SO_3 用浓硫酸吸收即可制得成品硫酸。

目前，利用工业副产石膏制硫酸联产水泥的技术已经非常成熟，可化害为利、变废为宝，既解决了副产石膏污染环境的问题，促进了石膏资源化高值、高效利用，又实现了硫资源的良性循环，达到了经济效益、社会效益和环境效益有机统一。鉴于此，大力推广石膏制硫酸联产水泥意义重大。

（2）制备化工产品

工业副产石膏除了在水泥及建材工业中应用，在化工产业中的应用也较为成熟。工业副产石膏富含硫资源，经过一定手段将其溶解后，可以与提供氨根离子或钾离子的物质反应生产硫酸铵或者硫酸钾。

①硫酸铵系列产品

硫酸铵是最早的氮肥品种，虽然含氮量较低（约21%），但因其氮利用率较高，并含有土壤所需的硫元素，在农业上应用具有一定优势。将工业副产石膏转化成硫酸铵，是利用碳酸钙和硫酸钙在氨溶液中的溶解度不同，硫酸钙很容易转换碳酸钙沉淀，同时可得硫铵溶液。此法是磷石膏中硫资源利用较为有效的方法，技术相对成熟，在工业上已有较大规模的应用。

废石膏与碳酸铵的反应属于液固相非催化反应，反应式为

$$NH_4HCO_3+NH_3 \cdot H_2O =\!=\!= (NH_4)_2CO_3+H_2O \tag{4-6}$$

$$(NH_4)_2CO_3+CaSO_4 \cdot 2H_2O =\!=\!= (NH_4)_2SO_4+CaCO_3\downarrow+2H_2O \tag{4-7}$$

总反应式为

$$CaSO_4 \cdot 2H_2O + NH_4HCO_3 + NH_3 \cdot H_2O === (NH_4)_2SO_4 + CaCO_3 \downarrow + 3H_2O$$

$$(4-8)$$

其中式（4-6）为碳酸氢铵的碳化过程（生产上利用氨水吸收 CO_2 得到碳酸铵），反应速率极快，整个反应由式（4-7）决定。

利用工业副产石膏制取硫酸铵联产碳酸钙的工艺流程见图 4-2。

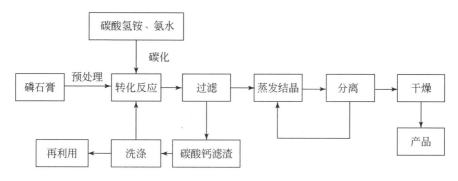

图 4-2　废（磷）石膏制取硫酸铵联产碳酸钙工艺流程图（张天毅等，2017）

首先要对废石膏进行预处理，除去废石膏中的磷、氟及其他金属氧化物。将预处理的废石膏制成水剂悬浮液，加入碳酸氢铵溶液与氨水碳化，再不断搅拌反应、过滤分离，滤饼经干燥可作他用。硫酸铵滤液经蒸发、结晶、分离、干燥、包装，入库待销。母液送回反应器，循环利用。

②硫酸钾系列产品

硫酸钾作为不含氯的钾肥，有非常重要的作用，它对于烟草、葡萄、茶树和马铃薯等这些不需要氯肥而需要钾肥的农作物来说，可以提供必要的营养元素。在工业上，副产石膏制取硫酸钾的方法主要有两种，第一种是一步法，具有工艺流程简单，氯化钾转化率高的优点，主要操作步骤是在浓度大于 36% 的氨水中，氯化钾与石膏反应得到硫酸钾，但该方法也有缺点，如需要的条件苛刻，需要高压低温，且副产物氯化钙很难分离出来，所以工业应用困难。第二种是两步法，工艺流程见图 4-3，这个工艺反应条件温和，耗能较低，没有废料产生，生成的副产物碳酸钙和氯化铵可以进行循环利用，主要工序有氨吸收、石灰石煅烧、碳化、石膏转化、硫酸钾结晶与干燥、石膏沉淀、蒸馏等，主要操作步骤是，氨溶液用碳酸氢铵替换，然后将它与石膏按照一定的比例加入转化反应器中生成碳酸钙和硫酸铵，反应后的溶液需要过滤，过滤之后加入一定量的水进入复分解反应器，在该反应器中再加入氯化钾，反应后会有晶体析出，饱和溶液经浓缩结晶后进行分离和烘干处理，即可得到产品硫酸钾。现在国内主要采用两步法，但在该工艺中，钾的转化率很低，年产量不足 20 万 t（张利珍等，2019）。

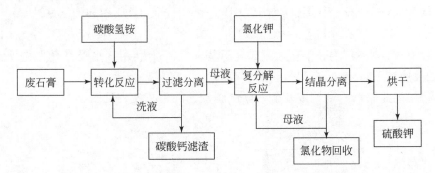

图 4-3　工业副产石膏两步法制取硫酸钾工艺流程图

此外，有研究采用亚熔盐技术在不需要消耗氨的条件下制备硫酸钾和二水氯化钙，以工业副产石膏与氯化钾为原料，可溶性氯化钾为钾源，三步反应将废石膏转化为硫酸钾产品，副产氯化钙。该试验的化学反应方程式如下：

$$CaSO_4 \cdot 渣 + (2NH_3 + CO_2 + H_2O) \xrightarrow{常压} CaCO_3 \cdot 渣 + 2(NH_4)_2SO_4 \qquad (4\text{-}9)$$

$$CaCO_3 \cdot 渣 + 2NH_4Cl \xrightarrow{亚熔盐} CaCl_2 + 2(NH_3 + CO_2 + H_2O) \uparrow + 渣 \downarrow \qquad (4\text{-}10)$$

$$(NH_4)_2SO_4 + 2KCl \xrightarrow{相分离} K_2SO_4 + 2NH_4Cl \qquad (4\text{-}11)$$

石膏与洗水配成的浆液吸收亚熔盐分解过程产生的氨、CO_2 和水蒸气，由此将石膏中的硫酸钙转化为固体碳酸钙滤饼和硫酸铵滤液。硫酸铵滤液与固体氯化钾发生复分解反应，生成硫酸钾晶体和氯化铵母液。氯化铵母液采用氯化钙脱除硫酸根后，与冷凝水洗后的固体碳酸钙滤饼在氯化钙亚熔盐反应器中发生反应，生成氨、CO_2 和水蒸气。所得氯化钙亚熔盐经保温静置，分离出石膏中的酸不溶渣，清液经冷却结晶出氯化钙产品，酸不溶渣经滤液洗涤，回收其中的氯化钾晶体。钾资源回收利用率达到 100%。磷石膏制备 K_2SO_4 与 $CaCl_2 \cdot 2H_2O$ 工艺原理示意见图 4-4。

③转化为硫及其化合物

将工业副产石膏还原煅烧也是利用石膏中硫资源的一种工艺方法，在 CO 还原气氛下，利用高温煅烧，将磷石膏还原成 CaS 和 CO_2，再用硫化氢与硫化钙反应生成 Ca（HS）$_2$，最后用二氧化碳碳化，生成碳酸钙与硫化氢，具体反应方程式为

$$CaSO_4 + 4CO \longrightarrow CaS + 4CO_2 \qquad (4\text{-}12)$$

$$CaS + H_2S \longrightarrow Ca(HS)_2 \qquad (4\text{-}13)$$

$$Ca(HS)_2 + CO_2 + H_2O \longrightarrow CaCO_3 + 2H_2S \qquad (4\text{-}14)$$

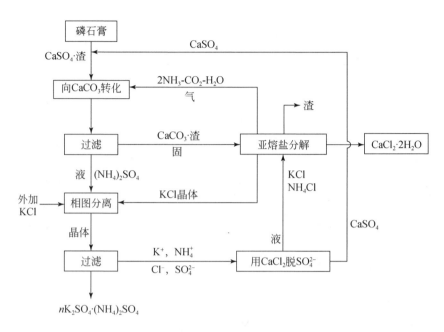

图 4-4　工业副产石膏制备硫酸钾与 $CaCl_2 \cdot 2H_2O$ 工艺原理

在此基础上，国内学者加以发展，并由此生产硫脲：将上述生产出来的硫化钙与二氧化碳、水蒸气反应，生成碳酸钙与硫氢化钙，再与 $Ca(CN)_2$ 反应生成硫脲与氢氧化钙。其反应过程如下：

$$2CaS+CO_2+H_2O \longrightarrow CaCO_3+Ca(HS)_2 \tag{4-15}$$

$$2Ca(CN)_2+Ca(HS)_2+6H_2O \longrightarrow 2(NH_2)_2CS+3Ca(OH)_2 \tag{4-16}$$

上述反应虽然效果都较为理想，且生成的产品应用广泛，需求量大，但是制作成本太高，且都需要进行高温煅烧，需消耗大量的煤炭资源，因此难以大规模工业应用。

基于此，有学者探究利用微生物还原技术来代替高温还原煅烧，用硫酸盐还原菌来还原工业副产石膏，硫酸盐还原菌可以将石膏中的硫酸根还原成硫离子，与氢离子结合生成硫化氢气体，其具体反应过程如下：

$$CaSO_4+8H^++CO_2 \longrightarrow CaCO_3+3H_2O+H_2S \tag{4-17}$$

目前，微生物还原废石膏技术只停留在实验室阶段，由于大多数微生物属于异养型，需要固定的碳源来提供能量，从而维持微生物还原磷石膏的工艺进程。但由于微生物还原速度缓慢，培养菌落较难，培养一株能使用的硫化微生物可能需要几个月甚至一两年的时间，因此，微生物处理技术还未能在工业上加以应用。

（3）制备硫酸钙晶须

硫酸钙晶须作为一种纤维材料具有防火性能好、强度高、韧性高的特点，在沥青改性、油漆涂料、摩擦材料、过滤材料等方面具有广泛的应用。此外，其还可以作为塑料、橡胶等合成材料的增强剂，由于硫酸钙晶须具有较高的附加值，在众多的工业生产中前景广阔，已成为近年来工业副产石膏制备硫酸钙晶须的研究新方向，经济效益明显提高。然而我国目前在工业副产石膏制备硫酸钙晶须的工艺中已有较多的理论方法，但由于工艺技术的要求较高，还未达到工业生产。

目前对硫酸钙晶须的生成主要有结晶理论和交替理论两种。结晶理论又称为溶解沉淀理论；交替理论，又被称为局部化学反应理论。在这两种理论中，绝大多数学者对结晶理论较为认同。该理论认为，硫酸钙晶须的生产在本质上是一个溶解、结晶、脱水的过程，主要为颗粒状的二水合硫酸钙失去结晶水后形成无水或半水硫酸钙的过程，有关化学反应方程式如下：

$$CaSO_4 \cdot 2H_2O(颗粒状) \longrightarrow CaSO_4 \cdot \frac{1}{2}H_2O(纤维状) + \frac{3}{2}H_2O \qquad (4-18)$$

$$CaSO_4 \cdot \frac{1}{2}H_2O(纤维状) \longrightarrow CaSO_4(纤维状) + \frac{1}{2}H_2O \qquad (4-19)$$

常压酸化法和水压热法是废石膏制备硫酸钙晶须的两种主要方法。由于杂质对硫酸钙晶须的品质具有一定的影响中，造成了产品的缺陷，影响硫酸钙晶须品质，限制了晶须的使用，因此，无论何种制备方法，都必须对其进行预处理以达到降低杂质的效果。

①水热法是指在密闭容器中，以水或者其他溶剂作为介质，在反应过程中升温加热使环境处于高温高压条件，使难溶物质在该环境下进行溶解、再结晶等反应的方法。高温高压环境有利用反应过程中的一系列离子反应、水解反应、水热反应、氧化还原反应、晶化反应等，有利于半水硫酸钙晶须的合成。水热法的环境温度一般在100~373℃、饱和水蒸气压力在0.1~22MPa。水热法制备半水硫酸钙晶须的过程包括二水硫酸钙溶解、半水硫酸钙晶核形成和半水硫酸钙晶须生长。所形成的晶须会由于生长速率的各向异性而导致其形态的不同，一般可以通过对水热系统的温度、溶剂等工艺条件以及溶剂气氛组成的调控实现晶须晶体的生长和成形。由于反应无污染、反应过程简单、操作容易、易于控制等优点，在晶须制备过程中得到了广泛的应用。

②常压酸化法是在常压条件下进行的反应，在一定的温度下，将二水硫酸钙制成较高浓度的悬浮液并加入酸，使整个悬浮液处于酸性条件下，在此条件下即可得到针状或纤维状的半水硫酸钙晶须。该方法的优点在于不需要高压反应釜、原料质量分数也比较高、理论上计算产品的成本可大幅降低，适用于工业化生产

中，但由于其制备过程需要在强酸介质中进行，使得操作及控制较困难，并且酸性环境对设备要求高、投资大，受反应条件、设备条件的限制，将常压酸化法应用于硫酸钙晶须产品大规模生产的可能性比较小。

除上述方法外，还有盐溶液法、有机溶剂法、相离子交换法、相转化法、微乳液法等。这些石膏晶须的制备方法各有优缺点，学者们需结合具体研究条件、研究基础等，选择适合自己的制备方法。

4.2　粉煤灰的化学处理技术

众所周知，我国是煤炭储量与产煤大国，煤炭储量位居世界第三位，仅次于美国和俄罗斯，我国的煤炭产量到 2020 年预计为 39 亿 t。与此同时，我国还是煤炭消费大国，预计我国的煤炭消费量到 2020 年将达到 41.4 亿 t，其中，电力行业所消耗的煤炭量占全国煤炭消耗总量的 50% 以上，而以煤炭为电力生产基本燃料的国策在长时间内不会改变。燃烧 1t 原煤就会产生 250～300kg 粉煤灰。在目前环保压力日趋加大、固废处置问题日趋突出、电力行业传统煤电企业经营形势日趋严峻的局面下，固废处置尤其是燃煤后产生的粉煤灰，在煤电企业生产经营活动中越发重要和紧迫。

我国施行的"西电东送""特高压输电"等能源政策，以及西北地区传统基建行业对粉煤灰需求量的下降，势必会加剧"电从空中来、灰留在当地"的恶性循环。在习近平主席提出"绿水青山就是金山银山"发展理念和国家不断重视环保问题的形势和背景下，迫切需要为西北地区海量堆积的粉煤灰寻找新的出路。粉煤灰的理化性质决定了其具有变废为宝的特性，经过几十年的研究和应用，如今粉煤灰以应用在基建、建材、农业、环保、化工等多领域：粉煤灰主要成分为硅酸盐和铝酸盐，可用作水泥、砂浆、混凝土的掺和料；粉煤灰通过一定的烧结工艺可制作各种新型建筑材料，如陶砂陶粒、空心砌砖等；粉煤灰可改善土壤的保水性、密度等理化性质，提供水溶性硅、钙、镁、磷等营养元素，故可提高农作物产量并且治理土壤沙化、盐碱化；粉煤灰中可提取铝、硅、锂、镓等有用金属，并且可通过分选技术分选出漂珠、炭粒、磁珠等具有不同性质的材料。

4.2.1　概述

粉煤灰（coal fly ash，CAF）是燃煤电厂排出的主要固体废弃物，以细灰的形式存在于煤燃烧后的烟气中，像水泥厂、供暖烧煤、陶瓷厂、锅炉、烟囱等都可以产生粉煤灰。煤粉在高温炉膛中悬浮燃烧后产生的粉末状固体废弃物就是粉煤灰，粉煤灰主要分为三种：①细灰状燃烧产物从烟囱中漂出，称为漂灰；②从烟道气体中收集的细灰，称为飞灰；③燃烧后产生的炉渣中的细灰，称为炉底灰。

1. 粉煤灰的形成过程

现代火力发电厂都是以磨细煤粉为燃料，由于锅炉内温度比较高（1200～1600℃），煤灰在高温下呈现熔融状态，其中，大部分的可燃物能够燃尽，未充分燃烧的组分多数都随着向上的高温气流和引风机抽力作用下上升，在经过狭长烟道及各种器件后温度急剧下降，熔融灰因温度下降导致其凝固和体积缩小使其内部气体受到压缩，而成为中空球状灰，另外大部分灰粒在表面张力作用下呈光滑球状；少量灰粒在熔融状态下相互碰撞，产生的颗粒呈现表面粗糙、棱角较多的蜂窝状在将烟气排入大气之前经除尘器分离、收集等工序后，即可得到粉煤灰或飞灰。煤粉燃烧后灰渣有两种形态：一种是飞灰，约占灰渣总量的70%～85%；另一种是炉底灰，是落入锅炉底部的粒状灰渣结成大块经破碎后再从炉膛底部收集出来的部分，其约占灰渣总量的15%～30%（白圆，2016）。

粉煤灰的形成主要分成以下三个阶段。

第一个阶段为煤粉变成多孔炭粒的阶段：燃烧后的煤粉因其中的易挥发组分从矿物质与固定炭的缝隙间逸出而变成多孔炭粒，此时的粉煤炭粒形态基本呈现不规则碎屑状且具有多孔性，因而比表面积有所增大。

第二个阶段为多孔炭粒变为多孔玻璃体的阶段：这一阶段多孔炭粒中有机矿物质充分燃烧，其中的矿物质随温度持续升高发生脱水、分解，接着氧化形成无机氧化物，最后多孔炭粒变成多孔玻璃体，此时其形态基本没有变化，但其比表面积锐减。

第三个阶段为多孔玻璃体变为玻璃珠的阶段：多孔玻璃体随着温度的升高逐渐熔融收缩形成球状颗粒，其粒径不断变小，孔隙率不断降低，圆度不断提高，最终形成密实球体（宁平等，2018）。

粉煤灰的形成图如图 4-5 所示。

2. 粉煤灰的分类

（1）根据化学成分划分

粉煤灰一般由 SiO_2、Al_2O_3 和 Fe_2O_3 等化合物组成，根据其化学组分可以分为 F 类和 C 类。F 类粉煤灰中 SiO_2、Al_2O_3、Fe_2O_3 总质量分数不小于 70%，CaO 含量一般低于 10%，而 C 类粉煤灰中 SiO_2、Al_2O_3、Fe_2O_3 总质量分数不小于

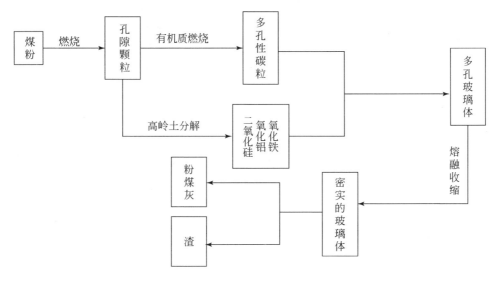

图 4-5　粉煤灰的形成图

50%，CaO 含量一般超过 10%。另外，从燃品种类来说，F 类粉煤灰主要是通过无烟煤或烟煤煅烧收集得到的，具有火山灰性能。C 类粉煤灰则是通过褐煤或次烟煤煅烧收集而来，不仅具有火山灰性能，还具有一定的胶凝性。

（2）根据排放方式划分

根据粉煤灰排放方式的不同可分为干收湿排、湿收湿排和干收干排三种类型。干收湿排是指利用干式除尘器收集粉煤灰，再利用高压水力将其冲排到贮灰池。而湿收湿排是利用湿式除尘器收集粉煤灰，再直接将其以灰浆的形式排到贮灰池。干收干排一般是指通过静电收尘器、布袋收尘器或机械收尘等设备收尘后，再采用正压、微正压、负压或机械式等干除灰系统将粉煤灰排出（聂轶苗等，2015）。

（3）根据品质指标划分

国家标准 GB/T 1596—2017《用于水泥和混凝土中的粉煤灰》中根据用途将粉煤灰分为水泥活性混合材料用粉煤灰、拌制砂浆和混凝土用粉煤灰两类，其中水泥活性混合材料用粉煤灰不分等级，而拌制砂浆和混凝土用粉煤灰则根据细度、需水量比、烧失量、含水量、三氧化硫含量、密度等理化性质分为三个等级：Ⅰ级、Ⅱ级、Ⅲ级，如表 4-2 所示。不同等级粉煤灰有不同的适用范围：Ⅰ级灰主要适用于钢筋混凝土和跨度小于 6cm 的预应力钢筋混凝土；Ⅱ级灰主要适用于钢筋混凝土和无筋混凝土；Ⅲ级灰主要适用于无筋混凝土，但是大于 C30 的无筋混凝土，宜采用Ⅰ、Ⅱ级灰。

表 4-2　不同级别的拌制砂浆和混凝土用粉煤灰理化性能要求

粉煤灰等级分类	Ⅰ级	Ⅱ级	Ⅲ级
细度（45μm 方孔筛筛余）/%	≤12.0	≤30.0	≤45.0
需水量比/%	≤95	≤105	≤115
烧失量/%	≤5.0	≤8.0	≤10.0
含水量/%	≤1.0	≤1.0	≤1.0
三氧化硫含量/%	≤3.0	≤3.0	≤3.0
密度/（g/cm³）	≤2.6	≤2.6	≤2.6

4.2.2　粉煤灰的性质及危害

1. 粉煤灰的理化性质

（1）粉煤灰的化学组成

粉煤灰的化学成分是其综合应用的基础，受多种煤源、燃烧方式以及收集方式等多方面因素的影响。通常情况下，粉煤灰主要有 Si、Al、Ca、Fe 等元素，还包括少量 Mg、Ti、S、K 和 Na 等元素，此外，在煤中的无机组分的转化过程中会有伴生元素富集，这些元素包括 As、Pb、Ni、Cr、Cd、Be、Hg 等有毒、有害元素，Th 等放射性元素及 Ga、Ge、U 等稀有元素。

表 4-3 列举出了我国粉煤灰的基本化学组成，粉煤灰的化学成分与黏土类似，根据含量从多到少依次为 $SiO_2 > Al_2O_3 > Fe_2O_3 > CaO$。一般来说，$SiO_2$、$Al_2O_3$ 和 Fe_2O_3 三种化合物含量随 CaO 含量的增加而减少，而 MgO、SO_3 含量则随 CaO 含量的增加而增加。碳含量与烧失量相比，碳含量大约是烧失量的 90%，两者属于正相关的关系。粉煤灰中主要的化学成分和活性成分均是 SiO_2 与 Al_2O_3，它们的含量越高，粉煤灰活性就会越高，吸附效果也就越好。Fe_2O_3 能够降低粉煤灰的熔点，并促进粉煤灰玻璃微珠的形成，同时提高粉煤灰的活性。

表 4-3　我国大部分粉煤灰的化学组分

成分	SiO_2	Al_2O_3	Fe_2O_3	CaO	MgO	SO_3	$KO_2 + Na_2O$
含量/%	40~65	5~40	3~10	2~10	0.5~2.5	0.2	0.2~3.5

（2）粉煤灰的矿物组成

粉煤灰是一种具有高分散度的固体集合体，由于煤粉各颗粒间的化学组成不尽相同，因此形成的粉煤灰在排出冷却过程中形成了不同的物相，例如含有较多 SiO_2 和 Al_2O_3 的玻璃珠通过高温冷却可逐渐析出石英和莫来石，含有较多 Fe_2O_3

的玻璃珠则析出磁铁矿或赤铁矿。可见，粉煤灰的矿物组成中有矿物晶体和非晶态玻璃。其中，非晶态玻璃占粉煤灰总量的一半以上。矿物晶体主要有赤铁矿、磁铁矿、石英、莫来石以及少量方解石、方镁石等，矿物晶体的含量与粉煤灰冷却速度有关。一般来说，在快速冷却时玻璃体含量比较多，在冷却速度较慢时玻璃体容易析晶。原灰中大多数的 Al_2O_3 形成莫来石（$3Al_2O_3 \cdot SiO_2$），在结晶相中所占比例较大，具体含量不仅与煤粉中的 Al_2O_3 含量有关，还与煤粉燃烧时的温度等因素有关。我国大部分粉煤灰的一般矿物组分如表 4-4 所示（韩凤兰等，2017）。

表 4-4　我国大部分粉煤灰的矿物组分

矿物名称	低温石英石	莫来石	高铁玻璃体	低铁玻璃体	含碳量	玻璃态 SiO_2	玻璃态 Al_2O_3
平均值/%	6.4	20.4	5.2	59.8	8.2	38.5	12.4
变化范围/%	1.1 ~ 15.9	11.3 ~ 29.2	0 ~ 21.1	42.2 ~ 70.1	1.0 ~ 23.5	26.3 ~ 45.7	4.8 ~ 21.5

另外，各矿物相在不同颗粒组分中的分布也有很大的差异。硅铝质颗粒的结晶相是莫来石和石英，与球形颗粒相比，多孔玻璃体则含有较多的莫来石。这些结晶相虽然大多在燃烧区所形成，但又往往被玻璃相包裹。因此，单独存在的结晶体非常少见，从粉煤灰中提取结晶相也非常困难。

（3）粉煤灰的物理性质

粉煤灰外观和水泥类似，但粉煤灰的颜色与煤源和未燃碳含量有关。一般随着未燃碳含量的增加，粉煤灰颜色依次加深呈现浅灰色、灰色、深灰色、暗灰色、黄土色、褐色以及灰黑色等。在粉煤灰的形成过程中，由于表面张力的作用，粉煤灰颗粒大部分表现为空心微珠；微珠表面是凹凸不平的，是极不均匀的，且微孔比较小；一部分因在熔融状态下经过互相碰撞而连接，成为粗糙表面、棱角较多的蜂窝状粒子，颗粒粒径主要集中在 2.5 ~ 300μm。粉煤灰的微观形态多见为球形颗粒，也有渣状颗粒、钝角颗粒和碎屑等（赵仲霖，2008）。

粉煤灰的 pH 取决于灰中 Ca/S 摩尔比，与 CaO 含量则呈正相关性，大多数灰趋向于碱性。粉煤灰的比表面积比较大，大约为 2000 ~ 5000cm²/g，它的比重为 2.0 ~ 2.2g/cm³，堆积密度为 0.7 ~ 2.8g/cm³，熔点大于 1400℃，需水量比大约为 106%，这些物理性质直接影响粉煤灰应用时的各种性能。如表 4-5 所示为几项粉煤灰的基本物理性质。

表 4-5　粉煤灰的物理性质

项目	密度/ (g/cm⁻³)	密实度/ (g/cm⁻³)	表观实度/ (g/cm⁻³)	需水量比 /%	原灰标准稠度 /%	28d 抗压强度比 /%
平均值/%	2.1	36.5	780	106	48.0	66
变化范围/%	1.9 ~ 2.9	25.6 ~ 47.0	531 ~ 7261	89 ~ 130	27.3 ~ 66.7	37 ~ 85

（4）粉煤灰的化学性质

粉煤灰是一种混合材料，具有人工火山的灰质，本身几乎没有水硬胶凝性，但若以粉状的形式存在并遇到水时，可在常温，特别是在蒸汽养护等水热处理的条件下能与碱土金属氢氧化物发生化学反应，生成具有水硬胶凝性的化合物，这种化合物可用于生产建筑材料。

2. 粉煤灰的危害性

粉煤灰是目前排放量最大的工业废料之一，我国每年的排放量已超过上亿吨。但是，目前我国粉煤灰的利用率不高，只有大约15%，大量粉煤灰只能采用传统方式进行填埋处理，造成极大的环境污染。而且水泥的生产不仅消耗大量能源，同时还会释放出大量如 CO_2、SO_2、NO_x 等有害气体，会导致"温室效应"和"全球变暖"。

大量排放粉煤灰可对人们的生产和生活造成严重影响，在很多方面都有体现：

（1）占用土地资源

我国粉煤灰排放量在逐年增加，但目前其处置方式仍以占用大量土地的灰场贮灰方式为主，极大地占据了农业耕地以及民居用地，浪费大量土地资源。另外据计算和统计，灰渣运输掩埋处理费约 15～20 元/t，造成了财力的极大浪费。

（2）污染土壤

粉煤灰中含有 20 多种重金属，经过长期存放，粉煤灰会逐渐与土壤融合，当粉煤灰进入土壤的微量元素超过土壤最大消耗负荷时，土壤结构、组成和功能等也均会受到影响，同时土壤会向环境反向输出污染物，破坏其他环境要素。

（3）污染水资源

粉煤灰大多存储于露天煤场，在自然降水、地表径流或风吹作用下进入河流、湖泊，污染地面水，还会渗透到土壤中，进入地下水从而造成二次污染，主要体现在水体 pH 升高；Cr、As 等有毒有害的元素含量增加；当粉煤灰遇到强水流直接排入河道，沉降导致水平面上升，会导致河道阻塞，有害元素会破坏水体内的生态平衡。此外，我国每年湿排灰用水量高达 10 多亿 t，这对水资源造成了极大地浪费。

（4）污染大气环境

飘尘是当前污染我国大气环境的最主要污染物之一，而主要来源就是粉煤灰。粉煤灰在有的地区固定时期内排放量较大，给当地造成严重的大气污染。此外由于储存于灰场的干燥粉煤灰颗粒非常细，四级以上风力便可将表层灰粒剥离扬起，卷起的扬灰高度可达到 20～50m，悬浮在大气中的粉煤灰不仅影响能见度妨碍居民正常生活，而且在潮湿环境下粉尘的聚集还会侵蚀建筑物、工程设施等的表面。

（5）危害人类身体健康

一方面，粉煤灰的堆放会污染生态环境，影响附近动植物的生长，进而危害人类的饮食和健康。而且人们长期生活在高粉尘环境中会诱发呼吸道疾病。另一方面，粉煤灰常应用于建筑材料，由于其中含有一定量的放射性元素，这些放射性元素的辐射和释放会造成严重的放射性污染，人们长期生活在这种环境中，会严重危害人类的身体健康。

4.2.3　粉煤灰的化学处理方法

适当处理粉煤灰废弃物使其成为多功能再循环资源，可以改善环境、节约资源、增收效益，实现可持续发展。一般来说，根据利用量与技术水平可将粉煤灰综合利用方法分为三类：①等高容量、低技术利用方法：回填、筑堤、填方、筑路、土壤改良等；②中容量、中等技术利用方法：水泥代用品、混凝土掺和料、砌块、砖与墙板等；③低容量、高技术利用方法：矿物质的分选利用、金属的提取、陶瓷的生产和冶金工业等。近年来，粉煤灰的综合利用技术不断向高技术化和精细化方向发展，除了农业、水泥、建筑等传统行业外，粉煤灰在以白炭黑制备、沸石制备、氧化铅提取为代表的化工、冶金、环保、材料等行业也已逐渐兴起。

1. 在建筑材料方面的处理应用

（1）用于混凝土掺料

粉煤灰因其火山灰活性常应用于混凝土掺料，可以增进凝土的强度。粉煤灰颗粒大多数为表面光滑致密的球形玻璃体，将其掺入混凝土中可有效改善混凝土和易性，减少用水量，其中的微细颗粒填充在混凝土掺料的孔隙中，可增加密实度，优化混凝土的孔结构。此外，粉煤灰还起到降低水化热，抑制混凝土碱骨料反应的作用。经研究发现掺杂超细粉煤灰的混凝土其长期抗压强度稳定，同时耐久性和徐变性也良好，并且在适当条件下，大掺量粉煤灰混凝土的早期强度可以满足工程需要，长期强度也不低于普通混凝土，具备必要的抵抗混凝土碳化、钢筋锈蚀及抗氯离子渗透的能力，且抗冻融能力也良好。

（2）用作水泥配料

粉煤灰化学成分与黏土相近，可代替部分的黏土用作水泥配料。粉煤灰硅酸盐水泥由水泥熟料、粉煤灰以及适量石膏磨细而成，其生产通常采用混合磨细工艺，将粉煤灰与水泥熟料按一定配比投入水泥磨机，进行充分混合磨细，通过这种"预混工艺"可以确保水泥质量，预先对粉煤灰进行精选。研究表明运用化学激发和机械活化的方法，用Ⅱ级干排粉煤灰可配制65%左右的大掺量粉煤灰水泥。粉煤灰水泥与普通硅酸盐水泥相比具有凝结时间延缓、水化热偏低、耐硫酸盐性好、早期强度低和后期强度增长快等优点。

（3）用于生产粉煤灰砖

粉煤灰砖主要分为烧结砖和蒸养砖两类。以黏土、膨润土和页岩等原料为黏合剂，掺入30%以上粉煤灰烧结可制得粉煤灰烧结砖，具有较高强度且内部强度分布均匀。与黏土烧结砖外观相似，有强度高、质轻、耐久性好以及优良的隔热保温性能等诸多优点，且其经济成本低易于推广（杨星等，2018）。

以粉煤灰、石灰或灰砂为主要原料，常配以适量石膏及骨料经坯料制备、压制成形、蒸压釜蒸压、高压蒸汽养护等工艺制成用于黑灰色的墙体材料的粉煤灰蒸养砖。蒸养砖具有保温、隔热、轻质、易加工等特点，主要用于承重墙和框架结构的填充材料。粉煤灰砖现已实现工业化生产，具有完善的制备工艺，同时可以消耗大量的粉煤灰减少污染，保护环境，是现阶段粉煤灰综合利用的重要途径。

（4）用于生产墙体制品

以粉煤灰为主要原料可制备出波纹状琉璃瓦、保温装饰板等新型墙体材料。

以粉煤灰、氯化镁、氧化镁为主要原料，配以适量工业用盐酸、磷酸三钠、尿醛树脂、六偏磷酸钠、磷酸三丁酯等充分搅拌，将浆料均匀涂抹至纤维中碱布上层层叠放，再将其放于模具静置、热化，待其冷却至60~80℃成型即可得到玻璃瓦成品。保温装饰板是以细度为200目的粉煤灰为原料，丙酮为溶剂，环氧树脂为黏合剂制得。首先，用四甲氧基硅烷-无水乙醇溶液对粉煤灰进行表面改性处理，然后将粉煤灰，丙酮，环氧树脂充分地混合搅拌制成粉煤灰-环氧树脂浆料，将其倒入模具，置于60~80℃的烘箱中加热40min左右，待其冷却即可脱模成形。粉煤灰制新型墙体材料的制备工艺简单、吃灰量大，而且具有隔热性好、轻质保温、抗压美观等突出特点。

（5）在橡胶行业中的应用

橡胶工业中常用含硅量在35%的粉煤灰作炭黑补强填充剂。随着粉煤灰用量的增加，橡胶的胶料挺性不断增大，制品收缩率不断减小。同时，经表面改性处理后的粉煤灰具有较好的胶料相容性，可在混炼胶中均匀分布，其充模性良好，因此可以广泛应用到常用的橡胶制品中。另外，将膨润土和废橡胶粉末加入到粉煤灰中还可制作出安全无毒、无污染的防水材料，且随着废橡胶粉末含量的增加，该材料的水压传导率、渗出液以及撕裂强度也都会增加。

2. 农业环保方面的处理应用

粉煤灰在农业环保方面应用广泛，常用于改良土壤、制作肥料、废水处理等，具有用量大、投资少等特点。

（1）用于土壤改良

利用粉煤灰疏松多孔、透气性良好的物理特性，将其配施于土壤中可增加土壤孔隙度、改善土坡结构、提高透水透气性能、减小土壤膨胀率，尤其对改善黏质土壤具有明显效果（王兆锋等，2003）。此外，粉煤灰还可以提高土壤温度，增强土壤的蓄水能力。经过粉煤灰改良后的土壤对农作物生长有一定的影响，可以促进农作物根系发育，增加农作物叶面积系数，从而使农作物增产。

（2）用于生产肥料

粉煤灰可用于农业领域，其中具有丰富的可促进作物生长的矿物元素，可用于生产作物肥料。例如，其中的钙和镁元素是作物的生命元素，锌、锰、钼等元素是有利于作物生长微量元素。此外，其中所含有的铁对于作物的生长也具有重要意义。首先，具有胶结作用膜状铁以及在腐殖质和黏土矿物晶格间作"桥梁"的铁能够促进较小尺寸（$1 \sim 5$mm、$0.25 \sim 0.5$mm）的水稳定性团聚体，而降低大尺寸（>5mm）水稳定性团聚体的形成，从而有效优化土壤的通透程度与结构均匀性。此外，粉煤灰中的磁铁矿能够在遇水后发生水解，发生一系列氧化反应生成磁赤铁矿，再进一步转化为纤铁矿，这一系列的反应加快了有机物质的矿化和氧化过程，从而促进作物的代谢和呼吸，并能够丰富土壤中的钾、氮、磷等营养物质（于晓彩，2013）。

粉煤灰在农业肥料方面有四种应用途径：无再加工，直接用作肥料；用于复合肥料；加工制成磁性肥料；加工制成磁性复合肥料。由于粉煤灰一般为碱性的，且具有丰富的作物营养元素，可以直接当做肥料，或者作为复合肥。粉煤灰经磁化机磁化可以得到粉煤灰磁化肥，这种肥可以增加肥效而减小用灰量，从而达到增加作物产量的目的。而粉煤灰磁性复合肥是将粉煤灰经混料、合成以及造粒、磁化等过程制得的，它集合了粉煤灰复合肥和粉煤灰磁化肥的优点，具有很高的应用价值。

粉煤灰的农业应用在一定程度上可以缓解我国农用肥料供应紧张的局面，并且粉煤灰的这一应用所创造的经济附加值还高于在其他应用方面。而且，粉煤灰在农业方面转化利用的同时，还降低了其对环境的污染，具有经济和环境的双收益。

（3）用于废水处理

粉煤灰的较强吸附能力来源于三个方面：表面呈多孔结构、有较大的比表面积和大量的硅铝活性位点，粉煤灰在废水处理中的应用非常广泛，一方面，利用其物理化学吸附性质可以吸附废水中的杂质起到净化水体的效果；另一方面是可对粉煤灰进行改性处理，制取各种絮凝剂应用到污水处理中。目前，粉煤灰的改性方法有很多，主要为火改性法、表面活性剂改性法、酸改性法、碱改性法等。

①火改性法

火法改性是将粉煤灰与助熔剂（Na_2CO_3）按一定比例混合，在 $800 \sim 900℃$ 的高温下熔融，使粉煤灰分解，然后与结晶剂（NaOH 溶液）进行系列化学反应后，制得改性粉煤灰。火法改性使粉煤灰孔隙率提高，比表面积增大，且 Si、Al 活性点释放充足，化学吸附能力增强，在吸附利用中取得良好的效果。

②表面活性剂改性法

表面活性剂改性可以使粉煤灰更易于吸附有机物质，主要是利用表面活性剂对其表面结构进行重组。此法可以分为干法和湿法两种，干法是将改性剂喷洒到粉煤灰表面，使其混合均匀后并烘干可得到改性的粉煤灰。湿法是指在带有恒温水浴的磁力搅拌器中，根据需要的液固比例将一定量粉煤灰与一定浓度表面活性剂溶液混合，在合适的条件下，经反应、冷却、离心分离、洗涤和干燥等步骤后，即可得到表面活性剂改性产品。

③酸改性法

酸改性法中常用的酸改性剂有硫酸、硝酸、盐酸以及硫酸和盐酸的混合酸等。其大致过程是在一定温度下，对浸泡粉煤灰的酸溶液进行一段时间的搅拌后，通过过滤、烘干、研磨等过程可得到改性的粉煤灰。经酸改性法得到的粉煤灰具有较大的孔径和比表面积，因此其吸附作用得到了很大的提高。

④碱改性法

粉煤灰也可通过碱进行改性，碱能够增大粉煤灰颗粒的比表面积，同时能够提高粉煤灰的表面活性。碱可以与附着在粉煤灰颗粒表面的二氧化硅发生反应，进而解离出破坏其表面外壳的分散电荷，然后进行重组。因此粉煤灰表面可经化学反应生成絮凝状结构的质体，使粉煤灰晶状相熔，从而达到改性的目的。改性的方法主要分为三类：第一类是在一定的温度条件下，将一定量的粉煤灰与碱溶液通过混合搅拌来改性；第二类是熔融处理粉煤灰，使其与碱混合液反应进行改性；第三类是经过预处理之后的粉煤灰和一定浓度的碱性溶液进行均匀混合处理进行改性。

3. 高值化利用

（1）提取氧化铝

粉煤灰中 Al_2O_3 含量较高，因此粉煤灰可作为提取 Al_2O_3 的备选原料。利用

粉煤灰提取 Al_2O_3 可以降低对铝矿石的依赖，缓解铝资源短缺，同时还可以减少环境污染，提高社会效益。从粉煤灰中提取 Al_2O_3 工艺现已有较为深入的研究，且已应用于工业生产，目前常见的提取方法主要分为两种：碱性烧结法、酸浸法。

①碱性烧结法

粉煤灰碱法提取 Al_2O_3 工艺技术主要有石灰石煅烧法、碱–石灰石煅烧法、预脱硅–碱–石灰石烧结法，这三种方法的主要原理均为粉煤灰中的主要化学成分 SiO_2、Al_2O_3 与价格便宜的石灰石反应，生成较易溶解的铝酸钙（$mCaO \cdot nAl_2O_3$）和难以溶解的硅酸二钙（$2CaO \cdot SiO_2$），达到硅铝分离的目的，然后经过多步分离技术，实现 Al_2O_3 的纯化，最终获得可利用的 Al_2O_3。

②酸浸法

粉煤灰中的 Al_2O_3 可溶于酸，而 Si_2O_3 不溶于酸，利用该原理可实现硅铝的分离。但由于粉煤灰的产生方式不同，其物相成分差异极大，其中碱法由于存在煅烧工艺，可将莫来石等矿物活化，因此碱法使用的粉煤灰基本为煤粉炉粉煤灰。使用强酸的酸根离子或氢离子很难直接破坏粉煤灰中 SiO_2-Al_2O_3 键和莫来石结构，故酸法采用的一般为以非晶态物相为主的循环流化床粉煤灰（王宏宾，2020）。目前粉煤灰酸法提取 Al_2O_3，根据原料划分，可分为硫酸法与盐酸法，这两种方法的基本原理相同，主工艺均包含酸浸、固液分离、净化、结晶及煅烧，图 4-6 为酸法工艺流程图。

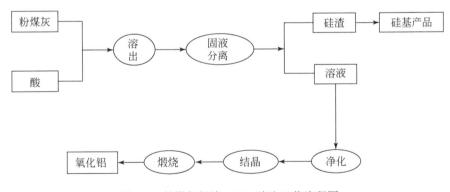

图 4-6　粉煤灰提炼 Al_2O_3 酸法工艺流程图

（2）合成沸石分子筛

沸石是一种非常重要的无机多孔材料，广泛应用于分离、催化、吸附和离子交换等工业领域。粉煤灰与沸石的化学组成相似，以 SiO_2 和 Al_2O_3 为主，可用于合成沸石分子筛。目前，利用粉煤灰合成沸石分子筛的方法主要有水热合成法、超声波法、微波辐射法、气相转化法等，这些方法均可制得品质较好的沸石。

①水热合成法

水热合成法制备沸石分子筛是指在特制的密闭容器中以水溶液作反应载体，将粉煤灰与一定浓度的碱液进行混合，之后利用高温（温度通常在 120~250℃）高压的水热条件，使粉煤灰中的硅、铝溶出结晶生成硅铝酸盐凝胶，再经过过滤、洗涤、烘干等步骤即可得到沸石分子筛。水热合成法使用设备简单，操作容易，是粉煤灰制备分子筛的常用合成方法。

②超声波法

超声波是一种频率高于 20000Hz、能够超快集中能量，具有扰动、空化效应的声波。因此，超声波可以加快粉煤灰中 Si、Al 的溶解，促进凝胶的形成并加快浓缩进程，从而可加快分子筛的结晶速率。超声波在液体介质中形成的空穴气泡可以为结晶提供附着点，缩短晶核形成的诱导期，加速沸石晶体的形成（刘爽等，2019）。

③微波辐射法

微波辐射法常与水热合成法连用，其原理基本相似，在粉煤灰的晶化过程中以微波辐射加热代替水热，从而得到沸石分子筛。微波辐射加热无温度梯度效应、加热均匀且速率较快，能有效地缩短反应时间，制得的分子筛成品粒度均一。通常微波辐射的频率范围是 300~300000MHz，属于高能波，易对人体的神经系统、心血管系统、生殖系统等造成辐射伤害，同时此法的制备成本较高，目前仅限于在实验室合成，无法实现大规模的工业化生产。

④气相转化法

气相转化法又称为干凝胶合成法，是将粉煤灰与一定比例的活化剂（NaOH或 KOH 溶液）均匀混合形成硅铝凝胶，干燥后形成固态前驱体物，将其置入反应釜中在水或有机胺的气氛中晶化，再经过洗涤、烘干后可得到沸石产品。该法较为简便，反应温度较低，在低于 200℃下即可完成沸石转换，同时该工艺的晶化过程只消耗极少量的水，大幅度地降低了水的用量，有良好的经济效益，具有广阔的工业应用前景。

（3）回收稀有金属

粉煤灰中富集了微量具有工业价值的稀有元素，包括 Cr、Ga、Ge、Ti、V 和 Ni 等，当其含量达到最低工业品位时才具有回收价值。常见的提取方法包括还原熔炼-萃取法、碱熔-碳酸化法、酸浸法、氧化还原法等，但这些方法普遍存在流程复杂、回收率低、产品纯度较差、成本高等诸多问题，目前尚处在研究阶段，还不能成熟地运用到工业化生产中。

4.2.4　煤灰资源化开发利用存在的问题与发展前景

目前，粉煤灰主要应用于具有大掺杂量的工业化领域，但由于粉煤灰的一些高附加值产品开发技术还尚不成熟，因此还不能实现大量应用。另外粉煤灰资源化利用率也比较低且存在一系列问题还没解决，因此在对粉煤灰的综合开发利用方面有以下几点需要注意（王丽萍等，2019）：

①粉煤灰产业之间应协同合作发展，如在火力发电厂可以采用深度分离工艺分离出铁磁珠、空心微珠和未燃炭等，用于制备后续高附加值的产品。

②提取深度分离的粉煤灰中的氧化铝的工艺主要有酸法和碱法两种。酸法工艺具有减量化、再利用、零排放的优点，但是对设备材质的要求较高；碱法技术比较成熟、工艺相对简单，但存在排渣量大、难消化等缺点，它的推广应用会比较受限。

③从循环经济发展这一角度来看，粉煤灰酸法提取有价元素更具有广阔的应用前景；这就意味着我们要深入研究粉煤灰中元素的存在形态以及其中有价元素溶出规律，并掌握元素的走向，来开发适合于酸法体系下的有价元素提取技术，以便于提高粉煤灰高附加值利用效率。

④针对酸法体系下粉煤灰提取有价元素尾渣的组成、形态特点；我们可开发高附加值的分子筛、晶体硅等产品；在制备过程中，可有效分离回收重金属；在低附加值产品方面，可直接加工成为橡胶填料、塑料填料；制备硅铝酸盐玻璃和地质聚合物等产品。

综合来说，粉煤灰资源化一体化技术开发与应用是当下的研究热点重点，这符合我国倡导的可持续发展理念，更符合粉煤灰资源精细化、高端化和高附加值化应用的市场需求。

4.3　其他粉末状固体废弃物的化学处理技术

随着我国经济的大发展和城市的繁荣，城市垃圾也越来越多，很多大中城市甚至遭遇"垃圾围城"的困境。焚烧垃圾可以大幅度减容，还能利用废热，并且无害化程度高，符合垃圾处理的"三化"（减量化、资源化、无害化）原则。因此，垃圾焚烧已经成为我国垃圾处理的主要方式之一。但有利亦有弊，垃圾在焚烧时会产生大量飞灰，而粉末状固体污染物是其主要成分之一，其产量约为焚烧垃圾量的 3% ~ 15%。同时垃圾焚烧产生的粉末状固体污染物含有重金属和二噁英，而且多种重金属的浸出水平已达到鉴别危险废物的标准，这对环境是极其不利的。另外，随着炼钢产业、有色金属冶炼行业的发展，它们在创造了巨大经济效益的同时，也造成了很大的环境污染，其生产过程中产生大量的烟道灰也主要由粉末状固体污染物构成。烟道灰不仅处理困难，而且利用率也不到20%，所以其余的只能堆放暂存、造成污染。

4.3.1 飞灰

1. 飞灰简述

在焚烧垃圾过程中，通过烟气净化系统收集或者沉积在输烟管道底部的物质称为焚烧飞灰。近年来，国内的垃圾处理问题很受重视，垃圾处理率得到了大幅提升，2008～2018年间，我国全年垃圾无害化焚烧处理率从15.2%提高到了40.2%，垃圾焚烧处理量高达2亿t左右。一般垃圾焚烧的飞灰量约为焚烧垃圾量的3%～15%，以最低标准3%计算，全年需要净化的燃烧飞灰量就高达600多万t。

2. 飞灰的理化性质

垃圾焚烧飞灰通常是深灰色或灰白色粉末，具有形状不规则（一般呈球状、棉絮状、多角质状、棒状等）、含水率较低（通常在10%～23%之间）、粒径不均（通常在1～150μm之间）、孔隙率高及比表面积大的特点（蒋旭光等，2015）。

垃圾焚烧飞灰化学成分与水泥成分相近（表4-6），以 CaO、Al_2O_3、Fe_2O_3 和 SiO_2 为主。飞灰的组成特别复杂，其中含量较多的有 SiO_2、NaCl、Al_2SiO_5、$CaAl_2Si_2O_8$、KCl、$CaSO_4$、$CaCO_3$ 及 Zn_2SiO_4，另外还有少量的 CaO、SiO_7、Ca_2Al_2 等（熊祖鸿等，2013）。

表4-6　垃圾焚烧飞灰化学成分与水泥成分　　　　（质量分数:%）

成分	CaO	SiO_2	Al_2O_3	Fe_2O_3	SO_3	MgO	Cl^-	TiO_2	烧失量
水泥	64.20	20.6	5.37	3.33	2.19	1.53	0.50	——	2.05
飞灰	23.37	24.5	7.42	4.0	12.03	2.27	10.00	0.62	23.54

垃圾焚烧飞灰中存在很多有毒有害物质（表4-7）。飞灰中 Cu、Zn、Pb 等重金属的含量较高，Cr、Cd、Pb、Zn 的浸出浓度比对应固体废弃物浸出毒性的标准值要高，其中 Pb 的浸出液浓度比标准值的5倍还要高。此外飞灰中溶解盐的含量也很高，高浓度的氯化物存在污染物溶浸的风险，在飞灰的处置过程中易污染水体、增加重金属的溶浸。垃圾焚烧飞灰中还含有大量的重金属和二噁英等危险废弃物，在飞灰运输、贮存、处理和处置时，可能对人类健康和自然环境形成

污染风险，甚至造成实际危害。

表 4-7　飞灰的重金属含量与浸出毒性

金属	浸出液浓度/(mg/L)	重金属含量/(mg/kg)	浸出率/%	固废浸出毒性鉴别标准/(mg/L)
Hg	0.02	35.78	0.06	0.05
Cd	1.62	36.71	4.41	0.03
Cr	2.47	157.00	1.57	1.50
Cu	8.17	563.20	1.45	50.00
Pb	16.47	1515.00	1.75	3.00
Zn	56.11	3269.00	1.72	50.00

3. 飞灰的处理与处置

焚烧飞灰的处理十分复杂，需要运用一定的技术手段才能使飞灰达到国家标准和规定，经固定化处理后的飞灰才可填埋或进行资源化利用。目前，飞灰无害化处置技术有很多，大体上可分为分离萃取、固化与稳定化、热处理三种。

（1）分离萃取

分离萃取可以有效地改善焚烧飞灰的质量并提高其利用率，它既可作为飞灰处置的预处理阶段以提高后续处理的效果，还可回收部分重金属和盐类等物质。分离萃取法主要包括生物/化学浸提法、水洗法、电化学法以及超临界流体萃取法。

①生物/化学浸提法可以分离并回收飞灰中的重金属，从而降低其危害。目前，主要有生物淋滤和化学浸提两种浸提方法。生物淋滤法是利用特定微生物直接或间接地改变重金属元素的溶解度，使其从固相中溶解到液相中，再通过其他方法来收集重金属。化学浸提法利用药剂与飞灰发生化学反应，使重金属于溶液中浸出，再通过其他处理方法达到收集并回收重金属的目的。重金属的浸出过程与温度、浸提时间、浸出剂的种类、液固比和 pH 等因素有关。常用的浸提试剂有酸、碱、络合剂等。对于酸来说，无机酸的效果一般比有机酸好。在无机酸中，硝酸和盐酸的浸提效果最好，可提取绝大多数金属，硫酸能够将除 Ca 和 Pb 外的绝大多数金属提取出来，而有机酸仅对提取一些重金属的效果较好。碱类可选择性地提取 Zn、Pb 等两性金属。络合剂能够与飞灰中某些重金属通过配位形成络合物，进而溶解到溶液中，但是络合剂的离子选择性较强，且对溶液 pH 很敏感，在较高 pH 下重金属易形成难溶性的氢氧化物从而导致浸出率降低（蒋旭光等，2015）。

②水洗法指利用不同物质在水溶剂中的溶解度不同进行飞灰的分离的方法，

它可通过去掉溶水层从而去除有害物质。水洗法脱除飞灰中的氯化物既能减少重金属元素的含量，又可提高固化体的品质，进而为后续飞灰的资源化处理以及大规模利用奠定基础。在水洗法处理飞灰时，水洗溶液中含有浸出的重金属，随意排放会污染水体和土壤，造成二次污染，因此水洗法的水洗液需要经过处理达标后排放。

③电化学技术是利用飞灰中的重金属离子发生电解、电势氧化还原以及微电解等单一或交互的电化学反应，将两极形成的重金属沉淀物提取回收，最终降低飞灰中重金属的含量。电化学法需要的化学试剂和药品较少，去除效率较高，分离效果更好，设备简单、占地面积小，方便管理；但是实际操作过程中会使用过多电能，能源消耗较大，投入成本过高。

④超临界流体萃取是一种技术含量较高的飞灰处理方法。流体在超临界状态下，压力和温度的微小变化都能引起混合物溶解度的较大变化，进而提纯目标产物。通过提高压力、改变温度、增加流体流量以及加入夹带剂等方式，都可提高萃取效率。但超临界条件难以掌控，缺乏既经济易得又安全可靠的溶剂，生产效率低且能耗高，达到高压操作条件需要大量资金投入。

（2）固化与稳定化

飞灰的固化与稳定化技术是指利用化学或物理方法，通过添加物或黏合剂固定废弃物中的有害成分。垃圾焚烧中飞灰的固化稳定化处理可以分为水热法、化学药剂处理和水泥固化。

①水热法是以密封的压力容器为反应器，将飞灰溶解在水中，再利用高温高压条件使溶灰溶液再次结晶制得结晶体的处理方法。在高温时水分子运动加速、扩散系数增大及离子积常数增加，因此水热条件有利于快速生成晶格缺陷少的晶体。飞灰中的 Si、Al 源可在碱激发下合成硅酸盐矿物，使重金属不易从矿物中浸出。水热法不仅对处理重金属有利，还可以降解二噁英，处理效率高，能够取得较好的生态效益。垃圾焚烧飞灰的水热研究起步较晚。研究表明，提高 Si、Al 元素含量、延长反应时间和升高温度都能促进重金属的稳定，且最终趋于平稳；废水初始重金属浓度、碱性物质添加量、液固比对于重金属稳定影响具有波动性；碳酸钠加入量和液固比对二次污染和处理效果均有不小的的影响。在氢氧化钠浓度 0.5mol/L，反应温度 150~180℃，反应时间 12h，液固比 4：1mL/g 条件下，残液中重金属浓度可达排放标准，而且重金属的稳定化效率高达 95% 以上。这是因为飞灰在水热处理后产生的类沸石矿物（地质聚合物和方钠石）对重金属具有离子交换、离子吸附、沉淀等稳定化作用。

②化学药剂稳定法是添加化学药剂，使飞灰中的有害物质发生反应，转化为低溶解性、低迁移性及低毒性的产物的过程（图 4-7）。此法处理焚烧飞灰具有

无害化、少增容或不增容等优点。经过改进螯合剂的结构和性能让它与飞灰中有害物质之间的键合作用得到加强，便能提高产物的长期稳定性，使最终产物对环境的二次污染降低，同时还能提高飞灰处理效率（常威，2016）。常用的稳定剂有石膏、硫化物、磷酸盐、漂白粉这些无机型和多聚磷酸机、EDTA 连接聚体、巯基胺盐这类有机螯合剂两类。无机药剂受环境酸度影响较大，易使得废飞灰中的重金属在淋洗时产生溶浸现象，造成二次污染，而且反应消耗药剂量较大，后处理工序困难。有机螯合剂会与重金属离子发生螯合作用，生成难溶性的络合物，会与飞灰结构牢固结合，此药剂的优势在于用量小和抗酸浸出能力强。与水泥固化飞灰相比，化学药剂的经济成本要高很多，因此实际处理过程中常采用化学稳定和水泥固化协同的方法，既可对飞灰中的重金属实现双效稳固，又能解决经济性和增容性的问题，有助于节约填储空间。另外，固化体的机械强度能起到提高飞灰处置系统的整体效果。由于焚烧飞灰中重金属的种类和存在形态都不尽相同，因此运用同一种化学药剂很难普遍适合对所有飞灰的处理，使得化学药剂稳定法在规模化处理飞灰重金属的实际应用中受到了限制。

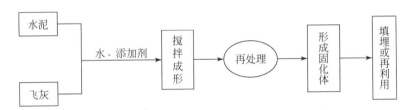

图 4-7　化学药剂稳定法处理基本工艺流程

③将水泥、飞灰、添加剂与水混合，经过固化养护，进而形成坚硬的固化物质，最大程度减少飞灰中重金属物质的渗出的技术称为水泥固化技术。具体工艺流程如图 4-8 所示。水泥固化技术的原理是利用水泥的水化反应，降低飞灰的比表面积，减少有害物质渗透的概率，以完成对飞灰的处理。对于水泥固化体长期化学浸出行为等物化性质，目前并没有客观的评价标准。仅仅进行水泥固化处理只能满足填埋场的要求，几乎不能资源化利用。若是在固化前先预处理，除去部分重金属和大部分盐类，则固化处理后的水泥性能会有所提高。

（3）热处理技术

热处理技术在较高温度条件下可实现飞灰中有机污染物的降解和重金属的固定。经热处理后的产物具有稳定的化学性质，可阻止污染物对环境的破坏，并且处理后的产物占用空间小，便于后续操作。固化后的产物可广泛用于建筑行业，例如地基、路基等。根据温度的不同，热处理技术可分为 700～1100℃ 的烧结和 1000～1400℃ 的熔融/玻璃固化。

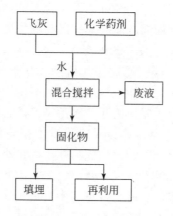

图 4-8　水泥固化基本流程

①烧结处理技术是利用高温条件，提供粉末颗粒扩散所需的能量，将晶体中大部分甚至全部气孔排除，使颗粒黏结，成为坚固的烧结体，它是区别于玻璃化的无定形玻璃态结构，在固化体的晶相边界发生部分熔融，且温度通常在主体绝对熔融温度的 50%～70% 之间。飞灰烧结工艺流程图如图 4-9 所示。烧结过程受温度、时间和升温速率影响较大，同时颗粒尺寸、飞灰组成及添加剂也有影响。另外，飞灰中的一些物质的含量对烧结产物及烧结条件也有一定的影响，如碱金属、碱土金属和氯化物等。烧结后的飞灰会将大部分重金属固化在烧结体内，所以重金属浸出率大大降低，但烧结过程中少部分易挥发的重金属及化合物（如Cd，Pb，Zn 等）容易进入烟气中造成二次污染。

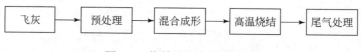

图 4-9　烧结法基本工艺流程

②熔融固化技术又叫做玻璃化技术，它在垃圾焚烧飞灰处理方面表现出极大的优势，是最有效最彻底的飞灰处理方法。基本操作过程如图 4-10 所示。熔融分离是通过增加体系的内能的方法将飞灰加热到 1350℃ 左右进行高温熔融。飞灰熔融成液体后，不同密度的物质会自动进行分离，其中的重金属因密度大会作为一种残渣沉在熔炉的底部从而分离；硅酸盐由于密度小会浮在熔融物上面，经过淬火后形成的玻璃态物质可作为建筑材料；易挥发金属可于烟尘中将分离。熔融法与玻璃化相似，将玻璃料和残渣充分混合并加热熔融，严格掌握好熔炉周围的气氛以防止重金属挥发，熔融物经淬火将转变为玻璃态（Wu H Y et al.，2006）。玻璃体以硅氧键网络互相连接，虽然其中还键接重金属及其他金属阳离子，但是

玻璃体很安全，它的重金属浸出率非常低，可用于建筑材料。经熔融处理后的飞灰抗酸淋滤作用增强，能有效减少重金属浸出对环境造成的破坏，熔融后飞灰体积减小，方便处置，可作为建材用于地基、路基等。但是存在能量消耗较大、高温设备投资较大的缺点，目前仅有一些发达国家进行了试用，还不利于全面推广。

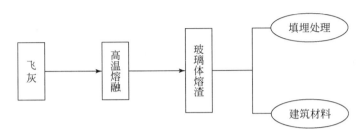

图 4-10　熔融固化基本工艺流程

4. 飞灰的资源化利用

飞灰的资源化利用可从三个角度着手：一是根据飞灰的理化性质找到适合的资源化处理方法；二是使经过资源化处理后所得的产品应具有良好的实用性、经济性和市场可行性；三是所选方法应既能对飞灰起到稳定化作用，又要避免对环境造成二次污染。目前，飞灰资源化利用途径主要有水泥、轻骨料等建材类和吸附剂、沸石等其他形式，最具资源化利用潜质的材料是水泥、陶瓷及轻骨料（蔡可兵等，2012）。

（1）水泥、混凝土及轻骨料

由于飞灰中含有的成分与水泥的生产原料相似，飞灰可代替生产水泥的原料来制造水泥。将石灰石、黏土混合物与其他材料混合后经回转窑高温煅烧，再研磨制成成品得到水泥。此过程不但耗费能量和原材料，而且排放出大量的 CO_2 温室气体（每吨水泥约产生 1t CO_2）。而用飞灰制水泥时，以所含的大量氧化钙代替部分石灰石，不仅可以节约能量，还可以减少 CO_2 的排放，有助于缓解全球气候变暖的趋势。

随着社会的发展，高性能的轻骨料混凝土已成为当下非常热门的方向之一。由于飞灰中的某些成分与水泥相似，可以将飞灰用于制备混凝土及其骨料。相比于传统混凝土，轻骨料不仅质量轻，而且其强度高、耐久性好。将飞灰制轻骨料应用于大型工程建造中，结构负重小、基础载荷低、用材少，综合经济性很好。目前，国内外已有不少用水泥固化和烧结的方法将飞灰制备成轻骨料的研究和实验，轻骨料在未来有可能成为取代砂石的优越材料之一。

（2）陶瓷、烧结砖、玻璃和微晶玻璃

虽然飞灰中含有大量的 SiO_2 可作为生产陶瓷的原料之一，但其中所含大量的氧化铁和金属会影响陶瓷的性能，因此应严格把控飞灰的加入量。而且细颗粒的飞灰不需要进行预处理可直接作为原料。加入量为 50% 飞灰制造的瓷砖有较好的使用效果，且浸出液的毒性较低，符合国家标准，所以此砖也可用于室内外建筑。飞灰在高温下的玻璃态转化既可破坏有机污染物，又能固定重金属，所以其产品有很广泛的用途，可用于堤坝、路基、喷砂等。但此过程能耗大、成本高，出于经济方面的考虑，于是产生了另外一种飞灰的处理方法。即严格控制飞灰玻璃化过程中的温度和操作工艺，减少玻璃体中的晶体生产，制得玻璃陶瓷。玻璃陶瓷有良好的绝缘性能和机械强度，市场价值较高，不仅可用作工业建筑的墙体内外壁、地板，还可用于生产机械部件等（蔡可兵，2012）。

（3）利用飞灰制备吸附材料

由于飞灰含有多种矿物质和高的比表面积，我们可通过水热法处理或熔融−水热联合法将其制备为沸石。这些沸石材料可作为化工工业的吸附剂，如吸取不同溶解态的离子和分子，也可用于吸附工业废水中的氨离子。用飞灰制备的沸石具有比原始飞灰更大的阳离子交换能力和表面积，但其阳离子交换能力比商用沸石要低，不过产品质量还有很大的改善空间，具有很好的发展前景。

4.3.2　烟道灰

1. 烟道灰概述

烟道灰又被称为烟灰。在有色金属火法冶炼过程中，由于矿物中的部分有价金属元素及其他元素形成的化合物沸点较低，会随温度升高而升华或蒸发成气态，也有部分因为颗粒较小而随热气流向上运动，当这些物质将排出时，会由于骤冷而在烟道中凝结，成为传统称之为烟灰的物质。我国的烟道灰主要来源于炼钢、冶金、冶铜等有色金属冶炼行业，排灰量巨大，就炼钢炉而言，每生产万吨钢的排灰量高达1t以上。

有色金属冶炼行业副产的烟道灰是一种典型的多金属固体废弃物，因冶炼原料及生产工艺的不同，烟道灰的化学组分有较大差异。表4-8～表4-11列举了四种常见烟道灰的化学组分。

表4-8　炼钢高炉烟道灰部分化学成分分析表（质量分数）

化学成分	Fe	FeO	CaO	MgO	Al_2O_3	ZnO
含量	50.50	32.18	13.23	5.80	0.65	0.22

表 4-9　炼铜冶炼厂烟道灰部分组分（质量分数）

化学成分	SO_4^{2-}	Fe	As	Pb	Zn	Cu	Ni	Cd	Co	Ge
含量	50.62	23.64	6.234	6.167	4.899	4.084	1.754	1.324	0.024	0.007

表 4-10　玻壳厂含铅烟道灰的主要化学成分（质量分数）

化学成分	SO_4^{2-}	Pb	Na	Sb	V
含量	53.41	22.06	>10	0.24	0.15

表 4-11　含氯高锌烟道灰的主要化学成分（质量分数）

化学成分	Zn	Fe	Cl	Pb	Ni	Cu	Cd	Co
含量	16.5	16.3	10.2	3.0	0.1	0.06	0.05	0.01

由于烟道灰含有多种有价金属，不仅有贵金属和稀有重金属，还有砷、镉等有毒、有害元素，目前，烟道灰的处理方式主要还是安全填埋，这种处理方式既大量占用土地又浪费了固体废弃物中的有价金属资源。此外，还有一部分经固化后再用于建筑材料。但无论是填埋还是固化处理技术，它们的安全性都较差，易对周围大气、土壤和水体造成严重危害。因此，对烟道灰进行资源化利用，可以减少对生态环境的破坏，从而实现经济效益与环境保护双赢。

2. 烟道灰的化学处理方法

烟道灰的资源化利用主要是采用化学处理手段对其中的贵金属进行回收或转化。常见的工艺有如下。

（1）用于制备活性氧化锌

活性氧化锌的比表面积为 $30 \sim 50 m^2/g$，粒径为 $0.1 \mu m$，是一种微黄色或白色细粉末状固体。它具有比表面积大、晶粒细、易分散等理化性能，是一种优越的两性氧化物。而且其用途广泛，需求量大。在锌矿焙烧加工过程中形成的粉尘——氧化锌烟道灰含锌量高，可作为原料，提炼加工出高性能的活性氧化锌。活性氧化锌的提炼方法有很多，包括添加甲醇和水玻璃法、有机化合物碱性还原法、碳酸钠法、草酸分解法和碳酸氢铵法。我国大部分采用酸浸法和氨配合法，但由于酸浸法成本高、工艺复杂且废水量大，因此人们越来越重视氨配合法。

用氨-碳酸氢铵浸取时，镉、铜等也会发生类似反应随大部分锌被浸出。主要反应是

$$3NH_4OH+ZnO+NH_4HCO_3 \longrightarrow Zn(NH_3)_4CO_3+4H_2O \qquad (4\text{-}20)$$

由于以硫化锌形式存在的锌灰不易被浸出，为了提高浸取率，我们可以用过氧化氢把硫化锌中的硫氧化，使锌变成氧化锌。加入过氧化氢后有如下反应：

$$H_2O_2+ZnS \longrightarrow ZnO+S\downarrow+H_2O \qquad (4\text{-}21)$$

同时其他的硫化物也进入溶液中，将溶液的 pH 调节为 10 左右，杂质离子大多以氢氧化物沉淀的形式析出，例如 Pb^{2+}、Cu^{2+} 和 Cd^{2+}，有助于后续工段的除杂。

因此，氨浸取时，留在残渣中的一些不溶性化合物可通过过滤除去。可通过向浸出液加入金属锌粉除去 Pb^{2+}、Cu^{2+}、Cd^{2+} 达到净化的效果，反应如下

$$Pb^{2+}+Zn \longrightarrow Zn^{2+}+Pb\downarrow \qquad (4\text{-}22)$$

$$Cu^{2+}+Zn \longrightarrow Zn^{2+}+Cu\downarrow \qquad (4\text{-}23)$$

$$Cd^{2+}+Zn \longrightarrow Zn^{2+}+Cd\downarrow \qquad (4\text{-}24)$$

对过滤出的上层清液进行蒸氨操作，当氨蒸出近完全时会结晶出含氧化锌的复盐，经过干燥，在 450 ~ 500℃下煅烧 1 ~ 1.5h 后，即可得到活性氧化锌（曾之平等，2003）。反应方程式为

$$3Zn(NH_3)_4CO_3+2H_2O \longrightarrow ZnCO_3 \cdot 2Zn(OH)_2+12NH_3\uparrow+2CO_2\uparrow \qquad (4\text{-}25)$$

$$ZnCO_3 \cdot 2Zn(OH)_2 \longrightarrow 3ZnO+CO_2\uparrow+2H_2O\uparrow \qquad (4\text{-}26)$$

氨配合法制备活性氧化锌工艺流程如图 4-11 所示。

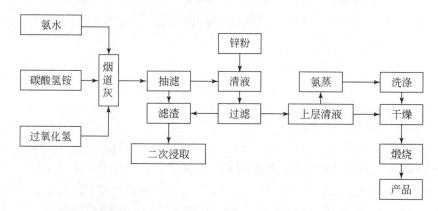

图 4-11　氨配合法制备活性氧化锌工艺流程示意图

（2）焙烧烟道灰中提取铼

铼是银灰色的重金属，是地球地壳中最稀有的元素之一，其晶格参数较大，熔点 3180℃，具有硬度大、耐腐蚀、耐磨、延展性好、抗蠕变性能强等特点。另外，即使在高温与温度骤变情况下，铼依然能够保持高的强度。铼元素用途广泛，它与其化合物可用于化工、电子、航天以及环境保护等诸多领域，有十分重

要的工业价值。

钼（铜）精矿焙烧烟道灰指在氧化沸腾炉中焙烧辉钼矿或硫化铜时，由于炉气的机械夹带和挥发冷凝而产生的含有色金属和稀贵金属的高温烟尘，为提取铼的重要资源。由辉钼矿或硫化铜矿焙烧得到的烟道灰的成分差异明显，主要含有 Ni、Zn、Pb、Co、Fe、Cu、As、Cd、Bi、Sn、Sb、Te、In、Ge、Re、Os、Nb 等元素。因此，研究从烟道灰中提取铼的工艺条件，具有重要的应用价值和经济价值（陈来成等，2016）。

在钼（铜）精矿焙烧过程中，铼被氧化成 Re_2O_7 升华到烟道气中。之后它又可以在温度低于 280℃的还原性气氛中被还原转化为低价氧化物和硫化铼，并随着温度的降低而沉积。这个过程的主要化学反应为

$$ReS_2 + 3O_2 =\!=\!= ReO_2 + 2SO_2 \tag{4-27}$$

$$2Re_2S_7 + 21O_2 =\!=\!= 2Re_2O_7 + 14SO_2 \tag{4-28}$$

$$4ReS_2 + 15O_2 =\!=\!= 2Re_2O_7 + 8SO_2 \tag{4-29}$$

$$ReS_2 + 7Re_2O_7 =\!=\!= 15ReO_3 + 2SO_2 \tag{4-30}$$

$$ReS_2 + 2Re_2O_7 =\!=\!= 5ReO_2 + 2SO_2 \tag{4-31}$$

$$Re_2O_7 + 3SO_2 =\!=\!= 2ReO_2 + 3SO_3 \tag{4-32}$$

$$Re_2O_7 + SO_2 =\!=\!= 2ReO_3 + SO_3 \tag{4-33}$$

$$4ReO_2 + 3O_2 =\!=\!= 2Re_2O_7 \tag{4-34}$$

$$4ReO_3 + O_2 =\!=\!= 2Re_2O_7 \tag{4-35}$$

经过一系列的高温氧化还原反应，烟灰中铼的形成 ReO_3、ReO_2、Re_2O_7、Re_2S_7、Re_2S 和 ReS_2 等。

铼氧化物有多种形态，如 Re_2O_7、ReO_3、ReO_2、Re_2O_3 和 Re_2O 等。ReO_2、Re_2O 难溶于水，易氧化为 Re_2O_7。Re_2O_7 为黄色固体，熔点 297℃，沸点 361℃，易挥发，易溶于水生成 $HReO_4$。温度高于 600℃时，Re_2O_7 有明显的离解。因此，从烟尘中提取铼，须把低价铼氧化物和硫化物氧化成 Re_2O_7，这是铼回收的主要目标和途径。

（3）高炉烟道灰制备脱硫剂

高炉烟道灰的主要成分是 FeO 和 C，也含有少量 Zn、Bi、In 和 Pb 等有回收价值的有色金属，而利用烟道灰制备脱硫剂主要是利用其中的铁元素。氧化铁系脱硫剂的主要成分为活性氧化铁，此外还含有少量添加剂，如制孔剂、结构型助催化剂、黏结剂以及一些碱性物质等。根据所选用的原料和工艺不同，其化学成分也不同，其主要成分有 MgO、Fe_2O_3、Al_2O_3、ZnO、CaO、碳及其他微量组分。在存在水和碱时，脱硫剂活性水中氧化铁与煤气、沼气等气体中的 H_2S 发生反应，主要反应为

$$Fe_2O_3 \cdot XH_2O+3H_2S \longrightarrow Fe_2S_3+(3+X)H_2O \qquad (4-36)$$

$$Fe_2O_3 \cdot XH_2O+3H_2S \longrightarrow 2FeS+(X+3)H_2O+S \qquad (4-37)$$

受实验条件影响，式（4-36）产物易于再生成 Fe_2O_3，而 FeS 不易再生，因此应防止式（4-37）发生。随着脱硫反应的进行，脱硫剂的颜色和质量会发生相应的变化，当脱硫过程进行到一定程度后，反应效率也会明显下降。此时，可利用氧气与硫化铁反应再生成活性氧化铁，从而实现脱硫剂的循环利用，反应如下：

$$2Fe_2S_3 \cdot H_2O+3O_2 \longrightarrow 2Fe_2O_3 \cdot H_2O+6S \qquad (4-38)$$

再生后的脱硫剂恢复脱硫效率，重新用于气体脱硫，经 3~4 次再生后，硫容可达 30% 以上。再生后空气中无臭味 H_2S 的释放，且室温下硫和氧不易生成 SO_2，避免了空气的二次污染。

（4）从烟道灰中综合回收锗、铟

锗、铟是当代高科技新材料的支撑材料，在各种高科技领域都有广泛的应用，在国民经济中占重要地位，而锗、铟没有独立的矿床，少量的锗、铟常和铅、锌、铝等元素共生，所以对锗、铟元素的分离提取技术研究尤为必要。现有从锌渣或烟道灰中提取回收锗铟的工艺很多，以烟道灰为原料，采用"浸出–萃取–反萃"富集分离锗铟的工艺，进行硫酸浸出实验，在搅拌强度 400r/min、液固比 2∶1、时间 3h、温度 60℃ 和硫酸初始浓度 105g/mL 的条件下，锗、铟浸出率可达 92%、94% 以上（林文军，2006）。

4.3.3　赤泥

1. 赤泥概述

赤泥是一种高碱性残渣，是在铝土矿提炼氧化铝过程中产生的固体废弃物。因其含有氧化铁成分，外观呈现红棕色，与赤色泥土相似，故称赤泥。随着铝工业的快速发展，赤泥排放成了一个世界难题。据铝土矿的特性及工艺条件，每生产 1t 氧化铝大约产生 0.6~2.5t 的赤泥。目前全球赤泥综合利用率约为 15%，而我国仅为 5%。因此，研究赤泥的综合利用及回收有重要的意义（赖兰萍等，2008）。

2. 赤泥的理化性质

由于含铁量不同，赤泥的颜色分为灰白色、暗红色和棕色三种。颗粒直径 0.088~0.25mm，熔点为 1200~1250℃，最大的比表面积为 186.9m²/g，孔隙比为 2.53~2.59。

赤泥中主要含有 Si、Ga、Na、Fe、Al 等，而且还含有少量的稀土元素。不同地区赤泥的化学成分及物理性质与氧化铝的生产方法、生产过程中添加的物质以及铝土矿的化合物等有关。通常拜耳赤泥中的氧化铁含量 6.8%～71.9%，氧化铝含量为 2.12%～33.1%，还有少量氧化钠。赤泥中主要的矿物是方解石和文石，其次是蛋白石、针铁矿、三水铝石，此外含有少量的菱铁矿、钛矿石等。通常赤泥的 pH 约为 12，并含有微量氟化物。

3. 赤泥的危害

赤泥的主要处理方式是堆存。这不仅占用土地，且其中的碱性物质还会对土壤和水资源造成严重污染。另外，裸露赤泥形成的粉尘会因风力的作用扩散到大气中，这会造成环境的污染，进而对人类和动植物的生存产生负面影响，最终恶化生态环境。

4. 赤泥的综合利用

近年来，赤泥的综合利用已成为一个全球性的问题，许多国家都在积极探索赤泥中有用物质的回收技术，如今对赤泥的研究已经取得了很大的进展。

（1）从赤泥中综合回收有价金属

赤泥是一种丰富的二次资源，其中含有一定的有价金属、非金属和稀土元素等，因此可以从赤泥中回收有价金属和非金属，这样既保护环境又节约资源。利用赤泥提炼金属的工艺有很多，以铁元素例（赤泥中铁含量最高），包括焙烧还原–磁选–浸出工艺回收铁、赤泥炼海绵–磁选分离铁、直接浸出–提取工艺回收铁等，铁的回收率可达到 85% 甚至更高。

（2）利用赤泥生产砖

除回收金属外，还可以赤泥为主要原料生产多种砖，如粉煤灰砖、黑色颗粒料装饰砖、免蒸烧砖和陶瓷釉面砖。以烧结法制备釉面砖为例，其主要工艺流程见图 4-12。以此法生产的陶瓷釉面砖既经济又环保，值得推广。此外，赤泥不仅可用于生产各种砖，还可以用于生产塑料填料和玻璃等类似材料。

图 4-12　赤泥生产釉面砖流程图

（3）利用赤泥生产水泥

利用赤泥生水泥也是一种较好的综合利用方法。赤泥的成分多样，而且不同赤泥的各成分含量也不一致，所以利用赤泥可以生产出多种型号的水泥。

20 世纪 60 年代初，我国就已建成了以赤泥作为生产原料的大型水泥厂，用烧结赤泥配比适量的硅质材料和石灰石，即可生产普通硅酸盐水泥，其中赤泥配比可到 20% ~35%。该法生产对水泥生料的含量要求为：石灰石中 CaO 含量需在 47% ~54% 之间、赤泥中 CaO 含量需在 42% ~46% 之间、Na_2O 含量需在 2% ~3.5% 之间（王敦球等，2015）。

（4）赤泥在废水净化中的作用

环境污染问题是一个全球性问题，并且涉及方方面面，其中水体污染物严重超标在当前也是非常严峻的。我们可以利用赤泥颗粒对 Cd^{2+}、Pb^{2+}、Cr^{6+} 等重金属离子的吸附作用将赤泥应用到水体净化中。赤泥中的活性氧化物矿物可以高效地吸附某些重金属离子，被吸附的金属还可以脱附，因此吸附剂可以反复利用，即使废水中含有盐类物质也不影响吸附效果。赤泥与硬石膏做成的集料可有效吸附重金属离子，48h 的最大吸附约为：Cu^{2+} 19.72mg/g、Zn^{2+} 12.59mg/g、Ni^{2+} 10.59mg/g、Cd^{2+} 10.57mg/g。

（5）赤泥在气体脱硫方面的应用

赤泥脱硫分为干法和湿法两种。相比于赤泥湿法脱硫，干法脱硫效率较低，还要进行热处理、化学处理、加入催化剂等措施提高效率。此外，有些赤泥可能含有一定的水分，易发生板结，需先烘干球磨才可进行管道输送，这样会使脱硫成本大大提高。因此，在赤泥脱硫方面主要采用湿法脱硫。

在赤泥湿法脱硫中，高碱性赤泥浆液与烟气中 SO_2 进行反应。SO_2 在水中产生的氢离子被碱性物质中和。另外，所产生的亚硫酸根离子先是被氧气氧化生成硫酸根离子，硫酸根离子再与碱性赤泥浆液中的金属离子反应生成络合物或者沉淀，从而固定 SO_2。赤泥脱硫的技术有很多成功的案例。例如，在烟气流速为 3m/s，液气比为 15:1，固液比 10:1 的条件下，赤泥脱硫率可高达 98.8%。此外赤泥吸收 SO_2 具有高效、工艺简单、操作方便等优点。经烟气脱硫后的赤泥 pH 可接近 7，能满足国家规定的排放标准（浸出 pH=6~9），因此，采用赤泥脱硫达到了以废治废的目的，环境效益突出（罗丹等，2020）。

参 考 文 献

白圆，2016. 固体废物处理与处置概论 [M]. 北京：科学出版社.

鲍树涛，2011. 磷石膏制硫酸联产水泥的技术现状磷石. 磷肥与复肥，26（6）：60-64.

蔡可兵，彭晓春，杨仁斌，等，2012. 垃圾焚烧飞灰处置与资源化利用研究进展 [J]. 环境科学与管理，37（04）：34-38.

常威，2016. 生活垃圾焚烧飞灰的水洗及资源化研究 [D]. 杭州：浙江大学.

陈来成，赵梦溪，徐启杰，等，2016. 氧化干馏法从钼（铜）精矿焙烧烟道灰中提取铼 [J].
　　化学研究，（2）：195-198.

韩凤兰，吴澜尔，2017. 工业固废循环利用 [M]. 北京：科学出版社.

蒋旭光，常威，2015. 生活垃圾焚烧飞灰的处置及应用概况 [J]. 浙江工业大学学报，
　　43（01）：7-17.

赖兰萍，周李蕾，韩磊，等，2008. 赤泥综合回收与利用现状及进展 [J]. 四川有色金属，
　　（01）：43-48.

李兵，2010. 利用工业废渣制备硫酸钙晶须的研究进展 [J]. 云南化工，6：30-34.

林文军，2006. 从烟道灰中综合回收锗、铟的试验研究 [D]. 昆明：昆明理工大学.

刘明华，2013. 再生资源工艺和设备 [M]. 北京：化学工业出版社.

刘爽，杨立荣，郝瑞瑞，等，2019. 粉煤灰分子筛的制备及其研究 [J]. 应用化工，12：
　　2978-2982.

罗丹，李紫龙，杜秋，等，2020. 赤泥综合利用研究进展 [J]. 科技创新与应用，15：75-76.

聂轶苗，刘颖，2015. 粉煤灰在矿物聚合材料中的应用 [M]. 北京：化学工业出版社.

宁平，孙鑫，董鹏，2018. 大宗工业固体废物综合利用矿浆脱硫 [M]. 北京：冶金工业出
　　版社.

寿鲁阳，2017. 湿法制酸工艺在烷基化废酸处理中的应用 [J]. 硫酸工业，2：44-46.

王敦球，张学洪，肖瑜，等，2015. 固体废物处理工程 [M]. 北京：中国环境科学出版社.

王宏宾，2020. 粉煤灰提取氧化铝工艺技术研究现状 [J]. 化工管理，12：189-190.

王丽萍，李超，2019. 粉煤灰资源化技术开发与利用研究进展 [J]. 矿产保护与利用，4：
　　38-45.

王兆锋，冯永军，张蕾娜，2003. 粉煤灰农业利用对作物影响的研究进展 [J]. 山东农业大学
　　学报：自然科学版，（1）：152-156.

熊祖鸿，范根育，鲁敏，等，2013. 垃圾焚烧飞灰处置技术研究进展 [J]. 化工进展，
　　32（07）：227-233.

杨星，呼文奎，贾飞云，等，2018. 粉煤灰的综合利用技术研究进展 [J]. 能源与环境，4：
　　55-57.

于晓彩，2013. 粉煤灰与造纸废水资源化技术的研究 [M]. 沈阳：辽宁教育出版社.

喻小平，李书琴，2011. 新型石膏基墙体材料原料的研究进展 [J]. 硅酸盐通报，6：
　　1349-1352.

曾之平，赵明蕊，任保增，等，2003. 氨配合法制备活性氧化锌的实验研究 [J]. 河南化工，
　　11：17-19.

张凡凡，陈超，张西兴，等，2017. 不同来源石膏的性能特点与应用分析 [J]. 无机盐工业，
　　8：12-15.

张利珍，张永兴，张秀峰，等，2019. 中国磷石膏资源化综合利用研究进展 [J]. 矿产保护与
　　利用，4：14-18.

赵仲霖, 2008. 粉煤灰制备 4A 沸石分子筛的研究 [J]. 煤炭加工与综合利用, 2: 48-51.

张天毅, 胡宏, 何兵兵, 等. 2017. 磷石膏制硫酸铵与副产碳酸钙工艺研究 [J]. 化工矿物与加工, 2: 31-34.

Wu H Y, Ting Y P, 2006. Metal extraction from municipal solid waste (MSW) incinerator fly ash-chemical leaching and fungal bioleaching [J]. Enzyme And Microbial Technology, 38 (6): 839-847.

第5章　污泥废弃物的化学处理技术

5.1　城市生活污泥的化学处理法

污泥是一种由有机残片、细菌菌体、无机颗粒、胶体等组成的极其复杂的非均质体，是介于液体和固体之间的浓稠物，可以用泵运输，但很难通过沉降进行固液分离（图5-1）。污泥的主要特征是有机物含量高，容易腐化发臭，颗粒较细，密度较小，含水率高且不容易脱水，呈胶状结构的亲水性质，易用管渠运输。污泥中往往含有很多植物营养素、寄生虫卵、致病微生物及重金属离子等。

图 5-1　污泥

5.1.1　城市生活污泥

城市生活污泥是城市污水处理厂净化污水时排出的积淀产物（图5-2）。从外观上，污泥包括4种组分，分别为水溶性态、生物絮凝态、好氧颗粒态及胶体（蒋建国，2010）。其中含有大量氯苯、氯酸、多环芳烃等有机污染物，这些有机污染物结构稳定，在环境中不易被降解，对环境负面影响较大。为避免有机污染物对环境安全及人类健康造成的危害，在污泥处理时需加强对有机污染物的处理。沉淀污泥所含重金属量占污水重金属总含量的80%。重金属超标会对人体和环境造成危害。此外，重金属也会对土壤酶活性产生影响，并能改变土壤微生物种群结构，经处理的污泥中致病原微生物含量大大降低。生活污泥含有大量无机盐离子，处理不当会对土壤电导率造成直接影响，阻碍植物根系吸收养分。植物根系会因为土壤无机盐浓度过高而受到伤害，导致植株生长受到影响。大量无机盐离子会破坏土壤养分平衡，使土壤淋失过多养分，导致土壤贫瘠。污泥中富含氮磷等养分，若这些养分进入水库、湖泊等区域，会对水体造成富营养化，某些藻类及浮游生物会因水体养分增大而过度繁殖，吸收大量水体溶解氧，导致大量水生生物缺氧死亡，对水体造成危害。因此，处理污泥时需降低污泥所富含的氮、磷等养分，防止水体污染。污泥中含有易分解的有机物质，在特定环境下，会释放出毒害气体污染大气，给污泥存放及运输带来困难。

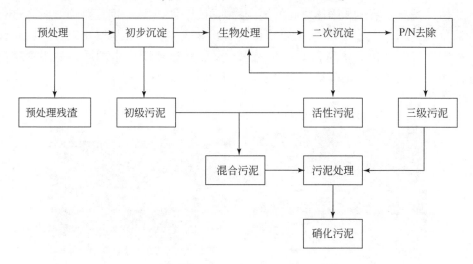

图 5-2　城市生活污水处理厂污泥的产生

1. 城市生活污泥的分类

一般来说，按生活污水处理过程的来源不同，污泥可分为如下几种（雍毅等，2016）：

①初沉污泥：来源于沉砂池和初沉池中的沉淀物和底泥，其含水率一般为 96% ~ 98%。

②剩余污泥：在二沉池中使用活性污泥法处理过程排出的污泥，其含水率一般高达 99% ~ 99.5%。

③腐败污泥：二沉池中使用生物膜法处理后的污泥，含水率一般为 95% ~ 97%。

④化学污泥：来源于化学处理法（如混凝沉淀）处理后的沉淀物，污泥性

质由投加的混凝剂种类决定。

⑤混合污泥：是以上各种污泥的混合物，含水率一般为 93% ~ 98%。

⑥硝化污泥：指剩余污泥和初沉污泥通过硝化处理（主要指厌氧硝化）后的污泥。硝化处理过程中污泥大部分的有机物被分解，由于寄生虫卵和病原微生物被消灭而无害化。其中，厌氧硝化污泥含水率一般为 93% ~ 98%，好氧硝化污泥含水率一般为 96% ~ 98%。

2. 污泥中水的存在形式

普遍认为污泥中的水分有 4 种形态，即自由水、毛细结合水、表面吸附水和内部结合水（基伊，1986）（图 5-3）。

①自由水：一般占污泥总含水量的 65% ~ 85%，污泥浓缩主要除去这部分水分。

②毛细结合水：一般占污泥总水量的 15% ~ 25%，存在于污泥颗粒之间的细小间隙处，受到液固表面附着力和液体凝聚力的作用，污泥浓缩不能除去这部分水分，需要凭借机械作用力。

③表面吸附水：一般占污泥总水量的 7% 左右，由于污泥的比表面积较大，导致通过表面张力吸附的水也很多。

④内部结合水：一般约占总含水量的 3% 左右，存在于微生物细胞内，需通过破坏微生物细胞结构来去除。不同形态的水拥有不同的结合能，自由水的结合能为 0，最易被去除；其次是毛细结合水，其结合能较小（键能≤100kJ/kmol）；再次，表面吸附水经物理吸附作用存在于污泥絮体表面，其结合能较大（键能为 3000kJ/kmol），一般通过机械作用难以将这部分水去除；由于内部结合水不但存在于细胞内部，其结合能也最大（键能为 5000kJ/kmol），属于最难去除部分。

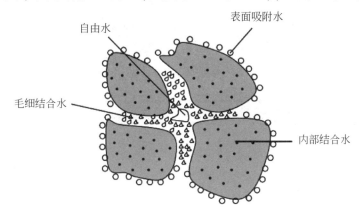

图 5-3　污泥中水的存在形态

5.1.2 城市生活污泥的脱水技术

由于污泥含水率很高，体积很大，所以污泥处理最重要的步骤就是分离污泥中的水分以减少污泥体，为污泥的输送、硝化和进一步综合利用创造条件。脱水是任何处理处置方式都必须经历的过程。污泥脱水技术包括自然干化、污泥浓缩、机械脱水和污泥干化，而在机械脱水前，一般还需要对污泥进行调质（陈宁等，2019）。

1. 自然干化

自然干化可分为晒砂场与干化场两种。前者用于沉砂池沉渣的脱水；后者用于初次沉淀污泥、腐殖污泥、消化污泥、化学污泥及混合污泥的脱水。干化后的泥饼含水率一般为75%~80%。

污泥干化场是一种较老、较简便的污泥脱水方法。主要依靠渗透、蒸发与撇除等三种方式脱除水分。但随着污泥的性质与当地的气象条件不同，由渗透、蒸发与撇除所脱除的水分比例也不同。这种方法脱水时间长，维护管理工作量大，且由于污泥腐败产生恶臭和苍蝇，影响周围环境卫生。因此只适用于村镇小型污水厂污泥处理（图5-4）。

图5-4　污泥干化

2. 污泥浓缩技术

污泥浓缩去除的对象是污泥中的自由水和部分间隙水。污泥浓缩的主要方法有重力浓缩、气浮浓缩及机械浓缩。

（1）污泥重力浓缩

污泥重力浓缩是最常见的方法，利用污泥中固体颗粒与水之间的相对密度差来实现固液分离。用于重力浓缩的构筑物称为重力浓缩池。重力浓缩的特征是区域沉降，在浓缩池中有四个基本区域：①澄清区，为固体浓度极低的上层清液；②阻滞沉降区，在该区域悬浮颗粒以恒速向下运动，一层沉降固体从区域底部形成；③过渡区，特征是固体沉降速率减小；④压缩区，在该区由于污泥颗粒的集结，下一层的污泥支撑着上一层的污泥，上一层的污泥压缩下一层的污泥，污泥中的间隙水被排挤出来，固体浓度不断提高，直至达到所要求的底流浓度并从底部排出。

重力浓缩可以分为间歇式和连续式两种，间歇式重力浓缩主要用于小型污水处理厂，连续式重力浓缩主要用于大、中型污水处理厂（图5-5、图5-6）。

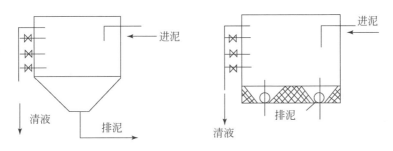

图 5-5　间歇式重力浓缩池

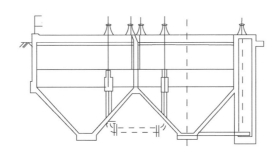

图 5-6　多斗连续式重力浓缩池

重力浓缩技术成熟、构造简单、运行管理方便，但占地面积大、卫生条件差。浓缩后的污泥含固率低，特别是对于剩余活性污泥的重力浓缩，一般浓缩后的污泥含固率不超过4%，导致后续处理构筑物容积较大，投资和运行成本偏高。随着污水处理工艺的发展和污水处理标准的提高，重力浓缩在活性污泥浓缩方面的应用受到限制。

（2）污泥气浮浓缩

气浮浓缩是采用大量的微小气泡附着在污泥颗粒表面，使污泥颗粒的相对密度降低而上浮，实现固液分离的浓缩方法（图5-7）。气浮浓缩适用于浓缩活性污泥和生物滤池等颗粒相对密度较低的污泥。通过气浮浓缩，可以使活性污泥的含水率从99.4%浓缩到94%～97%。气浮浓缩的浓缩污泥含水率低于采用重力浓缩的污泥，可以达到较高的固体通量，但是运行费用较高，适合用于人口密度大、土地稀缺的地区。

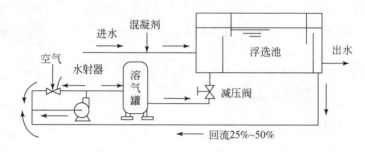

图5-7　气浮基本过程

根据气泡形成的方式，气浮浓缩工艺可以分为压力溶气气浮、生物溶气气浮、涡凹气浮、真空气浮、化学气浮、电解气浮等。

压力溶气气浮工艺已广泛应用于城市污水处理厂剩余活性污泥的压缩。压力溶气气浮具有较好的固液分离效果，在污泥中加入化学絮凝剂可以提高浓缩脱水效果，其浓缩剩余活性污泥具有占地面积小、卫生条件好、浓缩效率高等优点，但运行维护费用较高。

生物溶气气浮工艺利用污泥自身反硝化能力，加入硝酸盐，污泥进行反硝化作用产生气体使污泥上浮而浓缩。气浮污泥浓度是重力浓缩的1.3～3倍，对膨胀污泥也有较好的浓缩效果，气浮污泥中含气体少，对污泥后续处理有利。该工艺的运行成本低于压力溶气气浮，能耗小、设备简单，但污泥停留时间较长。

其他几种工艺在城市污水处理厂污泥浓缩中的应用还在研究探索中。

（3）污泥机械浓缩

机械浓缩所需时间更短。以离心浓缩为例，仅需几分钟。浓缩污泥的浓度比重力浓缩要高，但动力消耗大，设备价格高，维护管理工作量大。

机械浓缩包括离心浓缩、带式浓缩机浓缩和转鼓、螺压浓缩机浓缩等。

离心浓缩工艺的动力是离心力，离心力是重力浓缩的500～3000倍。离心浓缩占地小，不会产生恶臭，造价低，但运行费用及机械维修费用高，经济性差，应用较少。

带式浓缩机主要用于污泥浓缩脱水一体化设备的浓缩段。主要由框架、进泥配料装置、脱水膜布、可调泥耙等组成，其浓缩过程是：污泥进入浓缩段时均匀铺在滤布上，在重力作用污泥中的自由水被分离，污泥颗粒则被截留在滤布上。带式浓缩机具有很强的可调节性，其进泥量、滤布走速等均可根据预期效果进行调整。

转鼓、螺压浓缩机浓缩是将经化学混凝的污泥进行螺旋推进脱水和挤压脱水，设备简便高效。

3. 污泥机械脱水技术

污泥机械脱水的目的是进一步减少污泥的体积，便于后续处理、处置和利用。污泥中自由水基本上可以在污泥浓缩过程中被去除，而内部水一般难以分离，所以污泥机械脱水的主要目的是去除污泥颗粒间的毛细水和颗粒表面的吸附水。

污泥机械脱水以过滤介质两面的压力差作为推动力，使污泥中的水分强制通过过滤介质，形成滤液，而固体颗粒物则被截留在介质上，形成滤饼而达到脱水的目的。根据造成压力推动力的方法不同，将机械脱水分为三类：①在过滤介质的一面形成负压进行脱水，即真空过滤脱水；②在过滤介质的一面加压进行脱水，即压滤脱水；③造成离心力实现泥水分离，即离心脱水。

（1）污泥真空过滤脱水

真空过滤是利用抽真空的方法造成过滤介质两侧压力差而进行脱水，可用于初次沉淀污泥和硝化污泥的脱水。真空过滤机脱水的特点是能够连续生产，运行平稳，可自动控制；主要缺点是附属设备较多，工序较复杂，运行费用高（图5-8）。

图 5-8 污泥真空带式脱水机

（2）污泥压滤脱水

为了增加过滤的推动力，利用多种液压泵或空压机形成 4～8MPa 压力，加到污泥上进行过滤的方式称为加压过滤脱水，简称压滤脱水。加压过滤设备主要分为板框压滤机和带式压滤机。加压过滤的优点是：过滤效率高，特别是对过滤困难的物料更加明显；脱水滤饼固体含量高；滤液中固体浓度低；大多数可以不调质或用少量药剂调质就可以进行过滤。

板框压滤机适用于各种悬浮液的固液分离，适用范围广、分离效果好，能将脱水出泥含水率控制在 60% 以下。然而板框压滤脱水机在实际运行过程中存在诸多弊端：滤框给料孔极其容易出现堵塞现象，且夹在滤板和滤框之间的滤饼取出较为困难，无法持续作业，且机身容量较小，无法对大量污泥进行脱水。

带式压滤脱水机在运行过程中需利用高压水对滤面进行连续冲洗，且无法将运转环境完全封闭，因此在工作间内存在水、气溅溢现象，使得污水处理厂的生产环境较差。带式压滤脱水机存在进料不均匀现象，会在一定程度上影响脱水效果，因此对操作人员的技术水平要求较高（图5-9）。

图 5-9　带式压滤脱水机

（3）污泥离心脱水

离心脱水机主要由转鼓和带空心转轴的螺旋输送器构成。污泥由空心转轴送入转筒后，在离心力作用下，立即被甩至鼓腔内。污泥颗粒由于比重较大，离心力也大，被甩贴在转鼓内壁上，形成固体层；水分密度小，离心力小，在固体层内侧形成液体层，固体层在螺旋输送器的缓慢推动下，被输送到转鼓的锥端，经转鼓周围的出口连续排出，液体层则由堰口连续溢流排至转鼓外，形成分离液排出。

离心脱水机具有优良的密封性能，污泥、水、臭味不会从机内溢出而污染操作环境；其进料、分离、排出滤液和泥饼的工作过程是连续的，具有较高的工作效率；离心脱水机有自动清洗装置，在每次停机时都能够自动对转鼓进行清洗。但离心脱水机价格昂贵、能耗高、噪声大且后期维护费用较高（图 5-10）。

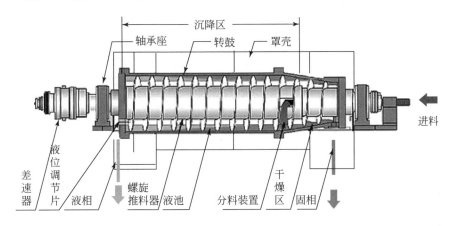

图 5-10　沉降离心机结构示意图

4. 污泥调质技术

由于污水处理中得到的污泥具有较高的亲水性，污泥颗粒与水的结合力很强，如果没有预先处理，绝大多数污泥脱水是非常困难的，这种污泥预处理的过程称为污泥调质。通过污泥调质可以改变污泥颗粒表面的物化性质，破坏其胶体结构，降低亲水性，改善脱水性能。污泥调质的方法分为物理法、化学法、生物法。

（1）污泥物理调质技术

①超声法

超声波在水中能产生一系列极端条件，如急剧放电、产生瞬间的局部高温和高压、超高速射流等。利用超声波预处理污泥，会产生高压力振幅的生物机械剪切力和冲击波，对污泥微生物的细胞壁造成一定的破坏，使得污泥微生物细胞内的有机质溶出，释放到污泥上清液中，从而提高污泥的脱水性能。

超声波技术具有无污染、能量密度高、分解速度快等特点，与其他方法相比，具有在短时间内迅速释放细胞内物质的优势，但在促进细胞破碎后固体碎屑的水解方面不如加碱和加热的方法。

②加热法

高温可以破坏污泥微生物机体基本组成物质，如蛋白质、脂肪等。高温下蛋白质会变性，部分细胞受热膨胀而破裂，释放出蛋白质、胶质、矿物质及细胞膜碎片；同时在加热条件下，污泥发生凝聚现象，破坏胶体结构，使结合水释放出来，从而提高污泥的脱水性。

该方法是目前研究较多、应用较广的一项污泥预处理技术。大量实验表明，采用热水解处理的温度范围相对广泛，60～180℃为最常用的水解温度。

③冻融法

冻融法是将污泥降温至凝固点以下，然后在室温下融化的处理方法。通过形成冰晶再融化过程使污泥细胞破裂，细胞内有机物溶出，同时使污泥中的胶体颗粒脱稳凝聚，提高污泥的沉降性能和脱水性能。

（2）污泥化学调质技术

①氧化法

a. 臭氧氧化法

臭氧是一种强氧化剂，可与污泥中的化合物直接或间接反应，破坏污泥中微生物细胞的细胞壁，并将部分剩余污泥氧化为二氧化碳和水，同时将一部分难降解的物质转化为可生物降解的物质。与此同时，污泥微生物细胞内的有机质及结合水被释放出来。

b. 芬顿氧化法

芬顿试剂由亚铁盐和过氧化氢组成，当 pH 足够低时，Fe^{2+} 催化分解 H_2O_2，生成强氧化性的 HO·自由基，从而引发一系列的链反应，破坏有机质，其还原产物 Fe^{3+} 具有絮凝作用，能提高污泥的沉降性能。破解后的污泥中结合水被释出来，也能够提高污泥可沉降性能并改善污泥的脱水性能。

②化学药剂调质法

通过向污泥中投加可起到电中和或吸附架桥作用的调质剂（混凝剂、絮凝剂、助凝剂等），来破坏污泥胶体颗粒的稳定，使分散的小颗粒聚集形成大颗粒，从而改善污泥的脱水性能。常用的混凝剂包括石灰、铁盐、铝盐等无机调质剂，主要起电中和左右；常用的絮凝剂包括聚合铁、聚合铝等无机高分子化合物和有机高分子化合物，主要起吸附架桥作用，其形成的污泥絮体抗剪切性强，不易被打碎；常用的助凝剂包括硅藻土、酸性白土、锯木屑、粉煤灰等，一般用来调节污泥的 pH，为污泥提供多孔网格状骨架，改变污泥结构，破坏胶体稳定性，提高混凝剂的混凝效果等。

（3）污泥生物调质方法

微生物调质技术指采用微生物、其细胞提取物或代谢产物对污泥进行调质的技术，其主要成分包括蛋白质、纤维素、DNA、糖蛋白和黏多糖。生物调质具有很多优点，如来源广、无二次污染、无毒、污泥絮体密实和可生物降解等。

生物酶技术是另一类生物法调质技术，酶作为生物催化剂可以将污泥中的有机物分解为小分子物质，与其他污泥调质方法相比，酶处理法具有作用条件温和，反应效率高，能适应不同的污泥，可以重复使用等优点。

5. 污泥热干化

污泥经机械脱水后含水率可达 70% ~ 80%，而污泥的填埋、堆肥和燃料利用都要求将其含水率降至 65% 以下，机械脱水工艺无法满足需求。需要采用热干化技术，从外部提供热量使污泥中的水分蒸发。

污泥热干化处理技术是利用热或压力破坏污泥交替结构，并向污泥提供热能，使其中水分蒸发的技术。经处理后的污泥含水率可降至 10% 左右，这时污泥体积大大减小，同时有效地灭绝污泥中的致病菌。通过造粒设备生产出来的污泥产品呈颗粒状，更加方便运输和储存。

污泥热干化技术工艺可分为直接和间接两种方式。污泥间接热干化技术是利用热交换器将电厂的烟气或其他工艺的余热与热工艺介质进行热交换，热工艺介质吸收热量后再通过管道与污泥换热，以此达到对污泥干化的目的。间接热干化会有部分热量在交换时损失掉，但产生的废气较少，可大大节约废气处理成本，避免二次污染。直接热干化则是将电厂或其他工艺的烟气、热风直接通入干化设备中，污泥吸收热量后将内部水分蒸发。直接干化避免了热量的损失，但后期处理废气的成本较大。

这种工艺占地面积小，污泥的减容效果明显，而且由于处理过程是在封闭的设备中进行，对环境的影响比较小，但是这种工艺投资比较高。

5.1.3　城市生活污泥的热化学处理法

1. 污泥焚烧处理技术

焚烧是一种高温热处理技术，即以一定量的过剩空气与被处理的有机废物在焚烧炉内进行氧化燃烧反应，废物中的有害物质在高温下氧化、热解而被破坏，是一种可同时实现废物无害化、减量化、资源化的处理技术。

焚烧技术最大的优点在于大大减少了最终需要处置的废物量，具有减容、去毒、能量回收等作用；另外，还具有副产品、化学物质回收及资源回收等优点。焚烧技术的缺点主要有工艺复杂、投资大、操作管理难度高；要求工作人员技术水平高；产生二次污染物如 SO_2、NO_x、HCl、二噁英和飞灰等；另外，还有技术风险问题。

污泥焚烧主要有单独焚烧、混合焚烧（李辉等，2014）。单独焚烧投资较大，适合污泥处理规模较大的项目；混合焚烧处理规模取决于掺烧锅炉的容量和污泥掺烧比例。

（1）单独焚烧处理

单独焚烧有两种工艺：一种是将污泥脱水后直接焚烧，这种工艺污泥含水量高，不利于着火燃烧，通常需添加辅助燃料，且焚烧效率低。其优点在于工艺简单，不需要太多预处理过程，易于控制，投资与运行成本低。另一种是先对污泥进行干化处理，进一步降低污泥的含水率，提高其热值，再投入焚烧炉焚烧。其优点是燃烧过程不需要添加任何辅助燃料。但由于多了一道干化工序，且干化部分占投资比例较大，相比直接燃烧，投资大大提高。

（2）混合焚烧处理

混合焚烧就是将污泥与其他燃料，包括燃煤、生活垃圾、工业废渣一起燃烧处理，或将其按一定比例加入工业炉中焚烧，如加入水泥窑中焚烧。这样的处理方式优势在于同时处理多种工业、生活的废弃物，不必为焚烧污泥而专门建造锅炉，节省设备投资和燃料成本。利用水泥窑协同焚烧处理，可在不影响水泥品质的前提下，将污泥固定在水泥中，彻底处置污泥，节省设备投资的同时，又省去了处置污泥的流程。需注意的是，因含水率和热值的差别，掺烧污泥后会改变原有燃烧条件，且增加了烟气污染排放，要注意掺烧污泥的比例，确保对原有燃烧的影响控制在合理范围内，污染物排放符合排放标准。

（3）污泥焚烧设备

目前我国的污泥焚烧主要是利用焚烧炉，主要炉型有炉排型焚烧炉、立式多段炉、流化床焚烧炉和回转窑。

①炉排型焚烧炉

炉排型焚烧炉是使用最普遍的一种连续式焚烧炉，常用于处理量较大的城市生活垃圾焚烧厂。炉排型焚烧炉的特点是垃圾在大面积的炉排上分布，厚薄较均匀，空气沿炉排片上升，供氧均匀，焚烧火焰从堆料层的着火面向未着火的料堆及内层传播，形成一层一层燃烧（层燃）的过程。在氧气充足的情况下，炉温维持在850~950℃，污泥进入炉内与热空气接触、升温、干燥、着火、燃烬。燃烧后的渣在渣池中冷却，然后进行填埋等后续处理。

炉排型焚烧炉的关键技术是炉排，一般可采用往复式、滚筒式、振动式等形式（图5-11）。运行方法和普通炉排燃煤炉相似。由于炉排型焚烧炉的空气是通过炉排的缝隙穿越与垃圾混合助燃，所以小颗粒的渣土、塑料（粒径<5mm）等废弃物会阻塞炉排的透气孔，影响燃烧效果。它具有对垃圾的预处理要求不高，对垃圾热值适应范围广，运行及维护简便等优点。

②立式多段炉

立式多段炉又称多膛炉（图5-12），是一个垂直圆柱形焚化炉，自上而下布置一系列水平绝热炉膛，可含有4~14个炉膛，从炉顶到炉底有一个可旋转的中

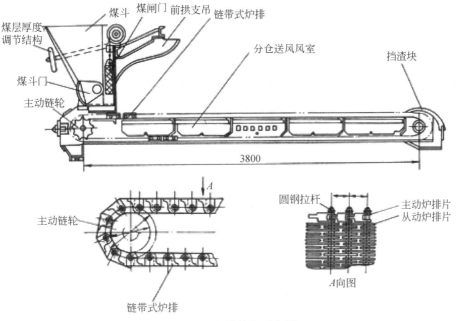

图 5-11　炉排结构示意图

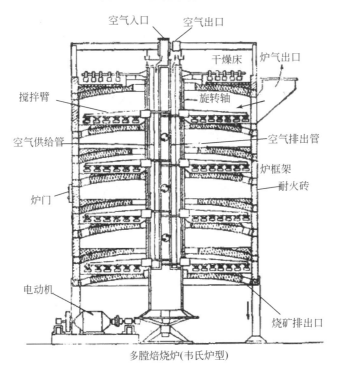

多膛焙烧炉(韦氏炉型)

图 5-12　多膛炉结构示意图

心轴。从污泥焚烧过程来看，多膛炉可分为三个区域。顶部几层为干燥区，起干燥污泥的作用，温度约为 425 ~ 760℃，经过此段，污泥含水率可降至 40% 以下。中部为污泥焚烧区，温度为 760 ~ 925℃。其中上部为挥发分气体及部分固态物燃烧区，下部为固定碳燃烧区域。多膛炉最底部几层称缓慢冷却区，主要起冷却残渣并预热空气的作用，温度为 260 ~ 350℃。

多膛炉是固定炉床，采用机械传动装置，可以长期连续运行，是相当可靠的焚烧装置，是目前在处理城市垃圾中使用比较广泛的焚烧炉。其特点是废物在炉内的停留时间长，能挥发出较多的水分，适合处理含水率高、热值低的污泥、可以使用多种燃料，燃烧效率高，可以利用任何一层的燃料燃烧器以提高炉内温度。

③流化床焚烧炉

流化床焚烧炉由一个耐火材料作衬里的垂直容器和其中的惰性颗粒物（一般可采用硅砂）组成，空气由焚烧炉底部的通风装置进入炉内，垂直上升的气流吹动炉内的颗粒物，并使之处于流化状态。污泥从焚烧炉的顶部进入炉内后，落在移动床的中心，然后缓慢通过热砂床（600 ~ 700℃），垃圾被热砂烘烤，失去水分，变得易碎，然后分散到移动床两侧的流化床中。在流化床中，污泥被强烈移动的沙粒粉碎成碎片并迅速燃烧。另一方面，污泥中的不可燃物与沙粒一起向焚烧炉两侧移动，通过不可燃排放孔与沙粒一起自动排出焚烧炉（图 5-13）。

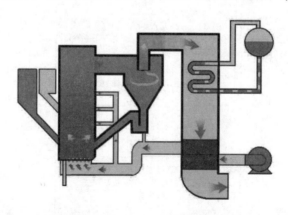

图 5-13　循环流化床原理图

流化床的优点是焚烧效率高、设计简单、运行过程开炉停炉较为灵活、投资费用少。但绝大多数的流化床装置通常仅接受一些特定的、性质比较单一的废物；由于燃烧速度快，易于生成 CO，炉内温度控制比较困难。

④回转窑

回转窑采用卧式圆筒状，炉子主体部分为钢板卷制而成，内衬为耐火材料。

圆筒与水平线略倾斜安装，进料端略高于出料端，筒体可绕轴线转动。此种炉形燃料种类适应性强，用途广泛，尤其适合焚烧含水率较高的污泥。运行时，废物从较高一端进入旋转炉，焚烧残渣从较低一端排出，窑内温度可通过控制燃料量进行调节，选用燃料不同，窑内温度也不同。该设施的优点是可连续运转、进料弹性大，技术可行性指标较高，易于操作。与余热锅炉连同使用可以回收热分解过程中产生的大量能量，达到废物资源化的目的，此外，回转窑的运行维护较方便（图 5-14）。

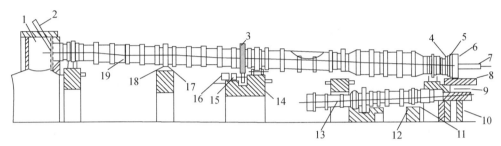

1-烟室；2-加料管；3-大齿轮；4-法兰盘；5-挡风圈；6-窑头；7-喷煤管理；8-平台；9-熟料漏筒；10-热室内；11和17-托轮；12和18-滚圈；13-冷却筒；14-小齿轮；15-减速机；16-电动机；19-窑体

图 5-14　回转窑

2. 污泥热解处理技术

热解是利用物料中有机物的热不稳定性，在氧气不足的气氛中燃烧，并由此产生热作用而引起有机物的化学分解，经冷凝后形成各种可燃气体（包括 H_2、CH_4、CO、CO_2 等）、液体（有机酸、芳烃、焦油等）和固体材料的过程。

污泥的热解过程可分解为三个阶段：第一阶段是污泥中水分的去除。第二阶段主要是有机质的初次裂解生成中间产物、油和少量小分子气体。一般裂解顺序为：脂肪类裂解（200～300℃）、蛋白质类裂解（300～390℃）、糖类裂解（390～500℃）。第三阶段主要是生物油和残炭充分裂解，中间产物发生二次裂解产生大量的生物气（纪伟勇等，2017）。

热解技术是一项传统的工业化作业，大量应用于木材、煤炭、重油、油页岩等燃料的加工处理，但对于城市固体废弃物热解技术的研究直到 20 世纪 60 年代才开始。污泥经过热解处理可得到便于储存和运输的燃料及化学品外，在高温条件下所得到的碳渣还会与物料中某些无机物和金属成分构成硬而脆的固态产物，其后续的填埋处置作业可以更为安全和便利地进行。由于热解装置结构简单，无运动部件，设备和技术投资较低，故具有广阔的发展前景。

（1）热解工艺分类

适合污泥热解处理的工艺较多。无论何种工艺，其热解产物的组成和数量基本上与物料构成特性、预处理程度、热解反应温度和物料停留时间等因素有关。热解的分类方式大体可按热解温度、加热方式、反应压力、热解设备的类型分类。

按加热方式可分为间接加热和直接加热两类。间接加热法是将物料与直接供热介质在热解反应器中分开的一种热解过程，可以利用间壁式导热或以一种中间介质来传热。

按热解温度可分为低温热解法（<600℃）、中温热解法（600～700℃）和高温热解法（>800℃）。其中高温热解具有热解效率较高、能耗费用较低等优点。

（2）污泥热解设备

污泥热解设备主要是热解炉，通常采用固定床热解炉、流化床热解炉、竖式多段炉、回转窑等（闫志成，2014）。

①固定床热解设备：其代表性装置为立式炉偏心炉排，废物自炉顶投入，经炉排下部送入的重油、焦油等可燃物的燃烧气体干燥后进行热分解。炉排分为两层，在上层炉排之上为碳化物、未燃物和灰烬等，用螺旋推进器向左边推移落入下层炉排，在此将未燃物完全燃烧。

热解气体和燃烧气送入焦油回收塔、喷雾水冷却除去焦油后，经气体洗涤塔后用作热解助燃性气体，焦油则在油水分离器中回收。

②竖式多段炉：为了提高热解炉的热效率，在能够控制的二次污染物质（Cr^{6+}、NO_x）产生的范围内，尽量采用较高的燃烧率（空气比0.6～0.8）。此外，热解产生的可燃气体及NH_3、NCH等有害气体必须经过二燃室以实现其无害化，通常情况下，HCN的热解温度在800～900℃之间，还应对二燃室排放的高温气体进行预热回收。回收预热的方法有利于余热预热二燃室助燃空气。

该系统中，泥饼首先通过间接式蒸汽干燥装置干燥至含水率30%，直接投入竖式多段热解炉内，通过控制助燃空气量，使之发生热解反应。将热解产生的可燃性气体和干燥器排气混合进入二燃室高温燃烧，通过附设在二燃室后部的余热锅炉产生蒸汽，提供泥饼干燥的热源。

③回转窑：回转窑反应炉是一种外热式反应炉，由夹套内的热烟气加热窑壁，物料随着带有倾角的回转窑转动，从窑头缓慢移动至窑尾。在移动过程中，污泥颗粒不断与窑壁接触，获得热解能源。热烟气不与物料接触，提高了热解气和炭的品质，并且大大减少了热解气的处理难度和处理量。

污泥颗粒通过螺旋输送机输送至外加热式的回转窑热解系统，热气通过回转窑外壁将污泥升温至400～500℃，使污泥中的有机质完全裂解，形成生物炭、生物油（焦油）、热解气。其中，热解炭渣由螺旋输送机送出资源化利用，热解气净化后回用。热解过程中产生的热解气含水粉尘、水汽以及焦油，需进行净化处理。

3. 污泥气化处理技术

污泥气化是将污泥中有机成分在气化介质下与燃料中的碳氢化合物通过热转化生成可燃气（CO、CH_4、H_2 等）的过程，一般是通过部分燃烧反应放热提供其他制气反应的吸热。气化反应的产物为燃气和灰分，其目标产物为单一的气态燃气。

根据气化介质的不同，气化反应可简单分为空气气化、CO_2 气化和水蒸气气化，不同的气化介质导致不同的化学反应和气化产物。空气气化过程中主要发生碳的氧化。氧气的存在能极大地加快气化反应速率，同时氧化反应为放热反应，能为有机物的裂解提供能量（Calvo L F et al.，2004；Chen G et al.，2017）。CO_2 气化则是对温室气体 CO_2 进行利用，在高温下将原料中的碳通过边界反应转化成 CO 气体。相较而言，水蒸气气化从反应上来说能提供最高的 H_2 化学计量产量（Li G et al.，2018）。经过一系列化学反应，包括水汽变化反应、甲烷重整反应以及碳氢化合物蒸汽重整反应，可燃气产量尤其是 H_2 含量有了大幅度提升。

在工业应用中，根据原料的特性、粒径、含水率和灰分等因素的不同，气化炉可分为固定床和流化床两大类。其中，固定床是结构最简单的气化炉，具有气体流速慢、碳转化率高、停留时间长等特点。根据空气-氧或空气-水蒸气与燃料的不同接触情况，固定床气化炉可进一步分为下吸式、上吸式和平吸式气化炉（图 5-15）。

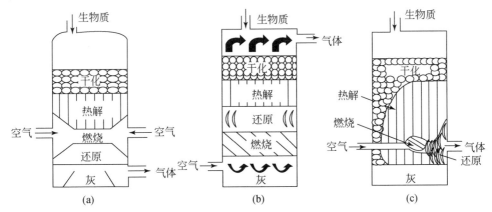

图 5-15　固定床气化炉示意图
（a）下吸式；（b）上吸式；（c）平吸式

下吸式气化炉中原料从上端进入炉膛，气化介质从侧边进入，与热解产物接触发生反应，同时将固体残渣从下部带出炉膛，其优势在于所有干化区和热解区的气体产物都会经过燃烧区或还原区与气化介质发生反应，能有效降低焦油产量，但气体产物中含较多的颗粒物。由于气流方向与物料降落方向一致，下吸式气化炉对物料密度有一定的要求，同时尾气处于高温状态，也会降低其热效率。与下吸式相反，上吸式气化炉中气化介质从下端进入，向上离开炉膛，高温气化介质会经过还原区、热解区和干化区与原料接触，具有最高的热效率，但气体产物中焦油含量较高。根据工况参数的不同，焦油产量可达 4.7wt% ~ 18.2wt%。平吸式气化炉有单独的灰收集装置，对各反应区也有严格划分，其优势仅限于床层具有较强的渗透性，对高焦油和高水分环境兼容性差，因此比较少见。

流化床气化炉的原理则是气化介质从底部经过分布板带动流化介质向上流动，与从顶部进料的污泥接触并发生气化反应。相对于固定床，热流化介质的存在使得流化床的热传递效率更高，污泥颗粒接触流化介质后，迅速升至床温，立即发生干化、热解和气化等反应，表现出更高的气化效率。根据流化程度和床层高度的不同，流化床可分为鼓泡式流化床和循环流化床。鼓泡式流化床气流速率较慢，通常为1m/s，而循环流化床的速率高达 3 ~ 10m/s，相较而言，鼓泡式流化床的碳转化率较低。但无论是何种流化床，由于流化介质熔点较低，气化温度一般为 1125K 左右，在流化床气化产物中，仍发现存在不少碳氢小分子化合物（图 5-16）。

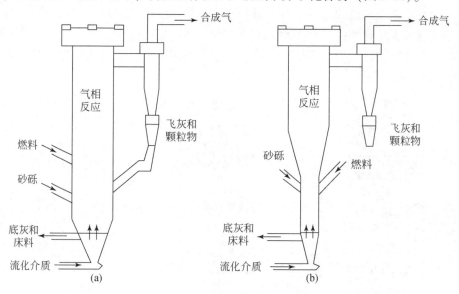

图 5-16　流化床气化炉示意图
(a) 鼓泡式；(b) 循环式

5.2　造纸污泥的化学处理技术

造纸工业与国民经济发展和社会文明息息相关，纸及纸板消费水平是衡量一个国家现代化和文明程度的重要标志之一（卢佳辰等，2016）。我国作为造纸工业生产、消费和贸易大国，自 2014 年起，纸及纸板年产量消费量均超 1 亿 t，生产量和消费量均居世界第一位（China Paper Association，2018）。同时造纸工业是高耗水量产业，生产过程中将排放大量造纸废水。造纸污泥是制浆造纸废水处理过程中的终端产物，生产 1t 纸会产生约 1.2t 含水量为 80% 的污泥（中华人民共和国环境保护部，2017）。2018 年，我国造纸行业的污泥排放量约为 1650 万 t，位列全球造纸污泥排放量第一位（张升友等，2015）。如此庞大的固体废弃物，所带来的环境影响也日益突出，如不对其进行妥善处理，势必会带来严重的环境问题，随之而来的各种生态问题和社会问题也逐渐突显。

5.2.1　造纸污泥的来源、性质及有机卤化物（AOX）的产生过程

1. 造纸污泥的来源

制浆造纸行业的污泥包括二次纤维利用过程中产生的脱墨污泥、碱回收车间白泥及废水处理污泥（表 5-1）。其中，碱回收产生的白泥，近年来随着真空脱水设备效率的不断提高，白泥固含量已经能够达到 70% 以上，使得用白泥脱硫、制造造纸填料、塑料制品填充物、制作建材等成为可能，并在一些企业得到实际应用（Nassar M et al.，2015；李振远，2017）。

表 5-1　造纸污泥来源及分类（方文，2017；Zou S et al.，2010；Shuping Z et al.，2010）

污泥名称		产生工段	主要成分
碱回收白泥		回收车间白泥回收工段苛化反应产物	沉淀碳酸钙
脱墨污泥		废纸制浆产生的造纸污泥	纤维素、填料粗渣和油墨粒子
废水处理污泥	造纸白水污泥	抄纸工段废水经筛选产物	细小纤维、填料、涂料
	生物污泥	废水处理过程的沉淀物质	细小纤维、木质素及其衍生物

然而，废水处理厂产生的污泥和废纸制浆脱墨污泥的产量规模巨大，成分比较复杂、污染程度高、治理难度大，近年来一直是各行业开发利用的研究热点和难点。

来源于造纸企业的厂外废水处理厂的造纸污泥，通常包括纤维回收车间的一

级沉淀污泥、二级生化处理污泥，还有一些处理厂采用了三级处理，因此还包括三级絮凝沉淀污泥。由于各级废水处理设施进水水质不同，污泥成分也各不相同，具体来源如表5-1。

一级污泥主要包含回收车间的造纸白水污泥，这里主要含有少量的细小纤维，大量的薄壁细胞（杂细胞）及造纸填料，灰分含量大约占30%，沉淀颗粒细小，持水性强。这一部分所占污泥比例最大（>45%），含可利用的有效成分最多，潜在利用价值较高，用来生产高附加值产品的可能性更大。其中，陈克利等利用制浆白水中的杂细胞和微细纤维做成薄膜，其透光度和透气性能远大于普通塑料薄膜且具备可降解特性，有望应用在食物包装保鲜等领域（刘其星等，2015；高欣等，2014；刘宇涵等，2018）。二级污泥主要是造纸废水中有机物经过活性污泥处理后的产物，亲水性强，无机含量大约为15%，远低于一级污泥。二级污泥滤水性能和脱水能力差，且细菌、真菌等微生物较多，在利用前通常需要进行高温灭菌处理。二级污泥部分回流到曝气池，剩余部分与一级污泥混合，借助一级污泥的助滤作用，进行下一道浓缩与脱水操作（图5-17）。

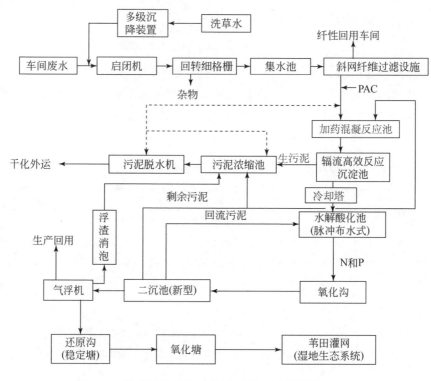

图 5-17　造纸废水处理工业流程图（刘宇涵等，2018）

2. 造纸污泥的性质

造纸污泥成分复杂，如图 5-18 所示，主要有机成分包括纤维素、半纤维素和木质素等，无机成分主要包括氧化物及含氮、磷的无机盐。与其他工业废水污泥有明显区别，主要有以下几方面特点：

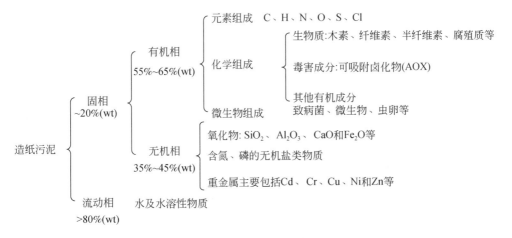

图 5-18　造纸污泥组成（Manara P et al., 2012）

（1）高含水率

污泥是一种组成异常复杂的胶体混合物。在电子显微镜下观察可以发现，水分与固体悬浮物一起被微生物细胞包裹，形成菌胶团。菌胶团的特殊结构造成污泥的黏度很高，常温下含水率 90% 污泥的动力学黏度可以达到 100 000mPa·s，而水的动力学黏度仅为 1mPa·s。在这种胶体体系中，水分与固体颗粒以及微生物细胞的结合力很高，常规的脱水方式很难有效脱出污泥中的水。依附在固体颗粒和微生物细胞中的各种污染物，也因为菌胶团胶体体系的束缚，很难采用常规手段加以处理或利用。

不同种类制浆造纸污泥的化学组成见表 5-2。

表 5-2　不同种类制浆造纸污泥的化学组成

污泥种类	含水率/%	粗纤维含量/%	灰分含量/%	pH
木浆造纸污泥	80	70	15	6.8
竹浆造纸污泥	81	69	14	6.8
草浆造纸污泥	98	38	38	7.2
脱墨污泥	73	34	51	6.6

（2）氮磷等养分的污染

在降雨量较大的地区，雨水的冲刷作用会使污泥中的氮、磷等有机成分进入地表水体，造成水体的富营养化，进而渗入地下水系，污染和破坏地下水体。

（3）毒害成分对环境的影响

如图 5-18 所示，由于造纸污泥的微生物成分中含有致病菌及微生物虫卵，在进行填埋和农用处理时，如果对其处置不当，很容易滋生蚊蝇、散发恶臭，从而引起周围环境问题，致使环境质量下降。此外，需要重点说明的是，在纸浆漂白过程中产生的可吸附有机卤化物（AOX），主要成分氯代酚类、四氯代呋喃等氯苯类和氯酚类物质已经被证明具有致癌、致畸及致突变性（李静，2010；Zhen-Yu Wu et al.，2019；刘伟，2011）。随着环境压力的不断增加以及国家对致癌化合物排放的严格控制，对废水中 AOX 的处理引起了工业界和学术界广泛关注。

3. 造纸污泥 AOX 的产生过程

造纸污泥产生于整个造纸工业体系的末端，为了提高纸浆白度，通常需要漂白工序处理浆料。目前我国的漂白方式还是以元素氯（CEH）漂白为主（占90%），无元素氯（ECF）漂白为辅（约占 10%）（聂双喜，2015）。这两种漂白方式在前期溶解阶段均产生强氧化性能的物质 HClO［式（5-4）］。当亚氯酸盐被次氯酸氧化时，会重新生成二氧化氯，这部分二氧化氯将继续与木素及木素被氧化后形成的碎片发生反应，氯离子则由于亚氯酸盐的氧化而不断生成［如式（5-7）］。由于越来越多的亚氯酸盐转化为二氧化氯，整个二氧化氯漂白效率不断提高。酚型木素结构与二氧化氯的反应要远远快于非酚型木素结构，也就是说，二氧化氯漂白过程中酚型木素首先被氧化。次氯酸则进一步与氧化的木素碎片反应，形成 AOX［式（5-13）］，或与亚氯酸盐反应，重新生成二氧化氯［式（5-11）］。所以，在这些反应中形成的氯化物直接来源于这一反应路径。如图 5-19 所示，HClO 和木素基团中各个活性官能团进行氧化反应，一部分与木素发色基团反应氧化降解产生木素苯环的氧化产物，完成漂白；另一部分攻击苯环，产生 AOX（聂双喜，2015）。

因为在二氧化氯漂白的初始阶段，二氧化氯的消耗速度是非常快的，所以会有相当多的次氯酸（及氯气）会在漂白的初始阶段生成，这将导致快速氯化反应的发生。因此，在二氧化氯漂白初始阶段，一旦有次氯酸和氯气生成，会立即与纤维上或漂液中的有机结构发生反应，从而导致 AOX 的生成。

$$\text{木素} + 2ClO_2 \cdot \longrightarrow \text{氧化木素} + HClO + ClO_2^- \tag{5-1}$$

平衡反应

$$HClO + H_2O \rightleftharpoons ClO^- + H_3O^+ \tag{5-2}$$

$$HClO_2+H_2O \Longleftrightarrow ClO_2^-+H_3O^+ \qquad (5-3)$$

$$Cl_2+H_2O \Longleftrightarrow HClO+Cl^-+H^+ \qquad (5-4)$$

自由基反应

$$ClO_2 \cdot +烯碳键 \longrightarrow ClO \cdot \qquad (5-5)$$

$$HClO \longrightarrow HO \cdot +Cl \cdot \qquad (5-6)$$

$$Cl_2 \longrightarrow 2Cl \cdot \qquad (5-7)$$

氯酸形成反应

$$ClO_2 \cdot +自由基+H_2O \longrightarrow ClO_3^- \qquad (5-8)$$

$$2ClO_2 \cdot +HO^- \longrightarrow HClO_2+ClO_3^- \qquad (5-9)$$

$$HClO_2+ClO_2^- \longrightarrow HClO_2+ClO_3^- \qquad (5-10)$$

亚氯酸盐氧化反应

$$HClO+2ClO_2^- \longrightarrow 2ClO_2+Cl^-+HO^- \qquad (5-11)$$

氯化反应

$$HClO+木素 \longrightarrow HO^-+AOX \qquad (5-12)$$

$$Cl_2+木素 \longrightarrow Cl^-+AOX \qquad (5-13)$$

除了漂白阶段产生的 AOX 之外，在造纸工段中常常会加入表氯醇等含氯助剂，由于抄纸过程中留着率并不是 100%，通常达不到 50%，因此大部分含氯抄纸助剂均进入白水循环系统，最后和制浆工段的中段废水一样排放到生化废水处理车间。然而，目前造纸厂普遍使用的二级生化处理废水技术——水解酸化厌氧+好氧生物处理，并不能有效降解废水中的 AOX，尽管目前的研究热点技术——高级氧化工艺在实际应用中也有发展。华南理工大学陈克复在连续蒸煮置换脱木素及氧脱协同深度脱木素等关键技术及装备有重大突破，研发压力强化碱抽提技术和双流程兼容的清洁漂白技术，实现节水减排。废水和可吸附有机氯化物（AOX）产生量减少 20%，COD 削减 30%。广西大学王双飞教授在大型二氧化氯制备系统及纸浆无元素氯漂白关键技术上取得相应进展，发明了多重强化无元素氯漂白 AOX 超低排放技术，解译了水热及超稀酸预处理过程原料中木质素氧化解离结构变化规律及特征，揭示了高温 ClO_2 漂白过程木质素和己烯糖醛酸对 AOX 生成的影响机理，大幅度减少了 ClO_2 用量，与传统 ClO_2 漂白过程相比，AOX 降低 33% 以上。但是，由于纸浆生产线技术改造存在整改成本高、转化技术相对薄弱等问题，纸浆漂白技术依旧无法摆脱 AOX 的困扰。

因此，针对高含水率、高致病菌含量、氮磷含量高且有恶臭的造纸污泥的处置问题，除了克服污泥脱水障碍以外，造纸污泥中 AOX 的净化问题也是不能忽略的难点之一。

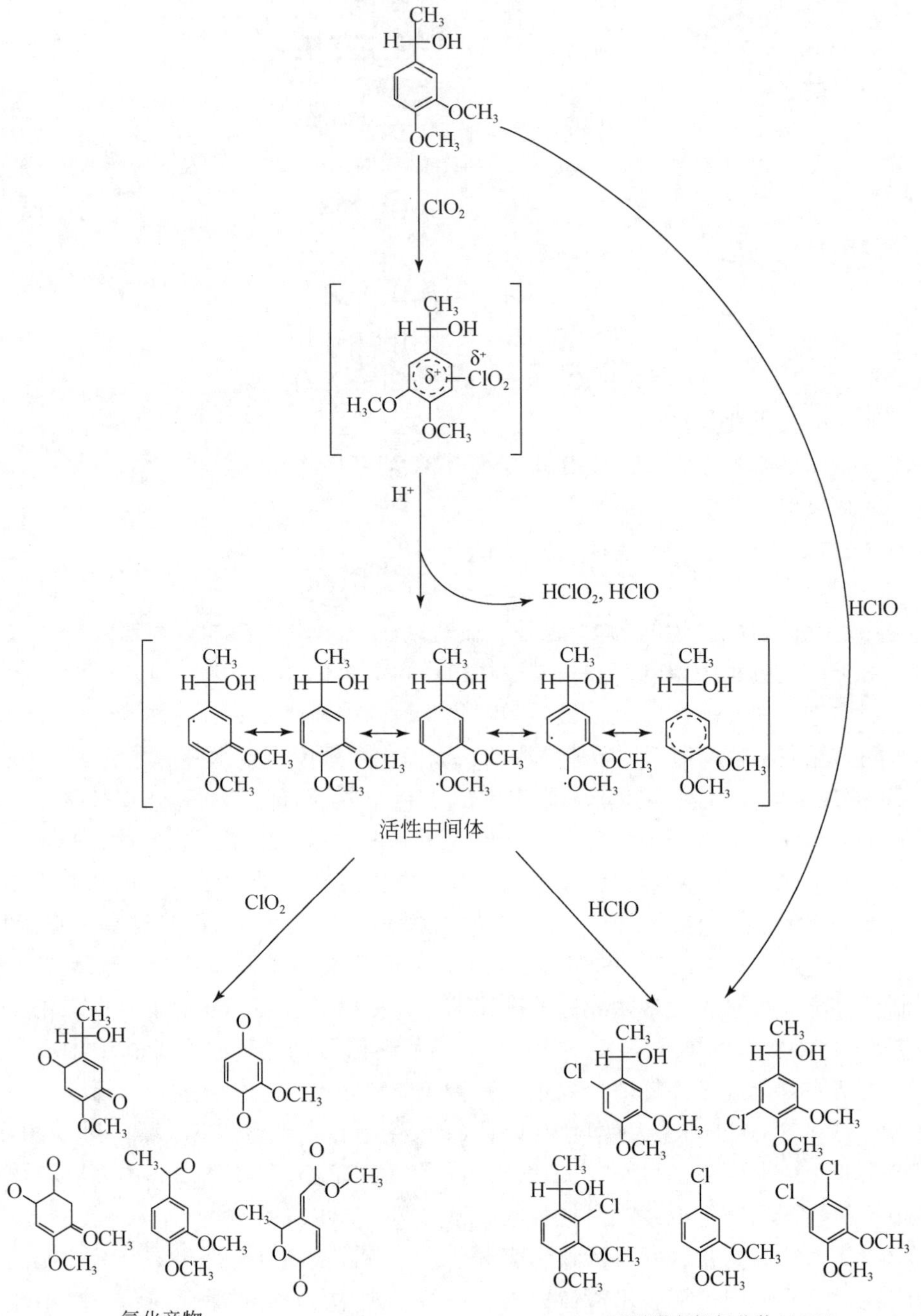

图 5-19　CEH 和 ECF 漂白过程氧化木素模型物生成 AOX 的反应路径（聂双喜，2015）

5.2.2　造纸污泥利用现状

造纸污泥具有产量大、含水量高、成分复杂、毒性大、处理难度大、处置费用高（约占造纸废水处理费用的 50% 以上）等问题，已经成为限制造纸行业可持续发展的关键性难题。

近年来，面对日益凸显的环保压力，2018 年 1 月 5 日，生态环境部发布《制浆造纸工业污染防治可行性技术指南》，以建立健全基于排放标准的可行性技术体系，推动企事业单位污染防治措施升级改造和技术进步（中华人民共和国生态环境部，2018）。2018 年 7 月 11 日，生态环境部发布《固体废物污染环境防治法（修订草案）（征求意见稿）》。修改稿重点强调，"无害化"是"资源化"的前提；提出"最大限度降低填埋处理量"，源头减量和资源化成为趋势。造纸污泥的处理处置应遵循减量化、稳定化、无害化、资源化原则。减量化是指通过浓缩和脱水处理，降低污泥含水率，减小污泥体积，便于污泥的后续处理处置。稳定化是指通过生物好氧、厌氧工艺或添加化学调质剂，使污泥中的有机物质降解转化为稳定的最终产物，避免后续处理处置过程中产生二次污染。无害化是指污泥通过工程处理，达到不污染周围环境、不损害人体健康的目的。资源化就是在处理处置污泥的同时将污泥中有利成分加以利用，达到变废为宝的目的。

1. 传统污泥处置办法

（1）海洋倾倒

污泥海洋倾倒是在未对污泥进行无害化或脱水处理，利用水体的自净功能和稀释作用，直接将污泥排入海中的方法。对沿海城市来说，污泥海洋倾倒成本低，方法简便，但是随着海洋污染加重，人类保护海洋环境意识逐渐增强，意识到污泥经过稀释并不能无害化，不能在根本上解决污泥对自然环境的污染问题，将污泥转移至海中，必然会造成海水污染，危害海洋生物健康，且污泥中含有大量有毒物质，进入海洋后会积累于海洋生物体内，极有可能从食物链进入人类体内，威胁人类健康。大量有害物质进入海洋，导致海洋环境恶化，也必然对生态圈水循环造成影响（苏磊，2015）。目前，中国、美国、日本、欧盟等国家和组织已经禁止污泥海洋倾倒。

（2）污泥焚烧

污泥焚烧是通过焚烧炉先将经过脱水处理的污泥进一步干燥，之后再通过高温条件，将污泥本身有机成分充分氧化分解，最后得到灰分和残渣。污泥焚烧可以减少污泥有害物质，病原体在高温下不能存活，污泥焚烧后体积必然减少，进而占地减少，是一种处理污泥的极好方法。但是由于污泥焚烧对设备要求高、能耗大，并且焚烧过程中极易产生飞灰、烟气和二氧化硫、二噁英、盐酸等有毒有害气体，灰烬中可能含有重金属等有害物质而需要认真对待，因此污泥焚烧的应用受限（Hii K et al., 2014）。

污泥焚烧面临的共性问题是：①高含水率带来的高运行成本。与城市污泥的运作享受政府财政补贴不同，造纸企业的污泥治理成本须由污染企业自行承担，这在很多情况下成为污泥治理决策的经济障碍。②污泥干燥产生的二次污染。湿热废气需要经过除臭处理才能排放，有的地方因污泥干废气泄露，曾引起附近居民的强烈投诉。③安全问题。污泥中含有的挥发组分比较高，一旦遇到明火，容易发生爆炸事故。

（3）土地填埋

污泥土地填埋是指将污泥填埋于人工挖出或自然形成的坑内的一种处理方式。污泥填埋具有投资少、方法简便、处理量大的特点，是所有污泥处理中最常用的方法。污泥可以单独填埋，也可以与其他废弃物混合填埋。在我国，污泥填埋一般选取混合填埋的方式。污泥填埋前，必须经过一定的脱水预处理，使其达到污泥允许填埋的力学指标。但是，对于常用的脱水工艺，经过处理后，污泥含水率仍然高达80%左右，为达到其填埋的力学指标，必须加入专门的添加剂，添加剂的加入会缩短填埋场寿命，若不使用添加剂，固液态状污泥极易堵塞排水系统或渗滤液系统，同样危害填埋场管理和安全（Yang G et al., 2015）。由于填埋物质的不确定性，填埋场易产生甲烷等易燃气体，若处置不当，会引起燃烧爆炸。污泥填埋占据土地，经过填埋的土地较难再次使用。由于经济不断发展，城市周边土地陆续被不同行业使用，若将填埋地点选至偏远或人口稀少的地带，会增加污泥处理成本。

2. 污泥的资源化利用途径

由于传统污泥处置存在较多问题，寻求污泥资源化利用途径是解决污泥处置问题的重要方法。污泥资源化是指污泥经过简单或复杂的处理之后，从废弃物变成于人类有益的资源。污泥资源化利用指污泥是固体废弃物的同时，也是资源。污泥中含有大量有机物、热量、植物生长的必需元素（氮、磷、钾等营养元素）（陈是吏等，2017），可通过各种途径加以利用。虽然污泥活性炭本身含有一定量的重金属，对环境有潜在的威胁，但在高温下煅烧，可制备污泥基吸附剂，对重金属有固定及减量的作用。

（1）污泥热解技术

污泥在高温状态下，其内部的有机物质分解为不同的小分子物质，或者转化合成为其他高分子有化合物，这种处理污泥方式称为热化学处理。热化学处理污泥，可以将污泥的理化性质趋于稳定，污泥的脱水性能增强，从而使污泥实现减容，而且污泥中的病原体等有害微生物在高温下被杀死，有利于污泥进一步无害化处理。

污泥热解技术是近几年发展起来的一种热处理技术，污泥热解分为污泥低温热解制油技术（<500℃）和高温热解气化技术（500～1000℃）（Cheng et al.，2017），不过两者都是在惰性气氛下，通过升温使污泥内部的有机物质分解或者进一步热化学转化，从而生成固体半焦（碳和灰分）、燃油（醇酮、酸类和焦油等）及可燃气体（H_2、CH_4、CO 等）。污泥热解油黏度高、气味刺鼻，但是发热量可以达到29～42.1MJ/kg，可见污泥低温热解油有较高的能源价值。污泥高温热解气化产物主要为可燃气，处理温度越高，产生的可燃气中可燃组分比例越好，可燃气品质越高（Tingting Liu et al.，2017；David A Agar et al.，2018；Eilhann E Kwon et al.，2018）。

污泥热解制油首先是 Bayer 等发现并提出的。之后，各国在污泥热解方面都做了大量相关研究（Bayer B et al.，1978）。Haber 等采用提前液化的方式，制备了更加清洁的生物油和生物炭，在预处理过程中，对污泥本身含有的重金属进行去除，使所得产品的重金属含量明显降低，利用微波技术对污泥进行热解，不仅降低了传统污泥制油产品的毒性，还保留了原污泥中的有益成分（Li M et al.，2004）。国内相关人员的研究也取得了一定成果，翟云波研究发现，污泥粒径和低温热解污泥产油具有一定的相关性。污泥热解制油不但能够解决污泥带来的环境问题，而且其产物为具有高附加价值的生物油，实现了资源有效循环利用（翟云波等，2008）。

污泥热解面临的共性问题是：①设备和工艺路线还不成熟，工业热解装置的标准有待确定，规模化生产和成套设备的热裂解工艺有待开发。②热解工艺过程技术要求高，运行难度较大，投资成本高，大多数工程示范和企业依靠政府补贴运营。③热解产物（生物油、燃烧气和生物炭）品质低且没有相关行业标准进行监管，目前还未形成相较于传统石油炼化行业强有力的市场优势。④对于高含水量的污泥，干化过程成本较高，且目前的工艺技术条件还无法经济高效的脱除水分，这无疑增加了污水处理企业的处理成本。

（2）污泥制备建筑材料

污泥成分中含有一定量的氧化钙、二氧化硅等物质，可以用来生产诸如砖块、陶粒和水泥等建筑材料（荣辉等，2019；朱盛胜，2019）。

一般利用干污泥或污泥焚烧灰这两种原料来生产建筑材料。利用干污泥做建筑材料的原料时，需加入特定的添加剂，使其成分与传统制砖所需黏土的成分类似。污泥干燥粉碎后，加入添加剂和水，外力使其均匀混合后，入模具煅烧，即可得到污泥砖。陈胜霞等通过烘干干污泥和焚烧灰制砖对比实验，比较两种产物的各项性能，结果表明，焚烧灰制砖性能高于干污泥制砖，但由于焚烧灰制砖需要热能较多，若用于实际生产，需要进一步研究。掺用污泥制砖的主要生产过程是：将纸废渣和污泥作为内燃料掺入页岩，经搅拌机混合均匀之后制砖。在砖坯放入砖窑焙烧期间，再将一部分造纸废渣和污泥从窑顶放入窑内，替代煤炭燃烧，燃烧产生的灰渣再用于制砖，形成制砖生产的闭合循环链。这样既节省了泥土，又节省了燃料煤。我国的黏土制砖已经受到严格限制，目前的普通承重砖主要是用页岩烧制，一般情况下，承重砌块使用的造纸废渣和脱水污泥比例在10%左右；而若污泥比例达到40%以上，就能制作保温砖，保温砖的售价比普通砖块提高50%左右。

污泥在化学组分上与水泥原料相似，因而可用污泥制作水泥。向污泥中加入一定比例的石灰、黏土等添加剂，在一定条件下经高温热解，可制成水泥。生产生态水泥，可以城市垃圾焚烧灰和污水处理厂污泥为原料，这样不仅实现污泥资源化，减少垃圾和污泥占地，也间接起到保护环境的作用，具有一定的经济效益。污泥基水泥可用作地基材料加强建筑固化，或作为混凝土用于修建道路，也可作为建筑装饰材料。

受利润驱使和政府鼓励，砖厂对于掺用污泥制陶粒有很高的积极性，美国威斯康辛公司是世界上第一家以城市污泥为原料生产陶粒的公司，年产量约为10万 t（程富江，2017）。我国在污泥制陶粒方面也有应用，广州某陶粒制品厂从2000年开始利用污泥烧制轻质陶粒，产品质量好，日处理量已到300t/d（吴清仁等，2002）。污泥陶粒一般可用作植物覆盖材料、路基材料或替代硅砂做污水处理厂滤池的过滤材料。污泥做建材使用这一处理途径，既实现了污泥的减容，减少了污泥对环境的破坏，又实现了污泥的资源化。

污泥制备建筑材料及面临的共性问题：①污泥来源不稳定，含水率偏高，导致制砖能耗明显增加；②污泥掺量偏低（10%左右）（吴清仁等，2002），因而达不到保温砖的技术要求；③烟尘排放缺乏污泥有害气体检测和控制手段，加剧了对环境的污染；④制砖成品率较低，破损使生产成本倍增，产品质量不稳定，严重影响产品销路；⑤一些砖厂利用地处偏远的优势，事先将污泥晾晒到50%左右的含固率，然后制砖，但毕竟占地太大，劳动力成本也很高，难以形成大规模生产。因此，如何低成本地提高污泥的含固率，是污泥制砖利润最大化、解决二次污染的关键。

3. 国内外造纸污泥资源化利用新途径

除了环境和生态问题，由于产业持续低迷且投资收益较低，在过去十年中，制浆造纸工业一直处于资金短缺的情况。然而，用于处理混合污泥的资金和运行成本十分庞大（约占到污水处置总成本的 50%）；如图 5-20 所示，造纸污泥在资源化处置上还有许多技术瓶颈需要突破，再加上污泥填埋场也日益稀缺，直接堆肥污染土壤及水体环境，焚烧法经济效益基本为负增长。因此，开发造纸污泥循环利用的新技术已成为当务之急。

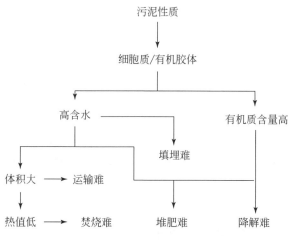

图 5-20　造纸污泥处置瓶颈

目前，研究较多的利用方式有：造纸污泥养蚯蚓、从造纸污泥中提取木质素、使用造纸污泥生产造纸用填料和涂布颜料、生产新型墙体材料、生产非黏土油脂吸附剂或猫宠物盒的填料（Hii K et al., 2014）；利用造纸污泥制备沥青复合改性剂、制作动物饲料、改性制吸附剂、作填充剂生产防水卷材、作磨浆助剂、气化回收能量、炭化用于甲烷蒸汽反应的催化剂载体（Wang L et al., 2019）；将脱墨污泥中的纤维转化为酒精、葡萄糖和乳酸等。然而，由于每个制浆造纸厂的原料不同、生产纸种不同、废水处理工艺不同等，这些差异都会导致排放的污泥性质有很大差别；虽实验研究可行，但离具体产业化还有一定的差距。

（1）水热液化技术

水热液化不需要极高的加热速率和很高的反应温度，且原料无需干燥，对高含水的污泥尤为适用。然而，单独的水热处理技术难以实现对 AOX 的完全降解。因此，寻求更为经济、有效、迅速的造纸污泥处理方法，逐渐成为研究的重点。

污泥直接水热液化技术起源于美国。水热液化技术与热解技术相比，不需要干燥，降低了成本，处于亚临界或超临界状态的水溶剂性质发生显著变化，在一系列热化学反应（水解、脱羧）中起到重要作用，有利于大分子降解和小分子聚合成生物油。液化生物油因其含氧量低、氢含量高而比热解油具有更高的热值。该技术非常适合于高湿度的污泥和藻类等生物质，因此广泛受到国内外研究学者的青睐（Xu D et al., 2018；Brunner G, 2009；Durak H et al., 2014）。

　　水热处置技术指在密闭的压力釜体中，以水为反应介质，在高温、高压条件下进行化学反应的各种技术的统称。在水热体系中，水的性质发生极大改变，其饱和蒸汽压变高，密度、黏度以及表面张力下降，电离常数和离子积常数增大，进而可以增大其对污泥中菌胶团的可及性和溶解程度。已有研究表明，当水热反温度为180℃（此时压力约为1MPa）左右时，可以使菌胶团中的细胞破裂、细胞质释放，进而直接使细胞结合水游离出来（甘雁飞等，2017），如图 5-21 所示。此外，高温下，污泥中的纤维、淀粉以及微生物细胞中的有机质也会快速水解成小分子有机物。上述两种作用，使得水热处理后污泥的滤水性得以显著改善，污泥中固形物得以减量化（图 5-22），并且为污泥中有机物的降解及资源化提供了可能。

　　未处理造纸污泥　　　水热处理菌胶团破碎　　　大分子水解　　　结合水脱离

图 5-21　造纸污泥水热处理过程

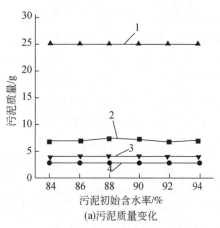 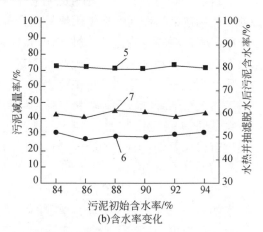

(a)污泥质量变化　　　　　　　　　　(b)含水率变化

1-原污泥湿重；2-水热并抽滤脱水后污泥湿重；3-原污泥干重；4-水热并抽滤脱水后污泥干重；
5-污泥湿重减量率；6-污泥干重减量率；7-水热并抽滤脱水后污泥含水率

图 5-22　水热处理前后污泥固液分离性能比较（甘雁飞等，2017）

　　与其他污泥不同的是，对于造纸污泥来说，其一般都含有较高的可吸附有机氯化物（AOX）（以废纸浆生产为例，其 AOX 含量高达 ~500mg/t 湿污泥）（Qian

L et al., 2017），如直接排放，会对土壤和水体环境造成严重污染。因此，重点突破含 AOX 造纸污泥的净化，以彻底实现安全转化，开发出造纸污泥高效脱毒与资源化利用技术是必然趋势。最近，华南理工大学柴欣生教授对于低温水热体系下含氯苯系物的脱氯过程进行深入研究发现：在较低的温度下（120℃以下），经纤维素纤维担载的铁基催化剂作用，含氯苯系物中的 C—Cl 键被转化为 C—H，其转化效率可达 90% 以上，大大降低了含氯苯系物的生理毒性（Qian L et al., 2017）。此外，经过进一步深入研究发现，水热催化脱氯过程中，铁元素从零价态被氧化至二、三价态，进而可推断出：该催化剂在实际作用于造纸污泥时，不仅具有脱氯效应，同时可能实现污泥的絮凝脱水。因此，在铁基催化剂和水热体系的共同作用下，造纸污泥不仅可以实现安全脱毒，还能絮凝减量，进而实现污泥的安全资源化处置。

（2）水热碳化制备炭材料

在水热条件下，污泥通过脱挥发分、脱羟基、脱碳酸基以及缩合反应等发生"固-固转化"，形成水热炭，这类水热炭称为"char"；污泥中的有机质在水解反应下产生可溶性中间物质，并进一步通过聚合反应生成聚合物；图 5-23 中，

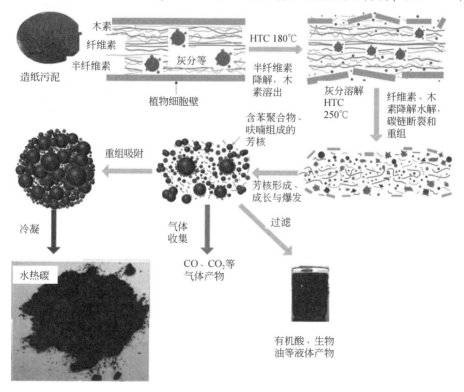

图 5-23　水热碳化转化路径图

液相中颗粒聚合物进一步发生碳化反应，形成水热炭，这类水热炭称为"coke"（B O K，2012；林有胜，2018；Gollakota A R K et al.，2018）。近年来，对污泥研究最多的是以污泥为原料制备吸附剂。污泥基活性炭去除不同有机污染物时典型的 Langmuir 和 Freundlich 等温模型如表 5-3 所示。污泥中含有大量有机物，以污泥为原料，通过物理或化学活化，在高温下煅烧，便可制备碳基吸附剂，虽然比表面积等数据差于商业活性炭，但仍然具有较高的比表面积，其应用效果相近，且由于污泥原料易得，经济可行，复合现行环保生产标准。

表 5-3　典型的有机污染物吸附及其模型研究（Mohammadi S et al.，2015；
Liu H et al.，2014；Zhang G et al.，2015；Gu L et al.，2013）

吸附质	比表面积 /(m²/g)	Langmuir 模型			Freundlich 模型		
		q_m/(mg/g)	K_L/(L/mg)	R^2	K_F/(mg/g)	n	R^2
五氯酚	67	41.29	1.47	0.99	–		
亚甲基蓝	14.27	84.75	0.0064	0.9947	1.638	1.5793	0.9739
西酞普兰	209.12	19.6	2.9	0.99766	14.3	6	0.99676
二苯并噻吩	629	55.5	0.0124	0.9941	4.04	2.5253	0.9867
孔雀绿	1003.8	269.54	0.0203	0.9843	24.45	2.35	0.9255
四环素	126.86	54.53	0.27	0.85	23.13	5.33	0.984
罗丹明 B	121.3	27.701	0.103	0.9903	5.557	2.499	0.9648
亚甲基蓝	29.2	22.4	0.287	0.931	7.46	3.7037	0.839
酸性大红-3R	829.49	102.04	0.1503	0.9925	21.36	2.4894	0.8481

注：q_m 为最大饱和吸附量，mg/g；K_L 为吸附质与键合点位亲密程度相关的常数，L/mg；R 为相关系数；K_F 为吸附平衡时的吸附量，mg/g；n 为目标污染物与吸附剂表面结合强度。

　　固相炭材料能够用于吸附、催化剂载体等领域，或与其他低品质煤混合焚烧，通过产生蒸汽或发电来回收能量，同时 S、N、Cl 等元素在水热过程中转变为无机物而降解，实现脱除。因此，造纸污泥水热处理是一种非常有潜力的有机废物处理技术，对于处理成分复杂、有毒有害、污染物浓度高的工业污泥非常适用。

　　从造纸污泥的组成来看，造纸污泥中的木质纤维素等有机物属于高分子有机物，含碳量高，具有巨大的表面积，而且热处理后能形成复杂的碳骨架结构；造纸污泥含有的铁和铝等元素为变价金属元素，变价金属元素（尤其是铁元素）常被用于制备催化剂；与市政污泥相比，造纸污泥的成分相对单一，有害物含量相对较少。基于造纸污泥的这些特点，可以考虑将其制备成活性炭作为催化剂降解污染物。通过水热处理造纸污泥得到的碳材料，除了具有高比表面积、大孔隙率和由微孔、中孔和大孔组成的内部孔隙结构外，还具有一些表面官能团（如羧基、羰基、羟基等），在吸附、催化中有广泛的使用价值。浙江大学史惠祥教授进行了造纸污泥活性炭催化臭氧氧化橙黄 II 的性能研究，制备出总孔容为 0.2491cm³/g，平均孔径为 3.198nm 的污泥活性炭，其孔隙结构丰富，以中孔为主，有利于大分子污染物的吸附（Guoqiang Z et al.，2015）。Devi 等利用造纸污泥制备磁性碳材料，用于含五氯苯酚废水的处理（Devi P et al.，2014）。Calisto 等利用桉木 Kraft 造纸污泥，制备出比表面积 207.9m²/g 的活性炭吸附材料，对于西酞普兰 K_F 值达（14.3±0.2）mg/g。通过表 5-3 可知，其吸附能力与常规炭吸附相似，有很强的应用前景（Calisto V et al.，2014）。

水热法作为污泥资源化的重要手段之一，不仅可以提供性能优良的污泥基活性炭吸附材料，还可以提供生物油和低分子煤焦油（图 5-24）。除了传统的造纸污水处理厂产生的剩余污泥外，还有其他化工行业污泥，如制药废水产生的污泥，以及城市固体废物、城乡生物秸秆等，将这些废物与造纸污水处理厂剩余污泥混合水热液化，不仅可解决部分废物的处置问题，也有利于提升产品性能。水热液化工程及污水处理厂间的无缝衔接，为未来污泥热解资源化提供技术服务和产品输出。

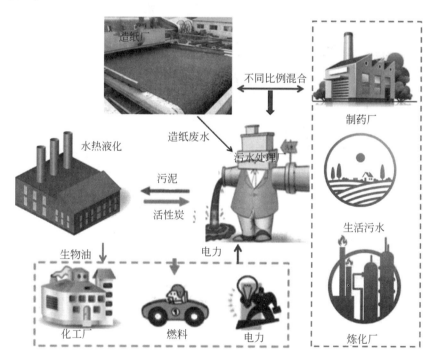

图 5-24　造纸污水处理厂剩余污泥水热法处置展望（辛旺等，2017）

5.3　石油污泥的化学处理技术

5.3.1　石油污泥的来源

随着世界经济的发展，原油作为主要的能源，一直保持着较高的产量（张珂，2014）。伴随着油气田的开采，石油污泥大量产生。石油污泥是在石油开采、储运、炼制及含油废水处理过程中产生的一种固体废弃物（Roldán C T et al.，2012；Xu N et al.，2009；Mrayyan B et al.，2005），一般外观呈黑色黏稠状，如图 5-25 所示。

图 5-25　含油污泥样品

石油污泥主要产生在油田和炼油厂，根据来源的不同可分为三大类（Lazar I et al.，1999）：①在油田开发特别是油井采油生产和井下作业施工过程中，部分原油放喷或被油管、抽油杆、泵及其他井下工具携带至土油地或井场，这些原油渗入地面土壤，与地面泥土混合所形成的固体含油污染物称为落地油泥（罗一菁等，2004）；②油品在储罐存储过程中，其所含的少量金属碎屑、泥土以及沙粒等固体杂质沉积在储罐底部，所形成的固体含油污染物称为罐底含油污泥（李丹梅等，2003）；③炼油厂含油污水经过隔油、浮选和曝气等工艺处理后，大量的含油物质与水相发生分离，分离后的含油物质漂浮或沉淀于隔油池和浮选池等分离构筑物的顶部或底部，所形成的高黏度和高含水量的固体含油污染物称为废水处理含油污泥（唐金龙等，2004）。石油污泥的不同来源如图 5-26 所示。

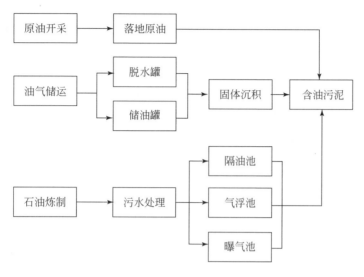

图 5-26　石油污泥的不同来源

5.3.2　石油污泥的性质

石油污泥的成分复杂，一般由水、乳化油及悬浮固体组成，是一种较稳定的悬浮乳状液体系（郭绍辉等，2008）。石油污泥光学显微图像如图 5-27 所示，其

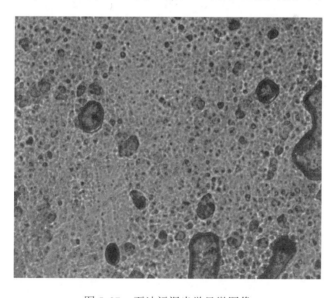

图 5-27　石油污泥光学显微图像

中污泥颗粒细小，呈絮凝体状；油、水密度差小，且充分乳化。石油污泥的水合性和带电性形成了稳定的分散状态。一层或几层水附于颗粒表面，阻碍颗粒相互结合；同时污泥颗粒一般都带负电，故石油污泥中大多数颗粒相互排斥。电化学作用的存在使含油污泥成为稳定的悬浊液，导致固体颗粒沉降、破乳、脱水及脱油固体颗粒沉降、破乳、脱水及脱油均较为困难（Jean D et al.，2001；Dong F J et al.，2005）。石油污泥中水和油的成分也较复杂，石油污泥中含水一般可分为四种，包括游离水、絮体水、毛细水和粒子水，含油一般可分为三种，即浮油、乳化油和溶解油等。由于石油污泥固含量较低、含水率较高（一般在 40% ~ 90% 之间），因而体积较大。

5.3.3　石油污泥的危害

石油污泥中存在大量寄生虫、病菌、多氯联苯、二噁英及部分重金属物质，仅经简单脱水处理，甚至在不做任何处理的情况下，直接将其露天堆放或掩埋（李凡修，2005），会严重污染周围的生态环境。石油污泥中的绝大多数石油烃不溶于水，这些烃类物质一旦渗入土壤，将会严重影响土壤的通透性。土壤被石油烃类物质包裹后，水分难以将其浸润无法形成有效的导水通路，进而大幅降低了水分的渗透量，同时土壤的透气性能也将受到一定的影响。此外，石油烃类物质的大量累积，还会破坏土壤中植物所需微生物的生存环境。低分子烃类物质如汽油和柴油等，能穿透植物根系表层，直接破坏根系细胞组织内部的正常生理机制。而高分子烃类物质，由于体积较大难以进入植物根系的细胞组织，但其在植物根系表面的过量富集，可有效阻断根系与土壤中水分和植物所需营养物质间的接触，最终导致植物生长缓慢，甚至引起根系脱落致使植物死亡（李巨峰等，2005；Verma S et al.，2006；Jean D et al.，1999）。

许多发达国家加强和完善了"三泥"处理法规，1984 年美国颁布了资源回收和资源利用法令（RCRA）的危险固体废弃物修正案（HSWA），要求排渣场处理设施须保证废渣中的毒性组分被局限在排渣场内，并保证不渗入地下水和地面水。1990 年美国环境保护局又对炼厂产生的被列为"K 废物"的五种特殊废渣做了特殊要求，规定其所含危险化学组成超过有关极限含量时，不得堆积在排渣场上。1992 年美国环境保护局提出，按指定的最佳示范有效技术（best demonstrate availability technology，BDAT）的处理标准，炼油污水处理过程的初沉池污泥和二沉池污泥在进入废渣场前必须处理至无害，除特许外，所有用 BDAT 处理的废物将禁止用土地法处理。

在国内，石油污泥目前已被列入《国家危险废弃物名录（2016 版）》HW08 号废矿物油与含矿物油废弃物。国家对名录中的废弃物已提出了一系列严格的排放要求，若排放物中有害物质含量超标，将受到严厉的经济处罚甚至法律制裁（陈明燕等，2011）。

5.3.4　国内外石油污泥的处理现状

20 世纪 80 年代中期开始，美国、日本、德国及前苏联等国家开始研究高效低耗处理石油污泥的方法和工艺。由于石油污泥成分复杂，物理和化学性质差异很大，因此处理技术也是多种多样。石油污泥含水率较高，通常先浓缩脱水处理。石油污泥处理方式可分为物理处理技术、生物处理技术和化学处理技术等，其中化学处理技术包括热化学洗涤法、焚烧法、热解法和化学破乳法等。

5.3.5　石油污泥的化学处理技术

1. 热化学洗涤法

热化学洗涤法是通过热水溶液与化学药剂联合调质含油污泥，经多次热洗，改变含油污泥中泥沙、水、油三相之间的界面张力，使原油的黏度降低，促使其从泥沙表面脱落，再经静置或离心处理，使油水泥三相分离，回收原油，使含油污泥得到减量化和资源化处理（宋健，2015）。热化学洗涤法主要针对含油量高、乳化程度轻的落地油泥。一般洗涤温度控制在 70℃，液固比 3∶1，洗涤时间 20min，能将含油量为 30% 的石油污泥洗至残油率 1% 以下（孙俊祥，2007）。其洗液中碱量的多少对洗油效率有较大的影响，所用碱剂一般选用 NaOH 或 Na_2CO_3，当采用其他碱剂，如无机碱或者洗衣粉时，工艺成本可以进一步降低，并且也有较好的效果。因此制备、筛选适宜廉价的表面活性剂，对热化学洗涤法处理含油污泥起到关键作用，是研究热化学洗涤法技术急需研究解决的问题。常用的热洗药剂有破乳剂、絮凝剂、pH 调节剂、无机盐等。运用这种方法处理石油污泥，成本低、能耗低、洗油效率较高，处理后的泥沙对环境污染较小。不足的是，这种工艺劳动强度大，并且处理后的洗液也要经过进一步处理才可以排放。

图 5-28 是石油污泥热化学洗涤工艺的流程简图。热化学洗涤技术处理含油污泥主要流程步骤有：含油污泥预处理、加药搅拌调质、一级热洗、多级热洗、三相分离、原油回收及污水处理等。为了提高回收的原油品质，也可以在加药前先对含油污泥仅热水搅拌处理，回收上层的浮油。热化学洗涤法是我国目前研究较多、较普遍采用的石油污泥处理方法，目前热化学洗涤处理技术在一些炼油企业已有应用。目前国内热清洗普遍采用向搅拌器内的石油污泥中加入一定比例的清洗剂，然后加热、搅拌、静置、沉淀、液固分离和油水分离。原油可以回收利

用，残土可以用于烧砖，污水排放至污水处理站处理。

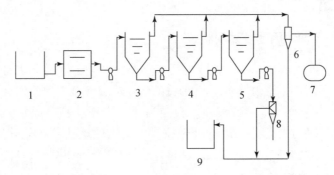

1-储泥池；2-预处理装置；3-一级洗槽；4-二级洗槽；5-三级洗槽（可选）；
6-油水分离装置；7-储油槽；8-泥水分离装置；9-水处理装置

图5-28　石油污泥热化学洗涤工艺简图

2. 焚烧法

焚烧法主要是利用污泥中原油类物质的可燃性，将石油污泥进行热分解，经氧化使污泥变成体积小和毒性小的炉渣的方法。焚烧的处理对象主要是含油量在 5% ~10% 的石油污泥，焚烧温度一般控制在 800 ~1000℃，焚烧时间控制在 0.5 ~1.5h，采用 50% ~100% 过量空气。焚烧法在回收利用石油污泥中有机物热值的同时，实现对石油污泥的无害化处理，并利用电厂燃煤锅炉的烟气处理系统，确保排放废气达标，废渣按现行的燃煤废渣处理方式，用于建材或绿化。

焚烧法是含油污泥众多处理方法中相对安全、快捷的一种处置方式，且经该方法处理的含油污泥无需长期储存，可将焚烧后残渣制砖或简单填埋等，是相对成熟的处理方法（李媛，2004）。焚烧法处理含油污泥法首次出现是在美国，第一台焚烧炉也诞生于美国，主要是研究污泥能源的回收。德国有 40 多个污水处理厂多年都在使用焚烧工艺处理污泥，焚烧炉从一开始的多段炉逐渐过渡到流化床炉，目前利用流化床炉进行含油污泥的焚烧已达 90% 以上。德国早年已禁止将焚烧后的污泥残渣作为农用，因为焚烧后残渣中含有重金属等对土壤有害的成分（车晓军，2017）。

我国绝大多数炼油厂都建有污泥焚烧装置，采用焚烧处理最多的废弃物是污水处理场的石油污泥。采用较多的炉型有回转窑炉、流化床焚烧炉及多段焚烧炉。例如湖北荆门石化厂、长岭石化厂采用的顺流式回转焚烧炉；燕山石化采用的流化床焚烧炉（李一川，2008）。图5-29是燕山石油化工公司炼油厂流化床焚烧流程。石油污泥先经过调制和脱水预处理，在投加絮凝剂的作用下，经搅拌、重力沉降后，进行分层切水。浓缩后的污泥再经设备干燥脱粘处理后，掺入燃煤中用作电厂锅炉燃料。

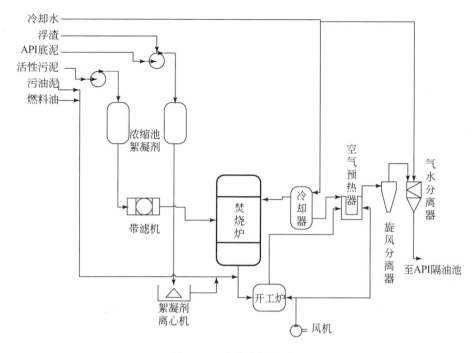

图 5-29 流化床焚烧流程

石油污泥在经焚烧处理后，多种有害物质几乎全部除去，效果良好。但是，污泥焚烧需要大量的柴油或污油，热量大多没有被回收利用，加之焚烧过程中可能伴有严重的空气污染，有的还有大量灰尘，所以焚烧装置的实际利用率较低。而且由于直接焚烧法无法对石油污泥中有价值的原油进行回收，在部分省市已立法严禁焚烧含油量较高的石油污泥，如新疆（DB65/T 3999—2017）严禁对含油率 5% 以上的石油污泥采用焚烧、填埋等方式处理。

3. 热解法

石油污泥中含有相当数量的有机物，主要由烷烃、环烷烃、芳香烃、烯烃、沥青质及胶质等组成。烃类在热解作用下会发生复杂的化学反应，这些反应主要分为以下两种：一种是裂解反应，它是一个吸热的过程；另一种是缩合反应，它是一个放热的过程。至于烃类的相对分子质量不变、仅是分子内部结构改变的异构化反应，在不使用催化剂的条件下，一般很少发生（石丰，2011）。

石油污泥热解是在无氧条件下对石油污泥进行间接加热，在石油污泥升温的初期，石油污泥中的水分和轻质烃被逐步蒸发出去，温度上升至500℃以上，大部分的石油烃已被蒸发出去，此时发生的变化由蒸发向热裂解反应转移。重质烃和一些沸点较高的有机物开始发生热分解，分解为低分子气态有机物，经排出口排出。蒸发出的油气经喷淋塔洗涤，降温至40~60℃，部分露点在60℃以下的有机物重新转化为液态，随喷淋水排出装置，经油水处理装置回收油品。喷淋塔中不凝气经净化后，去热解炉的燃烧器焚烧，燃烧产生的烟气经处理装置达标后排放到大气。

人们将热解原理应用于工业生产已经有很长的历史，例如木材和煤的干馏及重油裂解生产各种燃料油等技术早已为人们所知。但热解原理应用在固体废弃物处理方面，还属于现代开发的工艺。20世纪90年代初，热解法在国外迅速发展并获得应用，主要适用于处理油含量大于30%石油污泥。经过热解处理后的石油污泥，可以达到含油率≤0.3%的农用土壤标准。石油污泥组分不同，热解所需温度不同。重质烃含量较多且含有大分子量物质的石油污泥，系统内部温度需达到550℃以上；而对于油基废弃泥浆这类以柴油为基础调配的石油污泥，只需要达到400℃左右的温度即可处理。

Richard JAyen（1992）于1992年报道的"低温热处理"工艺，通过密闭的温度为250~450℃的旋转加热器把"K废物"（1990年美国环境保护局将炼厂产生的五种特殊废渣列为"K废物"）中的有机物和水蒸发出来，并用氮气作为载气送至蒸发物处理系统，残留物作燃料用，其处理流程如图5-30所示。该过程使用间接加热的旋转式干燥机，将密闭系统中的水和有机污染物蒸发出来，利用进料中移除的冷凝水冷却和湿润热处理后的固体，以减少灰尘产生。惰性载气（氮气）将蒸发出的组分输送到气体处理装置，该系统使用洗涤器去除夹带的颗粒固体，然后将整个气流冷却到5℃以下，以浓缩挥发出的有机物。其中90%~95%的载气被再加热至315℃循环回烘干机，剩余的载气经过一个2μm过滤器和碳吸附系统排放到大气中，从固体废弃物中除去的浓缩液体有机物另行处置。该工艺能使"K废物"处理后达到美国指定的最佳示范有效技术（BDAT）标准要求，现已商业化应用。

挪威石油公司的Term Tech热解吸工艺是在一个装有密钢叶片转子的反应器中，把污泥从299℃加热至399℃，通入蒸汽，使烃类在复杂的水合和裂化反应中分离，并冷凝回收。这些工艺都能从泥饼中回收油，剩余的干燥泥渣中烃含量小于500mg/L。该技术已工业应用，但工艺能耗较高。

由于热解装置须回烧不能回收的油气，当油气量过大时，会影响热解装置燃烧器的燃料配风，因此，热解对石油污泥有含油量不能过高的要求。该工艺具有较高的技术含量，对反应条件要求较高，处理费用较高，操作也比较复杂，尚须进一步完善。

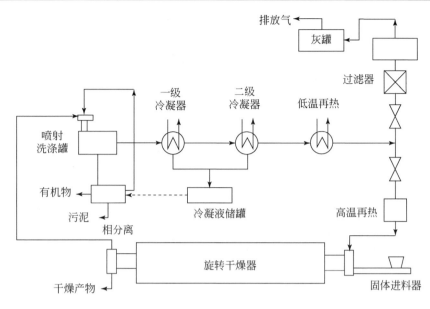

图 5-30 低温热处理工艺流程

4. 化学破乳法

通常情况下，石油污泥呈黑色，黏稠乳化程度较为严重，泥沙吸附在液滴表面，通过降低破乳速率常数，起到阻止液滴结合的作用。化学破乳法利用该原理来完成石油污泥分离。

化学破乳法经济实用、简单方便，处理流程为石油污泥加水稀释–调节 pH 值–加入化学破乳剂–搅拌–离心分离–分出浮油–氯仿萃取清液，如图 5-31 所示。

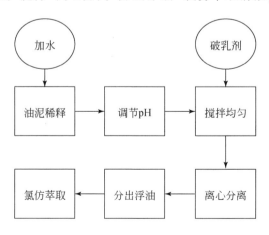

图 5-31 石油污泥破乳法处理流程简图

破乳剂种类和搅拌速度是实现石油污泥分离的关键因素。破乳剂的效果也随石油污泥的性质不同而受到影响，搅拌速度越高，处理效果就越好。在温度为 70 ~ 75℃、pH 为 10、搅拌速度为 2600r/min、搅拌时间为 10min、泥水比为 1 : 5 的条件下，回收油率可达到 53.4% （王闪闪等，2007）。

5.4　制药污泥的化学处理技术

5.4.1　引言

　　全球工业化和人口增长带来了日益严峻的环境问题，时刻威胁着人类的生存与发展，改善环境、防治污染是全人类共同的责任和义务。人类的生产生活所产生的固体废弃物污染是全世界所共同面对的一个重大的环境问题。据《2015 年环境统计年报》（中华人民共和国环境保护部，2017）统计，2015 年全国工业固体废弃物产生量 32.7 万 t，综合利用率只有 60% 左右。污泥就是固体废弃物中的一种，污泥是废水处理过程的副产品。在中国，随着工业化和城市化的发展，已经产生了大量的污水污泥，2015 年全国废水排放总量 735.3 亿 t，其中工业废水污泥为 199.5 亿 t，占了 27.1%。污泥中含有许多有毒物质，如病原体、重金属和一些有机污染物，会造成严重的环境污染，尤其是工业污泥，危害性更大。如今，污泥在中国一直是一个巨大的挑战。我国污泥治理起步较晚，污水污泥相关的处置没得到足够重视，污泥的随意排放，不仅对环境造成严重危害，而且对人类身体健康构成长期威胁。因此，妥善管理、处理污泥至关重要（Yang G et al., 2015）。

　　污泥问题日益突出的原因在于，早期建设的一批污水处理厂在长期摸索和试验后，仍然没有找到好的处置方案，而用于堆放、弃置、填埋污泥的资源越来越少。随着环保部门监管力度的加大，我国正在以前所未有的速度发展和扩大污水处理规模，对污泥的处置成为一个棘手的问题。按照我国城市人口基数，即使只有 1 亿人口的污水被处理，每天也将产生 25000t 含固率 20% 的污泥泥饼，这部分泥饼如果按照最高 2m 来堆放，每年需要 600 个国际标准足球场。对于城市来说，周边土地资源已经难以满足需要。因此，污泥的合理处置问题必须尽早解决。

　　2015 年，中共中央、国务院《关于加快推进生态文明建设的意见》中明确指出：推进大宗固体废弃物综合利用。固体废弃物体系复杂，污水污泥就是有机固废中的典型代表。随着我国工业化和城市化的发展，据统计，在 2017 年年底，我国的污泥产量在 4000 万 t 以上，并且呈明显增加趋势。

我国的煤、石油等化石能源日益枯竭，探索新能源和开发可再生资源是我国目前的重大任务。污泥虽然是废弃物，但并非一无是处。污泥本身存有大量有机物，同时具有可观的热值，所以污泥具有能源回收再利用的巨大潜力。处理污泥的最终目的，就是要将其减量化、无害化、资源化和稳定化。采取合适的处理方法将污泥转化为资源，变废为宝，对保护我国生态环境具有重要作用。

5.4.2 制药污泥的概述

污泥可分为工业污泥、给水污泥和生活污泥。随着我国工业快速发展，特别是乡镇企业规模的不断扩大，导致工业污泥总量激增，其中制药行业产生的污泥也逐年增加。制药工艺污泥以及制药废水处理过程中产生的特种污泥，其中的有害成分复杂多样，并含有病原体，具有恶臭及腐蚀性，对环境和生物的危害性大。制药污泥属于工业污泥范畴，各行业产生的污泥中，除了电镀污泥、制革污泥比较难以处理，制药污泥的处理也需要较高的技术。制药污泥主要分为三类：抗生素污泥、合成药物污泥、中成药及制剂污泥。

制药污泥具有以下几个特点：①污水污泥成分复杂、可生化性差；②有机物浓度高、色度高、含难降解的对微生物有毒性的物质；③污水污泥中抗生素和高浓度有机物含量高，容易使好氧细菌中毒；④高浓度的有机物又使污泥厌氧处理难以达标。对环境和生物的危害性大，因而被列入《国家危险废物名录》，属于HW02 医疗废物类别（刘春慧等，2012）。

制药污泥处理的主要目标有：①稳定化，通过处理使污泥停止降解，达到物化及生化性质稳定，避免二次污染；②无害化，杀灭寄生虫卵和病原微生物；③减量化，减少污泥最终处置的体积和质量，降低污泥处理处置费用；④资源化和综合利用，在处理污泥的同时，达到化害为利、循环利用、保护环境的目的。资源化和综合利用是以稳定化、无害化和减量化为前提的。通过制药污泥处理可以达到上述目标，经处理后的制药厂污泥滤液清澈，泥饼污染物含量达标，符合《城镇污水处理厂污染物排放国家三级标准》，泥饼无毒害，并且显著减量化。因此，探究经济的、环保的处理技术十分重要。

随着我国制药行业的快速发展，制药工艺污泥以及制药废水处理过程中产生的特种污泥量快速增加。如抗生素制药污泥，若不能妥善处置，会导致环境中的微生物产生抗性基因，形成超级病毒。在污水处理过程中，有近70%的污染物转化或转移到污泥，污泥的处理与处置已成为污水处理系统运行中最复杂、花费最高昂的一部分。国内外处置市政污泥已经形成较为完备的技术体系，但工业污泥，如造纸、制药、制革典型行业污泥及化工精馏釜残，具有特殊性、复杂性和高毒性，处理难度远大于市政污泥，已经成为制约相关行业可持续健康发展的重要瓶颈之一。

我国现有预处理的厌氧或好氧硝化处理周期长，对于抗生素等毒害性污泥的生化处理效果不理想，难以完全脱毒；需结合焚烧、热解等热处理，但易导致二噁英等剧毒物质的生成，增加了处理难度，工艺烦琐，成本高。目前制药污泥普遍采用干化后外委的方式处理，最终解决途径是焚烧或水泥窑协同处置。由于国家对于焚烧处理方式进行严格限制，进而限制了危废处理的总量。在经济发达、危废集中产生的区域，产生危废的企业往往受困于找不到具有相关资质的企业接受其产生的危废污泥。因此，为了医药产业健康可持续发展，急需一种高效、低耗、清洁的污泥处理方式。

5.4.3　制药污泥的处理方法

污泥的常规处理方法有以降低污泥中有机物或含水率处理为目的技术，如浓缩、硝化、脱水、热干燥等，也有堆肥处理、填埋、制备材料、热化学处理等最终处理处置方式。

（1）浓缩

常见的污泥减量化方法，利用污泥中固相和液相的物质密度差异进行固液分离，减少污泥含水率，主要包括重力浓缩和气浮浓缩。制药污泥较为常用的是重力浓缩。由于往往是依靠重力进行，因此可以实现浓度高的污泥含有较低的含水率，浓度低的污泥则需要长时间的浓缩。浓缩法的主要缺点是浓缩后污泥的含水率仍较高，因此体积仍较大，往往作为处理的第一步。

（2）硝化

利用微生物降解污泥中的有机质，达到污泥减量化的目的，包括好氧硝化和厌氧硝化，能分解污泥中的有机物，达到污泥的稳定化。厌氧硝化机理就是在厌氧条件下，通过兼性菌和专性厌氧菌（甲烷菌）的一系列复杂的作用，将基质转化为生物气体的过程，主要分为水解、产乙酸、产甲烷三个阶段。在传统工艺上，马岚茜娅（2015）等利用超声波联合厌氧硝化，为处理制药污泥提供新的思路，超声波能强化污泥的溶解性，在超声比能耗 $0 \sim 250000kJ/kgTS$ 范围内，污泥上清液的 SCOD、TOC、TN 和 TP 值均大幅增加，当比能耗相同时，高能短时的超声条件更利于污泥破解，经 ES $250000kJ/kgTS$ 的超声预处理，污泥厌氧硝化的甲烷产量提高了 36.81%，VS 去除率由 33.89% 提高到 53.11%，TCOD 去除率由 16.65% 提高到 89.23%，促进了污泥厌氧硝化的产气效率和减量化效果。裴晋（2015）等以制药污泥为研究对象，将臭氧氧化技术、好氧硝化技术、PAM 絮凝技术的处理效果进行对比，发现 PAM 絮凝技术可将污泥含固率提高至46.89%，臭氧氧化技术和好氧硝化技术对于污泥的减量化较为明显，在将臭氧氧化、热解和厌氧硝化结合使用后，发现污泥固体的溶解度在臭氧氧化、热解后分别达到了 15.75% ~ 25.09% 和 14.85% ~ 33.92%，厌氧效率和污泥稳定化程度得到较大提高。结合经济预算结果，PAM 絮凝技术在高效提高污泥含固率的同时，处理费用最低，是制药污泥处理工程应用经济可行的一种技术。但是，往往由于污泥具有毒性和难生物降解的特性，因此硝化的效果往往不好。

（3）热干燥

利用热和压力破坏污泥的凝胶结构，对污泥进行消毒灭菌，同时减少污泥的含水率，需要成本较高，且不能达到有机物降解的目的。

（4）堆肥

堆肥处理是利用污泥中微生物群落特点，使腐殖微生物在水分较高的潮湿环境下对污泥中有机成分进行分解利用，实现污泥的稳定化、无害化、资源化。在制药污泥中加入调理剂，强制通风好氧堆肥，使污泥腐熟，成为促进草木生长的肥料。堆肥是较为廉价的污泥处理方式，土地利用处理污泥的方式一般是堆肥处理，污泥通过微生物在一定条件作用下，让其含有的有机物降解并趋于稳定，生产出适宜于土地利用的肥料（吴昊，2013）。制药污泥中含有的 N、P、K 等元素以及各种腐殖质，经过堆肥处理后，能够转变为肥料而应用到农业当中。不过此方法只能将有机物降解，对污泥中含有的重金属和特定的药物残留处理效果并不理想，周期长、效率低、有异味。若进行农业利用，没有被降解的重金属和药物残留会进入植物中，从而在食物链中富集，最终对人体健康造成危害，同时动植物体内也会产生相应的抗药性。所以污泥在堆肥前，需要通过预处理工艺来去除重金属等有毒物质，从而增加了处理成本（钱东平，2012）。

（5）填埋

填埋是目前污泥和其他固体废弃物常用的最终处置技术，一般分为卫生填埋和安全填埋。制药污泥属于毒性较大的污泥，直接填埋不仅大大降低填埋场的利用效率，还会造成严重的环境污染，需要经过多重无害化、稳定化、减量化处理后，再利用该法处置较为合适。现在绝大部分采用卫生填埋，就是对垃圾和废物在卫生填埋场进行填埋处置的一种填埋技术。制药污泥是危险废弃物，对于危险废弃物的安全填埋标准要更高，一般的城市垃圾填埋场不符合危险废弃物的填埋标准。制药污泥在填埋后产生的渗滤液会扩散到周围的土地中，一段时间后很容易污染地下水（易龙生等，2014）；填埋过程中会产生甲烷和二氧化碳等等温室气体。制药污泥中的有机成分相比其他工业污泥含量高，若处理不当，也是一种资源浪费。因此，制药企业很少采用卫生填埋的方式处理制药污泥。填埋是目前污泥和其他固体废弃物常规的处理处置方法。填埋处理方法的主要缺点是暂时储存，不仅占据大量的土地，由于制药污泥属于毒性较大的污泥，还会产生二次污染。因此，填埋处理方法仅适用于污泥经过焚烧后残存的少量固体，经过多重无害化、稳定化、减量化处理后，再用填埋方法处理，提高填埋场的处理效率，减少环境污染。

（6）制备材料

污泥在焚烧过程中会产生二次污染，但将污泥于焚烧灰熔点温度之上燃烧，可以有效地避免高温带来的副作用，也能固定污泥中的金属，使其失去活性，炉渣可以用作建筑材料。尽管该技术有许多优点，但是由于操作温度过高、投资巨大、运行成本高等，都是该方法难以应用到工业化中的原因。

（7）热化学处理

污泥在高温状态下，其内部的有机物质分解为不同的小分子物质或者转化合成为其他高分子有化合物，这种处理污泥的方式称为热化学处理。热化学处理污泥可以将污泥的理化性质趋于稳定，污泥的脱水性能增强，从而使污泥实现减容，而且污泥中的病原体等有害微生物在高温下被杀死，有利于污泥进一步的无害化处理。通过大量研究发现，利用热化学处理以实现污泥"四化"是很有效的途径，也得到了社会和相关从业人员的认可。

5.4.4　污泥热化学技术处理概述

污泥的热化学处理技术主要包括焚烧、热解、气化、湿式氧化、水热处理等。

（1）污泥焚烧技术

污泥焚烧技术在早期的思路是实现污泥处理稳定化、无害化、减量化。该技术其实只是污泥资源化的候选技术，是指在有氧充足的条件下，达到一定温度后有机物燃烧，使有机质转化产生 CO_2、H_2O、N_2 等气相物质，污泥焚烧产生的热能可以作为能源。焚烧的反应过程为放热反应，反应所产生的热量可满足反应所需能量，因此焚烧反应在开始后可自发进行。污泥焚烧过程中产生的烟气和飞灰问题，则是污泥焚烧技术中的难点，飞灰和烟气中含有较大毒性，如二噁英、重金属等（张天琦等，2019）。

（2）污泥热解技术

污泥热解技术是近几年发展起来的一种热处理技术，污泥热解分为低温热解制油技术（<500℃）和高温热解气化技术（500～1000℃），不过两者都是在惰性气氛下，通过升温使污泥内部的有机物质分解或者进一步热化学转化，从而生成固体半焦（碳和灰分）、燃油（醇酮、酸类和焦油等）及可燃气体（H_2、CH_4、CO 等）。污泥热解油的黏度高、气味刺鼻，但是发热量可以达到 29～

42.1MJ/kg，可见污泥低温热解油有较高的能源价值。污泥高温热解气化产物主要为可燃气，处理温度越高，产生的可燃气中可燃组分比例越好，可燃气品质越高（李涛等，2011）。但是，污泥热解所面临的共性问题包括：设备和工艺路线还不成熟，工业热解装置的标准有待确定，规模化生产和成套设备的热裂解工艺有待开发。热解工艺过程技术要求高，运行难度较大，投资成本高，大多数工程示范和企业依靠政府补贴运营。热解产物（生物油、燃烧气和生物炭）品质低，且没有相关行业标准进行监管，目前还未形成相较于传统石油炼化行业强有力的市场优势。对于高含水量的污泥，干化过程成本较高，且目前的工艺技术条件还无法经济高效的脱除水分，这无疑增加了污水处理企业的成本。

（3）污泥气化技术

污泥气化技术是通过添加一定量的氧化剂（包括空气、O_2、水蒸气等），在一定的温度和压力条件下，使污泥在气化装置中发生一系列复杂的热化学反应，从而将污泥中的有机组分转化为可燃烧的气态物质（刘伟，2011）。气化过程同样也会产生有害物质，所以产生的气体需要经过净化处理，气化过程中会产生一定量的焦油，冷却后存积在气化装置中，造成设备损坏。

（4）湿式氧化技术

在高温高压下，诱发氧原子产生自由基，然后由自由基诱有发机物降解的链反应，最终实现污泥有机物的去除，包括湿式氧化和超临界水氧化。该法对有机物分解程度极高且能调节处理效果，污泥处理后，比阻较低，便于脱水减量，对环境影响较小。目前湿式氧化法是比较流行的方式，主要是污泥在高温高压下，通过氧自由基的强氧化性氧化降解有机物，使其无害化和稳定化。同时，污泥中的有机物得到氧化分解，既可实现减量化，又可实现无害化和稳定化，属于一种比较理想的方法。目前，湿式氧化法处理市政污泥研究较多，但是国内外很少有关制药污泥湿式氧化方面的报道。有学者将湿式氧化运用于危害同样较大的工业污泥，如齐鲁石化万志强等以炼油厂剩余污泥为研究对象进行实验研究，提出了重力浓缩-湿式氧化-后处理的剩余污泥处理工艺，建立了一套连续湿式氧化实验装置，对炼油厂剩余污泥进行湿式氧化实验。结果显示，污泥有机物去除较为稳定，污泥体积减少 85% 以上，反应后污泥中重金属含量均未超过国家标准，所形成的滤饼可直接填埋。制药污泥和这些污泥都属于较难处理的工业污泥，成分都比较复杂，炼油污泥催化湿式氧化处理的良好效果，可以为制药污泥减量化、无害化、资源化处理处置提供一条可供参考的研究方向。尽管湿式氧化技术可应用于高浓度、难降解有机污泥的处理中，但能耗较高（一般需 220℃ 以上）、管路易结焦堵塞，一直是存在的桎梏。但是，尚未见到有用于抗生素制药污泥处理成功案例的报道。湿式氧化工艺流程图如图 5-32 所示。

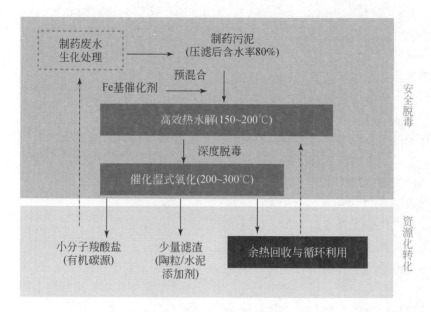

图 5-32　湿式氧化工艺流程图

(5) 污泥水热技术

污泥水热处理技术，根据处理的温度不同，分为水热碳化（<250℃）和水热液化技术（250~400℃）。水热碳化是一种放热热化学过程，在自生饱和压力及约180~250℃的典型温度下，将污水污泥转化为碳质产物，称为碳氢化合物，以及大量液体相（工艺用水）和少量气体（主要是 CO_2）的副产物（Hii K et al.，2014；Wang L et al.，2019）。水热碳化处理后的固态生物碳材料具有价高的热值，可以作为燃料、肥料、土壤改良等，而且经过水热的破壁和碳化反应后，污泥碳化颗粒的固液分离效果大大改善，极大提高了污泥的脱水性能，降低了污泥的含水率。污泥水热液化技术是污泥在相对低温（250~400℃）、高压（5~30MPa）的条件下，水作为反应介质，通过分解、缩合、脱氢、环化等一系列反应，得到生物油等更高价值的化学产品（Toor S S et al.，2011）。污泥转化为生物油的技术主要是热解和水热液化，但由于污泥机械脱水效果并不理想，脱水后的污泥含水率仍然在80%以上，污泥含水率过高就限制了热解技术的应用。水热液化不仅能从脂质中生产生物油，还能从蛋白质和碳水化合物中生产生物油，因此，水热液化的转化效率比快速热解和酯交换等反应高。水热液化的另一个优点是水热过程中所需要的活化能相对较低，已经有大量的研究学者对水热液化处理污泥的方式表示认同。

5.4.5　污泥热化学处理技术发展现状

1. 制药污泥焚烧处理现状

焚烧是一种高温热处理技术，将危险废弃物燃烧分解，进而实现无害化、减量化、资源化。1960 年初，污泥焚烧炉主要是多膛式焚烧炉，但因其不具备较低的辅助燃料成本费用，也不符合气体排放标准，以至于逐渐被淘汰，随后流化床焚烧炉逐渐占据了主导地位。中国科学院工程热物理研究所在 2005 年第一次提出了利用循环流化床一体化焚烧处理污泥技术，即将污泥干化和焚烧集成一体化，产生的热量不向外界提供，可减少热量散失，实现污泥自燃且燃烧效率高于98%，热效率达到85%以上（李诗媛等，2009）。2009 年，杭州市七格污水处理厂开展了污泥焚烧处理示范工程，以处理100t/d 的剩余污泥，并进行冷、热态调试，证实了循环流化床技术的可行性（吕清刚等，2012）。一直以来，污泥的流化床焚烧技术都是国内外专家研究的重要方向之一。但是，目前针对制药污泥焚烧处理的相关研究较少。

张晓红等（2014）通过对某制药企业废药渣的分析，探究了资源化及洁净焚烧的可能性，开发建设了特种流化床焚烧处理装置，并对排放烟气及灰渣加以检测。企业采用焚烧方式处理药渣，将废渣无害化、资源化，符合国家技术经济政策、产业政策，具有很好的环境效益和一定的经济效益。刘宝宣（2015）选用挥发分相差较大的红霉素过期药渣与烟煤在沉降炉内进行共燃烧实验。通过红外分析表明，共热解过程中，红霉素过期药渣的添加使共热解过程气体种类增多，主要增加了烃类、醛类、酮类、羧酸类、酯类等物质。在一维沉降炉上对红霉素过期药渣与烟煤共燃烧实验的分析得到，红霉素过期药渣与烟煤直接共燃烧过程中的排放作用，会因危险废物本身的含量、燃烧温度以及添加比例的不同而差别加大。

2. 制药污泥热解技术进展

污泥热解技术最早是 1939 年法国 Shibata 提出的一项专利。20 世纪 70 年代，由于世界石油危机对工业化国家的冲击，使得德国 Bayer 等率先在实验室研究该技术的反应过程，证明污泥热解是可行的，推动了该技术的发展（Silveira I C T et al.，2002）。热解法作为一种处置彻底、快速的污泥处理方法，正受到广泛重视，成为了研究热点。目前，热解反应器有固定床反应器、流化床反应器、循环床反应器、旋转式反应器、回转式反应器、混合式反应器等，每个反应器都有各自的特点和适用条件。若按热解温度、升温速率、气体停留时间的不同，可分为慢速热解和快速热解两种。

　　近年来，国内外对污泥热解技术研究的更加深入。Kim 等（2008）采用固定床反应器，在 250 ~ 500℃温度范围内做污泥热解实验（图 5-33）。研究表明，操作温度、挥发性固体物质和污泥种类是影响焦油和半焦性质的主要因素。

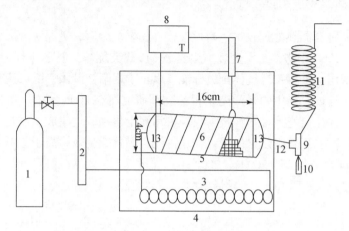

1-氮气气瓶；2-流量计；3-预热盘管；4-室；5-反应器；6-加热带；7-热电偶；
8-温度控制器；9-分隔符；10-小瓶；11-冷凝盘管；12-连接器；13-盖子

图 5-33　固定床反应器

　　黄鑫等（2016）在如图 5-34 所示石英管式反应器中对徐州污水污泥进行快速热解实验，研究得知，污泥中的氮元素 87.2% 主要存在于蛋白质中，快速热解污泥后，细致探究分析了热解产物中氮元素的分布及存在形态。

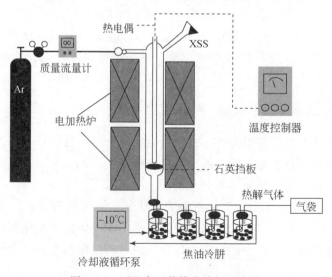

图 5-34　下坠床石英管式热解反应器

　　针对制药污泥，王山辉等（王山辉等，2016；王山辉，2016）利用差热-热重分析法，研究了不同反应条件下的制药污泥热解特性及动力学规律，得出制药污泥热解反应在 280~360℃ 和 640~700℃ 时的活化能及最概然机理函数，并在热解终温 550℃ 下产生的制药污泥热解油进行理化分析，得出热解油的基本性质及燃烧特点。对热解油在不同馏分下蒸馏，确定其主要成分。对制药污泥热解特征及热解油特性的分析研究，从热解油在不同馏分下蒸馏实验得出：热解油中含有烷烃、腈类、芳香族类、杂环类和酮类、酯类和烯类，以及二甲基二硫和对氨甲基苯甲酸等物质；并且随着馏分温度的上升，烷烃和腈类所占比例降低，芳香族类和杂环类逐渐升高。采用柱层析对热解油进行分离，得出三氯甲烷层析出的物质以苯、烯类和醇类为主，乙酸乙酯层析出的物质以腈类、杂环类和苯酚类为主，甲醇层析出的物质以酰胺类和吡啶类为主。一些学者对煤、生物质、城市污泥、固体废弃物、废轮胎等做了不少热解实验，较全面系统地分析了各种热解参数，并确定了在实验室条件下的热解工艺；可是，目前工业条件下的热解工艺技术和热解炉的设计还是不够成熟。相对于其他污泥，制药污泥成分复杂、性质不同，国内外鲜有专家学者研究制药污泥的热解特性和热解工艺。因此，讨论常压下制药污泥，在不同反应终温下的制备，以及产生的气、液、固三种热解产物的分布规律和热解液物理特性具有重要意义。在固定床热解炉反应器下，采用慢速热解技术，在相同粒径、相同的升温速率、相同的氮气吹扫流量、不同的反应终温下制取热解油，分析不同反应终温下的产油规律。然后对反应终温下制得的热解油进行含水率、热值、黏度、闪点、酸值、固体含量、碘价测量，了解其基本特性，并与柴油的性质做比较。

3. 制药污泥水热处理技术进展

　　污泥直接水热液化技术起源于美国，该技术最大的特点是无需对原料进行干燥预处理，在相对低温（250~400℃）、高压（5~30MPa）条件下，溶剂作为反应介质，通过分解、缩合、脱氢、环化等一系列反应生产出有价值的化学品，如生物油（Toor S S et al.，2011）。因液化生物油含氧量低、氢含量高，比热解油具有更高的热值。该技术见图 5-35，非常适合于高湿度的污泥和藻类等生物质，因此广泛受到国内外研究学者的青睐（Durak H et al.，2014）。

　　污泥水热技术是利用超临界流体的特殊性质作为反应基础的，超临界流体（supercritical fluids，SCF）是指反应温度和环境压力均超过各自临界值的流体，其具有类似气体的较强渗透能力和较低黏度，同时又具有与液体相近的密度和良好的溶解性（Li R et al.，2015）。水的临界点温度是 374.2℃，压力为 22MPa。随着温度和压力的变化，水的物理性质变化情况如表 5-4 所示（Toor S S et al.，

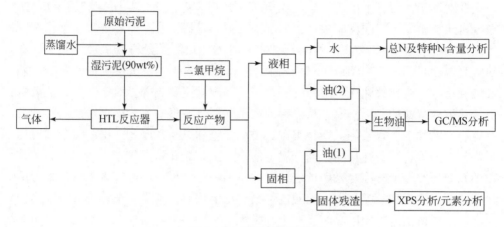

图 5-35　水热液化流程图

2011）。可以发现，在水的近临界点处时，水的较低黏度及较高的溶解度均有助于生物油的生成，因此生物质水热液化制备生物油技术得到广泛研究。

表 5-4　不同温度和压力条件下水的物理特性

项目	常态水	亚临界水		超临界水	
温度/℃	25	250	350	400	400
压力/MPa	0.1	5	25	25	50
密度/（g/cm³）	1	0.8	0.6	0.17	0.58
介电常数/（F/m）	78.5	27.1	14.07	5.9	10.5
热容/[kJ/（kg·K）]	4.22	4.86	10.1	13.0	6.8
运动黏度/（mPa·s）	0.89	0.11	0.064	0.03	0.07

　　污泥除了含有较高的水分，还富含大量的有机成分（主要由糖类、蛋白质、油脂和核酸类物质等组成），具有相对较高的能量密度，这与湿藻的组成极为相似。由于受到藻类液化制备生物油的启发，近年来污泥液化制油技术也引起了国内外学者的广泛关注。Qian 等（Qian L et al., 2017）采用如图 5-36 所示小型间歇式反应器研究了污泥等温（673K，60min）和快速（773K，1min）水热液化（HTL）过程中，装填量、污泥含水率、回收溶剂和添加剂对产物收率和组成的影响。装填量（影响反应器内的压力）对产品产量的影响很小。污泥含水率对生物原油产量影响较大，85% 含水率的污泥产率最高（等温 HTL 产率 26.8%，快温 HTL 产率 27.5%）。污泥 HTL 后的生物油主要由长链脂肪族烃和脂肪族酸组成。与其他溶剂相比，二氯甲烷可以回收更多的生物油。但是，K_2CO_3、

Na$_2$CO$_3$、HCOOH 等多种添加剂对生物原油产率几乎没有积极影响。Donghai X 等（Donghai X et al., 2018）系统阐明了污水污泥水热液化的不同产品（气体，生物油、固体和水相）的产率和组成如何随 SS HTL 中的温度（260～350℃）变化而变化，发现升高温度提高了生物原油质量和产气量，降低了水溶性物质产率、固体产率和水相中 TOC（总有机碳）含量，而生物原油产率和 NH$_3$-N（氨氮）含量在水相中首先升高然后降低，并在 340℃ 达到最大值。Zhang 等（2016）发现污泥液化生物油含有大量的脂肪酸成分，添加甲醇后，生物油中的脂肪酸甲酯与生物柴油的组成及特性较为相似，同时，有机酸含量的降低也削弱了生物油的酸值和腐蚀性，为污泥液化制油技术提供了新思路。Zhuang 等（2017）探讨污泥 HTL 的脱氮作用和氮（N）在不同产物中的重新分布，实验系统如图 5-37 所示，从而推测水热过程中 N 转化的综合途径。结果发现，只有 20% 的 N 保留在水合物中，而其余的 N（接近 80%）转化为其他相。SS 中的大部分氨基 N 首先以 Org-N 的形式富集在液相中，然后进一步分解为 NH$_4$-N，剩余的氨基-N 转化为吡咯-N、吡啶-N 和季-N。

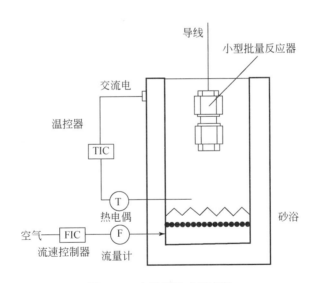

图 5-36　小型间歇式反应器

制药污泥中含有大量的药物残留，由于废水处理厂无法有效降解药物及其代谢物，并去除耐药性的微生物，因此这些化合物存在于废水处理厂的废水中，随后转移至污泥中。常规处置污泥则将其堆肥，随后应用于农业，进而危害人类健康（Mackul'ak T et al., 2019）。针对制药污泥水热处理的研究较少，Zhuang 等（2018）以抗生素菌丝废弃物（PMW）作为水热液化的原料，研究证明了从青霉

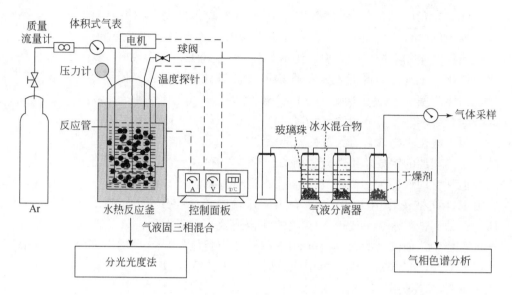

图 5-37　Zhang 等的试验系统

素菌丝废弃物中回收能量的可行性，研究流程见图 5-38。通过响应面法评估了水热温度、持续时间和总固液比等操作条件对产物的影响。通过响应面法（RSM）得出最佳液化条件为温度 298℃，保持时间 60min 和固体含量 14.85%。Wang 等（2019）研究了林可霉素菌丝体废物（LMR）水热处理（HT）过程中，抗生素抗性基因（ARGs-lmr A、lmr B、erm B、lnu A、lnu B 和 vga C）的命运和重金属的分布。结果表明，水热处理可以去除林可霉素菌丝体废弃物中的大部分抗生素抗性基因，而且有出色的去除效率。此外，重金属在水热处理后会以更稳定的形式存在，降低了环境风险。Malmborg J 等在嗜温厌氧硝化（AD）和六种消毒技术（巴氏灭菌、热水解、使用芬顿反应的高级氧化过程、氨处理、嗜热干硝化和嗜热厌氧硝化）中评估了污水处理厂污泥中残留药物的命运，研究发现，嗜温厌氧硝化（AD）技术是减少多种有机物质的最有效技术（平均减少 30%），而且进一步发现，只有热水解才能有效地从污泥中除去具有生态毒性的雌激素化合物。

此外，制药污泥中的高有机物含量是制约其处理的因素之一，仅通过分析油相产物难以了解其水热过程中发生的反应，从而成为水热法工艺改进路上的瓶颈。对制药污泥水热过程中相关元素迁移过程的追踪有助于了解反应历程、改进处理流程。Li 等（2020）以青霉素污泥（PS）为原料，研究证明了水热液化对其进行无害化处理和资源化利用的可行性，在 340℃、保留时间 30min 时能得到最高的生物油产量（37.5%），能量回收率能够达到 98.81%。由于 PS 中大量含

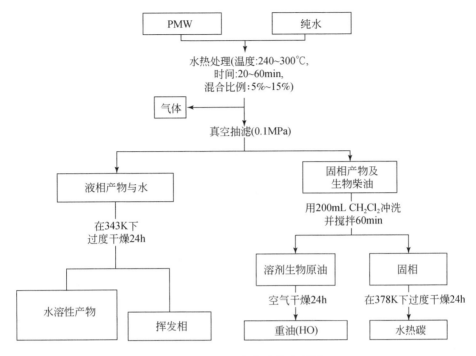

图 5-38 PMW 水热液化流程图

有的有机物和含氮物质,在对其水热处理所得的生物油之中,主要的组成成分为吡啶类化合物(47.3%),而其余的成分则主要有机酸(17.28%)和酮醛(6.57%)。为充分了解反应路径,他们重点分析了其水热液化过程中氮元素的迁移和转化过程(图 5-39),在产品的各相中,有 80% 以上的 N 由 PS 转移至水相、油相和气相中,分别为 51%、26% 和 12%,其余则以杂环 N 和季氨 N 的形式留在固体残留物中。水相中的氨基 N 能够通过水解进入油相,而油相中的 N 的存在形式也会随着反应温度的增加由胺 N 转化为杂环 N,即生物油中的吡啶化合物等组分。

5.4.6 总结

改革开放以来,我国经济飞速发展,工业化进程越来越快,体系完整、产能巨大,如今已经成为世界制造业第一大国和全球第二大经济体。但是,城市生活和工业化建设所产生的污水污泥量逐年提高。我国污泥产量大,具有污染属性和资源属性,由于环境承载力低、资源短缺,因此,将有机固体废弃物进行减量化、无害化和资源化处理,是解决我国环境问题的重中之重,也符合国家发展战略。在众多处理污泥的方法中,热化学处理脱颖而出,通过热化学处理,将污泥

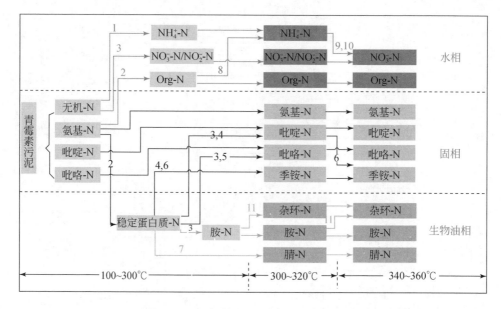

图 5-39　PS 水热液化过程中的 N 迁移路线

内部有机成分转化为碳制品、油和燃气等可利用成分。污水污泥本身含水率较高，而常规热化学处理所用污泥主要是干燥污泥，这就导致前期干燥预处理过程提高了污泥资源化成本。如何节能且无副作用地将污泥减量化、无害化以及资源化，是我们面临的现实问题。新兴的污泥水热转化技术被寄予厚望。建立示范工程，通过创新技术集成与示范，实现制药污泥高效安全转化与资源化利用，支撑制药行业可持续发展。

5.5　制革污泥的化学处理技术

5.5.1　引言

　　皮革制品是日常生活，以及工业、农业和国防方面都具有巨大需求的一类制品。目前，全球皮革年总需求量约为 2 亿多平方米，相当于 3 亿张牛皮（标准皮）的产量。制革过程是以动物的皮为原料，在以水为反应介质的体系中，借由机械、化学、生物等手段，在保持皮胶原纤维基本结构的前提下进行的一种多项非均质物理化学过程，由此能够将动物的皮这种天然生物质材料加工成具有使用价值的皮革。目前，我国的皮革产量折合标准皮为 7000 万张，约占全球皮革总产量的23.33%，是世界上重要的原皮进口国和皮革出口国。在皮革生产过程中，随着我国制革工业的发展，也带来了制革污水、制革污泥和废皮屑等废弃物对环境的污染问题，每1000t制革综合废水经处理，会产生5t含水率为80%的制革污泥。我国每年约产生污泥5000万t，并且仍旧在以每年10%左右的速率增加。近年来，国家和公众日益重视保护环境，如何将这些废弃物进行无害化、资源化处理和利用，便成了一个亟待解决的问题（图5-40）。

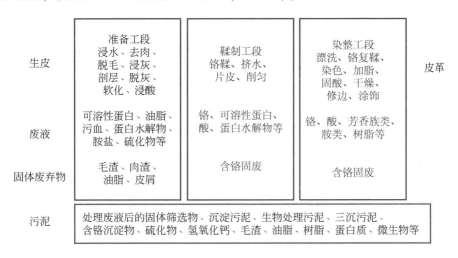

图 5-40　典型的皮革生产工艺流程及过程中产生的主要废弃物（徐腾等，2020）

在制革过程中，皮的鞣制是产生污泥的关键步骤之一。其实质是鞣剂渗入到皮的内部，通过溶剂的活性组分或活性基团与皮的胶原分子链上的官能团发生反应，在胶原蛋白质的多肽链间形成交联键，从而提高胶原蛋白质结构的稳定性。鞣制的关键在于鞣剂的选用，目前，采用含铬盐作为鞣剂的铬鞣法是应用最广泛的方法。由于铬络合物具有水解和配聚作用，能够生成较大分子的络合物，在处理过程中能够与生皮胶原中的羧基，尤其是天冬氨酸和谷氨酸残基上的电离羧基配位，生成牢固的配位键，通过单点和多点配位等方式，能够对皮革起到填充和稳定作用，使皮革的耐湿热、抗酶、抗化学试剂等性能均得到显著提升。

在此过程中，作为原料的皮经过一系列物理和化学处理转变为革，其中，添加的鞣剂能够将易腐烂的胶原纤维转变成不易变质的物质革。目前，工业上应用最为广泛的鞣剂是碱式硫酸铬。然而，在反应过程中，所用到的铬盐仅有60%左右与原料皮发生了反应，而其余的重金属铬则残留在鞣液之中。因此，制革过程中会产生大量含铬制革废水，而处理废水时也会产生大量活性污泥。据统计，每采用1t原料牛皮制革，就会产生150kg左右的污泥，这些污泥如果流入自然界，则可能会对环境造成严重危害。由此可见，对制革污泥的处理需求是巨大的。

　　然而，制革污泥并非只在铬鞣阶段产生，其主要来源有几个方面：浸水阶段产生的原料皮夹带的污泥；脱毛浸灰阶段产生的含硫、毛、表皮的石灰污泥；铬鞣、湿态加工阶段产生的含铬、未吸收的粉体材料产生的污泥；以及用物理、化学、生物方法处理制革废水后产生的生化污泥。这四种污泥混合之后的制革污泥的组成成分就会变得十分复杂，其中不仅含有蛋白质、油脂等有机物，还存在铬、钙、钠等元素的氯化物、硫化物、硫酸盐及少量重金属盐等无机物（表5-5）。一般而言，在制革污泥的固体物质之中，有机物约占60%~70%，其COD通常为13~30g/L，溶解性COD为800~3500mg/L。此外，尽管会经过沥水或其他脱水方式进行预处理，污泥中的含水量仍旧有50%~80%，这就使得制革污泥的性质十分不稳定，处置过程中很容易腐化，从而产生恶臭气味，以及污染工厂附近的水土资源。

表5-5　制革污泥的组成（周建军等，2018）

成分	含量
水分	70%~80%
总固体量（TS）	20%~30%
挥发性固体（VS）	40%~70%
灰分	30%~69%
pH	6.9~7.9
Cr	8500~25800mg/kg

　　正是由于制革污泥来源和成分的复杂性，注定其危害也多种多样，例如，污泥中的重金属铬，可能会通过污染地表水、土壤、地下水等方式，严重危害人类健康；污泥中的多种盐，可能会使土壤电导率升高，从而伤害植物根系、影响植物摄入养分，从而影响植物作物等的生长；污泥中的硝基苯、多环芳烃、氯苯、氯酚、多氯联苯、多氯代二苯并二噁英/呋喃、邻苯二甲酸酯和有机农药等有机污染物，如人体摄入过量，则可能会致癌、致畸，以及发生基因突变等风险；污泥中可能含有的病毒（如脊髓灰质炎病毒、轮状病毒、肝类病毒、柯萨奇病毒、呼肠病毒等）、细菌（如沙门氏菌、致病性大肠杆菌、梭状芽孢杆菌、耶尔森氏菌和志贺氏菌等）和寄生虫卵（如蛔虫卵和绦虫卵等），如处理不当，可能会导致传染病的爆发，危害附近居民人身安全。

　　在这些有毒、有害化合物中，最难处理、也是目前受到最广泛重视的污染物就是含铬化合物（图5-41）。如前所述，在制革过程中，铬主要来源于铬鞣时用到的碱式硫酸铬，其中未参与反应的三价铬会随着铬鞣产生的废铬液排出。由于三价铬毒性较低，并且难溶于水，不易被动植物吸收，所以其本身对环境的危害并不是很大。但在自然界中，三价铬很有可能氧化成六价铬，而六价铬毒性很高，且溶于水，能够经由吸入、摄取和皮肤接触等方式，通过呼吸道及消化道、皮肤和黏膜进入人体内，轻则导致皮肤敏感、皮炎、湿疹、呕吐、腹痛等症状，重则将会致癌和产生遗传性缺陷。所以，含铬的废水和污泥如不经处理而直接填埋，则可能会造成土壤和地下水严重污染，对周围动植物产生极大的危害。

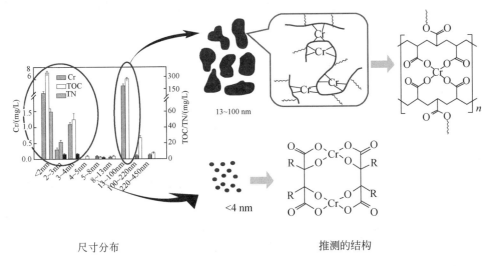

尺寸分布　　　　　　　　　　　　　推测的结构

图 5-41　制革污泥和废水中铬的存在形式（顾家熙，2019）

在各种处理方法中，铬的无害化处理始终是需要最多考量的问题。而对制革污泥中铬存在形式的分析，以及对制革污泥的各种处理方法有针对性地加以改进，无疑对提高铬的无害化处理质量有很大帮助。黄雪芬等（黄雪芬等，2017）采用 Tessier 及 BCR 连续提取法对制革污泥中铬的形态分布进行了分析（图 5-42），发现其中铬的主要存在形式为铁锰氧化物结合态（87% ~ 88%）或可氧化态（97%），其他形态的比例均较低。而制革污泥中的六价铬可采用多种无机还原剂得到很好地还原，如抗坏血酸、硫酸亚铁、氯化亚铁、亚硫酸钠等。

目前，处理与处置制革污泥的方法有填埋、焚烧、热解、堆肥、制建材等，或借由化学或生物的手段对污泥进行脱铬处理。我国大部分皮革厂采用的是简单地堆放晾晒处理，即将制革污泥通过压滤、含水率控制在 80% 以下，随后运送到填埋场做填埋处理。但此方法安全隐患较大，遇暴雨冲刷极有可能产生渗滤液，进而污染破坏附近土壤、大气和水体，影响动植物健康，给生态环境造成极大影响。因此，寻找能够安全高效处理制革污泥的替代技术刻不容缓。近年来，随着相关法律法规的日益完善，以及人们对工业污泥处置处理的高度重视，经过

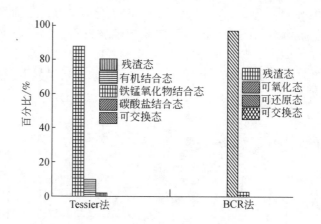

图 5-42　两种方法测定的制革污泥中铬的存在形式（黄雪芬等，2017）

深入研究，多种工业制革污泥的处理技术得到了广泛发展，并有望在未来投入实际处置和工业应用中。本文将对目前常见的几类制革污泥处理的方法流程、技术特点及其适用范围加以简要介绍和比较分析，希望能对想要了解制革污泥处理方式的读者有所帮助。

5.5.2　填埋

目前，在我国处置处理制革污泥的方式方法中，应用最多的是就近堆放和简单填埋。填埋法操作简便、成本低廉，填埋制革污泥，不仅可以单独填埋，也可以将其与生活垃圾、生活污泥一起填埋。然而，由于传统的简单填埋方式未对污泥进行无害化处理，且未对填埋场地进行相应的防渗漏、防污染处理，因此会导致填埋后制革污泥中的有害物质，尤其是重金属铬随着渗出的渗滤液迁移到土壤、大气、地表和地下水环境中，对环境和生态系统造成持久且严重的危害，影响人们的生命健康。孔祥科（孔祥科等，2017）等分析了制革污泥堆存场地土壤中污染物的垂直方向分布特征，结果表明，在污泥堆存处下方的土壤中，10cm处的土壤污染最为严重，其中的含盐量、总氮和总铬浓度分别能够达到17500mg/kg、28400mg/kg 以及 29500mg/kg，随着土壤深度的增加，能发现其中几种污染物都呈明显下降趋势（图 5-43）。

在土壤中，氮素的降低可以归结于在迁移过程中由于浅层土壤的吸附作用和微生物的降解作用；另外，尽管铬被认为是填埋过程中面临的最大问题，但在文中（孔祥科等，2017）说明，土壤中的三价铬盐容易被吸附和沉淀，因此，事实上其只在浅层土壤中有高浓度的检出，在土壤埋深超过 40cm 后，浓度能够降至200mg/kg 以下（图 5-44）。

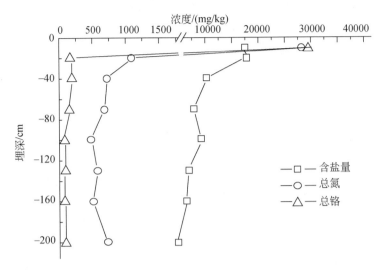

图 5-43　土壤剖面中几种污染物的浓度分布

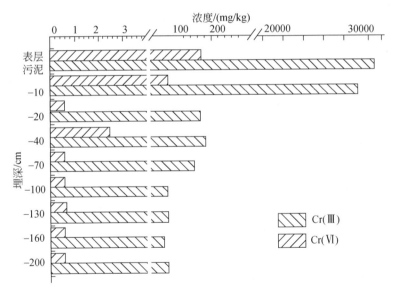

图 5-44　土壤剖面中不同形态铬的分布

　　除各种污染物的影响之外，由于污泥在降解过程中容易散发出恶臭，也会对周围居民的生活起居产生很大影响。正是由于种种顾虑，目前对填埋法的选址、填埋场地和制革污泥本身的前处理要求都变得愈发严格。这些标准的提升，最终都将影响处理成本的大小和操作的难易，从而使填埋法的优势逐渐缩小。正因如此，面对种种压力，以及越来越多处理方法的开发和发展，填埋处置在制革污泥的多种处置方式中已不具有最出色的效果，近年来，其应用已经呈现了下降趋势。

5.5.3　焚烧

焚烧法是目前处置多种危险废物时应用最广泛的方法之一。对于制革污泥而言，采用焚烧的办法能够在较低成本的前提下实现污泥快速减量，经处理后，污泥体积可减少到处理前的10%~20%，减容、减量效果十分优秀。此外，制革污泥中的多种有毒有害物质，如细菌、病毒和寄生虫卵等有机污染物，都能够通过焚烧完全消除。另一方面，这类污染物常常具有较高的热值，能够产生很高的热量，可以将这些热量回收为能源进行再次利用，在制革过程中起到降低能耗等作用。

尽管如此，运用传统焚烧法处理制革污泥的过程中还有一系列不足。首先，焚烧属于一种高温处理方式，对于焚烧设备即前期投入，以及相关人员的技术要求都很高。由于制革污泥中含硫、含氮和含氯化合物广泛存在，焚烧过程中可能产生二氧化硫、氮氧化物、二噁英和氯化氢等有毒有害气体，如果对尾气处理不当而排放到大气中，可能污染大气和环境，这其实也是焚烧法目前所面临的主要问题之一。而加装相应的尾气吸收装置，尽管可以在一定程度上解决这些污染物的问题，但又将大幅提高工艺流程的复杂程度和处理成本。

另一个由制革污泥带来的致命问题，依旧来自引人注目的重金属铬。在焚烧时的高温碱性条件下，原本相对低毒性、不易在自然界中传递的三价铬有可能被氧化为毒性强且易传播的六价铬，只有对处理后的残渣进行更加深度的处理，才能够保证其中的重金属铬不会流入自然界而危害人们生命安全。另一方面，在焚烧处理时，随着助燃气体中氧气含量的增加，其中的铬元素很有可能挥发，在高温、含氧条件下，可能会发生氧化反应。蒋旭光（蒋旭光等，2016）等对含铬制革污泥高温焚烧过程中铬的氧化机理进行了研究，结果表明，在高温、含氧条件下，碱土金属，尤其是钙的存在会使无机铬的氧化行为得到促进。此外，也有证据表明具有还原性强的金属也有助于铬的氧化，而还原性较差的铁、镁等金属则只能形成对应的亚铬酸盐。

以氧化钙、氢氧化钠和氢氧化钾为例，高温、含氧条件下，发生铬的氧化反应如下（蒋旭光等，2016）：

$$Cr_2O_3+2CaO+3/2O_2 \longrightarrow 2CaCrO_4 \tag{5-14}$$

$$Cr_2O_3+4NaOH+3/2O_2 \longrightarrow 2Na_2CrO_4+2H_2O \tag{5-15}$$

$$Cr_2O_3+4KOH+3/2O_2 \longrightarrow 2K_2CrO_4+2H_2O \tag{5-16}$$

碱金属对铬氧化的促进作用被认为与其对 O_2 的催化激活作用有关（蒋旭光等，2016），以氧化钙为例，金属阳离子 Ca^{2+} 向金属自由基 $Ca(0)$ 转化使铬被氧化，而随后产生的金属自由基则又会被 O_2 氧化为 Ca^{2+}，这一过程实现了钙离子对铬氧化的催化作用。而由于还原性强的碱金属具有很强的电子转移能力，更易活化体系内的氧分子，从而其催化促进作用就更强。而有机态的铬则不同，由于其具有更强的挥发性，在燃料最初的热解和挥发分析出阶段，会以 CrOOH 的形式释放出来，而 CrOOH 则会随后在气相中被氧化（蒋旭光等，2016）：

$$CrOOH+2HCl+3/4O_2 \longrightarrow CrO_2Cl_2+3/2H_2O \tag{5-17}$$

得到的六价铬产物也会与 CaO 形成 $CaCrO_4$。由此其实也体现了 CaO 对整个过程的两个作用：催化作用和固定作用。由于铬的氧化反应均为气相或气固反应，故在停留时间较短的燃烧过程中更易发生。对铬氧化过程的分析有助于设计流程，避免其发生，例如限制碱土金属和氧的参与等方式。

近年来，针对制革污泥及相应模拟组分/模化物中六价铬迁移特性的研究一直持续进行。研究表明，温度、停留时间、添加剂等因素都可能对铬的挥发和残留有很大的影响。胡跃芬（2020）研究了制革污泥在有氧和无氧条件下焚烧过程中铬的形态，结果表明，在缺氧条件下，含铬制革污泥经焚烧后会有 20wt% 的有机物仍残留于灰烬中，但能够避免污泥中的重金属铬从三价氧化为有毒的六价，相对而言更加易于处理；对比两种燃烧过程可以发现，缺氧条件下，铬的溶解度和三价铬氧化物的稳定性使其回收率稍低；而有氧条件下，铬的回收率虽然更高，但其存在形式几乎全部为六价的 $CaCrO_4$。正因如此，并不能简单地定论这两种方式孰优孰劣，而是应该具体情况具体分析。

5.5.4　热解

与焚烧类似，热解也是一种通过高温下热化学转化流程处理废物的高效、环保的垃圾处理技术，已广泛应用于多种危险固体废弃物的处理之中。相比于焚烧技术，热解的主要技术特点在于，其处理过程处于无氧或少氧条件下，也正因如此，热解能够在具有同样优异的减容率前提下，十分有效地减少焚烧过程中饱受诟病的危害性有毒气体，如氮、硫等的氧化物，特别是二噁英的产生。这也使得热解处理流程无需像焚烧一样加装复杂的烟气处理和过滤系统，从而使其不再受限于大批量、大规模集中处理，降低了处理成本，对于难以长时间储存和长途运输的制革污泥而言，这是一个很大的优势。

相较这两种处理方法，由于焚烧是放热的，最终得到的主要是热量，而这些热量会面临着难以存储、易于损耗、效率不高的难题，可能陷入无用武之地；而热解是吸热的，热解的产物往往是一些生物油、燃气等实体产品，在存储和输运等方面具有一定优势。马宏瑞等（2013）对制革污泥热解过程进行了动力学研究，发现制革污泥由室温升至 600℃ 的热解过程可以分为 3 个阶段，而污泥的热解发生于第二个阶段。此外，制革污泥的热解过程属于一级化学分解反应，其热解阶段的表观活化能为 5.5～6.0kJ/mol。李桂菊等（2013）研究了钠盐催化剂对制革污泥热解制油过程的影响。研究结果表明，Na_2CO_3、Na_2SO_4 和 NaCl 这三种钠盐均能够使制革污泥热解反应向低温区移动，其效果对比如表 5-6 所示，$Na_2CO_3>Na_2SO_4>NaCl$，催化剂对油产率的提升随催化剂的用量先增大后减小，并于 2% 时达到最大值。在最佳条件下，能量回收率能够达到 53.25%，实现了制革污泥的资源化利用。

表 5-6　三种钠盐对制革污泥热解制油的催化作用

	污泥空白样	硫酸钠	氯化钠	碳酸钠
对应温度/℃	341	336	337	304
最大失重率/(%/℃)	0.0951	0.0922	0.0891	0.1265

与焚烧相同，明确热解处理过程中的动力学问题，有助于帮助人们深入了解热解过程的机理，并对现有工艺做出改进。胡文涛等（2015）对制革污泥热解过程中的动力学进行了研究，结果表明，制革污泥的热解反应可以分为 4 个阶段，其中，1、2 阶段主要发生的反应是水分和挥发分的析出，故这两个阶段的失重率较小；第 3 阶段主要发生的反应是大分子物质的转化和挥发，这一阶段的失重速率最大；第 4 阶段即污泥热解过程完成，其失重速率几乎为 0。此外，他们还发现，随热解过程升温速率的增加，主失重曲线会向高温方向发生偏移；同时，反应时间变短，也会导致热解反应不完全。

总体而言，热解法在处理过程、经济性和污泥中原子的利用、污染控制等方面都具有一定优势。但是，由于国内关于热解技术的研究和起步都较晚，导致工艺流程等方面都不够成熟，目前在制革污泥处理上的工程化应用受到了一定限制。此外，高温处理相对而言的高成本，也使得很多企业望而却步。但毫无疑问，填埋和焚烧处理作为固体废弃物最终处理办法的短板硬伤，几乎是绕不开的；而热解作为一种没有危害的处理方法，具有很大的优势和极为广阔的前景。

5.5.5　堆肥

堆肥是指在一定条件下，通过使用微生物技术，将待处理的污泥进行降解、有机物发酵，同时经过腐熟，从而得到相对稳定的腐殖质的过程。由于制革污泥中含有丰富的氮、磷、钾等植物生长所需的营养物质，可以作为一种潜在的生物质能源。通过堆肥处理，既可以减小污泥体积，也可以达到减量化和无害化。此外，堆肥处理产生的有机肥料可以增加土壤间隙，改善土壤孔隙大小分布，提高土壤的持水能力从而提高土壤中的含水量，增强土壤的透水性，防止土壤板结。还可以改善植物根系的微生物群落，从而增加其生物活性，更加利于养分释放。正因为有这些优势，制革污泥在堆肥方面的应用开发，也一直是研究方向之一。在自然界中，许多微生物都具有在一定温度、湿度和 pH 等条件下将有机物降解为类腐殖质土壤的能力。根据微生物种类和条件的不同，污泥堆肥处理可以分为好氧堆肥和厌氧堆肥。前者是在好氧微生物存在且通入空气的条件下，将污泥种的有机物降解；而后者则是在厌氧微生物的作用下，使污泥直接发酵而降解其中的有机物。通常而言，两者的条件是截然不同的，如好氧堆肥温度较高，一般在 $50 \sim 65\,℃$ 甚至有时能够高达 $80 \sim 90\,℃$，正因如此，好氧堆肥有时也被称作高温堆肥。随着堆肥过程中温度的升高，制革污泥中的细菌、病毒、耳环寄生虫卵等有毒有害物质被杀死，从而防止生产出的肥料在施用于土壤时对植物产生危害。

　　然而，在一般的堆肥过程中，制革污泥中的重金属铬并没有得到妥善处理，如不进行处理，肥料中铬的存在会使土壤和作物中的重金属含量升高，长此以往，重金属铬的积累会影响环境，进而危害人类和动物的健康。故而对重金属铬的处理是制约制革污泥的堆肥应用处理的关键性问题之一。根据 2016 年公布的《国家危险废弃物名录》，制革污泥作为危险废弃物的一种，被严格限制在有机肥上的应用。制革污泥与农用土壤中几种重金属含量的对比见表 5-7。

表 5-7　制革污泥中重金属含量与农用土壤标准值

类别	Cu	Zn	Pb	Cd	Cr	As
制革污泥/(mg/kg)	$42 \sim 130$	$80 \sim 230$	$105 \sim 155$	$0.445 \sim 1.05$	$14000 \sim 556000$	$Nd \sim 0.32$
酸性土壤 GB 值/(mg/kg)	250	500	300	5	600	75
碱性土壤 GB 值/(mg/kg)	500	1000	1000	20	1000	75

　　可以看到，铬的严重超标是限制制革污泥堆肥应用的最主要因素之一。如何严控制革污泥中的重金属铬含量，以达到农业应用标准，是解决制革污泥堆肥处理后农用的最关键问题。谭擎天等（2010）对近年来国内外各种制革污泥的处理方法进行了综述，制革污泥中的氮、磷、钾是作为农肥的重要元素，少量的钠可使农作物增产，钙有助于脂肪的腐化，硫能够提高农作物中的蛋白质含量。文献（谭擎天等，2010）表明，污泥的加入在为农作物生长提供所需养分的同时，还可以增加土壤的透水性、阳离子交换量、土壤孔隙空间、改善土壤理化性质。此外，采用含铬污泥进行堆肥处理并施给玉米、小麦和水稻等作物后，并未导致铬在果实内的累积，且使三种作物分别增产 7.8%、12% 和 18%。

　　综上，对制革污泥的堆肥处理是将其化害为利，实现资源化利用的一种具有潜力的方法，该应用同时具有经济效益、生态效益和环境效益，尽管目前仍有铬的问题需要解决，但堆肥处理法无疑是对制革污泥的无害化、资源化处理中非常具有广阔前景的处理方法之一。

5.5.6　制陶瓷等建材

除上述几种除去制革污泥中的污染物以达到资源化利用的方式以外，将制革污泥及其中的污染物固定化，限制其在生态系统中的传递，防止危害环境，也是可行的处理方法之一。目前，将制革污泥制成砖、水泥和陶瓷等建筑材料，是一种既能够将制革污泥中的污染物固定化，又使其得到有效利用的方法。

在几种建材中，制革污泥制砖是相对较为简单的方法，按照流程可以分为两种：将污泥干化后直接制成砖，或者先将其焚烧处理，再利用焚烧得到的灰渣制砖。目前，由于制革污泥的焚烧处理在我国并未得到大幅度推广，所以目前选择第一种方法的居多。由于这种方法仅仅通过干化而并未经过焚烧处理，制革污泥中仍会存在大量有机物，所以主要用于制成普通砖、地面砖等。尽管制革污泥制砖有一定的前景，但为实现工业上的大规模应用，还有几个问题需要解决。首先，就地分散处理的成本较高，而若集中处理则需要长时间地堆放和运输，将导致制革污泥中的蛋白质等有机物质因氧化而发出恶臭，可能会严重影响砖厂工人的工作及周围居民的生活，从而限制了制革污泥的应用；事实上，目前的工艺，制革污泥只是制砖原料的一部分，添加到黏土、泥沙之中，掺入比例并不高，只能处理一小部分制革污泥。

水泥固化是一种危险固体废弃物无害化处理的常用载体和方法，具有操作简便、成本低廉的优点。目前，多种危险固体废弃物，如放射性固体废弃物和医疗废弃物，已经形成一套相对成熟的水泥固化处理技术。在水泥生产过程中，通常都会添加一些固体废弃物，如高炉水渣、粉煤灰、炉渣和石膏等。目前，在国外的相关生产和处理工艺中，由于污泥焚烧处理技术相对较为成熟，因此有些厂家以污泥焚烧后的灰渣代替一部分其他原料生产水泥，这类水泥也被称为生态水泥。水泥固化需要对抗的主要问题就是其中铬的浸出，彭川等（2014）研究了水泥固化制革污泥中铬的浸出行为。结果表明，水泥固化体中铬的存在形式一部分为 $CaCrO_4$，另一部分则通过散射双电层作用以及 C—S—H 吸附，从而得以固化，固化体的浸出行为是由于 C—S—H 凝胶表面受到破坏导致的铬溶出，此行为在 35d 以后基本结束。此外发现，制革污泥中易于迁移的铬（Ⅵ）主要存在形式为水溶态和弱酸提取态，在经固化后能够观察到明显降低，而铬的浸出行为可以归结于在过程中碱性条件下发生的一系列反应

$$Cr(OH)_3 + OH^- \longrightarrow Cr(OH)_4^- \tag{5-18}$$

水泥浆体的 pH 高于 12 时，三价铬易于被氧化为六价，并发生以下反应

$$Ca^{2+} + CrO_4^{2-} \longrightarrow CaCrO_4 \tag{5-19}$$

得到的 $CaCrO_4$ 的 K_{sp} 为 5.1×10^{-6}，难溶，从而导致其从固化体中浸出。田宇等（2012）采用石灰、粉煤灰和煤渣作为固化剂，对制革污泥进行了固化/稳定化处理，在石灰、粉煤灰和煤渣的添加量分别为 0.12kg/kg、0.02kg/kg 和 0.08kg/kg 污泥，养护天数为 6d 的条件下，污泥的含水率由固化前的 79.60% 降低到了 30.20%，并且得到了抗压强度高达 884kPa 的制革污泥固化块。在固化块的浸出液中，没有检测出重金属铬，且 Cu、Pb、Zn 和 Ni 这几种制革污泥中的常见元素在固化后的浸出液的浓度，同固化前的污泥相比，分别降低了 92.1%、96.7%、92.8% 和 88.9%，证明该固化方法具有出色的强度和优秀的抗浸出性能，具有制革污泥无害化处理的潜力。

陶瓷固化也是一种危险固体废弃物无害化处理的常用办法，相比水泥固化，陶瓷固化的减容率和抗浸出性能都更加出色，而这种方法的缺点则是更高处理温度所带来的高成本。我国作为陶瓷产量占世界总产量 70% 左右的陶瓷生产和消费大国，每年对于陶瓷色料的需求都非常大，而制革污泥中的重金属铬刚好可以提取出来，并成为制成陶瓷色料的原料之一。

由以上两种方式引出了两种处理思路，其一为将污泥整体处理，将制革污泥焚烧成灰粒后，再烧结制成陶粒，或是将污泥脱水后直接烧结制成陶粒，此法即为前文所述的陶瓷固化方法。戴东斌（2020）研究了以含铬制革污泥、粉煤灰和黏土为原料的陶粒制备过程，结果表明，随着烧结温度的提高，陶粒的筒压强度和堆积密度有所提高，且陶粒的吸水率和铬的浸出量均有所降低；而在相同烧结温度下，通过增加污泥的投料量，可以提高陶粒的筒压强度和吸水率，但也会提高铬的浸出率。而增加粉煤灰的投料量，可以提高陶粒的堆积密度。王伟等（2013）对近年来工业污泥用于烧制陶粒机理方面的研究进展做了介绍，其中，指出陶粒轻质高强的特性取决于其内部的多孔结构和外部影响表面张力形成的致密玻璃质硬壳，而使得陶粒膨胀的主要因素为其中产生的 CO 和 CO_2。生成这两种气体的通常反应为

$$2Fe_2O_3 + C \longrightarrow 4FeO + CO_2 \uparrow \tag{5-20}$$

$$Fe_3O_4 + C \longrightarrow 3FeO + CO \uparrow \tag{5-21}$$

$$3Fe_2O_3 + CO \longrightarrow 2Fe_3O_4 + CO_2 \uparrow \tag{5-22}$$

戴东斌（2018）对含铬制革污泥与粉煤灰和黏土混合制陶粒过程的工艺进行了研究，确定了最佳工艺为含铬制革污泥 : 粉煤灰 : 黏土为 5 : 3 : 2，烧结温度 1150℃，烧结时间为 30min。此外他还发现，为提高陶粒的强度，在调整烧制陶粒的原料配比时，应注意提高 SiO_2 和 Al_2O_3 的含量，而这两者正是制革污泥中缺

乏且另外两种原料中较多的。

另一种处理思路是采用焚烧或其他方法，除去制革污泥中的有机物，把其中的铬单独提取出来，再添加 Fe_2O_3、CuO、Ni_2O_3 等粉体进行烧结，制成黑色或绿色的色料。徐顾铭（2020）研究了以皮革厂的含铬污泥为铬前驱体合成铬绿颜料的过程，但对制革污泥的处理利用了氮气保护下的管式炉，温度高达1200℃。此外，结果也表明，过程中铬（Ⅵ）的浸出量会随着煅烧温度的升高而降低。

5.5.7 脱铬处理

在前文可以看到，处理制革污泥最为关键的问题就是重金属铬的处理方式，这也几乎是制革污泥处理中唯一需要考虑的问题。由此衍生出多种将制革污泥脱铬的方法，常用的有焙烧浸提法、化学浸提法和生物沥浸法等。经过脱铬处理后，制革污泥可以随生活污泥等一同进行处理。

浸提法是采用一定的手段对制革污泥进行处理，从而将其中的重金属分离出来的方法。常用的浸提法有焙烧浸提法和化学浸提法，两者的差别顾名思义，焙烧浸提法采用高温焙烧处理，随后通过酸或水等液体为介质，将焙烧后污泥中的重金属元素提取出来；化学浸提法则是向污泥中添加化学试剂，通过升高氧化还原电位或是调节 pH，以提高铬在污泥中的迁移能力，从而促使其从固相逐渐转移到液相，以达到将其分离回收的目的。马宏瑞等（2020a）以硫酸–柠檬酸为浸提剂，重铬酸钾–双氧水为氧化剂，对制革污泥中的铬回收进行了研究，结果表明，当硫酸浓度为 0.5mol/L、柠檬酸浓度为 0.1mol/L、固液比为1∶30、浸提时间为 4h 时获得最大的铬浸提率，能够达到 88.82%。值得一提的是，经过酸浸和浸提液氧化处理后的浸提液可直接回收，再利用于鞣制工艺，可同时实现污泥的减量化、无害化和资源化利用。近年来，也有以其余辅助方式促进浸提效率的研究，如马宏瑞等（2020b）采用超声处理协同 0.5mol/L 硫酸浸提的方法，对含重金属铬的制革污泥进行无害化处理并回收铬，结果表明，随着超声处理时间的延长，残渣态铬的提取效率显著提高，在最优条件下，铬的浸提率高达 90.61%。与此同时，残渣态的铬含量减少至 4.4mg/g 干泥，取得了不错的浸提效果。

与浸提法主要侧重于迁移和溶解过程不同，生物沥浸法则主要利用的是微生物的作用。根据微生物种类不同，可以通过直接作用，或是通过代谢产物的间接作用，将污泥中的不溶性物质，通过溶解、吸附、氧化、还原和络合等作用将其分离出来。根据制革污泥自身的特性，筛选或开发出的微生物菌种应在强碱、高盐和高铬条件下保持存活，并能够提供良好而稳定的活性。常见的污泥生物沥浸法流程如图 5-45 所示（周立祥，2012）。

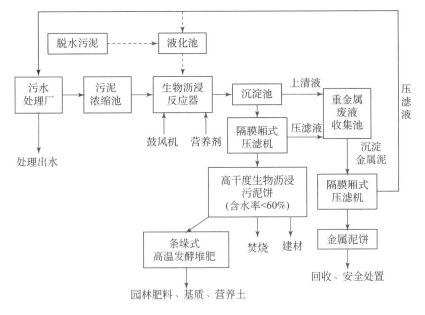

图 5-45　污泥生物沥浸法流程图

周立祥（2012）系统总结了采用生物沥浸有效去除污泥中重金属方面的应用，在自然界中以多种形式存在的菌种之中，嗜酸性氧化亚铁硫杆菌、氧化硫硫杆菌和铁氧化沟端螺旋菌等的应用最为广泛。这些嗜酸性硫杆菌好氧，能耐受高浓度重金属离子的毒性，对 Cr 的耐受能力能够达到 60g/L（周立祥，2012），这类菌种在生长过程中，CO_2 是唯一碳源，通过氧化亚铁或还原性的硫，如单质硫、硫代硫酸钠或金属硫化物等，获得能量。去除重金属有以下两种机制：

直接机制

$$MS+2O_2 \longrightarrow MSO_4 \qquad (5-23)$$

间接机制

$$2Fe^{2+}+1/2O_2+2H^+ \longrightarrow 2Fe^{3+}+H_2O \qquad (5-24)$$

$$MS+2Fe^{3+} \longrightarrow M^{2+}+2Fe^{2+}+S \qquad (5-25)$$

$$2S+3O_2+2H_2O \longrightarrow 2H_2SO_4 \qquad (5-26)$$

此外，生物沥浸法还可通过生物酸化效应、微生物替代效应等方式，促进污泥脱水性的改善，具有处理时间短、经济性好、可去除重金属、可实现深度脱水、无需反复添加菌种、可长期使用等优点，是实现制革污泥处理无害化、资源化利用具有潜力的方法之一。

5.5.8　总结

近年来，随着国家和社会公众对环境保护日益重视，制革污水、制革污泥和废皮屑等废弃物污染环境的问题受到了广泛关注。如何将这些废弃物进行无害化、资源化处理和利用，便成了一个迫切解决的问题。制革污泥的主要来源有 4 种：浸水阶段产生的原料皮夹带的污泥；脱毛浸灰阶段产生的含硫毛、表皮的石灰污泥；铬鞣、湿态加工阶段产生的含铬、未吸收的粉体材料产生的污泥；以及用物理、化学、生物方法处理制革废水后产生的生化污泥。将制革污泥中的重金属铬固定或分离，是目前各种处理方法研究的核心问题。

目前，对制革污泥的处理与处置方法有填埋、焚烧、热解、堆肥、制建材等。此外，还有浸提、生物沥浸等将制革污泥进行脱铬处理、从中分离的方法。我国大部分皮革厂采用的是简单地堆放晾晒处理，即压滤制革污泥、控制其含水率在 80% 以下，随后将其运送到填埋场做填埋处理。但此种方法安全隐患较大，遭遇暴雨冲刷极有可能产生渗滤液，污染和破坏附近的土壤、大气和水体，影响动植物健康和生态环境。因此，寻找能够安全高效处理制革污泥的替代技术刻不容缓。近年来，随着相关法律法规的完善以及人们对工业污泥处置处理的重视，多种工业制革污泥的处理技术得到了深入研究和广泛发展，并有望在未来投入实际处置和工业应用。本文对目前常见的几类制革污泥的处理方法的流程、技术特点及其适用范围进行简要地介绍和比较分析，希望能对想要了解制革污泥的处理方式的读者有所帮助。

总体而言，随着现代工业发展的需要，近年来，制革污泥的无害化处理受到了许多研究者的重视，也得到了很大发展。但就目前而言，多数方法均有或成本过高、或适用面窄的缺点，换言之，许多方法在处理效果和处理成本方面都有一定的提升空间。既要面向未来，随着后续研究的深入，会有更新的技术、更优秀的处理工艺诞生；也要正视现实，运用既有方法解决当前问题，使得处理制革污泥这一危险废物的难题能够得到有效解决。

5.6　其他工业污泥的化学处理技术

5.6.1　其他工业污泥的种类与来源

工业污泥是指工业废水处理过程中产生的污泥，是一种危害性极大的固体废弃物。其中含有大量的病原微生物、细菌、重金属离子等有毒有害物质（任皓，2011）。根据《国家危险废物名录》《危险废物鉴别技术规范》（HJ/T 298）和

《危险废物鉴别标准》（GB 5085.1-6），污泥的属性可分为危险废弃物污泥和一般工业污泥。对于危险废弃物污泥，相关法律法规及规范要求较多、管理要求严格，收集、处置单位都须有危险废弃物经营许可证。对于一般工业污泥的管理，如何科学合理地开展一般工业污泥环境管理工作，有效防止污泥造成二次污染是必须重视的问题。

一般工业污泥主要来源于电子、机械、印染等工业企业和工业污水处理厂处理过程中所产生的物化或生化污泥（陆祎品等，2019）。由于各行业、企业的废水水质不同，处理工艺也不同，导致污泥的成分也会不尽相同。但总体来说，一般工业污泥含水量高、臭味重、易腐败、有机质含量高且含有较多的无机物，同时含有大量的病原体、寄生虫卵以及低浓度的 Cu、Zn 等重金属和难降解的有机污染物。

5.6.2　工业污泥的处理现状

工业污泥处理与处置的目的主要有四个方面，即减量化、稳定化、无害化和资源化（王湖坤，2005）。国内外污泥处理的方法，一般用浓缩、消化、脱水、干化有效利用（农、林用）、填埋和焚烧等（胡建红，2006）。污泥经过了一定的减容和稳定化的处理，此时的特性已经较未经预处理的污泥改善了许多。这些经过处理的污泥其最终的处置途径多种多样，一般应该根据污泥的预处理方式和最终的目的来决定。

工业污泥处理应从废水处理环节控制，减少化学处理环节，控制化学环节加药的精准，尽量采用生化工艺处理工业废水；生化不能处理的废水尽量考虑回收利用；而对已产生的工业污泥必须进行脱水；无害污泥二次利用，有害污泥先进行无害化处理，然后选择回收利用、隔离填埋或焚烧。

5.6.3　工业污泥的化学处理技术

目前工业污泥处理常用的化学技术包括焚烧工艺和污泥热解炭化技术。

1. 焚烧

焚烧工艺是将污泥放入焚烧炉内，然后加入过量的空气，使焚烧炉内的污泥完全焚烧的一种处理方法。污泥焚烧工艺在焚烧炉的基础上进行设计，焚烧炉的种类不同，与之相对应的工艺方案也不完全相同（李春江，2010）。目前常用的焚烧炉包括流化床焚烧炉、回转窑焚烧炉和多层焚烧炉。

焚烧工艺技术的优点是污泥处置彻底，能使有机物尽可能全部碳化，最大限度地减小污泥体积，余热可以进行发电或转化为蒸汽加以利用。缺点是焚烧过程中会产生二噁英等有毒有害气体，虽然采取先进的焚烧工艺和废气处理设施可以减少有害气体的产生，但处理成本又会增加。

　　流化床焚烧炉在工业上的应用非常广泛。它是一个钢制的垂直圆筒，内壁衬有耐火材料。焚烧炉的下部装有气流分布板，在分布板上装填有载热的惰性颗粒（一般用沙子）。其结构示意图如图 5-46 所示。由焚烧炉下部鼓入的空气，经过气流分布板，使床层的惰性载体达到流化状态。污泥从焚烧炉顶部或侧面输送进去，在焚烧炉的上部被高温气流吹散、加热，污泥中的水分被快速蒸干，并且已经有部分污泥开始燃烧，当污泥下降至流态层时全部充分燃烧，燃烧释放的热量将使惰性载体和气流保持较高温度。焚烧残渣由气流自焚烧炉顶部带出，通过旋风分离装置分离出来，而分离出的热载体回流至炉内循环使用。在床层内污泥与惰性载体在气流的扰动作用下充分混合，处于流化层的污泥能迅速分散均匀，污泥燃烧时能够保持床层的温度比较匀称，可避免局部过热。

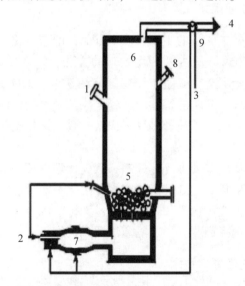

1-进泥；2-辅助空气；3-燃烧空气；4-废气；5-流化床；6-二次燃烧区；
7-燃烧室；8-助燃空气；9-空气预热器

图 5-46　流化床焚烧炉结构示意图

　　流化床焚烧炉的优点是构造简单、造价便宜、无机械传动零件，可长周期稳定运行，但该焚烧炉需要将污泥粉碎，否则将会严重影响焚烧效果。因此不适合处理黏度高、含油量大的污泥；烟气中含有大量粉尘，需要专门的脱尘设施进行后续处理，并且流化空气容易发生偏流，致使床层不稳，对操作人员的技术要求较高。

　　回转窑焚烧炉窑身为一个横卧的、能够自动旋转的圆桶，其桶身的中轴线与水平面有一定的夹角，且桶身较长，长度与直径的比例可达到 15 : 1 左右，在桶身的尾部设有二次燃烧室。回转窑焚烧炉结构示意图如图 5-47 所示。回转窑运转时，污泥等废弃物从窑身的顶端注入，当桶身转动时，这些污泥在重力作用下向桶身尾部移动。移动过程中，当污泥与燃烧产生的高温废气相遇时（通常为逆向，也可相向），不仅能够将污泥中的水分蒸干，而且在桶身的转动过程中，污泥也会碰撞破裂成更为细小的颗粒。接着污泥进入窑桶的后半段，在这里分解燃烧，未充分燃烧的挥发产物在进入二次燃烧室后得以充分燃烧，污泥残渣最终在高温区烧结熔融后排出窑桶。为了保证焚烧炉燃烧的持续进行，在窑炉身顶部或在二次燃烧室顶部设有辅助燃料加注线，根据污泥变化情况可进行调控，以防止炉膛因温度过低导致物料无法燃烧。污泥在回转窑内的停留时间可以通过调节回转窑的旋转速率而实现。

1-进泥；2-旋转窑；3-储灰室；4-吸收室；5-废气；6-可燃气体；7-鼓风机

图 5-47　回转窑焚烧炉结构示意图

回转窑焚烧炉最显著的优点就是适应能力强，可以适应不同类型的废弃物甚至是液体废弃物。同时回转窑的零部件相对不多，维护方便，设备运行平稳率高，可长时间地持续运转。但这种焚烧炉缺点也比较明显，因窑身体积较大，占地面积较多；在污泥含水较高的情况下仍需加入部分燃料；排烟温度较低，需要设置专用的尾气脱臭装置。

多层焚烧炉作为一种多膛焚烧炉，具有相对较为复杂的机械传动装备，在各类型的焚烧炉中，是应用最早的一种设备，而且经过近百年的实践应用，已被各行业广泛使用，技术成熟、可靠，其结构示意图如图 5-48 所示。多层焚烧炉的炉体为直立的、内部分为多层结构的圆桶，一般是钢制材料，筒内壁加有耐火衬里。其筒内的每一分层均是一个独立的燃烧室，焚烧炉中轴线上有一双筒的中空中心轴，该中心轴按照顺时针方向旋转，并带动搅拌臂搅拌物料。污泥由炉顶加入，污泥燃烧后的残渣由炉底的排渣口排出。为保证污泥在炉膛内能够持续充分地燃烧，可以通过设在炉膛侧壁的进风口和喷口补充空气和辅助燃料。通过搅拌臂上耙齿的带动，将由炉顶加入焚烧炉的污泥一步步带入下层。污泥在炉膛内的运行轨迹是呈螺旋状，保证了污泥在炉膛内的停留时间。而空气则由中心轴内筒下部进入，与将要排除的废渣换热，达到预热空气的目的。预热后的空气再进入搅动臂的内筒流向炉壁，保证各层污泥的充分燃烧。炉膛的上部份温度小于500℃，作为污泥的干燥区域。干燥后的污泥则在炉膛的中部充分燃烧，由于炉膛的多层结构给污泥提供了较长的停留时间，使燃烧非常充分，温度最高可达到1000℃左右。灰渣在炉膛下部的冷却区冷却至150℃以下后，由排渣口排出。

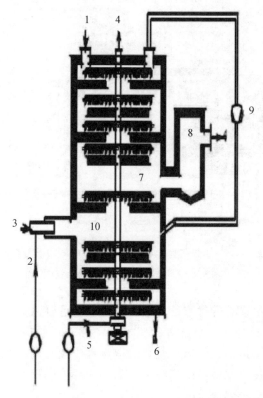

1-进泥；2-辅助空气；3-燃烧空气；4-废气；5-冷空气；6-灰分；7-多层炉；
8-二次燃烧室；9-鼓风机；10-燃烧室

图 5-48　多层焚烧炉结构示意图

多层焚烧炉的优点十分明显，因为这种焚烧炉特有的多层结构为污泥提供了充分的干燥时间和燃烧时间，非常适于处理高含水率、低热值的污泥，而且外辅助燃料的选择范围也较为广泛。多层焚烧炉也有其自身的缺陷，污泥较长的停留时间使得在进行温度调节时反应较慢，不易控制。燃烧炉结构复杂，机械部件较多，故障率较高，维护难度较大。烟气与污泥换热较为彻底，导致排烟温度较低，烟气有臭味，与回转式焚烧炉一样，需要设置专用的尾气脱臭装置。

2. 热解碳化技术

污泥热解碳化法将机械脱水后的污泥进行间接加热，使污泥在 450~600℃下进行热分解，固体产物冷却后成为污泥炭。热解产生含有大量甲烷、一氧化碳、氢气以及焦油的可燃气体，采用分级燃烧技术，在 850~950℃下完全燃烧，产生的高温烟气加热炭化炉为碳化提供热量，尾部烟气净化后实现达标排放。

污泥中碳氢含量较高，有机质成分多，无机组分与土壤中无机组分相似，可通过无害化脱毒处理，实现重金属的稳定与 N、P、K 等有效元素的保留，制备出性能良好的生物炭，用作土壤改良剂或生物炭肥料。张瑜针对工业重金属污染污泥，创新性提出工业污泥脱毒稳定化及制备生物炭新技术（张瑜，2019），其工艺路线如图 5-49 所示。工业污泥和市政污泥在一定温度下进行水热均质预处理，实现重金属初步脱毒与稳定化；水热处理后采用高压脱水，实现固液分离，固体残渣经低温干化与中高温热解碳化，实现重金属进一步固化，制备出的生物炭用于土壤改良剂；压滤液送回污水处理厂进行处理后达标排放，也可用于厌氧发酵获得生物燃气；碳化热解产生的热解燃气作为碳化过程的热源，实现能源自供；烟气余热用于水热反应装置的热源和低温干化热源。

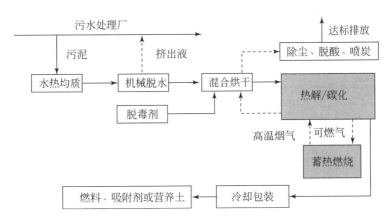

图 5-49　污泥脱毒稳定化及制备生物炭新技术

　　热解碳化技术的优点是脱水后的污泥进行碳化，在热解反应过程中固化重金属，消除了寄生虫和抗生素残留。经过热解处理后的污泥变成了碳材料，可作为园林肥料，重金属不再释放，可安全使用。

参 考 文 献

车晓军，2017. 含油污泥清洁燃烧技术研究 [D]. 西安：西安石油大学.

陈明燕，刘政，王晓东，等，2011. 含油污泥无害化及资源化处理新技术及发展方向 [J]. 石油与天然气化工，40（3）：313-317.

陈宁，朱盛胜，李剑华，等，2019. 城市污泥脱水技术工艺的应用进展 [J]. 广东化工，46：138-140.

陈是吏，袁京，李国学，等，2017. 过磷酸钙和双氰胺联用减少污泥堆肥温室气体及 NH_3 排放 [J]. 农业工程学报，33（6）：199-206.

程富江，2017. 造纸厂污泥的回收利用：关于现行方法和新兴生物炼制法综述 [J]. 中华纸业，38（4）：72-74.

戴东斌，2018. 制革含铬污泥制备陶粒的工艺研究及环境效应评价 [D]. 厦门：厦门大学.

戴东斌，2020. 制革含铬污泥制备陶粒的性能研究 [J]. 低碳世界，10（01）：1-2.

方文，2017. 污泥堆肥土地利用中重金属的释放及分配研究 [D]. 北京：清华大学.

甘雁飞，周宁娟，张若晨，等，2017. 废水处理厂剩余污泥水热减量及改善脱水性能的研究 [J]. 环境工程，（4）：91-96.

高欣，张恒，陈克利，等，2014. 超声预处理提高蔗髓纤维素选择性氧化性能的研究 [J]. 材料导报，28（20）：68-71.

顾家熙，2019. 制革染色废水和污泥中有机络合态铬的脱除方法研究 [D]. 西安：陕西科技大学.

郭绍辉，彭鸽威，闫光绪，等，2008. 国内外石油污泥处理技术研究进展 [J]. 现代化工，28（3）：36-39.

胡建红，2006. 工业污泥热解和燃烧及动力学特性实验研究 [D]. 重庆：重庆大学.

胡文涛，张金流，2015. 制革污泥热解动力学特性研究 [J]. 蚌埠学院学报，4（06）：28-32.

胡跃芬，2020. 有氧和无氧条件下焚烧制革污泥：铬形态研究 [J]. 皮革制作与环保科技，1（04）：46-49.

黄鑫，曹景沛，王敬贤，等，2016. 污水污泥快速热解过程中氮迁移规律研究 [J]. 中国矿业大学学报，45（1）：176-181.

黄雪芬，蒙敏，谢刚，等，2017. 制革污泥中 Cr 形态分布及 Cr（VI）还原性研究 [J]. 广西大学学报（自然科学版），42（05）：1930-1936.

基伊, 1986. 干燥原理及其应用 [M]. 上海: 上海科学技术文献出版社, 410-420.

纪伟勇, 项乐群, 姬志国, 2017. 分析回转窑焚烧技术在污泥干化焚烧处理中的应用与思考 [J]. 绿色环保建材, 12: 15-16.

蒋建国, 2010. 固体废物处置与资源化 [M]. 北京: 化学工业出版社, 101-120.

蒋旭光, 董浩, 吕国均, 等, 2016. 高温燃烧过程中 Cr 的氧化机理及控制方法 [J]. 化工进展, 35 (S2): 1-10.

孔祥科, 黄国鑫, 韩占涛, 等, 2017. 制革污泥堆存场地典型土壤剖面中污染物的垂向分布特征 [J]. 南水北调与水利科技, 15 (06): 96-100.

李春江, 2010. 炼化企业污泥焚烧技术研究 [D]. 北京: 中国石油大学.

李丹梅, 王艳霞, 余庆中, 等, 2003. 含油污泥调剖技术的研究与应用. 石油钻采工艺 [J], 25 (3): 74-76.

李凡修, 2005. 含油污泥无害化处理及综合利用的途径 [J]. 油气田环境保护, 08 (3): 42-44.

李桂菊, 白丽萍, 王昶, 等, 2013. 钠盐催化剂对制革污泥热解制油的影响 [J]. 太阳能学报, 34 (03): 407-412.

李辉, 吴晓芙, 蒋龙波, 等, 2014. 城市污泥焚烧工艺研究进展 [J]. 环境工程, 32: 88-92.

李静, 2010. 造纸污泥减量化技术设备的研究 [D]. 济南: 山东大学.

李巨峰, 操卫平, 冯玉军, 等, 2005. 含油污泥处理技术与发展方向 [J]. 石油规划设计, 16 (5): 30-32.

李诗媛, 朱建国, 吕清刚, 等, 2009. 循环流化床一体化污泥焚烧工艺及实验研究 [C] //中国城镇水务发展国际研讨会暨中国城镇供水排水协会年会.

李涛, 解立平, 高建东, 等, 2011. 污水污泥空气气化特性的研究 [J]. 燃料化学学报, 39 (10): 796-800.

李一川, 2008. 罐底油泥中原油回收的工艺技术研究 [D]. 大连: 大连理工大学.

李媛, 2004. 焚烧工艺在污水处理厂污泥处理中的应用 [J]. 中国环保产业, 01: 30-31.

李振远, 2017. 造纸污泥脱水设备实现造纸污泥资源化处理 [J]. 造纸化学品, 4: 33.

林有胜, 2018. 基于组分基团的城市生活垃圾水热碳化机理及其应用基础研究 [D]. 广州: 华南理工大学.

刘宝宣, 2015. 红霉素过期药渣与烟煤在煤粉锅炉内共燃烧污染物排放特性研究 [D]. 杭州: 浙江大学.

刘春慧, 周光, 2012. 制药行业药渣污泥干化工艺研究 [J]. 中国环保产业, 5: 52-54.

刘其星, 高欣, 张恒, 等, 2015. 超声预处理制备水溶性蔗髓氧化纤维素的研究 [J]. 昆明理工大学学报 (自然科学版), (40): 115.

刘伟, 2011. 污水污泥气化特性研究 [D]. 杭州: 浙江大学.

刘宇涵, 吴昊, 张雪娇, 2018. 造纸废水处理工程实例及分析 [J]. 当代化工研究, 11: 29-32.

卢佳辰, 吕心则, 刘明华, 2016. 造纸废水污泥的处理及资源化利用 [J]. 纸和造纸, 47 (11): 37-39.

陆祎品，郭赟，黄晓峰，2019. 一般工业污泥环境管理现状及建议探讨 [J]. 环境与可持续发展，44（5）：121-123.

吕清刚，朱建国，李诗媛，等，2012. 循环流化床一体化污泥焚烧工程的调试及分析 [J]. 中国给水排水，28（3）：1-4.

罗一菁，张忠智，兰公金，等，2004. 炼厂"三泥"的生物处理研究 [J]. 环境污染治理技术与设备，05（3）：66-68.

马宏瑞，畅浩，王宇彤，2013. 制革污泥热解动力学研究 [J]. 中国皮革，42（19）：19-23.

马宏瑞，陈丰羽，李晓洁，等，2020. 制革含铬污泥中铬的"酸浸–氧化"回收方法研究 [J]. 陕西科技大学学报，38（02）：27-33.

马宏瑞，李晓洁，陈丰羽，等，2020. 超声辅助酸淋洗对制革污泥 Cr 的浸出及形态转化影响研究 [J]. 皮革科学与工程，30（01）：7-12.

马岚茜娅，于晓华，2015. 超声波联合厌氧硝化处理制药污泥 [J]. 环境工程学报，9（11）：5597-5603.

聂双喜，2015. 蔗渣浆二氧化氯漂白过程 AOX 生成机理研究 [D]. 南宁：广西大学.

裴晋，2015. 制药污泥处理技术研究现状与实验对比 [J]. 环境工程学报.

彭川，冯庆革，李浩璇，等，2014. 水泥固化制革污泥中 Cr 的浸出行为及形态分析 [J]. 硅酸盐通报，33（09）：2205-2211+2222.

钱东平，2012. 城市污水处理厂污泥堆肥技术研究 [J]. 广东化工，41（2）：89-91.

任皓，2011. 山西省城市污泥资源化利用及环境管理的探索与思考 [J]. 能源与节能，03：57-59.

荣辉，张鸿飞，张磊，张颖，徐蕊，宁彩珍，等，2019. 污泥陶粒焙烧制度优化及其对陶粒性能的影响 [J]. 新型建筑材料，4：67-71.

石丰，2011. 石油污泥热解研究 [D]. 上海：华东理工大学.

宋健，2015. 油田含油污泥热洗处理技术研究 [D]. 大庆：东北石油大学.

苏磊，2015. 基于海洋倾倒目之污水污泥化学分析及生物毒性研究 [D]. 上海：上海海洋大学.

孙俊祥，2007. 热化学法清洗油泥过程中化学药剂及工艺条件研究 [D]. 大连：大连理工大学.

谭擎天，刘文涛，李国英，2010. 制革污泥处理技术的现状及研究进展 [J]. 皮革与化工，27（04）：20-25.

唐金龙，杜新勇，郝志勇，等，2004. 含油污泥调剖技术研究及应用 [J]. 钻采工艺，27（3）：86-87.

田宇，邓忠良，宁寻安，等，2012. 制革污泥固化稳定化处理 [J]. 环境化学，31（01）：94-99.

王湖坤，2005. 工业污泥处理与利用分析 [J]. 工业安全与环保，03：25-27.

王山辉，2016. 制药污泥热解特征及热解油的特性分析 [D]. 石家庄：河北科技大学.

王山辉，刘仁平，赵良侠，2016. 制药污泥的热解特性及动力学研究 [J]. 热能动力工程，31（10）：90-95.

王闪闪，刘宏菊，2007. 化学破乳法处理孤东油田含油污泥的实验研究 [J]. 能源环境保护，21（5）：28-30.

王伟，严捍东，2013. 工业污泥烧制陶粒的工艺研究进展 [J]. 工业用水与废水，44（01）：1-4.

吴昊，2013. 制药污泥好氧堆肥肥效评价 [J]. 环境保护与循环经济，33（9）：39-41.

吴清仁，何琼宇，吴建青，等，2002. 污水处理厂生物污泥配料烧制陶粒的配方试验研究 [C]. 2002 年材料科学与工程新进展（上），2002 年中国材料研讨会论文集.

辛旺，宋永会，张亚迪，等，2017. 污泥基碳吸附材料的制备及其吸附性能研究进展 [J]. 环境工程技术学报，（3）：306-317.

徐顾铭，2020. 制革污泥中钴掺杂绿色陶瓷颜料的合成与表征 [J]. 皮革制作与环保科技，1（04）：35-36+39.

徐腾，南丰，蒋晓锋，等，2020. 制革场地土壤和地下水中铬污染来源及污染特征研究进展 [J/OL]. 土壤学报：1-12.

闫志成，2014. 污水污泥热解特性与工艺研究 [D]. 哈尔滨：哈尔滨工业大学.

易龙生，康路良，王三海，等，2014. 市政污泥资源化利用的新进展及前景 [J]. 环境工程，（s1）：992-997.

雍毅，吴香尧，2016. 市政污泥特性与再生利用引论 [M]. 北京：中国环境出版社，1-3.

翟云波，刘强，李彩亭，等，2008. 粒径对污水污泥低温热解产物油特性影响研究 [J]. 湖南大学学报，35（6）：62-66.

张珂，2014. 含油污泥废油置换脱水研究及过程模拟 [D]. 北京：中国石油大学.

张升友，曹瀛戈，苏振华，等，2015. 我国制浆造纸 AOX 的来源分析及其减量化建议 [J]. 中国造纸，34（7）：1-5.

张天琦，杨宏伟，袁琦，2019. 污泥干化焚烧技术研究及应用 [J]. 化工装备技术，40（01）：39-43.

张晓虹，王勤，2014. 某制药企业药渣洁净焚烧资源化处置的研究 [J]. 杭州化工，44（4）：28-30.

张瑜，2019. 热解炭化技术应用于工业污泥处理的研究 [J]. 再生资源与循环经济，12（11）：34-37.

中华人民共和国环境保护部，2017. 2015 年环境统计 [EB/OL].

中华人民共和国生态环境部，2018. 关于发布《制浆造纸工业污染防治可行技术指南》的公告.

周建军，马宏瑞，董贺翔，等，2018. 制革污泥资源化处理与处置研究进展 [J]. 中国皮革，47（04）：44-49.

周立祥，2012. 污泥生物沥浸处理技术及其工程应用 [J]. 南京农业大学学报，35（05）：154-166.

朱盛胜，2019. 生活污水污泥生产再生建材工艺探索 [J]. 工程建设与设计，（12）：151-152.

B O K，2012. Reaction kinetics of cellulose hydrolysis in subcritical and supercritical water [D]. The USA：University of Iowa.

Bayer B, Kutnbuddin M, 1978. Temperature conversion of sludge and waste to oil [M]. Procceedings of the International Recycling Congress [C]. Berlin: EFVerlag, 314-318.

Brunner G, 2009. Near critical and supercritical water. Part I. hydrolytic and hydrothermal processes [J]. The Journal of Supercritical Fluids, 47 (3): 373-381.

Calisto V, Ferreira C, Santos S M, et al., 2014. Production of adsorbents by pyrolysis of paper mill sludge and application on the removal of citalopram fromwater [J]. Bioresour Technol, 166: 335-344.

Calvo L F, Otero M, Jenkins B M, et al., 2004. Heating process characteristics and kinetics of sewage sludge in different atmospheres [J]. Thermochimica Acta, 409: 127-135.

Chen G, Guo X, Cheng Z, et al., 2017. Air gasification of biogas-derived digestate in a downdraft fixed bed gasifier [J]. Waste Management, 69: 162-169.

Cheng, Shuo, Wang, Yuhua, Fumitake, Takahashi, Kouji, Tokimatsu, et al., 2017. Effect of steam and oil sludge ash additive on the products of oil sludge pyrolysis [J]. Applied Energy, 185.

China Paper Association, 2018. 2017 almanac of China's paper industry [M]. Beijing: China Light Industry Press, part 2.

David A Agar, Marzena Kwapinska, James J Leahy, 2018. Pyrolysis of wastewater sludge and composted organic fines from municipal solid waste: laboratory reactor characterisation and product distribution [J]. Environmental Science & Pollution Research, 25 (36): 35874-35882.

Devi P, Saroha A K, 2014. Synthesis of the magnetic biochar composites for use as an adsorbent for the removal of pentachlorophenol from the effluent [J]. Bioresource Technology, 169: 525-531.

Dong F J, 2005. Characteristics of oily sludge and several treatment methods [J]. Environmental Protection of Oil & Gas Fields, 14 (2): 18-22.

Donghai X, Guike L, Liang L, et al., 2018. Comprehensive evaluation on product characteristics of fast hydrothermal liquefaction of sewage sludge at different temperatures [J]. Energy, 159: 686-695.

Durak H, Aysu T, 2014. Effects of catalysts and solvents on liquefaction of onopordum heteracanthum for production of bio-oils [J]. Bioresource Technology, 166: 309-317.

Eilhann E Kwon, Taewoo Lee, Yong Sik Ok, et al., 2018. Effects of calcium carbonate on pyrolysis of sewage sludge [J]. Energy, 153: 726-731.

Gollakota A R K, Kishore N, Gu S, 2018. A review on hydrothermal liquefaction of biomass [J]. Renewable & Sustainable Energy Reviews, 81: 1378-1392.

Gu L, Wang Y, Zhu N, et al., 2013. Preparation of sewage sludge based activated carbon by using Fenton's reagent and their use in 2-naphthol adsorption [J]. Bioresource Technology, 146: 779-784.

G Q Z, Z W C, Y F H, et al., 2015. Fenton-likedegradation of methylene using paper mill sludge-derived magnetically separable heterogeneous catalyst [J]. Characterization and mechanism, 35 (9): 20-26.

Hii K, Baroutian S, Parthasarathy R, et al., 2014. A review of wet air oxidation and thermal hydrolysis technologies in sludge treatment [J]. Bioresource Technology, 155: 289-299.

Jean D, Chu C, Lee D, 2001. Freeze/thaw treatment of oily sludge from petroleum refinery plant [J]. Separation Science and Technology, 36 (12): 2733-2746.

Jean D, Lee D, Wu J, 1999. Separation of oil from oily sludge by freezing and thawing [J]. Water Research, 33 (7): 1756-1759.

Kim Y, Parker W, 2008. A technical and economic evaluation of the pyrolysis of sewage sludge for the production of bio-oil [J]. Bioresource technology, 99 (5): 1409-1416.

Lazar I, Dobrota S, Voicu A, et al., 1999. Microbial degradation of waste hydrocarbons in oily sludge from some Romanian oil fields [J]. Journal of Petroleum Science and Engineering, 22 (1): 151-160.

Li G, Li A, Zhang H, et al., 2018. Theoretical study of the CO formation mechanism in the CO_2 gasification of lignite [J]. Fuel, 211: 353-362.

Li M, Xiang J, Hu S, et al., 2004. Characterization of solid residues from municipal solid waste incinerator [J]. Fuel, 83 (10): 1397-1405.

Li R, Li B, Yang T, et al., 2015. Sub-supercritical liquefaction of rice stalk for the production of bio-oil: effect of solvents [J]. Bioresource technology, 198: 94-100.

Li W, Zhao Y, Yao C, et al., 2020. Migration and transformation of nitrogen during hydrothermal liquefaction of penicillin sludge [J]. The Journal of Supercritical Fluids, 157.

Liu H, Yuan B, Zhang B, et al., 2014. Removal of mercury from flue gas using sewage sludge-based adsorbents [J]. Journal of material cycles and waste management, 16 (1): 101-107.

Mackul'ak T, Černanský S, Fehér M, et al., 2019. Pharmaceuticals, drugs and resistant microorganisms-environmental impact on population health [J]. Current Opinion in Environmental Science & Health, 9: 40-48.

Manara P, Zabaniotou A, 2012. Towards sewage sludge based biofuels via thermochemical conversion—a review [J]. Renewable & Sustainable Energy Reviews, 16 (5): 2566-2582.

Mohammadi S, Mirghaffari N, 2015. A preliminary study of the preparation of porous carbon from oil sludge for water treatment by simple pyrolysis or koh activation [J]. New Carbon Materials, 30 (4): 310-318.

Mrayyan B, Battikhi M N, 2005. Biodegradation of total organic carbon (TOC) in Jordanian petroleum sludge [J]. Hazard Mater, 120: 127-134.

Nassar M, Hassan M, Mohamed E. S, et al., 2015. An optimum mixture of virgin rice straw pulp and recycled old newsprint pulp and their antimicrobial activity [J]. International Journal of Technology, 6 (1): 63-72.

Qian L, Wang S, Savage P E, 2017. Hydrothermal liquefaction of sewage sludge under isothermal and fast conditions [J]. Bioresource technology, 232: 27-34.

Qian L, Wang S, Savage P E, 2017. Hydrothermal liquefaction of sewage sludge under isothermal and fast conditions [J]. Bioresource technology, 232: 27-34.

Richard J A, 1992. Low temperature thermal treatment for petroleum refinery waste sludges [J]. Environmental Progress, 11 (2): 127-133.

Roldán C T, Castorena C G, Zapata P I, et al., 2012. Aerobic biodegradation of sludge with high hydrocarbon content generated by a Mexican natural gas processing facility [J]. Environ Manag, 95: 93-98.

Shuping Z, Yulong W, Mingde Y, et al., 2010. Production and characterization of bio-oil from hydrothermal liquefaction of microalgae Dunaliella tertiolecta cake [J]. Energy, 35 (12): 5406-5411.

Silveira I C T, Rosa D, Monteggia L O, et al., 2002. Low temperature conversion of sludge and shavings from leather industry [J]. Water Science and Technology, 46 (10): 277-283.

Liu T T, Liu Z G, Zheng Q F, et al., 2017. Effect of hydrothermal carbonization on migration and environmental risk of heavy metals in sewage sludge during pyrolysis [J]. Bioresour Technol, 247: 282-290.

Toor S S, Rosendahl L, Rudolf A, 2011. Hydrothermal liquefaction of biomass: a review of subcritical water technologies [J]. Energy, 36 (5): 2328-2342.

Verma S, Bhargava R, Pruthi V, 2006. Oily sludge degradation by bacteria from Ankleshwar [J]. India International Biodeterioration & Biodegradation, 57 (4): 207-213.

Wang L, Chang Y, Li A, 2019. Hydrothermal carbonization for energy-efficient processing of sewage sludge: a review [J]. Renewable and Sustainable Energy Reviews, 108: 423-440.

Wang M, Liu H, Cheng X, et al., 2019. Hydrothermal treatment of lincomycin mycelial residues: antibiotic resistance genes reduction and heavy metals immobilization [J]. Bioresource technology, 271: 143-149.

Xu D, Lin G, Guo S, et al., 2018. Catalytic hydrothermal liquefaction of algae and upgrading of biocrude: a critical review [J]. Renewable and Sustainable Energy Reviews, 97: 103-118.

Xu N, Wang W, Han P, et al., 2009. Effects of ultrasound on oily sludge deoiling [J]. Hazard Mater, 171: 914-917.

Yang G, Zhang G, Wang H, 2015. Current state of sludge production, management, treatment and disposal in China [J]. Water Research, 78: 60-73.

Zhang G, Shi L, Zhang Y, et al., 2015. Aerobic granular sludge-derived activated carbon: mineral acid modification and superior dye adsorption capacity [J]. RSC Adv, 5 (32): 25279-25286.

Zhang X, Yan S, Tyagi R D, et al., 2016. Ultrasonication aided biodiesel production from one-step and two-step transesterification of sludge derived lipid [J]. Energy, 94: 401-408.

Zhen-Yu Wu, Peng Yin, Huan-Xin Ju, et al., 2019. Natural Nanofibrous Cellulose-Derived Solid Acid Catalysts [J]. Research, (3): 1-11.

Zhuang X, Huang Y, Song Y, et al., 2017. The transformation pathways of nitrogen in sewage sludge during hydrothermal treatment [J]. Bioresource technology, 245: 463-470.

Zhuang X, Zhan H, Song Y, et al., 2018. Reutilization potential of antibiotic wastes via hydrothermal liquefaction (HTL): bio-oil and aqueous phase characteristics [J]. Journal of the

Energy Institute, 92 (5): 1537-1547.

Zou S, Wu Y, Yang M, et al., 2010. Correction: bio-oil production from sub-and supercritical water liquefaction of microalgae Dunaliella tertiolecta and related properties [J]. Energy & Environmental Science, 3 (8): 1073-1078.

第6章　半固态废弃物的化学处理技术

6.1　高浓废润滑油的化学处理技术

6.1.1　废润滑油的组成及形成原因

1. 组成

废润滑油包括废内燃机油、废工业润滑油和废电气绝缘油三大类。其中废内燃机油在废润滑油中占最大的比例，包括废汽油机油、废柴油机油和废航空润滑油。废工业润滑油主要由大型工业企业产生，主要包括废机械油、废汽轮机油、废液压油和废压缩机油。废电器绝缘油不同于一般润滑油，主要作用是液体电介质填充于电气设备中，包括废变压器油、废油开关油、废电缆油等。

2. 形成原因

廖蔚峰等报道（廖蔚峰等，2006），废润滑油的形成，主要有四个因素：①最主要的原因是被外来杂质污染。润滑油在使用过程中，由于系统和机器外壳密封不严，灰尘、沙砾、金属屑末或水分等浸入油中。此外润滑油吸收空气中的水分，会形成油水混合物。②润滑油热分解也是污染物产生的重要原因。润滑油在高温下会发生分解，产生胶质和积炭，从而使油品变质。③氧化，在使用过程中发生高温氧化和催化氧化等氧化反应，生成酸类和稠环芳烃等化合物，使油品变质。④燃油稀释，主要指内燃机润滑油，由于部分燃油没有完全燃烧而渗入润滑油中，使润滑油失去原有的润滑特性，变质失效。

6.1.2　废润滑油的化学处理技术

废润滑油中可再生基础油的比例在80%以上，再生工艺的生产能耗低于从原油中提炼基础油，而且成本低于原油的提炼加工，因此将废润滑油再生回收得到润滑油基础油具有重要的意义。

当前各国的报道中，废润滑油处理方式有丢弃、道路油化、焚烧、简单处理后作为燃料和再生成为润滑油基础油。将废润滑油经过工艺处理后成为再生润滑油，从技术、环境保护、资源利用以及经济角度看都是最合适的选择，因此废润滑油再生已经成为处理废润滑油的重要研究方向。国内外应用较广的废润滑油化学处理技术主要是加氢精制和硫酸精制。

1. 加氢精制技术

（1）蒸馏-加氢工艺

蒸馏-加氢工艺（冯全，2014）是对废润滑油先进行蒸馏，有效地分馏出轻质油组分和润滑油馏分，去除水分、部分胶质和沥青质等非理想组分；后续对润滑油馏分进行加氢精制，得到较为理想的润滑油基础油。

国际动力技术公司与海湾科技公司合作开发的 KTI 工艺（孙红翠，2011）是典型的蒸馏加氢工艺，其流程见图 6-1。通过分段蒸馏将润滑油馏分与水、柴油等轻烃成分分离，再对润滑油馏分进行加氢。再生润滑油基础油回收率可达 80%~85%，此工艺能够脱除废润滑油中残留的硫、氧及氮等混合物。但是加氢工艺流程对设备和操作的要求较高。

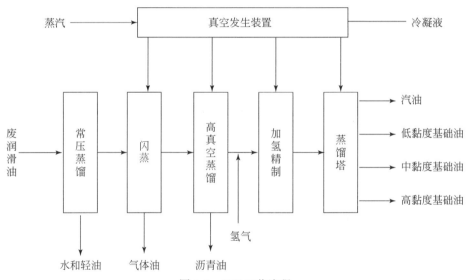

图 6-1　KTI 工艺流程

HyLube 蒸馏-加氢工艺（熊道陵等，2014）是 UOP 公司开发的工艺技术，此技术的工艺流程见图 6-2，首先将氢气加热，形成热氢，然后在高温高压的条件下，将热氢与燃料油在混合器中充分混合，再依次进入闪蒸塔和蒸馏塔，将沥青质和金属等杂质分离。然后催化加氢，进行脱硫和脱氮。后续在水和碱的参与下，在分离器中分离出废液，再将混合油品通过蒸馏工艺得到轻质油和不同黏度的润滑油基础油。此工艺处理后的润滑油可以达到高质量基础油的标准，收率可以达到70%左右。

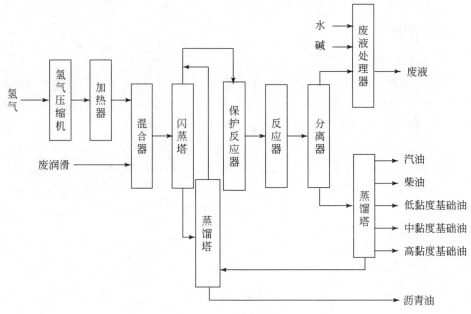

图 6-2 HyLube 工艺流程

Revivoil 蒸馏–加氢工艺（Antonina Kupareva et al., 2013）是由 Visscolube 公司研发的润滑油再生工艺，主要包括三个部分：预闪蒸、蒸馏去沥青部分和加氢精制。经过滤的废润滑油加热至140℃进入预闪蒸罐，分离出水和轻油；剩余部分进入闪蒸塔，在360℃条件下减压蒸馏，轻馏分为汽油从塔上分离出去，重馏分为沥青从塔下除去；中间馏分与氢气一起进入加氢精制反应器，在300℃下进行反应，反应后的产品通过闪蒸塔、汽提塔、干燥塔等得到酸性气和基础油产品；此工艺基础油收率达72%，质量可满足 API II 要求。Revivoil 工艺流程图见图 6-3。

（2）热处理–闪蒸蒸发–CO₂超临界抽提–加氢工艺（戴钧樑，1999）

此工艺流程是废油首先经过高温热处理，除去无灰浮油等添加剂，然后经闪蒸脱去轻质油，再进行 CO_2 超临界抽提，除去废油中的氧化缩合产物及添加剂等，得到的精制油再进行加氢，得到质量优良的基础油。

（3）超临界抽提–加氢–分馏（戴钧樑，1999）

此工艺流程是将废油与丙烷、丁烷等烃类在超临界条件下混合抽提，分离出不溶物，然后将超临界溶剂、油的混合物与氢气混合进行加氢精制，通过高压分离器，将氢气、油及超临界溶剂分离，再通过低压分离器将加氢油与丙烷等气体

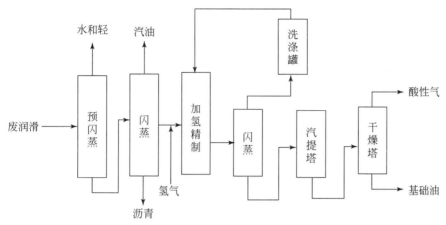

图 6-3　Revivoil 工艺流程

分离，最后通过分馏塔将加氢油分馏成不同黏度的基础油。

（4）薄膜蒸发–加氢工艺（戴钧樑，1999）

将废油在鲁瓦薄膜蒸发器中蒸馏，这种蒸发器蒸馏重质油时不易热分解，所得到的馏分在两台立式串联的滴流床反应器上进行加氢。此工艺使用的加氢催化剂一般采用 $\gamma\text{-Al}_2\text{O}_3$ 为其催化剂载体，因为 $\gamma\text{-Al}_2\text{O}_3$ 不仅可以分散活性金属，同时可以去除废油馏分中的磷化物及重金属。

2. 硫酸精制技术（郭长利，2007）

硫酸精制是废润滑油化学处理方法中另一种有效的再生手段，能有效提高再生油的品质。但由于硫酸精制会产生酸渣，对环境存在一定的污染，所以需要采取措施解决过程中产生的酸渣。硫酸精制技术的原理主要是通过化学反应，包括磺化、酯化、缩合、氧化等，以及物理溶解等作用处理废油中的各种污染物。处理方法如下所示：

（1）废油中的胶质、沥青质、沥青酸和炭粒

胶质、沥青质、沥青酸和炭粒是以悬浮微粒或胶体微粒的形态存在于废油中的污染物，大部分不溶于润滑油中。当加入硫酸后，这些胶体微粒及悬浮微粒通过絮凝作用沉降下来，与润滑油分离。而且在硫酸溶解及微粒絮凝的过程中，会发生氧化、缩合、磺化等复杂的化学反应，并放出二氧化硫。发生的化学反应为吸热反应，温度越高反应越剧烈，反应时间较长。

（2）废油中的含氧化合物

润滑油氧化会生成含氧化合物而变质，主要是羧酸类、羧酸酯类、醛类、酮类、酚类、过氧化物等，在一定条件下会缩聚成不溶性的含氧沉淀物、沥青质和

沥青酸。加入硫酸能使醛和酮类缩聚，并与醇反应生成硫酸酯，也能使含有机酸的酯类变成硫酸酯并析出有机酸，以及使一些不饱和有机酸缩聚成沥青酸。

(3) 废油中的含硫化合物

废润滑油中的含硫化合物有的是润滑油基础油中原有的，有的是添加剂加进来的，有的则是被污染引入的。其主要成分是噻吩类、氢化噻吩类（环状硫化物）、二硫化物、硫醇等硫化物。硫酸能与噻吩类化合物发生磺化反应，使其被氧化，以及使硫醇变成二硫化物。

(4) 废油中的含氮化合物

废油中的含氮化合物的来源与含硫化合物基本一致。含氮化合物可分为碱性氮化合物及中性氮化合物两类，碱性氮化合物包括脂肪胺和芳香胺，以及含吡啶环的化合物，碱性氮化合物能与硫酸很快反应，生成溶于硫酸的络合物。中性氮化合物主要是含吡咯环的化合物，能与硫酸发生磺化反应。

(5) 废油中的芳烃

废油中的芳烃主要来自基础油，加入降凝剂的润滑油也含有芳烃。芳烃侧链的不同会影响其发生磺化反应，多环芳烃比其他芳烃容易磺化。芳烃发生磺化反应时一般会生成含有一个磺酸基的磺酸化合物，但也能生成含有两个磺酸基的磺酸化合物。前者一般是油溶性的，后者则常是水溶性的。油溶性磺酸化合物主要留在油中，水溶性磺酸化合物主要进入酸渣中，但酸渣中也有一定数量的含有一个磺酸基的磺酸化合物。芳烃能被硫酸氧化缩聚成多稠环的胶质沥青质类物质。有一部分芳烃也能通过溶解于硫酸中除去。

(6) 废油中的烯烃

废油中的烯烃主要是润滑油在高温使用过程中裂化产生。废油在再生过程中遇到局部高温会裂化产生烯烃。烯烃活性比较高，能与硫酸发生加成反应，生成酸性硫酸酯溶于硫酸层中；还能继续与酸性硫酸酯反应，生成中性硫酸酯进入油层中。

(7) 废油中的饱和烃

在硫酸精制的条件下，废润滑油的主要成分饱和烃基本上是不与硫酸发生反应的。但是在较高温度下，具有叔碳原子的饱和烃能够与硫酸反应。

由上述可见，硫酸能与废油中存在的绝大部分污染物反应。对于非烃类的污染物有很强的脱除能力。控制酸用量，可以减少与饱和烃的反应。

3. 其他的化学处理技术

(1) 铵盐处理 (Benedict et al., 1980; Johnson et al., 1980; Johnson et al., 1981; Graham L et al., 1971)

废发动机油中一般都含有金属盐型的添加剂以及金属盐型的抗氧抗腐蚀添加

剂，其主要成分是钡、钙、锌金属盐。废汽油机油中还含有来自燃料的有机铅化合物或铅盐。这些钡、钙、铅和锌等重金属的存在，使得废润滑油无论是作为燃料使用，或作为道路油化防尘使用，都会造成严重的重金属污染。所以废润滑油处理一定要进行脱重金属处理。

用硫酸铵或硫酸氢铵水溶液处理废发动机油，是很有效的脱重金属方法。即重金属盐与硫酸铵或硫酸氢铵发生复分解反应，生成铵盐及不溶性的重金属硫酸盐。

有些反应在氢离子存在下能提高反应速度，所以用硫酸氢铵或等比例的硫酸铵与硫酸氢铵的混合物更为有效。另外用磷酸氢铵或磷酸氢二铵的水溶液作处理剂。在处理剂相对浓度为 30%~95% 的条件下进行脱金属处理。此反应为吸热反应，升高温度及延长接触时间有利于脱除重金属。

但是磷酸氢二铵或硫酸氢铵溶液处理废油时，容易生成沉淀，而且这些沉淀较难过滤分离，因此在过滤时需要加入助滤剂。例如在磷酸氢二铵、硫酸铵或硫酸氢铵处理时，同时加入 0.25%~0.5% 的多羟基化合物。多羟基化合物包括甘油、蔗糖醇类、单糖、二糖以及乙二醇，它们具有絮凝沉淀的作用，有助于分散的固体凝聚成为较大的易于过滤的沉淀。

（2）多硫代碳酸钠缓冲溶液处理（Legare，III et al.，1990）

以溶解状态留在油中的重金属，大多是金属盐类。加入多硫代碳酸钠缓冲溶液，重金属能够与其生成不溶解的多硫代碳酸重金属盐沉淀。过滤除去沉淀物从而除去溶解的重金属。

多硫代碳酸钠是用硫化钠（Na_2S）、二硫化碳与元素硫在 50~160℃ 的水中反应制得。配成 pH 不大于 12.5 的缓冲溶液。多硫代碳酸钠缓冲溶液也可用于处理废水，以脱除溶解的重金属盐。

（3）金属钠处理（任雅琳等，2010；Brunelle et al.，1983）

金属钠处理是一种能代替硫酸精制、溶剂精制、加氢精制等方法的精制手段。金属钠处理的原理是利用其非常活泼的化学反应能力，与废油中的变质物质反应，生成有机钠化合物及缩合的胶质状物质。然后将多余的钠除去，再将反应产物蒸馏，缩合的胶质会留在残渣中，蒸出的润滑油馏分是质量优良的基础油。

金属钠不能以块状形式与废油反应，因为反应是在金属钠固体表面进行，块状的金属钠表面积小，反应生成的胶质状物质会把大块未反应的金属钠包裹在里面，使其不能与废油接触而发挥作用。因此，金属钠在使用之前要处于分散状态。

（4）化学药品处理脱氯

废油中含有卤化芳烃，常见的有多氯联苯（PCB）、多氯二苯呋喃（PCDF）、多氯二苯二氧杂苊（PCDD）、多氯联三苯（PCT）等。这种含有氯化芳烃的废油具有毒性，需要对其进行脱氯处理。

加氢虽是最有效的脱氯方法，但因设备昂贵，技术复杂，只适合于较大规模的连续再生工艺。对较小规模的间歇处理装置，需要采用化学药品对其进行脱氯处理。以下是六种常见的化学药品处理脱氯。

①KPEG 试剂处理（戴钧樑，1999）

用氢氧化钾与聚乙二醇配制的试剂，简称 KPEG 试剂，处理含有多氯联苯、多氯二苯呋喃、多氯二苯二氧杂苊、多氯联三苯等的废油时，可以在温和的条件下脱氯，使多氯联苯降至 1mg/kg 以下，多氯二苯呋喃、多氯二苯二氧杂苊降到 1μg/kg 以下。反应机理是芳香环上的氯原子被聚乙二醇取代，同时生成氯化钾，除去卤素。

②过氧化钠、碳酸钾和聚乙二醇处理（Brunelle et al.，1982；Pytlewski et al.，1983）

对于含多氯联苯、多氯二苯二氧杂苊、多氯二苯呋喃总量达 2% 的废油，用过氧化钠、碳酸钾和聚乙二醇的混合物处理。反应温度为 85℃、反应时间 3h，可将这些多氯芳烃的总含量降至 36mg/kg。

③含有金属氢氧化物的乙醇溶液处理（Wilwerding et al.，1990）

在金属卤化物催化剂作用下，含有金属氢氧化物的乙醇溶液或甲醇溶液可以处理含有多氯联苯之类化合物的废油。金属氢氧化物，主要是碱金属的氢氧化物，效果最好的是氢氧化钾。金属卤化物催化剂，宜用三氯化铝及三氯化铁。最好是无水的三氯化铝与三氯化铁的混合物。反应机理是多氯联苯与氢氧化钾反应生成氯化钾而沉淀出来，多氯联苯则转化为多元酚。

④碱的水溶液处理（Legare，III et al.，1990）

此方法的过程是将含有氯化合物的废油，与碳酸钠水溶液充分搅拌均匀后于 100 ~ 125℃、0.15 ~ 0.25MPa 的条件下反应 1 ~ 3h，然后用试纸检测为中性时，再静置 4h 以上，将碱渣过滤除去。

⑤氢化钠和乙二胺处理（戴钧樑，1999）

污染的废变压器油含多氯联苯，将它与氢化钠及乙二胺反应，在 55 ~ 65℃，反应 150min。生成氯化钠、氢气和聚二苯基胺，多氯联苯含量降到 6mg/kg 以下。

⑥金属氧化物处理（戴钧樑，1999）

复合金属氧化物可用于处理含氯废油以及其他含氯废物，如溶剂、油漆、染料、农药、除草剂、防腐剂和非卤素塑料等。步骤是将待再生处理的废润滑油沉降后与复合金属氧化物吸附剂进行混合形成反应物体系，控制反应物体系温度为 60~90℃，时间为 20~40min，最后分离并去除复合金属氧化物，得到再生基础油。

6.2　高浓废有机溶剂的化学处理技术

6.2.1　有机溶剂分类与性质

有机溶剂是在生活和生产中广泛应用的一类有机化合物，分子量不大，存在于涂料、黏合剂、漆和清洁剂中。有机溶剂的种类较多，按其化学结构可以大致分为以下几类。

①烃类溶剂：含有碳氢两种元素的有机化合物叫烃，根据结构的不同可以分为脂肪烃和芳香烃。常见的烃类溶剂有己烷、苯、甲苯、二甲苯等。

②醇类溶剂：分子中脂肪烃基与羟基直接相连的有机化合物属于醇类。醇类有机溶剂又被分为水溶性一元醇溶剂、低水溶性一元醇溶剂和多元醇溶剂。

③醚类溶剂：醚是醇或酚羟基中的氢被烃基取代的产物，醚类溶剂常见的有乙醚和环氧丙烷等。

④酯类溶剂：酸（羧酸或无机含氧酸）与醇反应生成的一类有机化合物叫做酯。酯类溶剂种类很多，常用的有乙酸甲酯、乙酸乙酯、乙酸正丙酯。酯类溶剂不溶于水，多用作油性有机物的溶剂。

⑤酮类溶剂：酮是羰基与两个烃基相连的化合物。酮类溶剂主要有丙酮和甲乙酮（2-丁酮）。酮类溶剂是可溶于水的亲油性溶剂，溶解范围较广，对许多有机物都有溶解能力。

⑥酚类溶剂：酚是羟基（—OH）与芳烃核（苯环或稠苯环）直接相连形成的有机化合物。酚类溶剂包括苯酚和苯甲酚等。它们是熔点较高的弱酸性的有机物，有较强的毒性，平时主要用作杀菌剂和消毒剂（梁治齐，2000）。

6.2.2　危害及污染特征

不同的有机溶剂会对人体产生不同的危害，酒精、苯、二氯乙烷等会对神经系统造成破坏。氯化烃类溶剂会对肝脏机能造成损伤，烃类卤化物、苯及其衍生物会损坏肾脏机能。苯及其衍生物会损害骨髓而造成贫血现象。大部分溶剂包括氯仿、三氯甲烷、醚、苯等都会刺激黏膜及皮肤。

6.2.3　废有机溶剂的化学处理技术

1. 间接电化学氧化体系处理废有机溶剂

间接电化学氧化（MEO）作为一种替代焚烧的技术，通过一系列的电子传递过程，采用银、钴和铈等金属离子（通常以金属离子作为中介体），在硝酸和硫酸等溶液中，常压和低温（30～70℃）条件下将废有机溶剂氧化为二氧化碳和水。间接电化学氧化有许多的优点：废有机溶剂和氧化产物（除去气体）都存在于溶液中，几乎没有二次污染产物；操作过程简单，方便实行自动化控制。成章（成章等，2008）等采用银媒介间接电化学氧化（Ag/MEO）体系对废有机溶剂（磷酸三丁酯）进行氧化分解处理，避免了废磷酸三丁酯溶剂采用传统焚烧处理会产生五氧化二磷等严重腐蚀设备物质的问题。

间接电化学氧化实验装置简图见图 6-4，主要由阳极室和阴极室两个部分构成，制造材料为聚四氟乙烯。中间用膜隔开，防止在阳极被氧化的银离子又在阴极上被还原。四周用螺栓固紧。阳极为自制 Ti/PbO_2 电极，阴极为 Ti 电极。实验过程中，将反应容器置于恒温槽中，阳极加入机械搅拌装置，阴极不断鼓入空气。阳极溶液为 200mL 一定浓度的硝酸银和硝酸溶液，阴极溶液为 200mL 硝酸溶液（成章等，2008）。

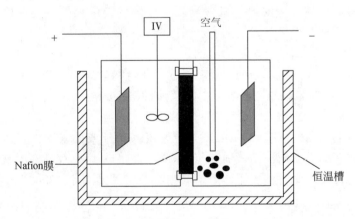

图 6-4　间接电化学氧化实验装置示意图

Ag^{2+} 浓度的测定是在一定的通电时间间隔下取 1mL 阳极溶液，加入 2mL 含有 0.5mol/L 的硝酸钴和 3.5mol/L 的硝酸溶液，使 Ag^{2+} 氧化 Co^{2+} 为 Co^{3+}，并在 606nm 波长下测定吸光度，并与事先绘制的标准曲线对比得到 Ag^{2+} 的浓度。溶液总有机碳（TOC）去除率为不同反应时间下测得的 TOC 值与初始加入磷酸三丁酯的 TOC 值的比值。

在间接电化学氧化过程中阳极发生的反应是

$$Ag（Ⅰ）\longrightarrow Ag（Ⅱ）+e^- \tag{6-1}$$

$$Ag（Ⅱ）+有机物 \longrightarrow CO_2+H_2O+Ag（Ⅰ） \tag{6-2}$$

间接电化学氧化处理有机物的关键在于高价金属离子的产生，Ag^{2+} 对废磷酸三丁酯的氧化分解分析过程如下。

阳极溶液中加入 1mL 磷酸三丁酯后，测定不同反应时间溶液的总有机碳（TOC）值，结果发现 TOC 变化的趋势是先增大后减小（成章等，2008）。可以推断，对磷酸三丁酯的氧化过程并不是直接将磷酸三丁酯氧化为磷酸，而是首先将磷酸三丁酯转化为易溶于水的小分子中间物质（如磷酸一丁酯、磷酸二丁酯等），因此导致了溶液 TOC 值的增加；然后才将这些中间物质进一步分解为二氧化碳和水。

此外，温度也会对磷酸三丁酯的降解速率产生影响，通过研究发现 Ag/MEO 体系氧化分解磷酸三丁酯的过程可以分为两个步骤，第一个步骤是 Ag^{2+} 离子的产生，第二个步骤是 Ag^{2+} 离子氧化分解磷酸三丁酯。低温更有利于维持 Ag^{2+} 离子的高浓度，但温度越高，磷酸三丁酯氧化的速度也越快。这说明第二个步骤是控制步骤。

由于在磷酸三丁酯氧化的初始阶段，溶液的 TOC 值因为磷酸三丁酯分解生成的小分子物质的溶解反而增加，根据 TOC 变化得到的计算结果无法准确体现各个过程的电流效率。所以采用可溶于水的磷酸二丁酯代替磷酸三丁酯来考察体系的电流效率。在阳极中加入 3mL 磷酸二丁酯溶液，其中磷酸二丁酯的浓度是 1.12mol/L，温度 50℃，0.5mol/L 硝酸银溶液和 8mol/L 硝酸溶液，电流密度 1A/cm²。磷酸二丁酯完全氧化分解的反应为：

$$C_8H_{19}PO_4+48Ag^{2+}+16H_2O \longrightarrow 8CO_2+H_3PO_4+48Ag^++48H^+ \tag{6-3}$$

完全氧化 1mol 磷酸二丁酯需要 48mol 的 Ag^{2+}，将通电量与由 TOC 换算成的被氧化的碳的质量相比，可以得到电流效率值。反应过程中的 TOC 变化及各个时间段的电流效率变化如表 6-1 所示。

可以发现，在最初的 20min 电流效率最高，可以达到 101.61%，随后 40min 电流效率在 75% 左右，下一阶段电流效率呈降低的趋势。原因可能是由于本反应各物质之间的接触程度会明显影响其反应情况，在初始阶段有机物的浓度较高时，可以与产生的 Ag^{2+} 充分接触，因而降解速率较快，电流效率也较高；随着有机物的消耗，Ag^{2+} 与有机物分子的接触机会相对减小，所以导致了电流效率的下降。

表 6-1 磷酸二丁酯氧化过程中溶液的 TOC 和电流效率的变化（成章等，2008）

t/min	TOC/(g/L)	电流效率*/%
0	5.716	—
20	4.451	101.61
40	3.539	73.25
60	2.577	77.27
90	1.407	62.65
120	0.336	57.35

*：相邻时间段内的电流效率。

2. 近/超临界水氧化法处理废有机溶剂

超临界水氧化技术（supercritical water oxidation，SCWO）是利用超临界水的性质，在高于水的临界温度 T_c 和临界压力 P_c 的条件下，以氧气或双氧水等作为氧化剂，使有机物和氧化剂在超临界水介质中发生均相氧化反应。由于高温、高压且反应为均相，有机物的氧化反应完全，被转化为二氧化碳和水；硫化物转化为硫酸盐和其他无机盐一起沉积分离；氮化物转化为氮气和二氧化碳一起排出（朱自强，2000；彭英利等，2004）。所以超临界水氧化技术是一种净化效率高、反应速率快、分解彻底、无二次污染的有机废物处理技术。

利用超临界水作为介质处理废有机溶剂的超临界水氧化技术已经有很多报道，但是利用过热近临界水（温度在 500℃ 以上，压力在 20～22MPa）作为介质氧化处理废有机溶剂的报道很少。与超临界水氧化技术相比，由于操作压力较小，过热近临界水氧化技术具有设备成本和运行费用低、腐蚀小、系统稳定性强等更多的技术经济优势，更有利于工业化应用（赵光明，2015）。

赵光明（2015）通过分析临界区水的性质，从理论上得出废有机溶剂的过热近临界水氧化效率与超临界水氧化效率相当。过热近临界水与超临界水相比，压力相对较低，温度相对较高，因而氢键作用较弱，性质更趋于极性较低的有机溶剂；在 20MPa 以上压力对有机废水混合物的密度影响较小，降低反应压力只较小程度地降低废水混合物的密度和反应速率，但提高反应温度又能补偿反应速率的损失；在水的临界区，扩散系数也随温度升高和压力降低而增大，所以过热近临界水的扩散系数大于超临界水，有机物和氧气在其中扩散性和混溶性比超临界水更好，有利于提高反应速率。

过热近临界水氧化实验系统为连续型设备，设备压力和温度可满足实验要求。系统主要由废水贮存及泵入系统、废水预热换热系统、氧气贮存及泵入系统、反应器、排水与冷却系统、监测与控制系统、安全与冲洗排水系统等几部分组成。实验系统流程，主要为用高压柱塞计量泵将废水依次泵入预热器和反应器，氧气由高压隔膜压缩机从气瓶泵入反应器，在有机物和氧气反应器中反应后排出的净化水流经预热器换热，经过冷却，然后通过背压阀减压后经气液分离器排出。在反应器底部聚集的盐水定期经排盐水口排出，冷却后排放（赵光明，2015）。过热近临界水氧化实验系统流程见图 6-5。

赵光明（2015）对过热近临界水氧化处理废有机溶剂研究发现，过热近临界水氧化技术同超临界水氧化技术一样，对丙烯腈和苯甲腈等有机物有很好的氧化去除效果，具有净化效率高、氧化速度快、无二次污染等优点，在实验室条件下，采用合理的操作参数 COD 去除率可达到 99% 以上。

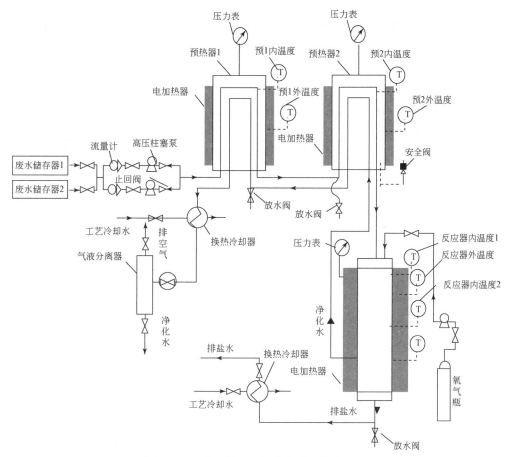

图 6-5　过热近临界水氧化实验系统流程图

3. H_2O_2-Fe^{2+}/TiO_2-H_2SO_4处理废有机溶剂

羟基自由基（·OH）是一种氧化性极强的活性基团，能够通过链式反应氧化分解多种有机物。一般选用芬顿试剂（Fenton reagent）反应，即利用Fe^{2+}和H_2O反应产生的·OH引发链式氧化反应。反应产生的·OH可与有机物发生两种类型的反应，即抽取有机物分子上活泼氢的抽氢反应和加成在有机物分子不饱和键上的加成反应。反应形成了一条有效的循环反应链，通过该链式反应，磷酸三丁酯和煤油将最终被分解为简单的低碳小分子有机物（翼小元等，1996）。

报道的一种H_2O_2-Fe^{2+}/TiO_2-H_2SO_4处理废有机溶剂的实验过程是取30mL的磷酸三丁酯：加氢煤油＝3∶7（V/V）配制而成的煤油模拟废液加入反应釜中，同时加入市售30%（V）的过氧化氢溶液、0.1mol/L Fe^{2+}溶液催化剂和1.0mol/L H_2SO_4溶液酸化剂，并以二氧化钛（钛白粉）作为辅助催化剂。实验装置由一个500mL四口烧瓶、温控仪、电磁搅拌器、油浴锅、冷凝管及尾气吸收装置组成。该反应工艺流程如图6-6所示。升温、搅拌达到所需温度后，滴加过氧化氢和酸化后的Fe^{2+}溶液。随着反应进行，反应液颜色由无色变为黄色，冷凝液接收瓶中出现无色透明的油相和水相。浓硫酸吸收液逐渐由无色变为黄色，直至棕红色。在反应过程中，有明显的气泡从尾气吸收装置逸出，二氧化碳吸收瓶由无色透明变得浑浊，甚至有晶体析出。反应结束后，反应釜残液分层，上层为油相（黄色），下层为水相（浅黄色）（翼小元等，1996）。

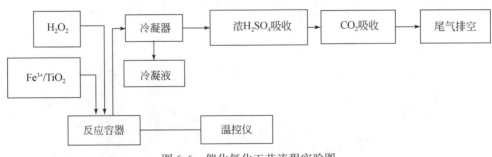

图6-6　催化氧化工艺流程实验图

6.2.4　废有机溶剂的物理处理方法

除上述化学处理方法之外，常用来处理废有机溶剂的方法还有常压蒸馏法（田国元等，2002；R·比利特，1988）、精馏法（闫光绪等，2001；王春蓉，2011）、气提法（Turner R J，1989）、萃取法（戴猷元等，1991；张瑾等，2001）等物理方法。蒸馏、精馏和气提法根据不同组分具有不同的沸点原理，利用液体中各组分的挥发度差异，借助回流的工程手段实现各组分的分离。萃取法则借助各组分溶解度的差异达到分离的目的。采用物理方法处理废有机溶剂，可以实现对其分离处理。但废有机溶剂成分复杂，今后的研究重点仍需放在化学处理手段上。

6.3　高浓废酸废碱的化学处理技术

6.3.1　高浓废酸废碱的来源及危害

高浓废酸废碱的来源非常广泛，化纤、电镀、制酸、炼油以及金属加工等过程都会产生大量高浓废酸或废碱。例如在精炼石油产品过程中，产生大量高浓废酸废碱；液晶显示板或集成电路板生产过程使用酸浸蚀剂进行氧化物浸蚀会产生高浓废酸液；金属表面处理、热处理加工及钢的精加工同样会产生的大量废酸液。使用碱进行电镀阻挡层或抗蚀层的脱除会产生大量的废碱液。在我国纺织行业中，其生产过程中对水资源造成的污染也极其巨大，主要是因为纺织行业在漂洗、印染等生产过程中会产生大量的废碱。例如，使用氢氧化钙、硫化钙对毛皮鞣制及制品加工产生大量废碱液。同样，在纸浆制造过程蒸煮制浆也会产生大量废液、废渣（张聪，2016）。

高浓废酸废碱成分复杂、污染物种类多、化学需氧量（COD）浓度高、毒害性大、可生化性差（黄代桥，2013）。将含高浓度酸碱的废水直接排放，会腐蚀管道，损坏农作物，伤害鱼类等水生物。如果不能采取有效措施对其进行综合处理，不仅浪费资源，造成严重的环境污染，破坏自然生态环境，而且将对人们的身体健康产生极大危害，同时会阻碍社会经济的可持续发展（黄代桥，2013）。因此，必须对高浓废酸废碱进行回收和综合利用，处理达到标准后才能排放。

6.3.2　高浓废酸废碱的化学处理技术

1. 湿式氧化法

湿式氧化法主要是对废水进行氧化，将废水转化成氮气、二氧化碳以及水等无毒无害物质。湿式催化氧化技术一般用于难以溶解、有毒物质和高浓度的废酸废碱处理，这种技术操作简便、实用性强、效率快、用途多（曹喜凤，2018）。湿式氧化法技术在 20 世纪 90 年代达到工业化水平，目前在国外已实现工业化，广泛应用于含硫废水、含酚废水、造纸等工业废水的处理（赵洪泼，2018）。另外，研究人员为降低反应温度和反应压力，加快反应速率，对传统湿式氧化处理技术进行了改进，重点研究湿式氧化技术中加入高效、稳定的催化剂（袁松，2020）。

石油炼制生成的轻质油品（如汽油、柴油等）中含有硫化氢、硫醇、环烷酸等酸性杂质，通常通过碱精制、预碱洗和碱洗等过程去除这些杂质，保证油品品质。碱精制、预碱洗和碱洗过程均是利用碱与杂质反应从而脱除杂质，反应生成的盐类溶解到剩余碱液，形成含有大量硫化钠、硫醇钠等恶臭污染物的液态废碱渣（程俊梅，2006），该工艺流程见图6-7所示。

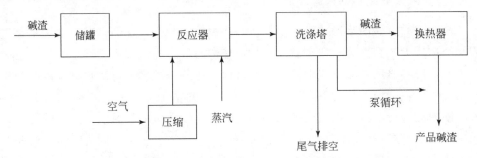

图 6-7　湿式氧化法工艺流程图

为除去这些杂质，可以采用低压空气氧化法使废碱液中的 S^{2-}、SR^- 转变为 $S_2O_3^{2-}$、$RSSR$。该过程能否成功操作取决于温度、压力和空气与水的接触，尤其是空气与水的传质速度将会较大地影响硫化物的氧化去除速率和空气中氧气的利用率。低温湿式氧化法（110～120℃）可使硫化物氧化，使其减少但不能完全氧化为硫醇，并可使 COD 减少。低温湿式氧化法不会氧化苯酚（甲酚）和环烷酸。若环烷酸存在，不能消除泡沫。中等温度湿式氧化法（200～220℃）可以减少硫化物和酚类化合物（甲酚）并大幅度降低 COD，产物可被生物降解。高温湿式氧化法（240～270℃）可以减少硫化物和酚类（甲酚），消除废碱液的发泡倾向，可降解并大幅降低 COD（钱伯章，2010）。

2. 酸化吹脱法

酸化是通过加酸使体系由碱性或中性变成酸性的过程。吹脱是利用通入的空气来破坏废水中的气液平衡状态，使废水中溶解的气体和易挥发溶质转移到气相，达到污染物脱除的目的，是一种气液相转移分离法。酸化吹脱法采用酸化处理的同时利用吹脱技术，逐步降低废物的浓度。该方法可用于去除二氧化碳和硫化氢等有毒有害溶解性气体，其处理废水的推动力主要是挥发污染物在废水和大气中的浓度差（闫龙等，2013）。

　　目前，我国大多数油田进入中后期开采阶段，部分油田后期采出液综合含水率达 90% 以上，产生大量含高浓度硫化氢的废酸污水（贾生中等，2013）。吹脱法是处理含硫油田废水中硫化氢的有效方法，通过向废酸水中注入吹脱气来降低硫化氢的气相分压，使硫化氢从废酸污水中解吸出来。工业上最常用的吹脱装置是强化式吹脱池和塔式吹脱池。梁宏宝等（2017）针对国内油田集输系统污水中硫化氢的成因，在吹脱法的基础上对脱除硫化氢装置进行优化设计，建立了二级连续吹脱污水中硫化氢的工艺流程。升高吹脱温度和增加吹脱气流量，降低污水初始 pH 和含油浓度可有效提升废酸污水中硫化氢的脱除率。

3. 铁屑还原–混凝法

　　铁屑还原–混凝法主要用于印染、染料、石油化工、表面活性剂、重金属废水处理等方面。此法适用范围宽、操作方便，并且使用来自金属切削行业的垃圾铁屑，处理成本低廉。采用铁屑还原–混凝法处理经无烟煤和粉煤灰吸附处理后的酸化废水，对于废水中的有机酸、有机含硫化合物具有良好的去除效果。采用铁屑还原–混凝法去除废水中的污染物是铁屑电化学作用、氧化还原作用、混凝吸附作用及焦炭表面的吸附催化作用等多种作用的共同结果（张焕祯等，2003）。

　　张焕祯等（2003）利用铁屑还原–混凝法处理石油精制废碱液酸化废水，充分利用经无烟煤和粉煤灰吸附处理后的酸化废水 pH 低的特点，使用加有焦炭末的铁屑柱辅以混凝技术处理废水，对有机酸、硫化物去除效果良好。实验中使用的催化汽油废碱液酸化混合废水水质见表 6-2。

表 6-2　废水水质

项目	pH	COD_{Cr}/(mg/L)	石油类/(mg/L)	有机酸/(mg/L)	硫化物/(mg/L)	酚类/(mg/L)	硫酸盐	颜色	气味
含量	3.2	27800	135	7200	2550	3860	饱和	微黄	轻微臭味

　　在实验确定的条件下，可使废水中 COD 的去除率达到 60%~62%。同时该技术对于进水 COD 和 pH 有良好的抗波动性。在铁屑处理过程中，产生了大量的 Fe^{2+}，使废水的 pH 上升，减少了混凝过程的加碱量和混凝剂用量，降低了处理费用。

4. 破乳酸化法

　　破乳是指乳状液的分散相小液珠聚集成团，形成大液滴，最终使油水两相分离的过程。破乳方法有多种，可分为物理机械法和物理化学法。物理机械法有电沉降、过滤、超声等；物理化学法主要是改变乳液的界面性质而破乳，如热力法、破乳剂法（张焕祯等，2003）等。热力法破乳主要是通过调整破乳温度、时间达到相应的破乳效果。破乳剂法通过加入不同的破乳剂，同时注意控制破乳剂的浓度，以实现最优的破乳效果。酸化的具体方法以及酸化中和程度，要根据体系中物质组成和性质来判断。

　　李向富（2007）利用破乳–酸化方法处理大庆石化公司化工二厂丁辛醇装置产生的废碱液，该工艺流程图如图6-8所示。实验过程中将辛醇废碱液调到偏酸性以后，该废碱液形成白色的乳状液。这种乳状液是由于溶液的pH降低（由碱性到酸性），使辛醇废碱液中有机物的溶解度降低，从而使一部分有机物以极小的液滴析出，并散布在水溶液中形成的现象。再以C_8以上的单醇或C_6以上的碳氢化合物作萃取剂，使酸化后形成的乳状液彻底破乳。采用酸化破乳法治理辛醇废碱液达到了治理目的，治理后的废水COD去除率达到50%，油去除率达到80%以上。对治理后的废水进行的可生化性研究表明，辛醇废碱液经过破乳治理后不会对化工污水造成不利影响。

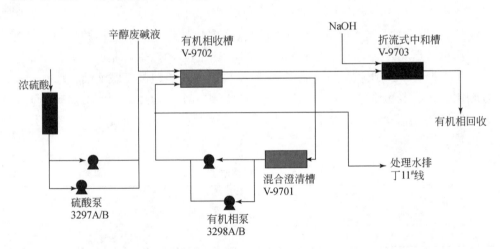

图6-8　酸化破乳法治理辛醇废碱液工艺流程图

　　破乳–酸化法处理技术既能消除直馏柴油废碱液对环境的污染，又能从废碱液中回收有价值的产品。以李向富（2007）采用破乳酸化法处理直馏柴油精制废碱液为例，该实验分3个步骤：破乳处理；破乳后的废碱液酸化处理；副产品硫酸钠的回收。直馏柴油废碱液处理的关键步骤之一是尽量除去乳化包裹的油状物。分离并回收废碱液中的油，要求必须进行破乳处理。考虑到工业实施的可行性以及尽可能地降低成本，常会采用热力法破乳和乳剂法处理技术，能够去除废碱液中80%以上的石油类物质，破乳处理在回收柴油的同时改善了环烷酸的质量；破乳后的直馏柴油废碱液使用浓硫酸酸化，能够确保废水中环烷酸的产出率及硫酸钠的结晶率等各项指标均处于最佳状态。酸化生成的硫酸钠结晶，易于从酸化废碱液中分离和回收。经该方法处理后的废碱液的 COD 下降率可达 93.4%，除油率为 87%，副产物硫酸钠能得到最大限度地回收利用。同时该方法设备简单，处理费用低廉，易于实现工业化。

5. 组合工艺法

有机废碱液经常采用组合工艺的方法进行处理，其工艺包含酸碱中和、絮凝沉淀和芬顿氧化处理，实验采用的有机废碱液处理工艺流程如图 6-9 所示。由于废碱液 pH 较高，首先使用废酸调节有机废碱液的 pH，当有机废碱液 pH 降到 7 时，发现有大量的絮体，故采用絮凝沉淀处理。絮凝沉淀后，用废酸继续调节 pH 至 5，然后进行芬顿氧化处理。出水加入氧化钙调节 pH 至 9 之后，再进行二次絮凝沉淀。调节溶液的 pH 至酸性，再进行芬顿氧化。利用 Fe^{2+} 为催化剂在酸性条件下氧化分解过氧化氢，产生羟基自由基，进而把有机污染物质最终氧化成无机酸、盐、二氧化碳和水（冷超群等，2018）。

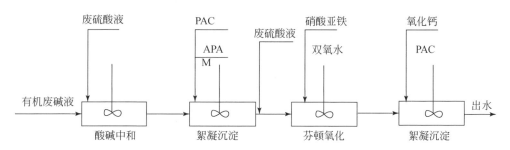

图 6-9　有机废碱液处理工艺流程图

酸中和-湿式空气氧化法也是一种常见的组合工艺。来自炼油厂中的碱渣通常有高的化学需氧量，并含有有害化学物质，具有危害性、抑制性和生物难治理性。碱渣废水中的化学品包括硫化物、硫醇以及有机物种，如环烷基和甲酚酸的钠盐。碱渣废水难以用常规的生物法来处理。其典型的预处理技术包括酸中和及湿式空气氧化。酸中和可使 COD 大幅降低，除去硫化物和环烷酸，但不能去除酚类化合物或产生可降解的污水。因此需要再采用湿式空气氧化法处理，可以达到良好的处理效果（钱伯章，2010）。

徐永波等（2019）采用另外一种组合工艺（电解-芬顿-臭氧氧化法）处理宜昌某化工厂产生的化工废水。依次通过二连铁碳微电解、芬顿、臭氧和第三次铁碳微电解对废水进行处理，降解率可达到 90.1%。

参 考 文 献

曹喜凤, 2018. 化工生产过程中的化学污染废水处理技术探讨 [J]. 中国资源综合利用, 36 (03): 46-47.

陈英瑞, 沈志刚, 1999. 含油乳化污水破乳除油的实验研究及应用 [J]. 石油化工环境保护, (02): 9-13.

成章, 王京刚, 文明芬, 等, 2008. 间接电化学氧化体系处理废有机溶剂 [J]. 北京化工大学学报 (自然科学版), (02): 14-17.

程俊梅, 2006. 湿式氧化法处理汽油碱渣和液态烃碱渣 [J]. 工业安全与环保, (03): 44-45.

戴钧樑, 1999. 废润滑油再生 [M]. 北京: 中国石化出版社, 1-5.

戴猷元, 徐丽莲, 杨义燕, 等, 1991. 基于可逆络合反应的萃取技术 [J]. 化工进展, (1): 30-34.

冯全, 2014. 废润滑油加氢再生工艺研究 [J]. 石油技术与应用, 5 (32): 408-412.

郭长利, 2007. 硫酸—白土精制工艺在废机油再生中的应用 [J]. 一重技术, (02): 66-68.

黄代桥, 2013. 试论我国工业废水处理的现状和进展 [J]. 科技资讯, (19): 119.

冀小元, 云桂春, 1996. $H_2O_2 - Fe^{2+}/TiO_2 - H_2SO_4$ 处理废有机溶剂的研究 [J]. 污染防治技术, (21): 15-20.

贾生中, 王云昆, 陈杰, 等, 2013. 油田外排污水处理技术及研究进展 [J]. 资源节约与环保, (10): 70-71.

冷超群, 董涛, 边文强, 等, 2018. 物化法处理有机废碱液的实验研究 [J]. 煤炭与化工, 41 (03): 155-160.

李向富, 2007. 酸化-破乳法治理辛醇废碱液 [J]. 环境工程, (02): 4, 34-36.

梁宏宝, 韩东, 陈洪涛, 等, 2017. 吹脱法处理油田集输系统污水中 H_2S 小型工艺试验 [J]. 油气田地面工程, 36 (09): 24-28.

梁治齐, 2000. 实用清洗技术手册 [M]. 北京: 化学工业出版社, 81.

廖蔚峰, 慎义勇, 2006. 废矿物油的处理处置 [J]. 中国资源综合利用, (12): 17-20.

彭英利, 马承愚, 2004. 超临界流体技术应用手册 [M]. 北京: 化学工业出版社.

钱伯章, 2010. 采用湿空气氧化法处理炼油厂废碱 [J]. 炼油技术与工程, 40 (08): 4.

任雅琳, 郭大光, 王利芳, 2010. 废润滑油再生技术应用现状 [J]. 广州化工, 38 (12): 58-59.

孙红翠, 2011. 国内外废润滑油的再生工艺技术 [J]. 石油规划设计, 4 (22): 17-22.

田国元, 刘辉, 2002. 几种常见废有机溶剂的回收利用 [J]. 重庆环境科学, 24 (5): 78-79.

王春蓉, 2011. 共沸精馏技术研究及应用进展 [J]. 矿冶, 20 (1): 47-49.

熊道陵，杨金鑫，张团结，等，2014. 废润滑油再生工艺的研究进展 [J]. 化工进展，10（33）：2778-2784.

徐永波，王小凤，胡正茂，等，2019. 高级氧化技术组合工艺处理高 COD 化工废水 [J]. 资源节约与环保，（11）：69-71.

闫光绪，张金辉，杨小梅，2001. 精馏法处理高浓度有机腈废水技术研究 [J]. 当代化工，30（4）：199-201.

闫龙，王玉飞，李健，等，2013. 工业废水常规处理方法概述 [J]. 榆林学院学报，23（04）：41-46.

袁松，2020. 催化湿式氧化催化剂处理有机废水研究进展 [J]. 当代化工研究，（7）：124-125.

张聪，2016. 工业废水处理现状与解决对策思考 [J]. 资源节约与环保，（04）：44-49.

张焕祯，沈洪艳，李淑芳，等，2002. 破乳–酸化法处理直馏柴油精制废碱液 [J]. 石油化工，（08）：629-632.

张焕祯，沈洪艳，李淑芳，等，2003. 铁屑还原–混凝法处理石油精制废碱液酸化废水试验 [J]. 水处理技术，29（5）：304-306.

张瑾，戴猷元，2001. 有机废水的萃取处理技术 [J]. 现代化工，（07）：49-52.

赵光明，2015. 有机废水过热近临界水氧化理论与实验研究 [D]. 太原：中北大学.

赵洪波，2018. 高级氧化技术降解废水中有机污染物研究进展 [J]. 科学技术创新，（2）：153-154.

朱自强，2000. 超临界流体技术 [M]. 北京：化学工业出版社.

R. 比利特，1988. 间歇蒸馏 [M]. 北京：烃加工出版社，54-65.

Antonina Kupareva, Päivi Mäki-Arvela, Dmitry Yu, et al., 2013. Technology for rerefining used lube oils applied in Europe: a review [J]. Journal of Chemical Technology & Biotechnology, 88（10）：1780-1793.

Benedict, Bruce C, 1980. Treatment of recycled ammonium sulfate- bisulfate solution [P]. US, 4224142.

Brunelle, Daniel J, 1982. Method for removing polyhalogenated hydrocarbons from nonpolar organic solvent solutions [P]. US, 4351718.

Brunelle, Daniel J, 1983. Method for removing polyhalogenated hydrocarbons from nonpolar organic solvent solutions [P]. US, 4410422.

Graham L, Gulick, 1971. Rerefining of waste Crankcase and like oils [P]. US, 3620967.

Johnson, Conrad B, 1980. Process for removing metal contaminants from used lubricating oils [P]. US, 4204946.

Johnson, Marvin M, 1981. De-ashing lubricating oils [P]. US, 4247389.

Legare III, Thomas G, 1990. Method for removing dissolved heavy metals from waste oils, industrial wastewaters, or any polar solvent [P]. US, 4943377.

Pytlewski, Louis L, 1983. Method for decomposition of halogenated organic compounds [P]. US, 4400552.

Turner R J, 1989. Waste treatability tests of spent solvent and other organic wastewaters [J]. Environmental Progress, 8 (2): 113-119.

Wilwerding Carl M, 1990. Degradation of polychlorinated biphenyls [P]. US, 4931167.

第 7 章　非常规固体废弃物的化学处理技术

7.1　危险废弃物的化学处理与处置方法

7.1.1　危险废弃物

1. 危险废弃物的定义

危险废弃物是指列入《国家危险废物名录》或者根据国家规定的危险废弃物鉴别标准和鉴别方法认定的具有腐蚀性、毒性、易燃性、反应性或者感染性等一种或者几种危险特性的，以及不排除具有以上危险特性的固体、液体或其他形态的废弃物，可以是废弃的商用产品，或者是制造工艺过程中的副产品（CN-HJ，2014）（图 7-1）。对于危险废弃物，至今还没有统一的定义，不同国家或组织都有各自的解释，但都强调对人类和环境的毒性或潜在毒性。

图 7-1　5 种危险废弃物特性标识

危险固体废弃物通常有一定的毒害性、腐蚀性、传染性，这些垃圾的存在对人们生活的影响明显高于一般性固体垃圾（刘慧，2018）。毒害性、腐蚀性、传染性固体废弃物来源非常广泛，成分复杂多变，并且在不同的行业领域产生的危险固体废弃物的性质也大不相同（李金惠等，2019）。通常，医疗废弃物、工业源废弃物、社会源废弃物、电子废弃物是危险固体废弃物的主要类型。

高毒性固体废弃物是指所含有毒性、致癌性、致突变性和生殖毒性物质含量超过国家限定标准（GB 5085.6—2007）的固体废弃物。这些物质包括：①剧毒物质，指具有非常强烈毒性危害的化学物质，包括人工合成的化学品及其混合物和天然毒素，且其在固体废弃物中总含量≥0.1%；②有毒物质，经吞食、吸入或皮肤接触后可能造成死亡或严重健康损害的物质，且其在固体废弃物中总含量≥3%；③致癌性物质，可诱发癌症或增加癌症发生率的物质，且其在固体废弃物中总含量≥0.1%；④致突变性物质，可引起人类的生殖细胞突变并能遗传给后代的物质，且其在固体废弃物中总含量≥0.1%；⑤生殖毒性物质，对成年男性或女性性功能和生育能力以及后代的发育具有有害影响的物质，且其在固体废弃物中的总含量≥0.5%；⑥持久性有机污染物，具有毒性、难降解和生物蓄积等特性，可以通过空气、水和迁徙物种长距离迁移并沉积，在沉积地的陆地生态系统和水域生态系统中蓄积的有机化学物质。高毒性固体废弃物一般来源于医药生产、农药生产、化学品制造行业以及化工生产行业，包括医药废弃物、农药废弃物、多种有毒化学品废弃物及化工行业固体废弃物等。

腐蚀性固体废弃物是指按照规定的方法（《固体废物腐蚀性测定——玻璃电极法》GB/T 15555.12）制备的浸出液或水溶性液态废弃物的pH≥12.5或≤2.0的废弃物，或者非水溶性液态废物在55℃条件下，对特定钢材（《优质碳素结构钢》GB/T 699中规定的20号钢材）的腐蚀速率≥6.35mm/a，则该废弃物是具有腐蚀性的危险废弃物。腐蚀性固体废弃物主要来源于合成材料制造、化学原料制造及化工产品制造等行业产生的废酸渣、酸泥和废碱渣等。

传染性固体废弃物是指医疗卫生机构在医疗、预防、保健以及其他相关活动中产生的具有直接或者间接感染性的废弃物。主要来自于医疗废弃物，包括感染性废弃物、病理性废弃物、损伤性废弃物及为防治动物传染病而需要收集和处置的废弃物等。

2. 危险废弃物的来源及种类

危险废弃物来源十分广泛，组成成分也极其复杂，行业不同，所产生的危险废弃物特性区别较大，因此相应的处理处置方法也不尽相同。《国家危险废物名录》共包含46大类479小类，产物来源涉及几十个行业，包括工业危险废弃物、医疗废弃物和其他社会源危险废弃物等（邓四化等，2017）。

工业危险废弃物的来源广泛，构成复杂，主要有废酸废碱（来自化工、石油精炼、电子元器件制造、电解、电镀等）、含重金属类（含铜、锌、铬、镉、汞、铅等，来自化工、电池、电子元器件制造等）、无机类（含氰、氟、砷、石棉等，来自化工、耐火材料、金属表面处理等）、有机类（废矿物油、废有机溶剂、含酚含醚废物、树脂等，来自化工、石油精炼、印刷等）和残渣类（精馏和蒸馏残渣、焚烧残渣等，来自化工、炼焦、石油精炼、垃圾焚烧等行业）。

　　以广东省为例，2017 年广东省前十大危险废弃物产生量较为集中，占总产量的87%，其中前 7 类占比为77%。主要类别为含铜废弃物（HW22）、表面处理废弃物（HW17）、焚烧处置废弃物（HW18）、含酚废弃物（HW39）、精馏残渣（HW11）、废酸（HW34）、有色金属冶炼物（HW48）、废矿物油（HW08）、其他废弃物（HW49）、燃料涂料废弃物（HW12）等 10 种类别（图 7-2）。

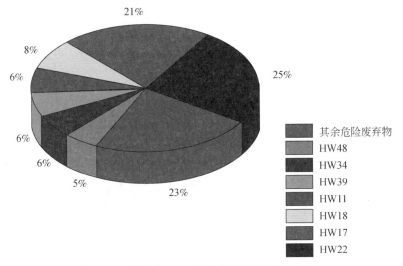

图 7-2　广东省 2017 年各危险废弃物产量占比

3. 危险废弃物的危害

　　由于危险废弃物具有易燃、易爆炸、腐蚀性、毒性等特征，能够长时间对人们的身体健康造成危害，一旦人类的身体、皮肤或眼睛等器官接触危险废弃物，就会受到一定的毒害影响，其易燃、易爆炸等特性也会对人们的生命财产安全造成影响。危险废弃物不仅给人类生存形成极大威胁与危害，而且会对大气、土壤、水资源等造成极大危害（王磊，2017）。

　　（1）危险废弃物对大气环境的危害

　　由于大量危险废弃物积存在一起，其自身的粉尘或是细微颗粒会受到风力的影响，进入空气中，有些甚至会同其他有害物质互相反应，造成二次污染，且大部分的危险废弃物在产生和长时间堆积的过程中，会产生很多有害的气体，采取焚烧的方式来处理危险废弃物时，若烟气处置不当也会产生污染。

（2）危险废弃物对土壤环境的危害

如果没有对危险废弃物进行妥善处理，甚至不处理，长时间堆积会使有害物质渗透到土壤中，影响土地结构、土壤活力和植被，还会为真菌细菌等微生物提供寄居场所，如果危险废物中的金属离子含有难降解物质，还会对土壤的生态净化能力产生影响，土壤后期的自我净化和恢复都需要大量时间。

（3）危险废弃物对水环境的危害

有害废弃物若是不能及时正确处理，其有害物质可能会随着天然降水、地表径流等进入江河湖泊，对水体或水体内的生物造成恶劣的影响，会影响人们的正常饮用水源；此外，不合理的填埋和贮存方式也可能导致危险废弃物所产生的渗透液体通过土壤渗透进地下水中，对地下水体造成污染。

4. 危险废弃物的处置现状

根据《2019 年全国大中城市固体废物污染环境防治年报》，2018 年，200 个大、中城市工业危险废弃物产生量达 4 643.0 万 t，综合利用量 2 367.3 万 t，处置量 2 482.5 万 t，贮存量 562.4 万 t。工业危险废弃物综合利用量占利用处置总量的 43.7%，处置、贮存分别占比 45.9% 和 10.4%，有效利用和处置是处理工业危险废弃物的主要途径。2018 年各省（区、市）大、中城市发布的工业危险废物产生情况见图 7-3，工业危险废弃物产生量排前三位的省（区、市）是江苏、内蒙古、山东。

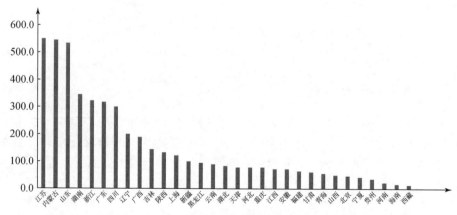

图 7-3　2018 年各省（区、市）工业危险废弃物产生情况（单位：万 t）

我国近年来对危险废弃物进行专业化管理，虽然起步较晚，但是随着经济能力和环保意识的增强，危险废弃物专业化管理水平逐步提高。废弃物管理经历着从单一处置到全过程管理的转变，包括预处理、多领域技术结合应用、废弃物管理过程中的资源回收、废弃物焚烧灰渣的利用和管理等。

对于高毒性、腐蚀性、传染性固体废弃物的处理一般采用"三化"原则，即减量化、资源化、无害化。一般减量化作为第一原则，其次是考虑资源分配。其中资源化是针对那些不可避免必然会产生的废弃物，否则遵循减量化处理。对于需要单独处理的危险废弃物，一般利用生物、物理以及化学方法，将危害较大的废弃物处理为无毒无害的产物；然后将危险废弃物处理进行减量化，减少危险废弃物的体积，这里一般采用焚烧等措施；最后是将危险废弃物中的危险成分运用固定化或稳定化等方式，可有效防止有害物质迁移，还可以将危险废弃物进行填埋以永久封存。

7.1.2　危险废弃物的处理处置方法

1. 危险废弃物处理处置技术种类

危险废弃物处置是指将危险废弃物焚烧或用其他改变危险废弃物物理、化学、生物特性的方法，以达到危险废弃物减量化、无害化的活动，或者将危险废弃物最终置于符合环保规定要求的填埋场的活动（王连超，2017）。

目前危险废弃物处理处置技术已有近百种，可分为预处理技术和处置技术。预处理技术主要是指危险废弃物在填埋和焚烧等最终处置行为前进行的预处理过程，包括物理法、化学法、生物法等；危险废弃物的处置技术包括焚烧技术、非焚烧技术、安全填埋技术等（图7-4）。

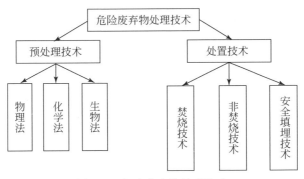

图 7-4　危险废弃物处理技术

2. 危险废弃物预处理技术

物理法主要是采用一定的物理处理方法，如压实、破碎、分选、增稠、吸附和萃取等措施来对危险废弃物进行浓缩、相变或者形态结构改变等处理，从而促使危险废弃物便于运输、贮存、再利用以及进一步处置等。物理法能够显著减少危险废弃物的体积，尤其适用于含水率较大的污泥、工业废渣等危险废弃物。

化学法是借助化学方法来对危险废弃物中的有毒有害成分进行分解化解，或者对其化学性质进行适当改变，使其变成易于处置的形态，降低其危害性，进而达到无害化的目标（张文龙，2019）。化学法主要包括酸碱中和、氧化还原、固化/稳定化等。

生物法主要是利用微生物、动植物的新陈代谢来分解固体废弃物中可降解的有机物，生物处理技术不仅能有效解决危险废弃物对环境的污染问题，还能够回收在危险废弃物中含有的有用物质。生物法包括好氧堆肥、厌氧硝化和兼性厌氧处理，适用于含有较高有机物的危险废弃物处理。

3. 危险废弃物处置技术

焚烧技术作为一种可快速实现对可燃性危险废弃物实行减量化的有效技术，不但能大大缩小废弃物的体积，还能在高温环境中彻底分解破坏废弃物中有毒有害成分，同时可回收能源。焚烧技术包括回转窑焚烧、液体注射炉焚烧、流化床炉焚烧、固定床炉焚烧和热解焚烧等，适用于不宜回收利用、有机成分多、预处理后具有一定热值的危险废弃物，形态可为气态、液态和固态，但不适用于爆炸性废弃物和放射性废弃物。

非焚烧技术主要包括热脱附处置、熔融处置、电弧等离子体处置等。热脱附处置适用于挥发性、半挥发性及某些难挥发性固体或半固体有机类废弃物，也适用于含有以上废弃物的土壤、沉淀物、滤饼和泥浆等；熔融处置适用于废弃物焚烧处置产生的残渣和飞灰等；电弧等离子体处置适用于毒性较高、化学性质稳定，能在环境中长期存在的废弃物。

安全填埋处置指按照标准设计并建造好场地来容纳丢弃的危险废弃物，将其包容和隔离起来以减少释放到环境中的有害污染物，将其对人体健康和生态环境的危害降到最低。安全填埋包括单组分填埋和多组分填埋处置等，单组分填埋处置适用于物理、化学形态相同的危险废弃物，多组分填埋处置适用于两类以上混合之后不发生化学反应或者发生非激烈化学反应后性质稳定的危险废弃物。

7.1.3　危险废弃物的化学预处理技术

1. 化学预处理法的分类

化学法预处理技术主要是通过向其中添加某些化学物质来改变废弃物的有害组分而实现无害化，或将废弃物转变为适于进一步处置的形态（胡文涛，2014）。

化学法主要包括酸碱中和法、稳定化/固化等，针对不同类型的危险废弃物，可采用一种或多种处理方法。

2. 酸碱中和法

废酸渣、废碱渣通常具有腐蚀性，需要采用酸碱中和的方法来处理，或者用作其他工业废水 pH 调节的药剂，做到"以废制废"，主要化学反应式为

$$H^+ + OH^- \longrightarrow H_2O$$

3. 稳定化/固化技术

为降低危险废弃物在储存或者运输过程中对环境带来的影响，以及满足入场柔性安全填埋的要求，应对危险废弃物进行固化/稳定化预处理，即通过添加水泥、石灰、粉煤灰及药剂、水等与危险废弃物在搅拌器中进行强制均匀搅拌，改变危险废弃物中的有毒成分，将其变成溶解度低、毒性弱和性质稳定的固化体（表7-1）。

固化/稳定化包括水泥固化、石灰固化、自胶结固化、塑料固化和药剂稳定化等，适用于处理工业类危险废弃物、高毒性危险废弃物和焚烧过程中产生的灰渣。

表 7-1　常用稳定化/固化技术综合对比

序号	水泥基稳定化/固化	沥青稳定化/固化	药剂稳定化/固化
增容率	20%~50%	30%~50%	30%~50%
处理效果	适用范围受局限	较好	较好
设备费用	低	高	较低
操作性	简单，安全性好	需要高温操作	简单，安全性好
投资	低	较高	低
运营费用	较低	较高	较高

稳定化工艺采用药剂，投资和运费较高，但危险废弃物经药剂处理后形成稀薄期稳定化产物，减少对环境的长期危害。采用该工艺可以降低危险废弃物的容

积，节约库容，药剂稳定化更为适合。

7.1.4　危险废弃物的焚烧处置技术

1. 焚烧技术的种类

焚烧是一种高温热处理技术，使危险废弃物燃烧分解而实现其无害化、减量化、资源化。在上百种危险废弃物处置方法中，焚烧法是废弃物无害化、减量化最为有效的手段，不仅能彻底解除废弃物的毒性和危害性，而且能最大限度地减少危险废弃物的体积。焚烧过程可在专用的焚烧炉（如旋转焚烧炉、热解焚烧炉、流化床焚烧炉等炉型）中进行，还可利用其他工业炉窑（如水泥窑等）进行焚烧处理。

目前应用较多的焚烧处置技术是回转窑焚烧。回转窑可处置低熔点废弃物、未经处理的粗大且散装的废弃物、非均匀的松散废弃物、粒状均匀的废弃物及大部分有机废弃物等。热解焚烧炉则主要用于高有机物含量的废弃物处置。固定床炉可处置低熔点废弃物、非均匀的松散废弃物、粒状均匀的废弃物及某些有机废弃物等。

2. 回转窑焚烧技术

由于回转窑焚烧技术具有对物料适应性强，对入炉燃料的形状要求不高，可以处理任何形态的固体、液体废弃物，不需要复杂的预处理过程等优点，在固体废弃物焚烧处理中得到了广泛的应用。

图7-5为回转窑焚烧系统。炉子主体部分为卧式的钢制圆筒，圆筒与水平线略倾斜安装，进料端略高于出料端，筒体可绕轴线转动。此种炉型燃料种类适应

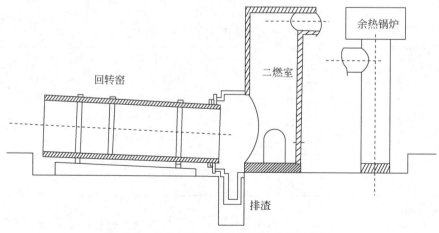

图7-5　危险废弃物回转窑焚烧系统示意图

性强，用途广泛，基本适用于各类气、液、固燃料。运行时，废弃物从较高一端进入旋转炉，焚烧残渣从较低一端排出，液体废弃物可由固体废弃物夹带入炉中焚烧，或通过喷嘴喷入炉中焚烧。该设施的优点是可连续运转、进料弹性大，能够处理各种类型的固体和半固体危险废弃物，甚至液体废弃物，技术可行性指标较高，易于操作。与余热锅炉连同使用可以回收热分解过程中产生的大量能量，因此其能量额定值非常高，且装置运行和维护方便。

3. 热解焚烧技术

废弃物在热解焚烧炉中静态缺氧、分级燃烧，经历热解、汽化、燃尽三个阶段，即通过控制温度和炉内空气量，过剩空气系数小于 1，废弃物缺氧燃烧，在此条件下，废弃物被干燥、加热、分解，其中废弃物中的有机物、水分和可以分解的组分被释放，热解过程中有机物可被热解转化成可燃性气体（如 H_2、CO 等）、燃料油和固定碳；不可分解的可燃部分在一燃室燃烧，为一燃室提供热量直至成为灰烬。一燃室中释放的可燃气体通过紊流混合区进入二燃室，在氧气充足的条件下完全氧化燃烧，高温分解（图 7-6）。

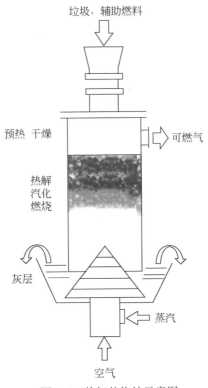

图 7-6　热解焚烧炉示意图

热解焚烧炉具有技术先进、工艺可靠、操作简便安全（一次性进抖、一次性除渣）、投资低（没有传动部件）、烟气含尘量低（焚烧搅动程度小），运行及维护费用低、使用寿命长、入炉废物不需进行分拣等优点，其缺点是热解过程延长了燃烧时间，热效率较低；一燃室冷热变化频率高（一天一次），对耐火材料影响较大，不便于热回收，对自动化控制水平要求较高。

4. 流化床焚烧技术

流化床焚烧炉如图7-7所示，具有燃烧效率高、污染物排放低、对垃圾种类适应范围广等优点，并且可以加煤助燃，是综合性能优越的焚烧炉。

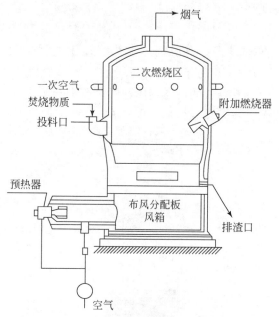

图 7-7　流化床焚烧炉示意图

流化床焚烧炉由一个耐火材料作衬里的垂直容器和其中的惰性颗粒物（用作热载体，一般可采用硅砂）组成，空气由焚烧炉底部的通风装置进入炉内，垂直上升的气流吹动炉内的颗粒物，并使之处于流化状态。流化床焚烧炉的焚烧效率高、设计简单、运行过程开炉停炉较为灵活、投资费用少。流化床焚烧炉的另一个优点是燃烧速度快、燃烬效果好。即使高水分、低热值、高灰分的垃圾，也可以在床内实现均匀混合。流化床焚烧炉的灰渣在综合利用方面具有较好的效果，流化床焚烧炉的不足之处是由于燃烧速度快，易于生成 CO，炉内温度控制比较困难。

5. 水泥窑协同处置技术

　　危险废弃物协同处置主要是近十几年逐步发展起来的一种利用高温工业窑炉（如水泥窑、回转窑等）对危险废弃物进行共处置的技术，是指利用企业现有的工业窑炉，将危险废弃物与其他原料或燃料协同处理，在满足企业正常生产要求、保证产品质量与环境安全的同时，实现废弃物的无害化处置和资源化利用，在此过程中，部分废弃物可以作为替代燃料或原料使用，节约生产成本。高温工业窑炉协同处置危险废弃物在国外尤其是欧美等发达国家或地区起步较早，其中尤以水泥窑协同处置技术应用最为成熟、广泛（Karstensen K H et al., 2006）（图7-8）。

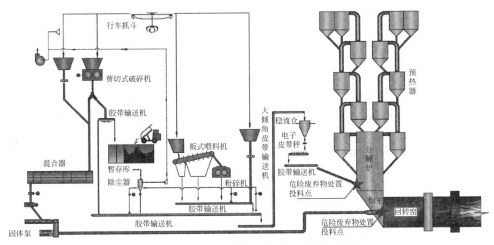

图 7-8　水泥窑协同处置危险废弃物示意图

　　水泥窑内物料烧成温度一般在1450℃左右，而普通专用焚烧炉的最高温度为1100℃左右。在焚烧温度较高的水泥回转窑中，危险废弃物中有机物的有害成分焚毁率可达99.99%以上，即使难以分解的稳定有机物也能完全分解。

　　水泥窑的旋转筒体直径一般3.0～5.0m，长度45～100m，远高于普通专用焚烧炉。由此可见，水泥窑的焚烧空间大，不仅可以接受处理大量的危险废弃物，而且可以保持均匀、连续、稳定的焚烧环境。水泥窑筒体长、斜度小、旋转速度低，危险废弃物在窑中高温下停留时间长，一般危险废弃物从窑尾到窑头总停留时间大于30min，气体停留时间大于6s，焚烧彻底且有效地遏制了二噁英的产生。

　　水泥窑具有较高的运转率，国内一般水泥企业的年运转率为90%左右。因此，水泥窑协同处置危险废弃物的规模大，从替代原料的角度考虑也有较大的提升空间。

7.2　医疗固体废弃物的化学处理技术

7.2.1　引言

　　近年来，随着传统我国医疗卫生行业的发展和环保意识的加强，对医疗废弃物的安全处置产生了更大的需求。医疗废弃物，就我国目前而言，一般指在日常医疗、预防和保健等活动中产生的具有感染性和毒性的废弃物（杨艳秋等，2019）。与一般的废弃物不同的是，医疗废弃物在对环境具有一定污染的同时，部分固体废弃物，如废弃的注射针头等，如果不经过特殊的处理，还可能会造成传染病的扩散，可能会危害到民众的健康（杨艳秋等，2019）。

　　医疗废弃物的组成十分复杂，包括塑料、橡胶、玻璃、生物质等多种物质和成分（梁娟娟等，2012）。根据《医疗废物分类目录》，医疗废弃物可通过其性质进行分类，分为感染性废弃物、病理性废弃物、损伤性废弃物、药物性废弃物和化学性废弃物。其中，感染性废弃物是具有引发感染性疾病传播危险的废弃物，如被病人血液污染的棉签、隔离传染病病人产生的生活垃圾、废弃的医学标本、血液、血清等；病理性废弃物为诊疗过程中产生的废弃人体组织和动物尸体等物品；损伤性废弃物是指能够刺伤或割伤人体的废弃医用锐器，如废弃针头、手术刀、玻璃试管等；药物性废弃物是过期淘汰或被污染的废弃药品；化学性废弃物是具有毒性、腐蚀性、易燃易爆等性质的废弃物，如废弃的化学试剂、消毒剂，以及水银温度计等物品。考虑到医疗废弃物种类的复杂性，根据每种废弃物特性的不同，所采用的处理方式并不相同，而处理标准也不尽相同，国家的法律法规对医疗废弃物的减量、分类、运输、贮存和处置均有严格的规定。例如，在由国家环境保护总局（现生态环境部）发布的《医疗废物集中焚烧处置工程建设技术要求》中，就对医疗废弃物的焚烧处置方式及其流程进行了严格规定，指出医疗废弃物需要经过分类收集包装后才可送往相关处置中心进行处理，并应尽可能当天处理；接收的医疗废弃物在≥5℃环境贮存时间不得超过24h，冷藏条件下贮存时间不得超过72h（国家环境保护总局，2005）。

　　据卫生管理部门统计，目前我国医疗废弃物的年生产量为70万t（张泽玉等，2015），其中可能含有危害环境和人体健康的细菌、病毒等大量病原体，在易产生携带细菌和病毒的苍蝇、蚊虫等传染病的传播者的同时，在其腐败分解的过程中还可能会产生 NH_3、H_2S、SO_2 等气体和多种有害物质，这些物质会对环境产生污染、影响人的身体健康。按照危害的来源和类别来分，可以分为物理危害

（尖锐的物品，如手术刀、碎玻璃等）、化学危害（具有可燃性、反应性和毒性的物品，如药品、消毒剂等）和生物危害（可能传播传染病的物品，细菌、病毒、微生物等）三个方面（陈新宇，2015）。故而可见，对医疗废弃物的减量和处置、处理工程是具有重要意义的。

　　就总体而言，常见的医疗废弃物的处理方法有填埋法、焚烧法、热解法、高温蒸汽灭菌法、化学消毒法、等离子体法、电磁波灭菌法和辐照灭菌法等（杨艳秋等，2019），这些方法各有其优缺点和适用范围。目前，焚烧法是我国最主要的医疗废弃物处理方式，经焚烧处理的医疗废弃物可占总处置量的 80%~90%（李清亚等，2019）。近年来，随着技术的发展，也有越来越多的医疗废弃物处置方法得到广泛地开发和研究，并有望在未来投入到实际的处置和应用中。本文将对常见的几类医疗废弃物的各种处理方法的流程及其适用范围进行简要的介绍和比较。

7.2.2　医疗废弃物的处理技术

　　目前而言，对医疗废弃物处理技术的研究方向主要集中于填埋、焚烧、热解、高温蒸汽灭菌、化学消毒、电磁波灭菌和辐照灭菌等方面。其内容着眼于现阶段相对成熟的技术，如焚烧、高温蒸汽灭菌等，进行流程性的优化，以及现阶段不完全成熟，但却有独特优势的技术，如等离子体处理、辐照灭菌等。下面介绍这几种技术。

1. 填埋法

　　填埋法是直接将医疗废弃物深埋于地下，在土壤中微生物长期的作用下使其缓慢分解的一种处理方法。填埋法在生活垃圾的处理过程中的应用已有很长的历史了，但需要指出的是，由于医疗废弃物中特有的种种有毒有害物质和放射性物质，如直接填埋则会有可能随雨水一同渗入土壤中，长此以往，会造成土壤、水体、大气等的污染，危害人类生活的安全。故而，填埋法是不适用于直接处理医疗废弃物的，就算是采用填埋处置的方法，也应是在经过完全的消毒、灭菌过程后，采用现代填埋技术进行的。现代的填埋技术涉及防渗、给排水、导气、覆盖四个方面（杨艳秋等，2019），对填埋用地的选址和医疗废弃物的预处理都有很高的要求。对医疗废弃物直接填埋或许会带来不可预测的危害，但经一些途径处理，使其失去生物活性的医疗废弃物，则可以并入生活垃圾一同处理，此时填埋和焚烧作为一般的生活垃圾处理的常用方式，处理的成本和效果的优势并不相同。一方面，填埋法的成本更加低廉，但另一方面，废弃物本身并未得到很好地减容，使得其建设投资较大且占用土地资源。

2. 焚烧法

焚烧法是采用高温将医疗废弃物及其中的有毒有害物质的结构进行破坏，并杀死其中可能存在的细菌等易致病的物质的处理方式。目前，焚烧法是我国应用最为广泛的医疗废弃物处理方法（罗帅等，2017），根据《全国危险废物和医疗废物处置设施建设规划》，截至 2010 年底，超过半数的医疗废弃物集中处置设施采用了焚烧处理的办法（叶丽杰等，2015）。该方法的优势在于减容、减量效果非常明显，通常来说能够达到 90% 左右，且能够适用于绝大多数种类的医疗废弃物。但该方法也有易产生含氮氧化物、二氧化硫等污染性气体或二噁英、稠环芳烃等有毒有害物质的缺点，故常需要在其后加装烟气净化或尾气处理的装置（刘祖思等，2014）。关于医疗废弃物热解焚烧烟气中污染物的处理是目前该领域的研究热点问题之一。刘祖思（刘祖思等，2014）等采用低温 SCR 脱硝技术研究了热解焚烧烟气中 NO_x 的处理问题，在 150℃ 条件下对烟气进行脱硝处理，使其排放能够达到标准。催化剂在 SCR 反应器中发生的反应为

$$4NO+4NH_3+O_2 \longrightarrow 4N_2+6H_2O \tag{7-1}$$

$$6NO+4NH_3 \longrightarrow 5N_2+6H_2O \tag{7-2}$$

$$2NO_2+4NH_3+O_2 \longrightarrow 3N_2+6H_2O \tag{7-3}$$

$$6NO_2+8NH_3 \longrightarrow 7N_2+12H_2O \tag{7-4}$$

此外，氯也是在热解焚烧过程产生的烟气中易产生氯化氢、二噁英等有毒有害物质的元素，并在以 PVC 为主要材质的输液管、输液袋和尿杯等医疗废弃物中含量较高，故深入了解氯元素和含氯化合物在热解焚烧过程中的转移有助于采取针对性的措施减少其在烟气中的含量。梁娟娟（梁娟娟等，2012）等对医疗废弃物中的 PVC 材料在热解焚烧过程中无机氯的析出特性进行了研究，结果表明热解和焚烧过程中的温度、气体流量等条件对无机氯总的析出率影响不大，但会影响其转化的形式，具体表现为 Cl_2 和 HCl 的含量差异；另一方面，添加其他组分均会使无机氯的总析出减小，且其中纤维素对 PVC 中 Cl_2 的转化率有明显的促进作用，而橡胶的加入能够明显降低 HCl 的析出。

医疗废弃物的焚烧处理技术主要有回转窑焚烧和连续热解焚烧两种（赵宁等，2018）。回转窑焚烧法采用富氧燃烧的方法，通常由一个回转窑焚烧炉和一个二燃室组成，以保证物质燃尽。回转窑的转动一方面使废弃物的输送更加顺畅，另一方面也加大了其混合的力度，从而使其受热更为均匀、焚烧效果更好。因此，回转窑焚烧法也被认为是危险废弃物领域用途最为广泛且最适用于商业化集中处理的焚烧系统（赵梨芳，2009）。一般来说，回转窑的温度为 800 ~ 1000℃，二燃室的温度为 900 ~ 1200℃（冯银均等，2019）。根据废弃物的组成

和窑体涉及的不同，固体废弃物需在窑内的停留大概在 0.75 ~ 2h 左右（赵梨芳，
2009）。该方法具有处理量较大的优势，故多用于综合性的废弃物处置。

连续热解焚烧法则是采用另一种燃烧的原理。首先，以较少的空气送至初燃
室，使得废弃物中的有机成分能够分解成为可燃性的气体，随后再将可燃性气体
送至二燃室，在高温氧化环境内进行焚烧从而对有毒有害成分的结构进行彻底破
坏（赵梨芳，2009）。这种方法的优点在于颗粒物的排放等会更少，常用于集中
处理医疗废弃物，有灭菌、毁形彻底、处理量大、处理种类全的优点，同时其设
备成本和运营维护成本以及技术要求都较高（冯银均等，2019）。图 7-9 是一个
典型的热解焚烧法流程图，首先，投入的医疗废弃物会被通入热解室中，经过热
解气化过程，产生可燃性的烟气。随后，这些烟气被送入二燃室进行充分燃烧，
最后再将产生的热量和烟气进行处理或加以利用，即完成处置。

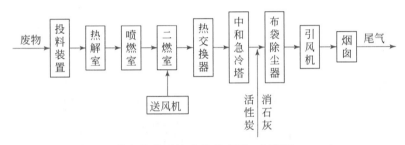

图 7-9 热解焚烧系统流程示意图（刘祖思，2014）

热解焚烧法的工艺参数包括热解室和燃烧室的温度、风量，烟气的停留时
间、湍流度等，根据不同的焚烧炉结构及设计参数、待处理的医疗废弃物的成分
和组成，最佳的工艺条件也不相同，总体而言并没有一套统一的参数。此外，燃
烧过程中会有大量的热量产生，大多数焚烧炉采用了热量回收设备，使得热解和
燃烧过程中产生的热能用于发电、供暖和供热等，这样相当于变相地节约了处置
的成本。

3. 热解法

热解技术是一种高效、环保的垃圾处理技术。与焚烧类似，热解也是通过
高温处理废弃物的一种方式，两者的区别主要在于焚烧处理过程中是有氧的，
而热解则与之相反，在无氧或少氧的条件下处理。由于反应在无氧或少氧的气
氛下进行，可以很大程度地减少有毒气体特别是二噁英的产生。此外，与燃烧
相同，热解也具有很好的减容效果。虽然热解和焚烧都是热化学转化过程，但
两者在很多方面都具有很大的差异，例如焚烧是放热的，热解是吸热的；焚烧
会产生热能，可以就近利用，而热解的产物是油、燃气等燃料，更便于存储和

远距离输送。

上文提到的连续热解焚烧处理法，利用的是热解能将有机物分子"由大化小"的能力，使其更便于焚烧处理，其中热解只是作为能够使焚烧的效果更好、成本更低的辅助功能，但其本质仍然是焚烧。而热解法具有一个优势，就是能够将废弃物中的有机物转化为可燃气体、液体燃料和焦炭等可加以利用的物质，且相较于焚烧法，热解法对废弃物中的物质的利用更为完全（图 7-10），故而其在无害化和资源化方面都具有一定的优势。此外，由于不像焚烧法那样需要采用复杂的烟气系统对尾气进行处理，使得热解处理并不止局限于大规模的处理，这更提高了其经济性。

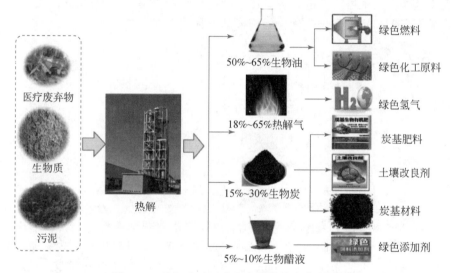

图 7-10　热解法对医疗废弃物等的完全利用

总的来说，热解法在处理过程、经济性、废弃物的循环再利用、污染等方面都具有一定的优势，但目前，国内热解技术的研究起步较晚，工艺也不够成熟，从而导致了其工程化的应用较少，但其在多方面的优势有目共睹，随着今后研究的发展，热解技术能够成为医疗废物处理的主流技术之一。

4. 高温蒸汽灭菌法

高温蒸汽灭菌法是一种十分有效的医疗废弃物湿法热处理过程，经处理后的垃圾中的细菌等致病性组分已经消除，可以与生活垃圾混合并一同进行填埋或焚烧处置（李清亚等，2019）。高温蒸汽灭菌法的原理是在高温、高压的条件下，通过饱和蒸汽穿过医疗废弃物，使其中的微生物和蛋白质等具有生物活性的成分变性，从而有效地杀死医疗废弃物中的病原菌，从而达到无菌化的目的。

高温蒸汽灭菌法的处理流程主要包含破碎和高温蒸汽处理两步，根据这两步进行的先后不同可以分为三种工艺：先高温蒸汽处理后破碎、先破碎后高温蒸汽处理和高温蒸汽灭菌同时搅拌后破碎（谷良平，2010）。其中，先高温蒸汽处理后破碎的工艺研究最为成熟，实际应用也更为广泛，其流程如图 7-11 所示。

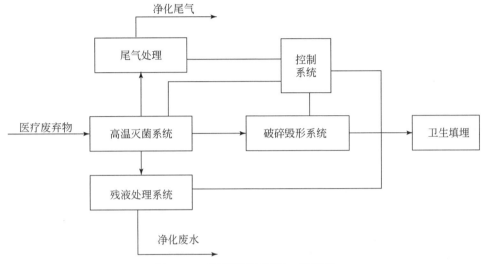

图 7-11　高温蒸汽灭菌的一般流程

一般而言，高温蒸汽灭菌法的处理温度为 130～190℃，压强在 100～500kPa 左右（陈新宇，2015），减容率能够达到 85%（赵凤，2018），且由于不添加有毒化学物质，也不会有危险排放物的产生。高温蒸汽灭菌法的一大优势是处理成本较低，相比焚烧技术而言，由于处理温度低，这使得同规模的高温蒸汽灭菌处理设备投资仅为焚烧技术设备的 1/5～1/3（罗帅等，2017）。由于该特性，高温蒸汽灭菌法在对中小规模、组成复杂的医疗废弃物处理中具有得天独厚的优势（谷良平，2010）。需要注意的是，该方法对病理性废弃物和液体含量过高或挥发性的废弃物无法处理，且多数情况下并不能消除掉废弃物中的化学毒性物质，使该方法具有一定的局限性。

自 2004 年安装第一套高温蒸汽灭菌设备以来，目前该技术在我国得到了一定程度的推广使用，截至 2018 年，国内至少有 155 家医疗废弃物处理企业采用了高温蒸汽灭菌技术（赵宁等，2018）。

5. 化学消毒法

化学消毒法主要是通过在待处理的医疗废弃物中添加具有消毒效果的添加剂（如次氯酸钠、环氧乙烷、石灰粉等），使得医疗废弃物表面的有机物质被分解、传染性的细菌等被灭活，从而达成消毒效果的处理方式。根据处理工艺的不同，化学消毒法可以分为干式化学消毒法和湿式化学消毒法两种。干式化学消毒法的工艺设备和操作流程一般来说比较简单，所以一次性投资和运行成本都较低，但该技术对破碎系统和操作流程中的 pH 检测与控制的要求较高，换言之，也就是对自动化水平的要求较高（陈扬等，2005）；湿式化学消毒法的建设和维护运行成本同样较低，但具有易产生废气、废液，消毒剂对人体有害等缺点。

此外，由于化学消毒法的处理仅限于物品与消毒剂接触面的特性，需要将待处理的医疗废弃物提前进行破碎处理，而后再将破碎的医疗废弃物与消毒剂进行充分地搅拌混合和停留，这样才能够使得处理的效果达到最好。

尽管两种化学消毒法都有处理流程实施起来相对简单、处理效率较高的优点，然而采用的消毒剂本身往往具有一定的毒性或危险性，使得破碎和化学处理过程本身又成为一种污染过程（杨艳秋等，2019）。此外，一些微生物对消毒剂具有一定的抵抗力，且某一种消毒剂一般来说只能针对某些特定的微生物群，从而加大了该方法的局限性（张泽玉等，2015）。正因如此，选择的消毒剂必须具备杀菌谱广、性能稳定、易溶于水、低毒性、无腐蚀性、可以在低温下使用、物理和化学性质稳定、不易燃易爆等特性（陈敏等，2016）。

正是由于使用上的诸多限制，目前，化学消毒法只限于少数工业发展比较全面的发达国家所采用，对在上述问题尚未得到解决的我国，化学消毒法在实际医疗废弃物的处置过程中的应用还未能得到普及。而由于该法处理效率高、流程简单的优势，在发生传染病流行的情况下能够高效地处理被污染的防护服等物品和感染者的体液、排泄物等生理垃圾（陈新宇，2015），处理后的废弃物可以作为无害废弃物进行常规处理，但用过的消毒剂对环境的危害仍是值得考虑解决方案的关键性问题之一（图 7-12）。

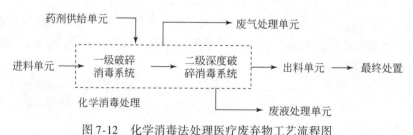

图 7-12　化学消毒法处理医疗废弃物工艺流程图

干化学消毒法（positive impact waste solutions，PIWS）是一种成熟的处理医疗废弃物的干式碱性化学处理技术，于 1997 年在美国投入使用，并于 2004 年进入中国。该法的主要消毒因子是热力和强碱性物质（李炎，2009），其处理医疗废弃物的原理主要依赖于靠氧化钙与水反应生成碱性很强的氢氧化钙（pH>12）并放出大量的热量，高温和强碱性环境均能使蛋白质发生变性，从而导致微生物死亡。在该过程中，强碱能够依附在废弃物的表面，不断地对废弃物表面的微生物持续地起到作用，同时分解有机物质。该装置的每小时处理量为 800kg，经处理后减容量约为 70% 左右，且处理后的废弃物可以直接进行填埋（沈德林，2009）。

6. 等离子体法

等离子体法也属于一种高温处置技术，其原理是采用空气或氮气作为载气，通过通入电流使其电离形成电弧而产生 1650～11600℃的高温从而彻底消灭病原菌、微生物等物质的方法（罗帅等，2017）。其核心在于利用等离子体瞬间的高温使废弃物能够快速地分解，从而没有大分子中间产物的生成。目前等离子体法处理医疗废弃物的工艺流程也并不完全相同，一部分是将废弃物中的有机物转化为可燃性气体，随后通过二次燃烧分解（罗帅等，2017）；还有一部分是通过产生的电弧直接消灭其中的微生物并将医疗废弃物转变为玻璃体（赵凤，2018）。等离子体技术的优势首先在于：①极高的电热转换效率；②极强的适用性，也就是说能够对任何形式的医疗废弃物进行彻底地处理；③燃烧后的残余物中几乎不存在有毒物质，且有毒有害气体、二噁英等物质的生成也更少，从而能够完全解决其污染和危害问题。但与出色的效果相对应的，就是其复杂的技术和高于通常焚烧技术三倍以上的设备成本，故目前主要用于难以销毁和处理的危险性、放射性废弃物，并未得到推广。但由于等离子体处理法在处理效果上的巨大优势，该法也有非常好的应用前景。

7. 电磁波灭菌法

电磁波灭菌法可以分为微波灭菌法和无线电波灭菌法两种，两种电磁波的频率不同，故而其原理和效果也并不完全相同。总的来说，在电磁波的能量被水、脂肪、蛋白质等吸收后，由于微生物细胞选择性吸收能量的特性，如果将其置于电磁波高频振荡的能量场之中，会使得液体分子随外加电场的频率一同震动，从而提高能量、产生高温，最终导致细胞的破裂和死亡。根本上而言，电磁波灭菌法均是采用不同频率的电磁波使待处理的废弃物内外同步升温从而达到灭活的目的。

8. 微波灭菌法

微波属于电磁波中的一种，机理是在 2450MHz、12.24cm 的微波辐射下（马世豪等，2000），医疗废弃物吸收微波的能量产生电磁共振效应，从而加剧其内部的分子运动，将微波的能量转变为热能，使废弃物的外部和内部同时升温，其中的水分以蒸汽的形式穿过废弃物，以达到杀死其中大多数微生物的目的。相较于一般的加热方式，由于微波能够穿透物体，一方面使得升温更加均匀，同时也在一定程度上减少了能量的消耗，提高了加热的效率。该法在现场和统一处理均可适用，并且在处理后能够显著降低医疗废弃物的体积，减容率大概在 60%～90% 左右，且处理后的垃圾可以和一般的生活垃圾一同进行填埋、焚烧等常规处理。此外，也有研究采用微波作为热解的辅助手段。Zaker（2019）等对这一应用进行了综述，将微波与非微波热解的结果比较来看，微波可以节省能耗和处理时间，并改善了热解得到的生物燃料的质量，尤其是温室气体如 CH_4 和 CO_2 有所减少。在微波的参与下，长链聚合物所发生的反应为

$$(—CH_2—) + H_2O \longrightarrow CO + 2H_2 \tag{7-5}$$

$$(—CH_2—) + CO_2 \longrightarrow 2CO + H_2 \tag{7-6}$$

采用微波加热的热解过程会有更多的气体产物生成，有利于废弃物和污泥的资源化利用。总的来说，微波处理对于含水量较高的感染性医疗废弃物的处理效果较好，但对于含水量较低的医疗废弃物的灭菌效果不佳，且不适用于含有危险性、放射性或体积较大的金属废弃物以及病理性废弃物。微波辐射法具有节约能源、无污染物生成的优点，在近年来得到了很大的发展，并在多国得以采用，故从长远来看，微波辐射法也具有良好的前景。

9. 无线电波灭菌法

无线电波灭菌法与微波灭菌法的原理类似，都是根据电磁波的穿透性以使待处理的废弃物升温从而使其失去生物活性的处理方式，唯一的不同之处在于无线电波采用的是 10MHz 的低频电磁波进行灭菌（杨艳秋等，2019），相较于微波而言，无线电波的穿透力更强。

10. 辐照灭菌法

辐照灭菌是通过电离辐射杀死附着在材料表面的微生物的方法。其原理是通过钴源产生的 γ 射线，电子加速器产生的电子束或 X 射线作用于微生物，通过直接或间接的手段破坏其中的核糖核酸、蛋白质和酶，从而达到杀死微生物并灭菌的目的（郭丽莉等，2020）。就目前而言，辐照灭菌是辐射加工领域中最为成熟的技术之一，并已在全球范围内的一次性医疗卫生用品消毒中得到了广泛的采用。

Wang 等（2016）综述了关于水溶液中抗生素、激素等药物活性化合物的辐

照降解处理方法，该方法的根本原理是利用电离辐射使水产生具有氧化性的基团，从而通过化学氧化的方式降解废弃物。其方程式为

$$H_2O \longrightarrow \cdot OH(2.7) + e^-_{aq}(2.6) + H^*(0.55) + H_2(0.45) + H_2O_2(0.71) + H_3O^+(2.6)$$

$$(7-7)$$

括号中的数值为辐射当量，即每吸收 100eV 能量所产生的分子数。由此可见，辐照处理的原理类似于化学处理，但其优点在于没有难以处理的废液生成。辐照灭菌法的一大应用前景在于医用一次性防护服生产过程中的灭菌步骤，目前，生产企业普遍采用环氧乙烷消毒（郭丽莉等，2020），其具有解吸时间长的缺陷，成为生产过程中的瓶颈，而采用辐照处理则可将解吸时间从 7~14d 大幅缩短至 1d 以内，从而显著缩短防护服的供应周期。然而，材料的耐辐射性能是制约该方法发展的因素之一，此外，材料的吸收剂量还应进行妥善地试验，并制定出相关标准，以应对潜在的辐射安全问题。

11. 其他方法

此外，也有很多其他适用于固废的处理方法被尝试投入医疗废弃物的处理中，也有部分研究着眼于将处理后的医疗废弃物进行资源化利用。

有部分研究人员采用水热法，在无氧的亚临界条件下对医疗废弃物进行处理，从而使其中的有机物及聚合物发生热裂解，经冷凝后生成气、液、固三种形态的产物，其具有物料通量大、反应能量高、反应速率快、分离方便的优势（李娇，2019）。此外，水热法也具有将医疗垃圾中的类生物质组分制成生物燃料或化学品的潜力。马大朝等（2018）尝试采用水热法处理聚氯乙烯（PVC）等医疗废弃物的模型物的效果，结果表明，在 200~300℃温度范围内的水热处理可以使PVC 中的氯脱除，同时降解医疗废弃物中的生物质，经水热处理的医疗废弃物模化物具有作为燃料的潜力。

夏冰斌等（2015）以医疗废物为原料，采用磁化热解的方式进行处理，得到了与木酢液成分相近的冷凝液，其中含有多达 38 种包含有机酸、酯、醛、酮、酚等的有机物，为医疗废弃物的处理和资源化利用提供了一种新的思路。

7.2.3 各处理方法的对比

前文对以焚烧为首的各种医疗废弃物的消毒灭菌处理方式进行了介绍，在本节进行总结。首先，不同处理方式适合处理的医疗废弃物种类不同，如表 7-2 所示。

表 7-2　各种常见医疗废弃物处理方式的适用范围

方法	感染性废弃物	病理性废弃物	损伤性废弃物	药物性废弃物	化学性废弃物
填埋法	×	×	√	×	×
焚烧法	√	√	√	√	√
热解法	√	√	√	√	√
高温蒸汽灭菌法	√	×	√	×	×
化学消毒法	√	×	√	√	×
等离子体法	√	√	√	√	√
电磁波灭菌法	√	×	√	×	×
辐照灭菌法	√	×	√	√	√

此外，上述几种处理方法对于相同种类的废物的处理也具有不同的特点，各方法的优缺点如表 7-3 所示。

表 7-3　各种常见医疗废弃物处理方式的优缺点比较

方法	优点	不足
填埋法	处理成本低廉；工艺简单；技术成熟	无减容；占用土地资源；对土壤、地下水具有潜在的危害
焚烧法	减容率高；适用面广；处理量大；技术成熟	易产生有毒有害物质；需加装尾气净化系统限制规模和经济性
热解法	污染少；经济性好；规模灵活	技术尚不成熟
高温蒸汽灭菌法	处理成本较低；残留物危险性低	无法处理病理性废物和化学性废弃物；对液体含量过高或挥发性的废弃物处理效果欠佳
化学消毒法	工艺设备和操作流程较为简单；建设和运行成本较低	对破碎的要求较高；湿式化学消毒法易产生废气、废液；干式化学消毒法对破碎系统和操作流程中的 pH 检测与控制的要求较高
等离子体法	电热转换效率高；适用面广；燃烧残余物中不存在有毒物质；有毒有害气体、二噁英等物质生成少	技术复杂；设备成本高
电磁波灭菌法	能耗低；减容效果好；无污染物生成；对于含水量较高的感染性废弃物的处理效果好	对含水量较低的医疗废弃物的灭菌效果不佳；不适用于含有危险性、放射性或体积较大的金属废弃物以及病理性废弃物
辐照灭菌法	处理速度快；无污染物生成	可能具有潜在的辐射问题

7.2.4　总结及展望

近年来，随着传统我国医疗卫生行业的发展和对环保意识的加强，对医疗废弃物的安全处置产生了更大的需求。医疗废弃物可通过其性质分为感染性废弃物、病理性废弃物、损伤性废弃物、药物性废弃物和化学性废弃物五种。目前常用的医疗废弃物的处理方法有填埋法、焚烧法、热解法、高温蒸汽灭菌法、化学消毒法、等离子体法、电磁波灭菌法和辐照灭菌法等，这些方法各有其优缺点和适用范围。就目前而言，焚烧法是我国应用最多的处理方式。各种处理方法按照原理可以分为两种：第一类是高温处理方法，该类方法是通过较高的温度使医疗废弃物中的成分完全分解成小分子化合物，以达成近乎完全处理或利用的办法，如焚烧法、热解法和等离子体法，这类方法一般都具有较高的减容率，可以作为完全处理医疗废弃物的手段，处理后的医疗废弃物无需其他处理方式，可以称之为"处理法"；第二类方法则是采用物理或化学的手段破坏掉蛋白质、细胞等生物结构以达成对医疗废弃物灭菌的目的，有些虽然也采用高温变性的作用，但温度相对来说并不高，只能起到对有机物灭活的作用，如高温蒸汽灭菌法、化学消毒法、电磁波灭菌法和辐照灭菌法等，这类方法处理后的医疗废弃物，往往已失去生物活性和危害性，可以与生活垃圾一同进行处理，但也必须进行其他方式的处理，这一类方法称为"消毒法"或"灭菌法"更为合适，因为这些方法的目的往往都是处理医疗废弃物中的生物活性组分。

总体而言，医疗废弃物的各种处理方法在近年来都得到了很快的发展，但目前均有成本过高或适用面较窄的缺点，随着研究的继续深入，期待越来越多的方法能够逐步解决目前面临的问题，投入实际应用当中。

7.3　放射性固体废弃物的化学处理技术

7.3.1　引言

近年来，随着传统化石能源的日渐枯竭及其带来的环保方面的各类问题，寻找能够替代石油等传统化石能源的替代能源成为研究焦点之一。核能作为一种清洁、环保且具有卓越经济性的替代能源被开发，在近年来得到了充分的发展。在对核能和核技术的开发和利用过程中，对于核废弃物，尤其是具有放射性废弃物的处理制约着核电等行业的规模扩大和可持续发展，是面临的关键性技术问题之一。

放射性废弃物包含了气体、液体和固体。其中，固体废弃物占据了很大的比例，主要由设备的检修过程产生，分为可压缩和不可压缩两类（田飞，2018）。

目前对放射性固体废弃物采用的多为经干燥、装桶和密封后进行暂存处理，并未根本性解决其带来的危害。故而，对含放射性固体废弃物的化学处理，以降低由其放射性所带来危害的技术是十分必要的。目前，对于放射性固体废弃物的处理手段集中于经分门别类处理后进行长期深地处置的方法，而在长时间的放置中，其贮存形式的耐温、耐压、耐水流、抗浸出等方面均是十分关键的技术指标，由于这些性能关系到直接处置的安全与否，对于这些方法的研究和改进永远是刻不容缓的。

目前，国内对该领域的相关文献以管理技术、宏观角度居多，尚未有涉及各项技术的文献发表。故本文希望对近年来发展的各放射性固体废弃物的化学处理方法进行总结，以便为开发和改进放射性固体废弃物的化学处理方法提供一定程度的指导和思路。

7.3.2　固化

固化是一种处理放射性废弃物常用的方法，且并非局限于固体废弃物。该方法是通过一定手段将放射性废弃物转变为符合一定要求的整块的固化体，从而使得具有放射性的废弃物达到便于运输和暂存的形态。而仅通过固化事实上并未根本上解决其放射性问题，就算是固化后的废弃物，如果处理不当也可能会产生严重的生态、环境问题。故而通常来说，固化后的放射性废弃物会在专门的废弃物暂存库中进行贮存或放置。考虑到放射性废弃物中如 Cs-137 和 Sr-90 等放射性核素较长的半衰期，经固化处理后的放射性废弃物需要在容量大且抗辐射能力强的地点存放相当长的时间，而深地处理作为最符合上述条件的处置方式成为目前最为典型且通用的处理方法（王再宏等，2018）。放射性废弃物固化的核心点在于固化体的选择，其应具有良好的物理和化学稳定性，以便牢牢抓住其中的放射性核素，从而避免由其产生的各种危害。近年来，多种固化体被作为固化放射性废弃物的手段而进行了研究，从而诞生了一系列的方法，如玻璃固化、陶瓷固化、矿物固化、水泥固化和沥青固化等。总体而言，对放射性废弃物的固定法可以分为直接将放射性废弃物进行包裹、吸附（沥青、水泥等）和通过高温处理将其固定于结构中（玻璃、陶瓷、矿物等）的两类固定方法，此两类方法各有优缺点，在近年来均得到了不同程度的发展。

1. 玻璃固化

在各种固化方式中，玻璃固化体由于其出色的废弃物包容量和抗辐射能力等性能，是目前工艺最为成熟的固化路线和固化体之一（马特奇等，2019）。玻璃固化法的主要理论依据为放射性废弃物中的很多种元素在高温熔融玻璃下的高溶解度（宋云等，2012）。通过高温下的处理，使得放射性废弃物中的有机成分被气化，同时将其中的无机成分熔融，在其冷却后会形成类似玻璃的物质，在这个过程中，放射性核素被固定在玻璃的晶格中（陈明周等，2012）。相比于其他固化方法，玻璃固化法的优势在于能够处理含量不定的有机和无机化合物，且能够在保持强度的同时使得废弃物的体积有所减少。

上文中也提到，玻璃固化的核心点在于高温熔融后的冷却结晶，故而其突破多在于炉体的改造。采用燃料式熔炉、焦耳加热陶瓷熔炉、冷坩埚感应熔炉、等离子体炬熔炉、等离子弧熔炉等熔炉进行的玻璃固化研究均有文献所报道（陈明周等，2012）。各类熔炉均有其各自的优缺点和适用范围，但对熔炉发展的讨论超出了本文的讨论范围之内。

在对于玻璃固化方法的发展过程中，选择合适的基体材料是最为根本性的问题之一，常用的基体材料以硼、硅、磷的氧化物和对应的酸盐为主，目前应用最广泛的是硼硅酸盐玻璃，各元素在其中的溶解度如表 7-4 所示。

表 7-4　各元素在硼硅酸盐玻璃中的溶解度（徐凯，2016）

元素	溶解度/wt%
Al, Pb	25
Li, Na, Mg, K, Ca, Fe, Zn, Rb, Sr, Cs, Ba, Fr, Ra, U	15 ~ 25
Ti, P, Cu, F, La, Ce, Pr, Nd, Gd, Th, Bi, Zr	5 ~ 15
Mn, Cr, Co, Ni, Mo	3 ~ 5
S, Cl, As, Se, Tc, Sn, Sb, Te	1 ~ 3
Ru, Rh, Pd, Ag, I, Pt, Au, Hg, Ru	<0.1

可以通过添加金属氧化物作为晶核剂，对生成固化体的晶相和微观结构均有所影响。冀翔（2019）系统性地研究了硼硅酸盐玻璃中硼和硅的比例、晶核剂氧化钙、二氧化锆、二氧化钛对玻璃固化体结构和强度、稳定性等方面的影响。他们发现，当调控玻璃中的硅硼比使 $[BO_3]$ 和 $[BO_4]$ 结构的含量相近时，所得的玻璃结构最为致密、浸出率最低。Deng（Deng L et al.，2018）等采用分子动力学模拟的方法，也证明了 B-3 和 B-4 的比例对玻璃结构具有重要的影响。他们采用硼硅酸盐玻璃研究，随着玻璃形成过程中的冷却速率的变化，可以影响 B-3 和 B-4 的比例，从而影响硼硅酸盐玻璃的结构和性能。

而传统的玻璃固化法也存在一些问题：由于从根本而言玻璃固化体是处于一种热力学的亚稳相的状态，从而使得其稳定性不佳，如在地质放置过程中易受到高温、高压和地下水等影响、机械性能差从而导致破碎后易发生放射性元素的浸出等问题（徐凯，2016）。其中，尤以与水反应的溶解反应最甚，在深地处置过

程中，玻璃固化体的表面易在水分子的作用下发生溶解反应（李平广，2013）

$$SiO_2 + 2H_2O \longrightarrow H_4SiO_4 \tag{7-8}$$

李鹏（2013）研究了以铈为模拟核素的钠铝硅玻璃固化体的浸出过程，将其和水溶液的反应分为两步。首先，玻璃固化体中 Na 离子逐渐向水溶液中扩散发生离子置换反应，随着扩散程度的加深，玻璃网格结构中硅氧桥键的水解反应逐渐加深

$$-Si-O-Si- + H_2O \longrightarrow 2\left(-Si-OH \right) \tag{7-9}$$

此外，传统的硅酸盐玻璃并不适合含氟废弃物的固化（孙亚平，2016）

$$SiO_2\ (s)\ + 4F^-\ (aq) \longrightarrow SiF_4\ (g)\ + 2O^{2-} \tag{7-10}$$

因此，有人提出了采用磷酸盐玻璃固化体的方法，但传统磷酸盐玻璃具有化学稳定性差、腐蚀性强的缺点，并且磷酸盐玻璃固化体在一段时间贮存后，易发生自发的析晶现象，从而导致透明性丧失、核素浸出（Hejda P et al.，2017）。孙亚平（2016）采用引入 Al_2O_3 形成 $AlPO_4$ 单元的方法提高了磷酸盐玻璃固化体的化学稳定性（图 7-13）。

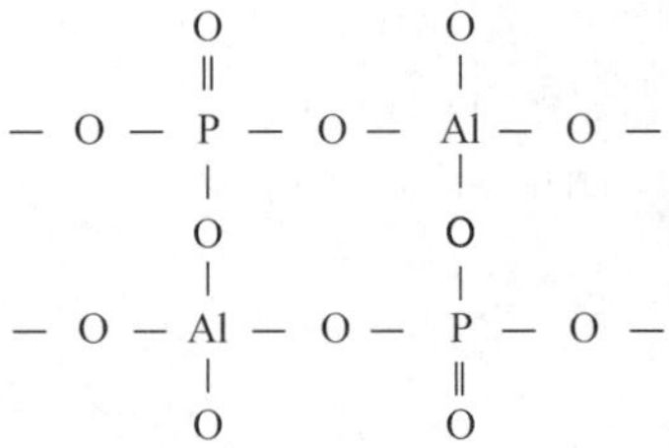

图 7-13　$AlPO_4$ 单元提高磷酸盐玻璃固化体的化学稳定性

Arena 等（2016）研究了 Zn、Mg、Ni 和 Co 对玻璃体耐水性的影响，结果表明金属离子会通过形成硅酸盐二级相从而使得玻璃体的耐水性下降，环境的 pH 可以显著影响玻璃的蚀变速率。Malkovsky 等（2018）等研究了采用蒸汽预加热模拟水浸出对钠-铝-磷玻璃结构的影响，发现在不饱和蒸汽中加热会使得玻璃的晶相发生转变。为解决这些方面的问题，对其中相关元素的化学迁移过程及其可能发生的浸出机理的研究也是必要的。王长福等（2019）综述了易导致玻璃固化过程中得到黄相的 Mo 元素在玻璃固化中的存在形式、溶解性能，从而对解决该问题提供了理论支持。Pinet 等（2019）制备了含有微晶结构的玻璃固化体，相比传统的硼硅酸盐玻璃，其对钼氧化物的包容量有显著的提高。对于固化过程、处置过程中发生的各类化学变化的机理的理解可以为今后材料的改进提供很好的指导作用，但目前对于该领域机理方面的研究不多，一定程度上对新型固化

体材料的发展速度产生了一定影响，但该方面的研究已逐渐受到人们的重视，在未来需要进行更多该方面的研究。

2. 陶瓷固化

陶瓷固化同样是被开发用于处理高放射性废弃物的处理方法之一，其固化放射性核素的原理是通过在放射性废弃物和陶瓷前体在高温下的熔融烧结过程中，放射性核素原子与晶格位点的原子发生置换，从而达到固化的目的（樊晶，2019）。相比目前工艺较为成熟的玻璃固化而言，其对于放射性核素的固定效果和抗浸出性更为优秀。此外，玻璃固化体的一个缺点在于其力学性能和耐辐射性能都不是很好，使得在高温、高湿条件下，而陶瓷材料特色的耐高温高压的特性带来的高稳定性也使得陶瓷材料成为固化放射性废弃物的研究热点之一。

一般来说，陶瓷固化的材料主要选用的是能够将核素稳定地固定于晶体内部固定晶格内的自然生成的寄生材料（李娜，2019）。目前，国内外通常使用如硅、铝、钛等氧化物为原料制备陶瓷固化体，由于其烧制过程中需要将各化合物分解和熔融，故需要高温、高压的反应条件，通常而言需要在 1200～1400℃左右的高温下制备陶瓷固化体（李娜，2019）。磷酸盐基材料是固化镧系元素的候选陶瓷固化体之一，Neumeier 等（2017）总结了近年来磷酸盐基陶瓷材料用于镧系元素固化的研究进展。镧系元素的正磷酸盐具有独居石型和横纹岩型两种结构，在磷酸盐陶瓷固化镧系元素的过程中起着重要的作用，其转化过程如图 7-14 所示。

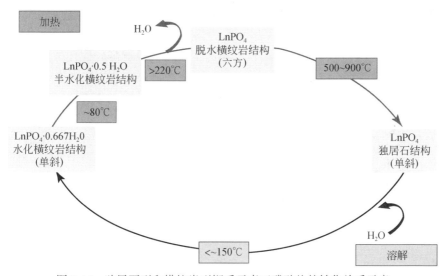

图 7-14　独居石型和横纹岩型镧系元素正磷酸盐的转化关系示意

　　此外，由于陶瓷固化法置换位点遵循的类质同晶、类质同象的特点，同样也可以选择其他人工合成的类似材料作为替代，而如何才能得到化学性质相似、物理和化学稳定性高的陶瓷固化体材料是该问题的关键。张文琦（2018）研究了 $Gd_2Zr_2O_7$ 陶瓷作为锕系及次锕系金属固化体基底材料，并对该材料的力学性能和抗浸出、抗腐蚀能力进行了评价。樊晶（2019）研究了具有稳定结构的刚玉–铯榴石复合陶瓷固化体的结构和性能，通过刚玉的加入，得到了高力学性能、低 Cs 浸出率的固化体，且具有良好的耐高温性能。

　　很多纯陶瓷固化体材料在抗腐蚀、抗浸出方面尚有一定缺陷。由于陶瓷固化体具有长程有序的特点，相较于玻璃固化体更加容易表征，这也使得对于陶瓷固化体的浸出等机理研究更加容易。孙亚平等（2019）对近年来国内外对于陶瓷固化体化学稳定性的研究方法进行了总结和介绍，就目前而言，原子尺度水平的研究还有所欠缺，发展这一方面的表征手法有助于了解陶瓷固化体的浸出机理，从而对其进行改进。而为解决这个问题，采用掺杂方法制备的由玻璃固化体与陶瓷固化体相结合的玻璃陶瓷固化体也逐渐进入了人们的视野。这种方法同样属于陶瓷固化的范围（李娜，2019），且能够将玻璃固化体表现出的优秀的耐腐蚀性能和陶瓷固化体所具有的高稳定性结合在一起，制成更加优秀的固化体材料。耿安东（2019）采用了在已经得到工程化应用的硼硅酸盐玻璃中添加氧化钙、氧化钛、氧化锆等氧化物制成玻璃陶瓷固化体，当添加的 CaO、ZrO_2 和 TiO_2 的物质的量比为 2：1：2，且其中氧化钙的添加量为 5.56wt% 时该材料具有最高的固化效果。刘金凤（2019）设计了一种采用锆磷酸盐玻璃陶瓷固化体，用于包裹含有高浓度的锆和钠的高放射性核废料，得到了具有良好化学稳定性的固化体材料。Juoi 等（2008）研究了不同废弃物包容量的斜发沸石玻璃陶瓷固化体的微观结构转变和浸出率变化。常冰岩（2018）采用固相法制备了 Nd、Hf 掺杂的硼硅酸盐/$Gd_2Ti_2O_7$ 玻璃陶瓷固化体，研究了煅烧温度对其影响，并测试了其抗压、抗浸出性能。

　　总体而言，目前对于陶瓷固化体的研究中，对其稳定性的表示更多地在于宏观现象的阐述，尽管数据的对比可以直观地反映出性能的优劣，但目前对这些材料本身具有这些优点的解释大多还不够，这就会导致对不同材料间产生的差异性的原因和总结不到位，发展更加细化的表征手法能够从微观结构上对各种现象的解释或许更加能够说明问题。

　　3. 矿物固化（人造岩石固化）

　　在对高放射性废弃物的处理方法中，玻璃固化已发展的较为成熟，在工业生产中得到了大规模的应用。随着研究的深入，矿物固化作为一种与其类似的高防废弃物的处理方法逐渐走入了人们的视野。其原理是通过相反应，人工制造出一种性质相对稳定的多相矿物固溶体，其中放射性废弃物中的放射性核素以及其他部分元素进入相内部的晶格位置，也有另一部分被还原成为单质，包裹于合金相之中（王兰等，2017）。由此可见，相比传统的玻璃固化体来说，人造矿石固化体在具有相似的高包容性、低浸出率和强抗辐射性能的情况下，还具有更高的密度和机械强度等优势，使其具有长期的安全性和稳定性。由于不同组成甚至不同晶型的矿物均可具有迥然不同的性质，且对不同元素的固化能力也有所不同，故针对待处理的废弃物中元素的组成选择合适的矿物是目前看来能够发挥该方法长处的方式之一。

　　以衰变周期较长、处理需求较高的放射性核素锶和铯元素为例，在近年的研究中，碱硬锰矿、磷灰石、钙钛矿、铯榴石等矿物固化体均受到了广泛的研究（王兰等，2017）。其中，尤以烧绿石结构居多。烧绿石的化学式为 $A_2B_2O_7$，可按照 A 离子和 B 离子的化合价分为两类，一类 A 为 +3 价，B 为 +4 价；一类 A 为 +2 价，B 为 +5 价。以 $Gd_2Ti_2O_7$ 为例，其晶体结构如图 7-15 所示。

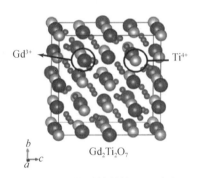

图 7-15　$Gd_2Ti_2O_7$ 的晶体结构（张克乾，2016）

　　夏祥来等（2015）合成了具有弱有序烧绿石结构的锕系元素 Pu 的模拟固化体并研究了其性能，其中模拟核素 Ce^{4+} 通过取代烧绿石结构中 Gd^{3+} 的位置被固定，这也使得其结构发生了向萤石结构的转变。张克乾（2016）采用 Ce 作为放射性元素的代替，研究了其在钛酸盐烧绿石体相中占据的位点，并观察了在掺杂不同含量的铈原子时晶体结构的变化，证明了烧绿石固化体在高压条件下仍然具有良好的稳定性。同时，他还发现，待固化核素的价态能够显著影响固化体的固溶率，+3 价形式的高放射性 Pu、U 等元素在烧绿石固化体中能够得到最大的包容量。Shu 等（2016）同样采用了烧绿石固化体，研究了将 38.83wt% 的 U_3O_8 以单相形式固定于其中的样品的 $(Gd_{1-4x}U_{2x})_2(Zr_{1-x}U_x)_2O_7$ 固化体的结构特征，其中 U^{6+} 占据 56% 的 Gd^{3+} 位置，而 U^{4+} 占据 14% 的 Zr^{4+} 位置，而由于离子半径的不同，固溶体转变为缺陷萤石的结构（图 7-16）。

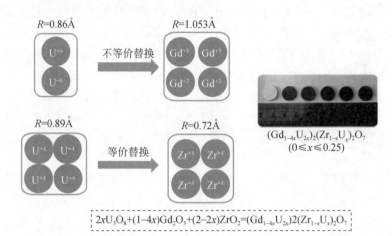

$$2xU_3O_8+(1-4x)Gd_2O_3+(2-2x)ZrO_2=(Gd_{1-4x}U_{2x})2(Zr_{1-x}U_x)_2O_7$$

图 7-16　U^{6+} 和 U^{4+} 分别取代 Gd^{3+} 和 Zr^{4+} 示意图

　　由于形成的固化物往往需要被长期深地处置的原因，判断不同固化体优劣的标准并不仅仅是对放射性废弃物的固化能力，更体现在固化体本身在复杂情况下的物理、化学稳定性。所以在对各类矿物固化体的研究中，除研究矿物的合成、制备过程及其对模拟放射性核素的固化过程之外，也有部分研究着眼于将多种矿物材料混合利用，以便能够制备出结合了不同材料的优点、拥有更加优秀的固化率和固化性能的新型矿石固化体材料。Jing 等（2016）采用水热法将含 Cs 污染的稻壳灰制成粉煤灰以固定其中的 Cs 元素，并通过添加氧化硅、氧化铝等将其固定在具有铯榴石结构的矿物固化体中，研究发现，通过添加适量的氧化钙而形成部分水石榴石和托贝莫来石结构有助于提高固化体的韧性（图 7-17）。

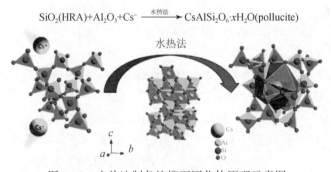

图 7-17　水热法制备铯榴石固化体原理示意图

与陶瓷固化体相似，矿物固化体所用到的复合材料也并不仅局限于矿物和矿物之间。樊晶（2019）将刚玉和铯榴石混合制备而成的刚玉–铯榴石复合陶瓷固化体材料就体现出良好的耐热性能和结构稳定性。研究发现，采用钾基–地聚合物的陶瓷化过程中，在1100℃下可能发生晶化反应，其产物为白榴石，而Cs元素的增加会使得立方相白榴石组分增加，从而增强其抗浸出性能，这一原理可以通过文献（Li J et al.，2018）解释，由于K和Cs在白榴石中的晶体学位置是相同的，故晶体半径小的K离子先浸出。

总体而言，各类固化体均有其特点，而目前国内的研究方向多是采用混合、掺杂等手段将各类固化体进行一定程度的结合形成复合材料。尽管有些材料能够得到不错的效果，但或许是碍于表征手段和方法有限，鲜有对其高稳定性等效果原因的令人信服的结论，对于原理性问题解释说明并不十分充分。尤其是在于金属的浸出问题上，如能够发展目前的表征手法，从在线的原子尺度观察其特定核素的流动性将会对该方面的研究做出很大的突破。

4. 水泥固化

水泥固化是自20世纪50年代开始，以水泥材料为固化体的放射性废弃物固化方法，由于其强度高、成本低、工艺简单，在低、中放射性废弃物的固定处理方面已在很多国家受到了大规模的工程化应用。水泥是一种无机胶凝材料，其固化的原理主要是通过机械、吸附和化学固化等方式将放射性废弃物中的放射性核素包裹起来而实现的（薛红民，2013）。以常见的硅酸钙水泥为例，其水化过程的反应式为

$$3CaO \cdot SiO_2 + nH_2O \longrightarrow xCaO \cdot SiO_2 \cdot (n-3+x)H_2O + (3-x)Ca(OH)_2$$

$$(7\text{-}11)$$

在水泥前体中加入待处理的放射性废弃物，通过在材料中加水使水泥发生水化反应生成质地坚硬的水泥块的同时，放射性废弃物的颗粒也在其中被包覆，从而起到固化放射性废弃物的作用。传统水泥固化放射性废弃物采用的是硅酸盐或高铝水泥，存在易浸出的缺点。磷酸盐类水泥材料是在工业上具有广泛应用的一类水泥原材料，具有体积稳定性好、强度高和水化速度快等优点，与放射性废弃物处置的需求有很高的符合度。王轶默等（2019）对磷酸盐水泥的水化机理、改性方法和应用价值进行了介绍，并介绍了磷酸镁水泥材料用于固化含Pu放射性废弃物的能力，其能够通过将Pu^{3+}转化为Pu^{4+}从而提高对其固化能力，且生成的固化体具有结构致密、浸出率低的特点。近些年的研究中，也不断有新的水泥固化体材料被开发和研究，李俊峰等（2017）采用了硫铝酸盐水泥（SAC）作为水泥固化体的基底材料，并将沸石、氢氧化钙和MR-1型乳化剂掺入水泥混合料

中，以改善固化体性能（Zhang W F et al.，2015），并研究了废树脂水泥固化体在 γ 射线辐照后的抗压强度、抗浸泡性和抗冻融性。结果表明，经历辐照后，SAC 固化体的强度有所降低、冻融性能变差。该固化体对不同核素的浸出率大小不同，顺序为 $Cs^+>Sr^{2+}>Co^{2+}$。

同时，水泥固化体的强度和抗渗性也可以通过在制备时添加一定的掺和料而改善，蒋复量等（2019）发现，通过在硅酸盐水泥中添加高炉矿渣能够提高水泥固化体的抗拉、抗剪性能。这种通过添加一定矿物混合物的方法（李聪等，2016），以从形态效应和火山灰效应两方面上改善固化体的性能。例如，活性混合材中的硅、铝氧化物可以与水泥水化反应时产生的氢氧化钙发生反应：

$$2SiO_2+6Ca（OH）_2+aq \longrightarrow 3CaO \cdot 2SiO_2 \cdot nH_2O+3Ca（OH）_2 \quad (7-12)$$

$$Al_2O_3+3Ca（OH）_2+3CaSO_4+23H_2O \longrightarrow 3CaO+Al_2O_3 \cdot 3CaSO_4 \cdot 31H_2O$$
$$(7-13)$$

$$Al_2O_3+3Ca（OH）_2+CaSO_4+9H_2O \longrightarrow 3CaO+Al_2O_3 \cdot CaSO_4 \cdot 12H_2O(7-14)$$

此外，Wang 等（2019）发现，工业富硅矿物（如粉煤灰）可以通过促进水合硅酸镁（M-S-H）凝胶的形成对 MgO 基水泥的抗压强度和耐水性能等方面均有所改善。这表明可以利用富硅的工业废料对 MgO 基水泥进行改性，为水泥固化的发展提供了一种可能的发展方向（图 7-18）。

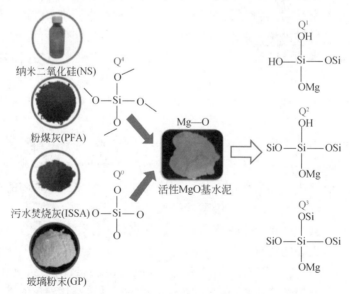

图 7-18　粉煤灰对 MgO 基水泥的改善原理示意图

总体而言，成本低、操作工艺简单是水泥固化最主要的优点，正因如此才会成为工业上广泛应用的处理低、中放射性废弃物的方法。由于其基本上依靠的是物理包覆和固化，伴随而来的则是其也有混合难以均匀、放射性核素易浸出的缺点。此外，由于其包覆的原理，处理后的废弃物会在原有体积的基础上增大1.5~2倍，在一定程度上也不利于放射性废弃物的贮存和运输过程。

5. 沥青固化

沥青固化法是自20世纪60年代开始投入使用的一种固化方法。首先，将待处理的放射性废弃物经过预处理后，与熔融沥青或乳化沥青在120~130℃左右进行混合，并在持续搅拌的同时蒸发掉其中的水分从而形成固化体，使得需处理的放射性废弃物能够被均匀地包裹在沥青中的方法（严沧生，2017）。该法的原理与水泥固化法相似，均有工艺流程简单、安全系数强的优点，而两者之间的差异则主要体现在水泥和沥青作为固化体的区别。相比水泥固化体而言，沥青固化体在减容量和抗浸出性能方面的表现均显著优于水泥固化体。但沥青的问题在于其属于可燃物，在处理过程中易发生火灾风险（严沧生，2017），这也导致经固化处理得到的固化体的耐高温、抗辐射性能欠佳（冀翔，2019）。此外，由于作为固化体基体的沥青较易发生衰老现象，导致沥青固化体容易在一定时间后发生开裂，其内部结构会受到一定的破坏（张克乾，2016）。

近年来，沥青作为黏接剂、防水涂料等方面的研究很多，但对于作为固化体的应用报道则较少，且缺乏针对放射性废弃物沥青固化体的力学性能及其稳定性的测试。在有限的报道中，也有文献（严沧生，2017）表明沥青对放射性废树脂具有不错的固化效果，国内此方面的研究仍处于空白，期待在将来能有对沥青固化体的深入研究。

7.3.3 焚烧

焚烧技术是发展最早的可燃性放射性废弃物的减容技术之一，早在20世纪50年代，国外就已经开始了对该焚烧处理技术和工艺的研究。焚烧法的原理是将放射性废弃物中可燃的有机相在空气的存在下进行燃烧，通过将有机物焚化处理而达到减容的目的（赫玲波等，2018）。对于可燃废物和废树脂等放射性固体废弃物的处理，焚烧法的单次处理量很大，且理论上可以获得最大的减容比。但焚烧法也普遍存在一个问题，即在高温焚烧的过程中，其尾气中会产生许多二次污染物，为将其分离处理则需要采用多道附加工艺，从而提高了该方法的工艺复杂度和处理成本，这制约了该方法的发展。就目前而言，少有采用焚烧法处理放射性废弃物的成功案例。

总体而言，焚烧法属于一种"简单粗暴"的处理技术，也正是因为这一特点，使得针对特定可通过焚烧处理的废弃物，可以在非常方便的情况下以较低的成本进行处理，而对于不完全适用的原材料，如在焚烧后可能产生有毒有害气体的废弃物，如果想要采用焚烧处理，则需要更加复杂的工艺和更高的成本，这样反而使得这种方法失去了优势。简而言之，焚烧法具有很高的特定性和原料选择性。由于有非常高的单次处理量和能够达到 20～100 的极高减容比（代洪静等，2019），焚烧法仍在如废离子交换树脂、废活性炭等处理方面受到了一定应用。

7.3.4　热裂解

热裂解与焚烧法在原理上和应用上均有一定的相似，同样是通过高温燃烧的方法，且都在废离子交换树脂的处理方面有一定应用价值。两者的区别主要在于级数，一般而言，热裂解会采用多级燃烧的方式，首先在空气和氧气不足的条件下对待处理的废弃物进行充分的燃烧，以便能够生成部分易于进一步燃烧的产物，随后再在空气过量的条件下对上一步的产物进行完全燃烧（冯文东等，2019）。故而相比于直接焚烧的方法温度较低，此外，热裂解产生的尾气量较少，且由于处理温度没有直接焚烧高的缘故，某些易挥发的放射性核素也不易流失，从而大大减少了对尾气处理的要求；但其也有反应速率慢、建造费用高的缺点（冯文东等，2019）。对于裂解过程的改良主要集中于添加助燃剂等添加剂的方式，以达到降低裂解温度、促进裂解反应的效果。徐卫等（2019）发现，可以通过添加 $CuSO_4 \cdot 5H_2O$ 促进离子交换树脂的裂解反应，且裂解过程对加热的温度和空气流量较为敏感，空气流量的过大和过小均不利于裂解的发生。这说明，热裂解处理至少在工艺方面仍然具有改进的空间，在实用的层面上还需要进一步的探索。

7.3.5　热等离子体技术

等离子体处理是通过等离子体对固体废弃物进行热解、气化或熔融处理从而达到使放射性固体废弃物减容的目的。根据电弧炬放电方式的不同，可以分为电感耦合等离子体炬、微波等离子体炬、直流等离子体炬、交流等离子体炬等，在这之中，直流等离子体炬和射频电感耦合等离子体炬是最主要的处理危险固体废弃物的等离子体炬（杜长明等，2019）（图7-19）。

等离子体技术是一种极具前景的用于处理中、低放射性固体废弃物的处理技术。既不像水泥固化的增容，也不会像焚烧法产生很多的尾气。进料后，先采用等离子体气化熔融技术并回收熔渣，再在气相中进行二次燃烧，将尾气净化后排放即可（杜长明等，2019）。通过该法处理，放射性废弃物中的有机组分可以分解成小分子的可燃性气体，而无机组分则可以熔融成玻璃体炉渣，并将放射性核素固定于其中。放射性核素在其中可能与金属氧化物发生置换反应被固定、气相反应或被还原（杜长明等，2019）。

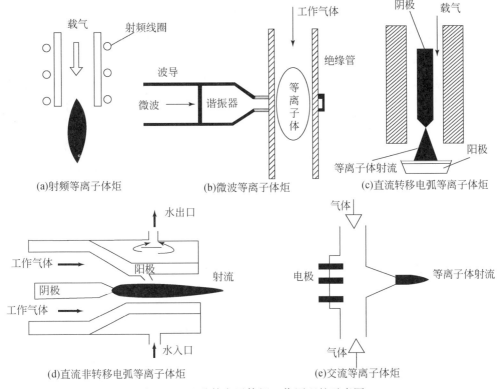

(a)射频等离子体炬   (b)微波等离子体炬   (c)直流转移电弧等离子体炬

(d)直流非转移电弧等离子体炬   (e)交流等离子体炬

图 7-19 几种等离子体炬工作原理的示意图

$$Co+FeO(炉渣)\longrightarrow CoO+Fe \qquad (7\text{-}15)$$

$$Cs_2O\longrightarrow 2Cs+0.5O_2 \qquad (7\text{-}16)$$

$$UF_6(g)+0.5H_2(g)\longrightarrow UF_5(l)+HF(g) \qquad (7\text{-}17)$$

由此可见,针对不同的放射性固废体系改变温度、气氛等条件可以改善处理效果,而作为一种新兴的放射性固体废弃物处理技术,等离子体处理技术的工艺参数还有继续优化的方向和可能。此外,放射性核素在其中的迁移也值得研究。就目前而言,等离子体技术和现有的方法对比均具有一定的优势,期待其在未来能够成为处理低、中放射性废弃物的主流技术之一。

7.3.6 热态超级压缩

在核设施的使用过程中产生的放射性固体废弃物中,有一部分固体废弃物是可压缩的。对于该类固体废弃物的处置,可遵循废弃物管理"最小化"原则,采用超级压缩处理的方式对其进行减容,以便于随后的深地处置等处理方法(李永红等,2019)。自世界上第一台超级压缩机于 1978 年投入运行以来,对放射性固体废弃物的超级压缩处理方法经历了很长时间的发展，其处理效果有了显著的提高。目前，通过压缩处理的放射性废弃物已经可以得到不错的减容系数，总体来讲在 1.3~7.8 之间（李永红等，2019），所得到最终物料的减容倍数不止与压缩机的压力有关，也和待处理物料本身的性质、填装密度相关。实际应用中，核电厂大量用于净化水质的离子交换树脂在失效废弃后是一种典型的可用压缩处理的放射性固体废弃物之一，目前常用的处理方法有焚烧和超级压缩两种方法。热态超级压缩是在负压、无氧、低温的条件下（马小强等，2018）的一种压缩处理技术，相比于焚烧处理，其优势在于废树脂在该条件下几乎不会发生分解，从而很少有放射性核素进入尾气中，无需处理尾气，这在一定程度上简化了工艺。马小强等（2019）研究了采用热态超级压缩技术对废树脂的减容机理，提出通过改善不同粒径颗粒的排列使其有序化，从而改善其堆积水平可有效地提高废树脂处理的减容比。对于堆积水平的改善，尤其是组元数的提高，则依赖于更加先进的研磨工艺。

需要注意的是，对于弹性物料，在压缩后可能会发生反弹现象，严重的情况下会损坏压饼，而这显然不利于物料随后的处置。所以目前对于热态超级压缩的应用主要集中于废离子交换树脂的处理上。作为传统水泥固化的替代方法，热态超级压缩可以获得十分可观的减容比，但对超压后的废弃物的处置仍存在一些问题，目前经超压后的废弃物存放于钢桶中，其本身并没有解决放射性的问题，外表面的辐射水平并未满足相关的标准，不能永久贮存，故而仍需要在其外增设屏蔽桶（逯馨华等，2017），这种方式不但提高了处理成本，并且相当于降低了减容的效果，这仍是需要考虑的问题之一。

7.3.7　其他方法

此外，对放射性废弃物的处理还有高整体容器（HIC）、湿法氧化等方法，或处理过程较为简单，或只针对特定废弃物，限于篇幅，在此就不进行一一列举了。技术总是在不断发展变化的，希望能够不断有崭新的技术进入人们的视野。

7.3.8　总结

近年来，随着核电行业的发展，由其产生的放射性固体废弃物的处置问题受到了广泛的关注和研究。目前，采用的处理方法主要有固化、焚烧、热裂解、压缩等，各有优缺点和适用范围。固化法是一种较为通用的方法，大体可以分为将放射性核素固定在固化体结构内或充当晶格中位点的方法，以及采用材料进行一定结合和包覆的方法。前者以玻璃固化、陶瓷固化、矿石固化为主，其特点在于抗浸出能力出色；后者以水泥固化、沥青固化为主，其特点在于工艺简单，成本较低。焚烧和热裂解属于对待可燃性废弃物的处理方法，多用于处理废离子交换树脂，具有处理量大、减容比高的特点。对于可压缩废弃物，可以采用热态超级压缩的方法处理。总体而言，各方法的优缺点对比如表 7-5 所示。

表 7-5　放射性固体废弃物的各处理方法优缺点对比

方法	优点	缺点
玻璃固化	废物包容量高，抗辐射能力强	机械性能不好，易破损而导致放射性核素暴露
陶瓷固化	机械强度高，稳定性好	抗腐蚀、抗浸出能力不好
矿物固化	密度、机械强度高	同种矿物只能固定有限几种放射性核素
水泥固化	成本低廉、操作工艺简单	处理后的废弃物体积会有所增加，混合不易均匀，放射性核素易浸出
沥青固化	减容量高，抗浸出能力好	耐高温、抗辐射能力差
焚烧	成本低廉，减容比高，单次处理量大	尾气需后续处理
热裂解	尾气量较少，且易于处理	反应速率慢，成本较高
等离子体	减容比高，尾气少	工艺等需进一步优化
热态超级压缩	减容比高	减容后需采用屏蔽桶储存

在国内对放射性固体废弃物各种方法的研究中，目前的研究更多地在于方法和工艺上，如固化体的强度、焚烧、热裂解的温度等方面，而少有从原理层面的解释。对于已有方法的改进和新方法的开发，都离不开对相关原理的了解。在此方面国内的研究尚且不足，未来希望能够有以这些方面为目标的研究出现，从而促进核能行业废弃物处理方法上的革新和升级。

参 考 文 献

常冰岩, 2018. 硼硅酸盐/Gd$_2$Ti$_2$O$_7$玻璃陶瓷固化体的组织结构与化学稳定性研究 [D]. 哈尔滨: 哈尔滨工业大学.

陈敏, 杨洪彩, 2016. 医疗废物消毒处理技术现状 [J]. 中国消毒学杂志, 33 (02): 171-174.

陈明周, 张瑞峰, 吕永红, 等, 2012. 放射性固体废物玻璃固化技术综述 [J]. 热力发电, 41 (03): 1-6+21.

陈新宇, 2015. 医疗废物处置方法介绍及其优劣性对比 [J]. 科技展望, 25 (11): 227.

陈扬, 刘富强, 邵春岩, 2005. 化学消毒法与医疗废物处理 [J]. 中国环保产业, (10):

20-21.

代洪静，赫玲波，王四芳，等，2019. 废核级活性炭处置技术的研究进展 [J]. 一重技术，
　　（02）：1-6+53.

邓四化，孙军，徐俊，等，2017. 论危险废物的处理处置技术 [J]. 装备机械，02：58-64.

杜长明，蔡晓伟，余振棠，等，2019. 热等离子体处理危险废物近零排放技术 [J]. 高电压技
　　术，45（09）：2999-3012.

樊晶，2019. 刚玉-铯榴石复合陶瓷固化体结构及性能研究 [D]. 绵阳：西南科技大学.

冯文东，王瑞英，叶盾毅，等，2019. 放射性废有机相（TBP/OK）处理技术综述 [J]. 环境
　　工程，37（05）：92-98+104.

冯银均，张丽霞，冯桂，等，2019. 医疗废物焚烧处置与化学处置方式的安全性比较分
　　析 [J]. 科技与创新，（13）：23-24+27.

耿安东，2019. 高放废液固化用硼硅酸盐钙钛锆石固化体析晶行为及化学稳定性的研究 [D].
　　绵阳：西南科技大学.

谷良平，2010. 高温高压蒸汽灭菌式医疗废物处理系统与应用研究 [D]. 合肥：合肥工业
　　大学.

郭丽莉，吴国忠，秦子淇，2020. 辐照技术为武汉疫情提供快速高效的医用防护服灭菌服
　　务 [J]. 辐射研究与辐射工艺学报，38（01）：71-74.

国家环境保护总局，2005. HJ/T 177—2005. 医疗废物集中焚烧处置工程建设技术规范 [S].

赫玲波，王四芳，王昕彤，2018. 核废物减容处理新技术 [J]. 一重技术，（05）：1-6.

胡文涛，张金流，2014. 危险废物处理与处置现状综述 [J]. 安徽农业科学，42：
　　12386-12388.

冀翔，2019. 硼硅酸盐玻璃及玻璃陶瓷模拟核素的固化及性能研究 [D]. 绵阳：西南科技
　　大学.

蒋复量，王小丽，黎明，等，2019. 不同掺和料及掺量下铀尾矿水泥固化体力学性能及氡析出
　　率测量实验研究 [J]. 金属矿山，2019（04）：41-47.

李聪，王琪，孙奇娜，等，2016. 矿物混合材在放射性废物水泥固化中的作用 [J]. 中国材料
　　进展，35（07）：509-517.

李娇，2019. 水热处理医疗废物氯的迁移特性研究 [D]. 南宁：广西大学.

李金惠，刘丽丽，谢懿春，2019. 2018 年固体废物处理利用行业发展概述及发展展望 [J]. 中
　　国环保产业，250：7-9.

李俊峰，邱瑜，王建龙，2017. 放射性废树脂特种水泥固化体的辐照稳定性 [J]. 清华大学学
　　报. 57（04）：410-414.

李娜，2019. 地聚合物陶瓷固化核素锶和铯的性能及机理研究 [D]. 绵阳：西南科技大学.

李鹏，2013. 掺杂模拟核素铈离子的玻璃/玻璃陶瓷固化体的结构控制与性能研究 [D]. 杭
　　州：浙江大学.

李平广，2013. 模拟核素的硼硅酸盐玻璃及玻璃陶瓷固化技术研究 [D]. 杭州：浙江大学.

李清亚，卢晓涛，刘辉，2019. 立式旋转热解焚烧炉工艺在医疗废物处理中的应用研究 [J].
　　河南科技，（22）：40-42.

李炎，2009. 湿度对医疗废物干化学消毒法影响的观察［C］. 中华预防医学会中华预防医学会第三届学术年会暨中华预防医学会科学技术奖颁奖大会、世界公共卫生联盟第一届西太区公共卫生大会、全球华人公共卫生协会第五届年会论文集：542-543.

李永红，韩雪梅，李建斌，2019. 放射性固体废物压缩减容技术［J］. 甘肃科技纵横，48（02）：44-46.

梁娟娟，李晓东，严密，等，2012. 医疗废物典型组分在热解/焚烧过程中无机氯的析出特性［J］. 化工进展，31（04）：927-932.

刘慧，2018. 工业危废高温无害化焚烧处理设备设计开发与研究［D］. 马鞍山：安徽工业大学.

刘金凤，2019. 锆磷酸盐玻璃陶瓷固化体的结构与性能研究［D］. 绵阳：西南科技大学.

刘祖思，2014. 热解炉法处置医疗废物的几点体会［J］. 化学工程与装备，（06）：224-227.

刘祖思，林军，2014. 医疗废物静态热解焚烧烟气低温 SCR 脱硝实测研究［J］. 资源节约与环保，（06）：43-44.

逯馨华，张红见，魏方欣，等，2017. 核电厂放射性废树脂处理技术对比研究［J］. 核安全，16（03）：55-61.

罗帅，张祥明，吴江彬，等，2017. 我国医疗废物处置技术及现状［J］. 广东化工，44（01）：44-45.

马大朝，李娇，冯庆革，等，2018. 水热处理医疗废物的反应特性研究［J］. 广西大学学报（自然科学版），43（02）：821-826.

马世豪，凌波，2000. 医院污水污物处理［M］. 北京：化学工业出版社.

马特奇，梁威，徐辉，等，2019. 放射性废物玻璃固化体溶解行为及机理研究进展［J］. 核化学与放射化学，41（05）：411-417.

马小强，杨洋，商佩海，等，2019. 放射性废树脂热态超级压缩堆积密度探讨［J］. 核科学与工程，39（05）：778-781.

马小强，杨洋，朱明山，等，2018. 放射性废树脂热态超级压缩处理［J］. 核科学与工程，38（06）：915-920.

沈德林，2009. 医疗废弃物非焚烧处理技术［J］. 中国消毒学杂志，26（01）：62-64.

宋云，陈明周，刘夏杰，等，2012. 低中水平放射性固体废物玻璃固化熔融炉综述［J］. 工业炉，34（02）：16-20.

孙亚平，2016. 熔盐堆含氟放射性废物磷酸盐固化方案及固化体性能研究［D］. 上海：上海应用物理研究所.

孙亚平，王洪龙，褚健，等，2019. 陶瓷固化体的浸出行为及其机理［J］. 无机材料学报，34（05）：461-468.

田飞，2018. 核电厂放射性废物管理进展及挑战研究［J］. 化学工程与装备，（10）：262-263+108.

王长福，刘丽君，张生栋，2019. 玻璃固化过程中 Mo 的化学行为研究进展［J］. 核化学与放射化学，41（06）：509-515.

王兰，侯晨曦，樊龙，等，2017. 矿物固化含 Sr、Cs 放射性废物研究进展［J］. 材料导报，

31 （03）：106-111.

王磊，2017. 危险废物处理与处置现状分析 ［J］. 绿色环保建材，02：237.

王连超，2017. 危险废物的处理处置措施研究 ［J］. 中国高新区，16：165.

王轶默，吕阳，刘卓霖，等，2019. 磷酸镁水泥研究进展 ［J］. 科技资讯，17 （02）：113-116.

王再宏，邓司浩，罗彦滔，2018. 矿物固化核废物的研究进展 ［J］. 环境科学导刊，37 （S1）：1-7.

夏冰斌，王峰，杨海真，2015. 医疗废物制备木酢液及其成分分析 ［J］. 环境工程，33 （01）：117-119.

夏祥来，李林艳，郭放，等，2015. Pu 在 $Gd_2Zr_2O_7$ 基质中的模拟固化：（$Gd_{1-x}Ce_x$）$_2Zr_2O_{7+x}$ 的热物理性能研究（英文）［J］. 物理化学学报，31 （09）：1810-1814.

徐凯，2016. 核废料玻璃固化国际研究进展 ［J］. 中国材料进展，35 （07）：481-488+517.

徐卫，张禹，褚浩然，侯伯男，2019. 放射性废离子交换树脂高温裂解处理技术研究 ［J］. 辐射防护，39 （05）：396-402.

薛红民，2013. 放射性废物处置技术综述 ［C］. 中国指挥与控制学会 . 2013 第一届中国指挥控制大会论文集 . 中国指挥与控制学会：中国指挥与控制学会：375-378.

严沧生，2017. 一种干燥后沥青固化处理放射性废树脂的方法 ［J］. 南方能源建设，4 （01）：102-104+108.

杨艳秋，赵烁阳，2019. 医疗废物的几种常用处理方法的分析 ［J］. 世界最新医学信息文摘，19 （84）：35-37.

叶丽杰，高爱梅，郭喜成，2015. 医疗废物的分类收集对热解焚烧处置的影响研究 ［J］. 安阳工学院学报，14 （06）：30-33.

张克乾，2016. 掺 Ce 烧绿石 ［$Gd_{(2-x)}Ce_x$］ Ti_2O_7 （$0 \leqslant x \leqslant 0.8$）的制备及性质研究 ［D］. 兰州：兰州大学 .

张文龙，2019. 工业危险废物的五大处置技术 ［J］. 节能与环保，05：50-51.

张文琦，2018. $G_d2Zr_2O_7$ 陶瓷的制备及模拟锕系核素固化机理与化学稳定性研究 ［D］. 哈尔滨：哈尔滨工业大学 .

张泽玉，王婷，2015. 欧洲医疗废物的无害化处理技术 ［J］. 上海节能，（01）：35-39.

赵凤，2018. 城市医疗废物处置技术的应用研究 ［J］. 中国环保产业，（05）：59-62.

赵梨芳，2009. 医疗废物危害和处理方法 ［J］. 广西轻工业，25 （06）：94-95.

赵宁，谢志成，2018. 我国医疗废物处置技术现状及应用趋势 ［J］. 资源节约与环保，（05）：116-117.

Arena H, Godon N, Rebiscoul D, et al., 2016. Impact of Zn, Mg, Ni and Co elements on glass alteration: additive effect ［J］s J Nucl Mater, 470: 57-67.

CN-HJ, 2014. 危险废物处置工程技术导则 ［S］.

Deng L, Du J C, 2018. Effects of system size and cooling rate on the structure and properties of sodium borosilicate glasses from molecular dynamics simulations ［J］. J Chem Phys, 148 （2）：1-14.

Hejda P, Holubova J, Cernosek Z, et al., 2017. The structure and basic properties of iron zinc meta-phosphate glasses [J]. Phys Chem Glasses: Eur J Glass Sci Technol, Part B, 58: 195-200.

Jing ZZ, Hao, W B, He X J, et al. 2016. A novel hydrothermal method to convert incineration ash into pollucite for the immobilization of a simulant radioactive cesium [J]. J Hazard Mater, 306: 220-229.

Juoi J M. Ojovan M I, Lee W E, 2008. Microstructure and leaching durability of glass composite wasteforms for spent clinoptilolite immobilization [J]. J Nucl Mater, 372: 358-366.

Karstensen K H, Nguyen K K, Le B T, et al, 2006. Environmentally sound destruction of obsolete pesticides in developing countries using cement kilns [J]. Environmental Science and Policy, 9: 577-586.

Li J, Duan J X, Hou L, et al., 2018. Effect of Cs content on $K_{1-x}Cs_xAlSi_2O_6$ ceramic solidification forms [J]. J Nucl Mater, 499: 144-154.

Malkovsky V I, Yudintsev S V, Aleksandrova E V, 2018. Influence of Na-Al-Fe-P glass alteration in hot non-saturated vapor on leaching of vitrified radioactive wastes in water [J]. J Nucl Mater, 508: 212-218.

Neumeier S, Arinicheva Y, Ji Y Q, et al., 2017. New insights into phosphate based materials for the immobilisation of actinides [J]. Radiochim Acta, 105: 961-984.

Pinet O, Hollebecque J F, Hugon I, et al., 2019. Glass ceramic for the vitrification of high level waste with a high molybdenum content [J]. J Nucl Mater, 519: 121-127.

Shu X Y, Lu X R, Fan L, et al. 2016. Design and fabrication of $Gd_2Zr_2O_7$-based waste forms for U_3O_8 immobilization in high capacity [J]. J Mater Sci, 51: 5281-5289.

Wang L, Chen L, Cho D W, et al., 2019. Novel synergy of Si-rich minerals and reactive MgO for stabilisation/solidification of contaminated sediment [J]. J Hazard Mater, 365: 695-706.

Wang J L, Chu L B, 2016. Irradiation treatment of pharmaceutical and personal care products (PPCPs) in water and wastewater: an overview [J]. Radiat Phys Chem, 125: 56-64.

Zaker A, Chen Z, Wang X L, et al, 2019. Microwave-assisted pyrolysis of sewage sludge: areview [J]. Fuel Process. Technol, 187: 84-104.

Zhang W F, Li J F, Wang J L, 2015. Solidification of spent radioactive organic solvent by sulfoaluminate and Portland cements [J]. J Nucl Sci Technol, 52: 1362-1368.

第8章 固体废弃污染物化学处理技术发展与资源化利用

8.1 无氧催化热裂解技术

8.1.1 概述

裂解又称裂化，也可称为热裂解或热解，指有机化合物受热分解和缩合生成相对分子质量不同的产品的过程。按照是否采用催化剂可分为热裂化和催化裂化；按照存在的介质可分为加氢裂化、氧化裂化、加氨裂化和蒸气裂化等。

其中无氧催化热裂解在隔绝空气的情况下，通过催化剂的催化作用，将固体废弃物加热到一定温度，分解成为以下产品：

①以氢气、一氧化碳、甲烷等低分子碳氢化合物为主的可燃性气体；

②在常温下为液态的，包括乙酸、丙酮、甲醇等化合物在内的燃油/液体燃料；

③纯碳与玻璃、金属、土砂等混合形成的炭黑。

固体废弃物是指人类在生产、生活和其他活动中产生的，在一定时间和地点无法利用而被丢弃的污染环境的固体、半固体废弃物。从时间角度，它仅仅相对于目前的科学技术和经济条件，随着科学技术的飞速发展，矿物资源的日趋枯竭，生物资源滞后于人类需求，昨天的废弃物势必成为明天的资源。从空间角度看，废弃物相对于某一过程或某一方面没有使用价值，而并非在一切过程或一切方面都没有使用价值，某一过程的废弃物往往是另一过程的原料，所以固体废弃物又有"放错地方的资源"之称。

热裂解的优点可以归结为以下几个方面：

①裂解所消耗的能量非常少。例如，将塑料废弃物转化为石油化工产品，所消耗的能量至多是塑料废弃物总能量的10%；

②能够处理其他方式无法有效回收的固体废弃物，如汽车粉碎后的废弃物、含阻燃剂和金属的电子产品废弃物；

③热裂解处理无需空气或氧气混合气，排气量少，有利于减少对大气环境的二次污染；

④热裂解过程产生的副产物可回收作为原料。

8.1.2　废弃物的热裂解技术

1. 废旧塑料热裂解

根据文献报道（厉逸年，1998），废旧塑料热裂解技术因最终产品的不同可分为两种，一种是得到化工原料（如乙烯、苯乙烯、丙烯等）；另一种是得到烃类燃料（如汽油、柴油、煤油等）。虽然两者都是将塑料转化为低分子物质，但工艺路线却有所差异。废旧塑料裂解所使用的反应器主要有挤出式、搅拌式和流化床三种。主要装置图如图 8-1 所示。

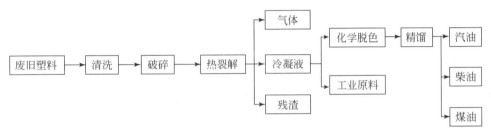

图 8-1　废旧塑料热裂解处理基本工艺流程

（1）废旧塑料裂解制取化工原料

聚烯烃塑料裂解主要是聚合物分子链无规则断裂，产生低分子化合物。在废塑料中单体回收率相对较高的只有 PS（polystyrene，聚苯乙烯）；对 PE（polyethylene，聚乙烯）和 PP（polypropylene，聚丙烯）而言，通过裂解得到的只是分子量分布较宽的烃类。PVC（polyvinyl choride，聚氯乙烯）由于其中氯含量占 56.8wt%，裂解时产生的大量 HCl 可作为产品收集或用碱性物质吸收制取氯化物；裂解后的残渣可分离出来制取活性炭或炭黑。目前，废旧塑料制取化工原料技术的开发主要是针对 PS 的回收。日本三井造船公司在 420℃下裂解 PS 得到 32.6wt% 的苯乙烯和 26wt% 的乙苯。日本北海道工业开发试验所与日挥公司共同开发了采用流化床裂解炉的废热裂解工艺。该工艺以废 PS 与空气为原料，裂解温度为 450℃，生成油为 79.8wt%，其中 62.5wt% 为苯乙烯单体，20.5wt% 为三聚体。

（2）废旧塑料裂解制取燃料

废旧塑料裂解制取燃料适合于混合废塑料的处理，是一种理想的回收方法。在已有废旧塑料制取燃料的技术开发过程中，德国的 Veba 法、英国的 BP 法、日本的富士回收法等技术较为先进，规模也较大，已进入商业化阶段。我国则限于小型生产规模的工业试验。

（3）富士回收法

日本富士循环公司开发了如图 8-2 所示的工艺，并已建成了 5000t/a 规模的装置。不用搅拌装置是富士回收法与其他熔融裂解过程的不同之处。裂解产物经分子筛催化后不仅质优且回收率也高，1kg 废旧塑料回收的油品最多可达 1L。

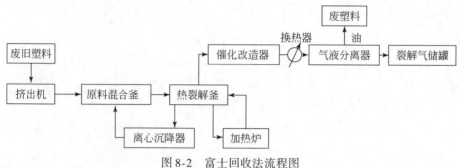

图 8-2　富士回收法流程图

　　富士回收法工艺是先将废旧塑料中不适合油化的杂质去除，粉碎后经挤出机进入原料混合釜与热裂解釜返回的未分解塑料混合；升温至 280～300℃后进入热裂解釜，加热至 350～400℃进行热裂解；热裂解产生的气态烃进入填充催化剂合成沸石 ZSM-5 的催化改造器中反应。生成物经冷却、分馏后可获得汽油、煤油、柴油等馏分及气体，产率在 80%～90%。

　　由于 PC 中含有大量的 Cl，在温度大于 230℃时会产生大量有害的 HCl，腐蚀装置，污染大气，因此应预先除去废旧塑料中的 PVC。如果混有少量的 PVC，可利用 PVC 分解时 HCl 释放的温度比其他塑料初始温度低的特点，在塑料裂解之前首先脱去生成的 HCl。

　　此工艺的特点是利用管路中的离心机将热裂解釜中的熔融物料进行循环并加热，提供热分解热源，且形成釜内熔融物的搅动，使传热均匀，并可把循环物料中的固体残渣分离出来，从而避免了固体物在热裂解釜内的积聚与结渣。

　　①Kurata 法

　　日本理化研究所开发的 Kurata 法，以 Ni、Cu、Al 等金属为催化剂，在反应工艺等方面有独到之处。两段法工艺，各段温度分别为 200～250℃、360～450℃。该工艺有以下特点：

　　Kuata 法在流程后面设置了 HCl 中和装置，因而对废旧塑料中的 PVC 的含量没有明确限制，当 PVC 占 20wt%时，HCl 脱除率仍可达 99.91%。

　　该法产生的生成油主要是煤油，与其他过程的产物组成明显不同。与富士回收法比较，发现在 PS 裂解生成油中，富士回收法的烷烃含量为 4.85vol%、烯烃3.7vol%、芳烃 91.55vol%，而 Kurata 法则分别为 82.8vol%、0vol%、17.8vol%。如此大的差异主要是因裂解反应机理不同所致。在裂解反应中，反应物发生了电子重排，使苯环断裂，这与所用的催化剂有关。

②veba 法

德国 Veba 公司以减压渣油、褐煤、废旧塑料的混合物为原料,褐煤为催化剂;反应条件与原油的加氢相似;在反应物中添加 Na_2CO_3 与 CaO 以中和 PVC 产生的 HCl;产物为 $C_1 \sim C_4$ 气态烃,C_5 以上的烷烃、环烷烃、芳烃,年处理能力为 4 万 t。此法需在氢气加压下进行,投资与操作费用昂贵。

③BP 法

英国 BP 公司采用砂子炉流化裂解反应器,温度为 $400 \sim 600℃$,废旧塑料熔融后送入流化床中裂解,气相产物经冷凝后分离出液体产物,部分气态烃返回流化床。BP 法允许废旧塑料中含 2% PVC,裂解生成的 HCl 被反应床中的碱性氧化物吸收;杂质金属沉积在砂子上,最终作为固体废弃物除去。BP 法的产品中烯烃分布类似于石脑油裂解得到的烯烃分布。

2. 废旧轮胎热裂解

废旧轮胎主要由橡胶(天然橡胶、合成橡胶)、炭黑及各种无机、有机助剂组成,其中高热值的 C、H 元素含量高,具有很好的能源利用价值。尽管轮胎的类型不同,其都含有大量高热值的 C、H 元素,约占轮胎质量的 90%。

据报道(吴晓羽等,2015),废旧轮胎热解是一个复杂的过程,是在缺氧或惰性环境下高温裂解成以热解气、热解油、热解炭为主的热解产物的过程,具体过程如下:

①废旧轮胎样品内部升温;

②温度升高,析出挥发分,开始形成焦炭,热解反应开始;

③废旧轮胎颗粒与挥发分之间热传递;

④可冷凝的挥发分凝结成热解油,不可冷凝的挥发分成为热解气;

⑤热解炭、热解油和热解气之间发生二次反应。

从轮胎的组分讲,废旧轮胎首先在 200℃ 下析出芳烃油,而后天然橡胶组分开始热解,最后顺丁橡胶、丁苯橡胶开始分解,三者可简化认为互不干扰。但轮胎并非三者的简单物理混合,由于硫化作用可形成共价键相互交联。因此在热解过程中,三种组分会相互影响,生成某些单胶体不能生成的新物质。

废旧轮胎热解初期发生的是橡胶的无规裂解,即大分子链的主链和交联网络结构非选择性地破坏,通过链断裂等作用生成一次产物;当热解温度更高或挥发分停留时间更长时,挥发分会发生二次反应,包括两个方向:

①挥发分进一步裂解生成更多的小分子气体;

②二次炭化反应,即通过二次芳香化、缩合等反应,最终生成大分子的焦状物沉积在热解炭表面。

相对于生产再生胶、胶粉等方法，废旧轮胎的热解技术具有以下独特优势：

①热解产物中的部分杂质可分离，如硫主要存在于固体产物中，而热解油与热解气中的硫杂质含量较少；

②热解过程得到的三相产物均具有一定的应用价值，可回收再利用，减少环境污染；

③热解技术工艺相对简单，产物易操作收集和贮存运输，节省了操作工艺成本。

3. 含油污泥热裂解

含油污泥是油田生产过程中产生的一种富含矿物油的固体废弃物，外观呈黑色黏稠状，主要成分为原油、泥沙和水，随矿场堆积时间的变化其成分有所改变。此类油泥具有成分复杂、性质变化大及环境危害严重等特点。

含油污泥的产量巨大，据不完全统计，中国含油污泥产生量呈逐年上升趋势，2006 年达 $1.0\times10^5 \sim 4.4\times10^5$t，另有大量污泥积存待处理。这些污泥中一般含有苯系物、酚类、蒽类等物质，并伴随恶臭和毒性，若直接与自然环境接触，就会对土壤、水体和植被造成较大污染，同时也造成石油资源的浪费。含油泥砂已经成为油田生产开发过程中的重要污染物来源，也是制约油田环境质量提高的一个关键因素。因此，无论是从环境保护还是从回收能源的角度考虑，都应该对含油污泥进行清洁化处理。

由于含油污泥组成复杂、分离困难，其处理和再生利用是油田化学研究中的难题之一。含油污泥处理最终目的是以减量化、资源化、无害化为原则。现阶段的处理方式以简易填埋与简易焚烧为主，造成严重环境污染和资源浪费。热裂解技术具有处理彻底、减量减容效果好及回收能量等优点，是一种应用前景广阔的处理方法。

含油污泥的真空热裂解，是在真空的条件下利用高温使含油污泥的有机成分发生裂解，挥发性产物在真空泵作用下迅速逸出并形成固体炭渣的一种热处理技术（图8-3）。

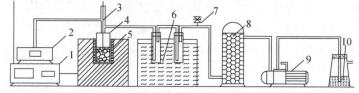

1-温控仪；2-压力计；3-热电偶；4-反应器；5-实验电炉；6-低温冷阱；7-真空微调阀；
8-吸收塔；9-真空泵；10-吸收池

图 8-3　含油污泥热裂解装置图

4. 秸秆/生物质热裂解

秸秆作为洁净能源具有低污染性、资源分布广、产量大、可再生性强等特点，故其能源利用既是中国开拓新的能源途径、缓解能源供需矛盾的战略措施，也是解决"三农问题"、保证社会经济持续发展的重要任务（王伟文等，2011）。生物质快速热裂解的研究始于 20 世纪 70 年代。目前存在的主要问题是快速裂解的条件不易控制，热能利用率不高，对产率影响较大。另外，生物燃料油的精制也是亟待解决的难题之一。

（1）生物质热裂解原理

生物质热裂解是指生物质在完全缺氧供应条件下的热降解，最终生成炭、可冷凝气体（生物燃油）和可燃气体（不可冷凝）的过程。生物质热裂解是复杂的热化学反应过程，包含分子键断裂、异构化和小分子聚合等反应。生物质主要由纤维素、半纤维素和木质素 3 种主要组成物以及一些可溶于极性或弱极性溶剂的提取物组成。半纤维素主要在 225～350℃分解，纤维素主要在 325～375℃分解，木质素在 250～500℃分解。半纤维素和纤维素主要产生挥发性物质，而木质素主要分解成炭。实验表明，纤维素在 325℃时开始热分解，随着温度升高降解逐步加剧，至 623～643℃时降解为低分子碎片。

按温度、升温速率、固体停留时间（反应时间）和粒径等实验条件可将热解分为①炭化（慢热解）温度不超过 500℃，产物以炭为主；②快速热解，温度一般控制在 500～600℃，产物以可冷凝气为主，其被冷凝后变成生物燃油；③气化，温度为 700～800℃，产物以不易冷凝气为主。

（2）生物质热裂解工艺

目前，世界各地的研究机构相继开发了各式各样的生物质热解工艺，依据生物质热裂解技术的基本原理，大体可分为炭化、气化和液化工艺。

①生物质炭化

生物质炭化工艺，最早是先成形后炭化。随着技术的不断进步，出现了先炭化后成形的生产工艺，较前者能充分利用余热。中国科学院兰州化学物理研究所提出的生物质连续炭化工艺省去了机械成形环节，大大节省了能源。生物质炭化、压缩成形工艺在中国发展比较成熟。

②生物质气化

生物质气化反应过程主要取决于气化剂的选择、气化炉中反应温度和压力的控制、物料的停留时间。

文献考察了添加剂对于生物质高温蒸汽气化过程的影响。反应温度为 800℃，镍催化下 H_2 产率最高达到 35.9%（不添加任何催化剂时，H_2 产率为 10.2%）。

反应温度为 900℃，Fe_2O_3 催化下 H_2 产率最高达 40.6%（不添加任何催化剂时，H_2 产率为 23.8%）。相同气化温度下，加入添加剂能有效地提高产气率，并且能改善气体产品的质量。但是高温气化要求设备具有良好的耐热性，且消耗大量的热能。Weerawut Chaiwat 等（2009）研究了低温下生物质的气化过程。用低温空气作气化剂，可使焦油产率从 50wt% 减少到 20wt%，而 CO_2 的产率会增加，所得的不凝气热值较低。根据不同工艺条件，生物质气化产生的不凝气可以是低热值或中热值气，在气体产物中或多或少都含有一定量的焦油和水分，而不凝气中的焦油不易清除。另外，相对于液体生物燃料而言，气体燃料运输时要求设备要具有一定的承压能力且密封性良好。

③生物质快速热解——液化

由于液体产物易于运输、存储等诸多优点，人们对其研究兴趣日益高涨，对液体产物产率相对较高的快速热解技术的研究和应用越来越受到人们的重视。

青岛科技大学研发了下吸式移动床秸秆闪速热解制油工艺流程，实现了 1000kg/h 的工业化生产，如图 8-4 所示。该工艺采用裂解产生的燃气为裂解炉热源，燃烧后的高温气体经初步冷却后送入空气脱除仓，以脱除物料空隙中的空气，并对物料进一步干燥、预热，然后排空。洗涤塔主要由冷凝器冷凝下来的生物质油部分回流，用液体对气体进一步洗涤净化，冷凝下来的部分生物质油作为产品，所得产品不含固体悬浮物，透明度好、质量高。气体洗涤塔顶的冷凝器采用导热油作冷凝剂，与裂解炉出气冷却器串接，被加热的导热油用于物料干燥。该工艺比较显著的特点：热裂解炉用自身产生的燃气加热，热量被充分利用，不需要任何化石燃料；整个装置不排放任何污染物，洗涤塔底流出的含渣高，沸点物量少。

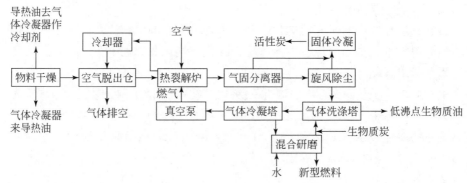

图 8-4　秸秆闪速热解工艺流程示意

（3）生物质热裂解产物

①生物油

根据已有报道（王书文等，1991），生物油具有类似于矿物油的特性，经过加工转换后可用来替代化石燃料。特别是生物油含硫量较低，非常适合于目前严格的大气污染控制要求，如不经转换亦可直接替代重油。但由于生物油黏度大、易聚合、有腐蚀性且挥发性差的特点，不能直接用作内燃机燃料，须经过进一步的催化氢化裂解和氢化处理，经过处理后的生物油非常接近于普通原油的特性，催化生物油再经过精炼可产出柴油作为内燃机的替代燃料。

②木炭

木炭呈粉末状，热值为 29260kJ/kg，含硫少，灰分小，具有良好的燃烧特性和表面特性，更容易加工成活性炭用于化工和冶炼。木炭如制成水煤浆，具有 16720kJ/kg 的热值，可用作火力发电厂燃料。另外，木炭也可加工成无烟煤球，供家庭取暖或炊事用能能源。

③可燃气

可燃气热值为 4180 ~ 5225kJ/kg，主要用于热裂解系统内部原料的烘干以及转化为系统内必需的电力。多余的可燃气，如有条件还可输出用于集中供气等服务设施。

对比分析各种工艺方法，秸秆快速热裂解具有类似的基本工艺流程，即物料经粉碎、干燥后，在反应器内反应，反应所得产物一般都含有炭、焦油、裂解气等成分。其中，可冷凝部分的裂解气冷凝后即为目的产物生物油，其他产物可通过相应的净化工艺或能量循环工艺进行处理。目前，中国在快速热裂解技术开发中，尚未突破规模化生产和成套设备的大关，生物质快速热裂解产品（生物质油和木炭）在国内市场中尚属空白。因此，想要生物质热解制生物油技术走向较大规模的工业化生产，必须研究开发出一套新工艺，而新工艺开发的关键技术就是生物质裂解装置的设计。

在生物质快速热裂解的各种工艺中，反应器和加热方式在很大程度上决定了产物的最终分布和生物油的质量、产率等，并且对于生产过程中条件的控制和热能的利用有重要影响。因此，反应器类型和加热方式的选择是各种快速裂解工艺的关键环节。

生物质热裂解制取生物油技术是一种环境友好的新型生物质能利用技术，具有广阔的应用前景，今后应该对其加深研究。首先，现在利用的生物质原料大部分还只停留在农作物和木材，对于其他类的生物质研究还是很少，因此应该扩大研究对象的范围。其次，现在的催化剂还不能很好地提高生物油的产量和改善生物油品质，所以寻找高效催化剂仍然是今后研究的重点。最后，现在反应器都是实验室规模的，还远不能满足规模化生产，因此反应器放大也是研究的重点，已有文献对此做出报道（于平等，2011）。

8.1.3　热裂解处理系统

根据目前固体废弃物状况和特点，以及国内焚烧炉之特征，根据资料（谢小兵等，2014），热裂解废弃物处理系统一般分为以下几部分：

①油压自动进料，前端可搭配倾倒机、真空收集系统、自走式压缩子车、输送带及抓斗等装置，以达完全自动化的目的。

②一次燃烧室：采用缺氧热裂解燃烧，依需要炉床可采用固定式、多层式设计，炉床分三阶段即干燥段、燃烧段及燃烬段，并保持微负压防止烟气外窜。

③二次燃烧室：采用柱塞流无死角设计可充分混合可燃气体，提高去除效率。烟气停滞进间可依需求设计为 1s 或更久，燃烧温度可达 1000℃ 以上，完全符合法规要求。

④出灰系统：可依需求设计为自动或手动出灰，并可搭配灰子车或输送带收集灰烬。出灰口装有冷却洒水装置，防止灰烬飞散。

⑤废热回收系统：设置废热回收锅炉，以热水或蒸汽方式回收使用。其中一部分热源可提供给热交换器使用，以提升排放烟气的温度达到 110℃ 以防止白烟产生。

⑥废气处理系统：具除酸、除尘功能且符合法规之排气标准，并可依需求设计湿式、干式或半干式系统。

其基本原理是：热裂解气化炉内分几个层次，从上往下依次分为干燥段、热解段、燃烧段、燃烬段。进入热裂解气化炉的垃圾首先在干燥段由热裂解段上升的烟气干燥，其中的水分挥发；在热裂解气化段分解为一氧化碳、气态烃类等可燃物并形成混合烟气，混合烟气被吸入二燃室燃烧；热裂解气化后的残留物（液态焦油、较纯的碳素以及垃圾本身含有的无机灰土和惰性物质等）沉入燃烧段充分燃烧，温度高达 1110~1300℃，其热量用来提供热裂解段和干燥段所需能量。燃烧段产生的残渣经过燃烬段继续燃烧后冷却，由热解气化炉底部的一次风冷却（同时残渣预热了一次风），经炉排的机械挤压、破碎后，由排渣系统排出炉外。

一次风穿过残渣层给燃烧段提供了充分的助燃氧。空气在燃烧段消耗掉大量氧气后上行至热裂解段，并形成了热裂解气化反应发生的欠氧或缺氧条件。

由此可以看出，固废在热裂解气化炉内经热裂解后实现了能量的两级分配：裂解成分进入二燃室焚烧，裂解后残留物留在热裂解气化炉内焚烧，固废的热分解、气化、燃烧形成了向下运动方向的动态平衡。在投料和排渣系统连续稳定运行时，炉内各反应段的物理化学过程也持续稳定进行，从而保证了热裂解气化炉的持续正常运转。

从以上可以看出采用热裂解技术处理固体废弃物，不但可以避免感染的危险，也可除去毒物，保护环境，加上能源的回收，可谓是一举数得，其将取代传统焚化而变成处理固体废弃物特别是有害废弃物的主流。

8.1.4　目前热裂解方法存在的问题

目前虽然进行了大量的实验研究，但是真正投入工业化运行的装置基本没有，因为这些装置在结构、规模和实施条件上有许多有待改进的地方。

首先，在规模上，之前已经有很多学者在实验室里进行了大量的实验来验证热裂解回收塑料的方法，但绝大多数的研究仍然停留在实验室里，属于研究验证性实验。技术不成熟，装置的大小、结构都不符合工业化、规模化的要求，如螺丝窑反应器、喷动床反应器等。

目前的研究所采用的方法也有很多种类。在加热方式上大部分实验采用电加热，但在大型化情况下，电加热的速度和能力往往达不到要求，并且大量用电带来的高成本也不适应工业化推广。如果改用火焰直接加热则又会带来反应器受热的问题。总之，从实验室到工业化应用不是一步就可以实现的。

其次，实验室里进行的研究，大多都是在稀有气体或氮气保护的情况下，将塑料分批进行反应，因此每次所能处理的量不大，反应的效率很低，不利于工业化应用。

再次，大多数研究都是直接在反应装置外部对塑料进行加热，因此如果工业化应用则不得不考虑受热和传热的问题，有可能导致受热不均，使得塑料直接结焦炭化，影响反应进行，导致反应器损伤等各类问题。

最后，成本的问题，之前英国石油公司和德国 BASF 公司设计制造过大型的热裂解废旧塑料回收装置，但是装置在运行一段时间后就不得不关闭或者还没投入使用就被迫停止建设。因为产物主要为石油类产品，即使不考虑其品质，产物的价格也会受到原油价格的影响，因此在原油价格较低时，该装置的可行性就会大大降低，导致亏本的情况。另外，对于处理的废旧塑料需要进行分拣，去除杂质，并且考虑运输成本。因此，目前所采用的反应条件和技术，大多都不适合规模化、工业化的要求。

8.2　催化处理技术研究及现状

8.2.1　概述

随着科学的发展与社会的进步，在生活水平不断提高的同时，对环境的压力越来越大，废弃物的数量也在水涨船高，尤其是固体废弃物，处理难度大、危害范围广,从城市里随处可见的生活垃圾到农村被污染的土壤,从空中飘飞的雾霾到地下被污染的饮水,都存在它的身影。

近年来,人们在物质生活得到基本满足的同时,对环境保护的呼声越来越高,由于固体污染物相对于其他污染物的危害比较大,对人们日常生活的影响比较明显,固体废弃物的处理已经迫在眉睫,尤其是在环境保护部发布了《2014年全国大、中城市固体废物污染环境防治年报》后,这是环境保护部首次向社会发布全国固体废弃物污染防治工作的相关情况,对固体废弃物的处理也被提入国家日程。

根据报道(谭文博,2019),固体废弃物的处理方法主要如下。

①物理处理方法:物理处理主要包括破碎、压实和焚烧,物理处理方法简单,能处理不同类型的垃圾混合物,但是除了焚烧以外,其他都不能从根本上解决固体废弃物,只是方便运输,以利于后续的处理工作。

②化学处理方法:化学处理主要是热解和固化,热解主要是用来解决有机固体废弃物,在热解过程中,有机固体废弃物被分散成无害小分子和残渣;固化用来处理重金属和其他有毒有害垃圾,固化后方便收集,防止固体废弃物二次扩散,扩大污染。

③生物处理方法,生物处理主要包括厌氧发酵和堆肥,这种处理方法与热解类似,一般用来处理有机物,但是在其中加入了生物过程,能得到一些比较实用的生物产品,如沼气。

除此之外,在化学处理方法中,催化处理技术方兴未艾。一百多年前,瑞典化学家 Berzelius 首次发现催化剂,并在《物理学和化学年鉴》上提出了催化与催化剂的概念,从此以后,催化剂为人类的生产生活做出巨大的贡献。到目前为止,化学工业60%的产品和90%的过程都与催化作用密切相关,2016年全球催化剂销售额已经达到195亿美元,其中环保型催化剂占比超过1/3,环保在催化剂生产使用方面已经占据了重要地位,固体废弃污染物作为"三废"之一,一直是催化处理的重中之重,特别是近几年来,废液和废气已经得到初步防治的情况下,固体废弃物处理难度大,减排操作性小,仍困扰着很多环保方面的科研工作者,而催化处理作为一种可行的处理方法受到的关注也越来越高。

8.2.2　催化作用与催化剂

目前对于催化的理论基础和研究方法已有相当成熟的体系。事实上,对于所有催化体系,催化剂可以同时催化正负反应的进行,因此,一个生产出该固体废弃物的催化剂也是它的分解催化剂,只是碍于反应条件的差异无法达到最佳转化率,因此催化反应对于处理固废是实际可行的,下面将具体介绍催化机理以及催化剂的基本特征及合成方法。

1. 催化作用

催化剂是一种能够改变化学反应速率，改变化学反应达到平衡状态所需的时间，而其本身在反应前后不发生或者不发生明显的物理变化和化学变化的物质。催化作用有正有负，催化剂既可以加快反应速率，也可以减缓反应速率，但工业上使用的催化剂大多是加快反应进程。值得注意的是，催化剂对反应具有很高的选择性，一种催化剂只催化一种或一类反应，除此之外，催化剂虽然能够改变化学反应的速率，却无法改变化学反应的限度，能改变达到平衡的时间，却无法改变平衡本身，这些都是由化学反应热力学决定的。

催化剂根据标准不同可以分为不同的种类：①根据催化过程可以分为均相催化剂、多相催化剂；②根据聚集状态可以分为气体催化剂、液体催化剂、固体催化剂；③根据催化功能可以分为酸碱催化剂、氧化还原催化剂、多功能催化剂；④根据使用条件下催化剂的状态分为过渡金属催化剂、金属氧化物催化剂、过渡金属络合物催化剂、酸碱催化剂；⑤根据催化工艺的特点分为多相催化剂、均相催化剂、酶催化剂等。在催化处理固体废弃物的过程中，为了保持接触面积，一般采用液体催化剂，或者将催化剂做成薄膜或微粒，从而加快处理过程。

一般情况下，学界认为催化反应遵循 Langmuir-Hinshelwood（L-H）机理，L-H 机理认为发生反应的分子会在催化剂表面发生吸附，然后在催化剂表面进行反应，生成产物，最后脱附，反应物在催化剂表面的表面反应为速控步骤。

虽然对于同一反应可能会有不同的催化剂都能催化该反应的进行，但不同的催化剂催化同一反应的性能是有差异的，这种差异可由描述催化剂性能的术语表示，包括活性、选择性、稳定性等。

（1）活性

一般而言，催化剂的活性就是指催化剂转化反应物的能力，通常情况下，催化剂的活性体现在反应被催化后与没有被催化时的反应速率的差别。

例如反应：

$$A \longrightarrow B+C \tag{8-1}$$

初始状态下 A 的物质的量为 N_{A0}/mol，反应后为 N_A/mol，在此条件下 A 的转化率为

$$X_A = \frac{N_{A0}-N_A}{N_{A0}} \times 100\% \tag{8-2}$$

在进行催化剂的比较时，采用控制变量法，保持反应温度、反应压力、原料浓度及反应时间等其他反应条件一致，转化率越高，则催化剂的活性就越高。此外由于催化剂本身的质量、体积和表面积等因素的影响，催化剂的活性还可以表

示为比活性，它消除了催化剂表面积对催化活性的影响，表示为单位表面积催化剂催化反应进行的程度，由于大部分催化反应都是在催化剂表面发生的，因此单位比表面积最能反映催化剂的活性，被称为本征活性。

（2）选择性

在实际反应中，很多反应物发生反应时不止生成一种产物，选择性就是用来表征在催化作用下生成特定目标产物的能力。

选择性可以表示为

$$S = \frac{\text{实际所得目标产物的量}}{\text{在消耗一定量反应物时应得目标产物的量}} \times 100\% \qquad (8\text{-}3)$$

在反应式（8-1）中，A 转化为 B 的选择性为

$$S_B = \frac{N_B}{N_{A0} - N_A} \times 100\% \qquad (8\text{-}4)$$

在很多实际情况中，选择性比活性更重要，在催化处理固体废弃物时实际要求转化为有益至少无害或者低害的产物，选择性好的催化剂可以避免有毒有害产物的产生，以免造成二次污染。

（3）稳定性

催化剂的稳定性是指催化剂的活性、选择性以及其他理化性质随反应时间的变化情况。催化剂的稳定性通常用催化剂的寿命表示，催化剂的寿命又分为单程寿命和总寿命，在单程寿命时间内，催化剂能保持其催化活性和选择性，而总寿命是指催化剂性能下降后又恢复到一定活性时的累计时间。催化剂的稳定性包括如下方面。

①热稳定性：在催化固体废弃物时，很多反应需要或者处在很高的温度才能保持一定的反应活性，热稳定性就是衡量催化剂处在这种高温条件下时的稳定性，一般而言，催化剂所能耐受的温度越高，催化剂的热稳定性越好，同一温度条件下，催化剂的单程寿命越长，催化剂的热稳定性越好。

②机械稳定性：催化剂的机械稳定性是指催化剂经受颗粒之间摩擦、撞击和耐受高压的性能。在工厂实际操作中，催化剂可能会处于极端机械条件下，比如流化床，这就要求催化剂具有一定的机械稳定性。

③抗毒稳定性：前面已经提到，一个催化剂一般催化一种或者一类反应，当催化剂催化非目标反应时，非目标反应物会与催化剂结合成无催化活性的表面化合物，使催化剂活性位永久失活，这种现象称为催化剂中毒。事实上，大部分催化剂都容易与重金属发生中毒反应，这是催化处理固体废弃物时不得不注意的一点。

2. 催化剂的组成

催化反应中，使用最多的催化剂为固体催化剂，固体催化剂一般由主催化剂、助催化剂和载体三部分组成。

主催化剂是催化剂的主要活性组分，催化反应一般发生在主催化剂表面的活性位点上，活性位点的数量和质量都直接影响一个催化剂性能的好坏。

助催化剂能够改善主催化剂中活性位点的理化性质及空间分布，从而提高催化剂的活性、选择性，改善其热稳定性、抗毒性及机械稳定性等，能明显提高催化剂的使用寿命。

载体起负载催化剂的作用，一个优良的催化剂载体应该可以提高催化剂的比表面积、提供适宜的孔结构、提升机械强度、增强催化剂稳定性以及节省催化剂用量降低成本等。

研究中，一个催化剂通常由这三部分表示，例如合成氨催化剂为 $Fe-K_2O/Al_2O_3$，Fe 为主催化剂，提供主要催化活性，K_2O 为催化助剂，Al_2O_3 为载体。

3. 催化剂的制备

主流的催化剂制备方法有浸渍法、沉淀法、溶胶凝胶法、离子交换法及水热合成法等，不同制备方法影响催化剂的分散度、催化能力和使用寿命等。对于同一反应，采用不同方法制备的催化剂可能会有完全不同的活性和选择性，因此采用合适的方法制备理想的催化剂是一项十分重要的工作。

浸渍法是将催化剂载体没入含有活性组分的盐溶液中进行浸渍，一段时间后吸附平衡，然后取出过滤干燥以及焙烧。浸渍法操作简单，可以使用现成的具有一定理化性质及孔结构的催化剂载体，而且催化剂全部负载在载体表面，利用率较高，能有效节省贵金属催化剂的用量，最后负载量便于计算，能进行后续分析数据。

沉淀法通过改变条件降低可溶性催化剂溶解度，使催化剂变成固体难溶物，再经过后续的分离、洗涤、干燥等操作制成催化剂。采用沉淀法制备催化剂可以使催化剂各组分充分均匀地混合，适用于一次制备含有多种活性组分的催化剂。

溶胶凝胶法是指无机物或金属醇盐经过溶解、溶胶、凝胶固化，再经过热处理形成氧化物或者其他化合物固体的方法。溶胶凝胶法通常用来制备具有大比表面积和高孔隙率的非负载型催化剂。

离子交换法通过使用一些具有离子交换性质的特殊材料，利用催化剂表面存在可进行交换的离子将具有活性组分的物质交换到载体上，经过后续处理制得负载型催化剂。离子交换法比浸渍法更节省催化剂用量，适用于低负载量高利用率的贵金属催化剂，也可以用来添加催化助剂。

水热合成法多用于分子筛催化剂的合成，对难溶于水的催化剂原料的水溶液加压升温得到结晶性催化剂，是一个复杂的溶液化学过程。

8.2.3 催化处理固体废弃物

鉴于催化剂已经在多种工业领域广泛应用，在催化各种类型的反应已有一套成熟的理论与工艺流程，因此采用催化方法处理固体废弃物具有操作便捷、能快速大规模应用等优点，这是其他处理固废方法所不具备的，下面将根据固废的种类介绍一些关于催化处理固废的进展。

1. 催化分解高分子聚合物

自从 20 世纪 50 年代初 Ziegler-Natta 催化剂被发现以来，乙烯和丙烯的聚合得以顺利工业化，在这种高分子聚合物方便人类衣食住行的同时，"白色污染"问题逐渐凸显出来，尤其是近些年来，随着电商的兴起，包装材料的生产使用和污染问题日益加剧，而传统的燃烧掩埋处理不仅造成资源的浪费，还有可能造成二次污染，因此采用催化技术回收单体是一种经济可行的措施。

高分子聚合物主要由塑料、橡胶、纤维、涂料和黏合剂组成，其中用量偏大也是固废来源的是塑料、橡胶和纤维。

为了方便普通人根据不同的材料对塑料制品进行回收利用，1988 年，美国塑料协会制定了塑料回收标志，将塑料制品分为 7 类。目前，塑料回收标志已经在世界范围内广泛应用，方便了后续的催化处理。

聚烯烃是塑料中用量最大的一部分，主要包括聚乙烯（PE）、聚丙烯（PP）、聚氯乙烯（PVC）、聚苯乙烯（PS）等，中国科学院罗希韬等（2012）利用 TGA-FTIR 联用技术探究了 PE、PS、PVC 三种塑料的热解稳定性，结果发现 PE 稳定性最强，PS 次之，PVC 最弱，在热解过程中，PE 和 PS 热解均为一段式反应，热解产物为低分子的烯烃或者炔烃。然而，PVC 的热解过程却相当复杂，在热解过程中 PVC 不仅会解聚，而且会发生脱氯反应，与其他的一些复杂产物可能会生成二噁英类污染物，这与催化处理固废的初衷相违背。

在催化裂解聚烯烃的研究中，使用分子筛催化剂催化裂解聚烯烃的研究进行得比较广泛，于凤丽等（2016）采用两步法制备了一种具有强酸性、高水热稳定性以及具有晶态孔壁的介孔−微孔复合型分子筛 MAS-7。在催化裂解聚烯烃实验中，MAS-7 具有极高的聚烯烃转化率和液体收率。陈平等（2004）将 β-H 沸石分子筛改性后发现，改性分子筛催化剂能明显降低聚乙烯的热解温度，而且降低程度主要受催化剂的酸量影响，酸量高则降低明显，然而酸量高的同时容易造成积碳生成量的增加，这是在实际操作过程中需要注意的。Aguado J 等 (2000) 更加细致地分析了 β 分子筛催化烯烃裂解，发现传统的分子筛对聚烯烃裂解的催化性能较弱，是因为催化剂的晶体尺寸偏大和铝的掺入量偏低导致酸性低所致，而且分析发现 Ti 的加入可提高分子筛催化剂对聚烯烃裂解的催化活性。在催化聚烯烃裂解过程中，积碳效应也会对产物以及催化剂产生不利的影响，Castaño P 等 (2011) 探究了 HZSM-5 沸石的结构对积碳形成的影响，结果表明，随着沸石孔径的增大，双分子反应 (氢转移和齐聚)、缩合和环合作用增强，这些反应会导致积碳的产生。但是 HZSM-5 分子筛独特的孔结构会使积碳前驱体向催化剂外扩散，从而提升催化剂的使用寿命。为了制备效率和稳定性都比较高的催化剂，科研工作者在此方面做了许多努力。Tarach K A 等 (2017) 改变以往单纯的 NaOH 处理分子筛的工艺，采用 NaOH&TBAOH 处理催化剂，这种催化剂具有更高的酸强度，氢转移反应减少，微孔路径较短，催化分解产物中烯烃产量较高，酸性位点的增加也使聚乙烯在低转化率的情况下的裂解活性增强。

　　除了传统催化技术以外，随着太阳能电池的深入研究，光催化分解也逐渐流行起来，光催化是指在光照的条件下，催化剂利用光能，将光能转化为化学反应所需要的化学能，以此来催化普通条件下难以进行的化学反应。其中，最广泛的是自然界中本来就存在的"光合作用"。聚合物的催化裂解也是一种吸热反应，因此采用光催化可以明显降低反应所需温度，这是其他催化剂所不具备的优势。

　　在光催化领域研究最多的当属 TiO_2 基催化剂，禁带宽度 3.2eV，在吸收光子后，价带电子被激发到导带，在价带上形成一个正电空穴，根据热力学分析，TiO_2 表面的空穴可以催化形成 OH 自由基，能催化大多数高分子固废的降解。熊裕华等 (2005) 进行了纳米 TiO_2 催化剂光催化降解 PE 的研究实验，实验表明 TiO_2 催化剂能明显加快 PE 高分子链的断裂，加快 PE 氧化过程，而且锐钛矿型 TiO_2 比金红石型 TiO_2 具有更高的降解活性。朱焕扬等 (2007) 报道了 TiO_2 催化剂在经过硬脂酸钠改性之后具有较高的降解活性，经紫外光照射后，黏均分子量、拉伸强度、断裂伸长率均明显降低，除此之外还伴有质量的损失。Raditoiu V 等 (2019) 采用 TiO_2-P25 光催化剂对 PP 和 PE 复合材料薄膜进行催化降解，并提出了降解机理 (图 8-5)。光催化聚烯烃降解时，起活性的物质为 OH 自由基，其与聚烯烃链上的 H 结合，使碳链上的碳被氧化为羧基，从而发生断链反应。Ding J 等 (2018) 提出了芳香醇类化合物的光催化氧化过程，其活性物质与降解聚烯烃类似，主要依赖于表面空位与 OH 自由基 (图 8-6)。随着光催化的发展 (刘文等，2016)，科研工作者开始探究各种具有光催化活性的物质用来催化解聚，形成了掺杂、负载、异形、外加场等为主的催化剂制备技术，光催化技术已经是催化处理固体废弃物领域不可或缺的一部分。

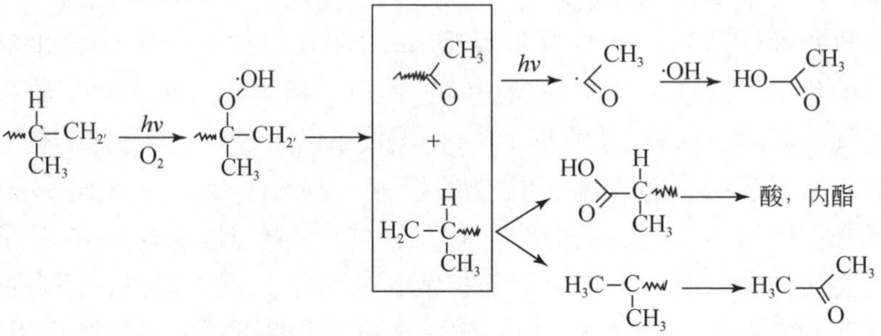

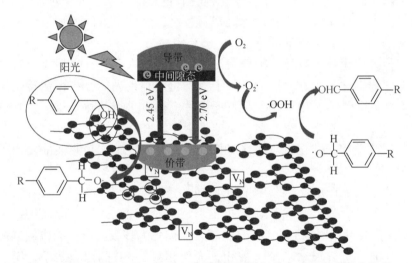

图 8-5　聚烯烃光降解机理

图 8-6　芳香醇在 CNNA 体系上光催化选择性氧化生成相应醛类的机理

在催化烯烃裂解方面已经有很多人进行了相关的工作，也开发出了很多高效的催化剂，已经有一部分被投入市场使用，但是，再回收废弃高分子材料重新利用仍然是一项经济性偏差的工作，相信随着科研工作者的后续研究，会有更经济的催化剂产生。

2. 催化处理颗粒固体废弃物

固体颗粒作为固体废弃物的组成之一，具有分布广泛、扩散快、污染面积大、难以收集处理等特点，尤其是大气中的固体颗粒最有代表性。目前大气颗粒物已经成为最为普遍的污染现象，严重威胁着人们的身体健康和日常作息，因此应用催化剂解决大气固体颗粒物具有非常重要的现实意义，吴鑫强（2019）对此已有报道。

一般来说（尼玛楚多，2019），大气颗粒物主要由空气中的液体和固体颗粒物组成，颗粒物在大气中均匀地分散，形成一种胶体分散体系，称之为气溶胶。气溶胶是一种多相系统，空气为连续相，大气颗粒为分散相，常见的有雾、霾、烟、灰尘等。气溶胶属于介稳体系，在外界条件不发生剧烈变化的情况下，气溶胶可长期存在，而且在大气流动的环境下可以扩散到很远的地方。当大气中的颗粒物粒径小于 2.5μm 时，被称为 $PM_{2.5}$，$PM_{2.5}$ 由于粒径较小，可以通过呼吸进入人体循环系统，对人体健康造成严重危害。

机动车尾气中的固体颗粒大都是未充分燃烧的炭烟颗粒，尤其是柴油机等重组分内燃机，燃料燃烧不充分，容易产生固体炭烟颗粒，催化处理炭烟颗粒性能的优劣很大程度上取决于炭烟颗粒的起燃温度。起燃温度是指使有机废弃物燃烧的最低温度，在催化剂的作用下，有机废气中的碳氢化合物在温度较低的条件下迅速氧化成水和二氧化碳，达到治理的目的。目前很多研究人员（纪添译，2015）对催化净化机动车尾气颗粒已有深入的研究，并试验了很多催化剂。其中，Cu、Cr、Ni 类普通过渡金属催化剂具有价格便宜、制备方便快捷等优点，但是这类催化剂催化活性差、易中毒、起燃温度高，而且有的催化剂本身就有很高的毒性，不符合绿色环保的要求。Zhao S 等（2018）制备了 ZSM5 分子筛负载的 Cu-Mn 基催化剂，发现其具有比较好的脱氮活性，在炭烟颗粒存在的条件下也能保持很高的稳定性，但其本身对炭烟颗粒的催化转化性能较差。与之相对的是贵金属系列催化剂，这类催化剂活性高、寿命长、净化效率高，主要有 Pt、Pd、Rh 等催化剂，但是贵金属系催化剂价格昂贵、周期成本高，难以广泛利用。Gu L 等（2017）采用浸渍法制备了 $Pt/Ce\text{-}Zr\text{-}SO_4^{2-}$ 催化剂，发现其可以催化转化 90% 的 C_3H_8 和 CO，对炭烟颗粒具有优良的催化处理性能。

综合近年来的研究趋势（Han X et al.，2016），稀土系金属成为催化转化尾气颗粒的重点研究对象，尤其是 Ce 基催化剂。Ce 为变价元素，在催化处理尾气颗粒时，可根据氧含量的不同而变化。当氧含量较高时，发生氧化反应 Ce 由 +3 价变为 +4 价，储存氧；当氧含量偏低时，发生还原反应，Ce 由 +4 价还原为 +3 价，释放氧，因此可提高催化剂对炭烟颗粒的处理性能。刘少康等（2016）使用 Ce 基燃油催化剂改善尾气颗粒捕集器（diesel particulate filter，DPF），使 DPF 的再生温度降低 50℃，极大改善了 DFP 对炭烟颗粒的催化处理性能。黄河等（2017）通过沉淀法制备了纳米级 CeO_2 催化剂，在平均粒径为 7nm 时，炭烟颗粒的起燃温度降低达 124℃，峰值温度降低 185℃，而且对 NO 也有 70% 的转化率。在催化处理炭烟颗粒方面，相对于单纯的 Ce 基催化剂，复合型催化剂似乎能取得更加优异的效果。王季秋（2008）用等体积浸渍法制备了纳米 CeO_2 担载的钴氧化物催化剂，催化实验表明其具有和贵金属催化剂相当的炭烟颗粒催化活性。韦岳长等（2010）采用微孔扩散–共沉淀法制备了 $Co_{0.2}/Ce_{1-x}Zr_xO_2$ 催化剂，其催化炭烟颗粒燃烧性能明显高于单一的 Ce 基催化剂。黄勇等（2018）采用自蔓延高温燃烧合成法制备了 $MnCePrO_{2-\delta}$ 复合氧化物催化剂，在催化处理炭烟颗粒时具有优异的表现，降低起燃温度达 296℃，与单一 Ce 基催化剂相比有较大的优势。与 Ce 基催化剂复合特性比较好的还有同为稀土系金属的 La 基，研究发现（王舒捷，2015），在催化炭烟颗粒降解的反应中，Ce 与 La 能起协同作用，La^{3+} 能进入 CeO_2 晶格内部，增加 CeO_2 表明氧物种的数量，还能抑制 CeO_2 晶粒的生长，保持较小的粒径，从而提升催化炭烟颗粒转化的活性。除此之外，La 本身也具有优良的催化炭烟颗粒转化活性。高永华等（2017）运用溶胶凝胶法制备了 $LaNiO_3$、$LaCoO_3$ 纳米钙钛矿型复合氧化物催化剂，实验表明，在氮氧化物存在的条件下，所制催化剂可使炭烟颗粒燃烧的峰值温度降低 216℃，同时具有较高的氮氧化物转化能力。目前（余春珠等，2014），汽车尾气处理大部分仍在采用以贵金属为主要活性组分的三效催化剂，催化助剂辅以稀土系金属 Ce、La 等，纯稀土系金属催化剂还有很大的劣势，要实现最终的工业化应用还需要不断地研究投入。

3. 催化处理生活垃圾

生活固体废弃物主要都是由纸张、纤维、塑料、金属、食物残渣等其他物质组成的非均质混合物，与其他生活垃圾相比，由于塑料处理比较困难，在前文已经具体介绍了其催化处理方法及进展，此处不在特别归类处理。对于生活固体废弃物，通常的处理方法是填埋和焚烧，但是这两种方法都有转移污染的现象，是不可持续的，而且由于城区面积地不断扩大，垃圾越来越多，这会造成生活垃圾处理成本不断提高，而采用催化处理生活垃圾可以很大程度上规避这些问题，另一方面，采用催化的方式处理生活垃圾可以适当生产燃料，这对于能源短缺的今天也有很强的现实意义。

催化处理生活垃圾中一种比较实用的方法是热催化重整（thermocatalytic reforming TCR），热催化重整是一种将固体垃圾中的有机物转化为可持续燃料，如合成气、生物油、无烟煤等。Ouadi M 等（2017）利用 TCR 技术模拟实验，成功转化了 25% 的固体垃圾，在生成物中有 6% 的生物油，经过测试实验，生物油可与普通柴油等体积比混溶使用，有望实现固体生活垃圾的回收利用，减少运输成本。贺茂云（2009）运用均匀沉淀法制备了纳米 NiO 催化剂，该催化剂能显著降低生活垃圾焦油的降解温度。催化剂可以用稠环芳烃电子的稳定性来解释，NiO 等催化剂为缺电子体系，在催化稠环芳烃时，芳烃电子云被催化剂吸引，从而降低自身稳定性，降低反应活化能，发生裂解反应。此外，还有一种热处理方式类似于沼气的发酵过程，Ahamed J U 等（2016）进行了以厨房有机垃圾和动物粪便为原料，利用硅胶作为催化剂生产沼气的研究。研究发现，在硅胶催化的条件下，气体总产量增加 33.13%，最大日产气量提升 33.12%，再考虑到运输成本的差异，这种处理方式是非常有前景的。如果生活垃圾中还含有其他有害物质，就需要在催化气体后面增加一个尾气处理装置，Zhang L 等（2018）采用浸渍法制备了含 Ce 的 Ni 基催化剂，并用此催化剂催化生活垃圾生产洁净合成气，研究了氧含量、催化剂组分、蒸汽添加量等因素对催化反应的影响，结果表明在经过气体净化装置后，可完全去除酚类物质、硫化物和氮氧化物含量也达到排放标准、重金属组分平均下降 50% 以上，基本满足了环保可再生的要求。吴畏等（2014）进行了类似的生活垃圾改质实验，实验催化剂采用 Ni 基催化剂，在最优条件下，生产的 H_2 浓度可达 46.7%，有很大的商业利用价值。此外，生活垃圾还存在制备低热值无烟煤的技术，也已经有很多专利技术。

　　催化处理生活垃圾的难度不仅仅在于垃圾本身的处理，垃圾产生过程中还伴随有大量的垃圾渗滤液，垃圾渗滤液的处理也是生活垃圾处理的难题之一。垃圾渗滤液是生活垃圾的副产品，是生活垃圾的集中运输过程中经过雨水的冲刷和垃圾本身的水分富集以后形成的液体，它含有多种有机污染物如芳烃类、烯烃类以及一些硫氮化合物，有的还含有大量致病微生物等，严重影响人们的生活和身体健康。根据报道（赵刘等，2017），垃圾渗滤液的污染程度可以用化学耗氧量（chemical oxygen demand，COD）进行描述。目前，关于垃圾渗滤液的处理也进行了很多研究，研究目标主要集中在吸附和催化氧化方面，催化剂根据渗滤液的组成也多种多样，还有一部分电化学催化剂和光化学催化剂。

　　在催化氧化方面使用最广泛的催化剂是贵金属催化剂，王华斌等（2018）使用 Pd 作为催化剂构建反应系统探究渗滤液的催化氧化机理，在最佳反应条件下，COD 降低 73.22%，氨氮含量降低 82.33%，尤其在反应前 15min 催化反应了 34.24% 的耗氧物质，催化效果十分显著。此外，还有一些非贵金属催化剂，如分子筛、石墨烯、过渡金属催化剂以及一些其他的复合催化剂也具有良好的催化氧化效果。李天昕等（2014）以 Mn 为主催化剂、沸石分子筛为载体制备了复合催化剂，在处理垃圾渗滤液中效果显著，取得了与贵金属催化剂相当甚至超越的性能，催化反应后，COD 下降了 90.25%。刘卓骅等（2019）使用共沉淀法制备了 TiO_2/氧化石墨烯复合催化剂，在最佳处理条件下反应 2h 后，COD 下降了 92.57%，值得注意的是，催化反应后会使渗滤液中有机氮转化为氮氧化物，容易造成二次污染。Ti 由于具有光电催化活性，也经常被用来制备催化剂，汪昕蕾等（2018）制备了 $Ti/Ru/SnO_2^{+}Sb_2O_5$ 电极处理垃圾渗滤液，再掺杂 10% 的 Ru，使渗滤液 COD 降低 93.33%，在指导实际处理方面具有十分重要的意义。

除了处理日常生活中的固体废弃物之外，催化处理技术在处理工业固体废弃物中也有大规模的应用，例如催化处理石油工业中的油渣、油泥、废钻井液等（孙坚等，2012），由于分类比较繁杂，不方便统计调查，这里不一一列举了，如对某一方面有兴趣可以调研相关文献。

8.2.4　总结

事实上，固体废弃物的处理是一个非常复杂的流程，其种类繁多，催化处理的方式也不尽相同。在很多情况下，固体废弃物处理的难点不在于如何处理，而在于如何集中与有效分类，这不仅涉及催化处理技术的发展程度，更依赖于一套完整可行的收集分类体系。最近上海实行的垃圾分类就是一个不错的开端，垃圾是种"放错地方的资源"，有的垃圾只需要简单几步处理就可以重新利用，难度在于如何在垃圾的海洋中找到它们。催化处理技术比其他处理方式更加依赖于垃圾的准确分类，因为一种催化剂所能催化的反应是单一的，做好分类工作可以有效地提升催化反应的转化率与稳定性，使催化剂能更加高效地工作，也能降低对反应器的要求，增加反应器的使用寿命。

8.3　资源化利用

8.3.1　概述

固体废弃物具有两重性，一方面它占用大量土地，造成了环境污染，另一方面本身含有多种有用物质，是一种资源。1970 年以来，世界资源正以惊人的速度被开发和消耗，有些资源已经濒于枯竭，增加了人们对固体废弃物资源化的紧迫感。资源危机的出路是开发再生能源，将固体废弃物资源化。如果生活垃圾和工业固体废弃物能够得到有效开发，城市的大量垃圾堆将转化为"藏宝地"，废弃物也将成为新的可持续开发利用的"固体资源"。对固体废弃物进行开发利用，既是保护环境的基本要求，也是弥补可再生能源"严重缺乏"的要求，更是保障人类自身健康与社会可持续发展的要求。我国资源消耗高，且二次能源利用率低，大量废弃能源不能得到回收利用，固体废弃物资源化的综合利用尤其重要，对于经济和社会的可持续发展具有重要意义。

资源化即物质的循环使用，指采取管理和工艺措施从固体废弃物中回收物质和能源，加速物质和能量的循环，创造经济价值的广泛的技术方法。固体废弃物资源化的技术必须可行，其次经济效果要高，最后资源化产品必须符合国家相应产品的质量标准，增加其竞争力。

"资源化"是我国强国富民的有效措施，据调研（庄伟强，2008），固体废弃物资源化具有多种优势：

①环境效益高。资源化技术能够除去某些有毒废弃物，减少废弃物贮放量。

②生产成本低。资源化技术能够节约能源，减少空气污染与垃圾排放。

③生产效益高。废铁炼钢与铁矿石炼钢在同等情况下耗时较少。

④能耗低。资源化技术可以节约能源。

对于不同类别的固体废弃物，资源化的途径也不尽相同，主要根据固体废弃物的组成和性质决定。固体废弃物资源化的方法包括物理、化学、生物、热处理等，各种方法经常联合使用使固体废弃物能够最大限度地得到资源化利用。固体废弃物资源化的途径主要有生产建材、回收能源、回收原材料、提取金属、化工产品、农用生产资源、肥料、饲料等。

8.3.2　建筑垃圾的资源化

随着城市建设进程地加快，建筑垃圾不断增加，建筑垃圾的危害也越来越大，急需彻底治理。目前建筑垃圾的主要方式是填埋地下，有以下几种危害：

①占用大量土地，造成土地压力。

②垃圾中的涂料及有害的重金属元素被埋于地下，导致地下水污染，造成严重的环境污染。

③垃圾填埋后的土层难以重长植被，破坏了土壤结构，造成地表沉降。

不同的建筑垃圾需要分类处理，主要分为以下四大类。

1. 废砖的资源化

废砖如果块形比较完整，且容易剥离黏附砂浆，可直接回收；若不完整或难以剥离需综合利用。废旧红砖与青砖矿物成分相似但含量不同，红砖中存在大量未进行反应的 SiO_2，青砖中含有较多的 $CaCO_3$，可以被继续利用。

利用废砖瓦生产混凝土砌块。根据相关报道（徐晓军等，2007），废砖易破碎产生细粉，粒径小于 0.16mm 粉末的含量对混凝土强度的影响不容忽视。粉末含量为 20% 左右，作为一种惰性矿物粉填充混凝土，可改善混凝土的和易性，增加密实度。但含量大于 25% 时，强度明显下降。继续进行细粉碎至粒径小于 5mm，且小于 0.1mm 的颗粒大于 30%，然后与石灰粉搅和，压力成形，最后进行蒸汽养护，可用于生产蒸养砖。

利用废砖瓦代替骨料生产轻集料混凝土。废砖瓦粉碎、筛分、粉磨后在硅酸盐水泥等熟料激发下，具有一定的强度活性，具备制作轻集料的条件。继续用密度较小的细集料或粉体做辅助，可用来制作具有承重、保温功能的轻集料混凝土构件以及透气性便道砖等水泥制品。

利用废砖瓦代替粗骨料生产耐热混凝土。有一定活性的碎红砖表面与水泥的某种化合物有可能发生反应，生成稳定的化合物，形成一定强度的结构体。在高温下，可进一步得到强化，表现出更高的物理力学性能，并且由于碎红砖的弹性模量较小，胀缩性也接近于水泥石，所以经过高温灼烧后表面不会产生龟裂。

废砖瓦还可用免烧砌筑水泥原料，其具有更高的抗折与抗压强度。还可用作水泥混合材与再生烧砖瓦。

2. 废旧木材、木屑的资源化

在废旧木材重新利用前，需要考虑两个因素：木材腐坏、表面涂漆和粗糙程度；木材上的钉子及其他待清理的物质。回收之后的木材资源化的途径有以下5种。

①直接利用。较粗的立柱、托梁以及木质较硬的橡木、红杉木和雪松等可以直接当做木材重新利用。建筑施工产生的多余木料，消除表面污染物后可直接利用，如加工成楼梯、栏杆、室内地板等。

②作为侵蚀防护工程中的覆盖物。将废旧木料磨碎、染色后，在风景区土壤上（湖边、溪流的护堤）摊涂一定的厚度，即可保护土壤不受侵蚀破坏，美化环境。

③作为堆肥原料。木料的碳氮比为（200~600）∶1，将废旧木材、木屑等粉碎至一定粒径的颗粒，掺入堆肥原料中可调节原料的碳氮比。一些特殊成分的废木材掺入堆肥原料中，对堆肥化过程有促进作用。例如掺入经硼酸盐防腐处理的废木材和石膏护墙板.能提高原料在堆肥化过程中的持水能力；石膏护墙板的掺入，还能降低堆肥化过程的 pH 至 8.0 以下。

④作为燃料。未涂油漆、无防腐处理的非毒物质的木屑可作为燃料释放能量。

⑤生产复合材料。黏土–木料–水泥混凝土相比普通混凝土质量轻、热导小，可用于保温；而且废旧木料的掺入降低了毛细管作用，受湿度的影响较小，减少了复合材料的水分吸收量。

3. 废混凝土的资源化

①直接利用。可以破碎或粉碎现有路面，直接用作新路面的基层或底基层。也可以在旧水泥混凝土路面现场破碎、装载、运输，然后在中心料厂破碎成用于新水泥混凝土路面的集料。公路改建中，旧路面的混凝土没污染，一般都符合质

量要求，优于其他建筑材科。混凝土路面的破坏不会影响浇筑后新新路面的使用寿命。

②生成骨料。将废混凝土经过破碎、清洗、分级后按照一定的比例形成再生骨料，部分或全部代替天然骨料配成新混凝土。根据实验（汪群慧，2004），与原生碎石相比，再生粗骨料的表面因为附有硬化水泥浆体而凹凸不平，异常粗糙与不规则。拌制混凝土时，砂率应比碎石提高 1%～2%，而且混凝土块在解体、破碎过程中积累了大量的损伤使得再生骨料内部存在微裂纹，增大了吸水率，不利于配制再生混凝土。可以掺杂粉煤灰、硅灰和减水剂等，增加混凝土的流动性，并减少吸水率高带来的不良影响。

4. 陶瓷的资源化

根据相关文献（徐慧忠，2004），废建筑陶瓷及卫生陶瓷一般属于精陶-炻质类陶瓷。吸水率低、坚硬、耐磨、化学性质稳定。将废陶瓷粉碎至粒径为 5～10mm 时，可得到人工彩砂原料，用于建筑物的外墙装饰。废陶瓷粒具有一定的孔隙率且表面粗糙，与有机涂料能够稳定结合；在烧釉时不存在相变问题，而且不会在釉烧温度下分解，稳定性好。在制作有机彩砂时，继续粉碎至颗粒小于 0.08mm 即可成为优秀的填料。可以在塑料、橡胶、涂料中使用，具有与高分子材料结合牢固、化学性质稳定、耐磨、耐热、绝缘等特点。

8.3.3　废催化剂的资源化

大部分有机化学反应都依赖于催化剂来提高反应速度，因此催化剂在有机化工生产中得到了非常广泛的应用。例如，石油化学工业中的催化重整、催化裂化、加氢裂化、烷基化等生产过程都大量使用了催化剂。催化剂在使用一段时间后，常因表面积炭结焦、中毒、载体破碎等原因失活，需要定期或不定期报废旧催化剂，于是产生了大量的废催化剂。失活的催化剂多采用掩埋法进行处理。由于废催化剂中含有一些有毒的重金属，因填埋法会造成土壤污染，若是受雨水淋湿后，重金属锌、镍等溶出，又会造成水环境污染。而且废催化剂的颗粒较小（20～80μm），易随风飘扬，使得空气中总悬浮颗粒的含量增加，污染大气环境。此外，这些催化剂的制造过程中耗用了大量贵金属、有色金属及其氧化物，其有用金属的含量甚至不低于矿石中相应金属的含量。因此，对废催化剂进行资源化利用在治理环境污染和合理利用资源两方面都有重要的战略性意义。

1. 废催化剂的再生

破碎或失活的催化剂可以通过焙烧-酸浸-水洗-活化-干燥等再生流程处理

使其重新获得活性。其中焙烧是烧去催化剂表面的积炭，恢复内孔；酸浸是除去镍、钒的重要步骤；水洗是将黏附在催化剂上的重金属可溶盐冲洗下来；活化是恢复催化剂的活性；干燥是去除水分。国外某些炼油厂已基本实现废加氢精制催化剂的再生，通过物理化学方法，去除催化剂上的结焦，回收沉积金属，再对催化剂进行化学修饰，恢复其催化性能。但我国废加氢精制催化剂的失活机理与国外不同，需开发新的工艺。山东大学研究废加氢精制催化剂的再生，先焙烧，在采用体积比 1 : 1 加入溶剂，剧烈振荡，去除催化剂上沉淀的金属，再用化学方法修饰经溶剂化处理过的催化剂，恢复其催化性能。

2. 废催化剂的常规回收

废催化剂的常规回收方法一般可分为四种：干法、湿法、干湿结合与不分离法。

(1) 干法。利用加热炉将废催化剂与还原剂及助熔剂加热熔融，其中金属组分被还原成金属或合金回收，用以合金或合金钢原料，而载体与助熔剂以炉渣的形式排出。若稀贵金属含量较少时，往往加入铁等非贵金属作为捕集剂共同熔炼。废催化剂所含金属组分和含量不同，熔融温度也有较大差异，并且由于催化剂的更换时间、数量的缘故，一般将废催化剂作为部分矿源进行熔炼。熔炼过程中，废催化剂往往会释放 SO_2 等气体，可用石灰水加以吸附回收。氧化焙烧法、升华法和氯化挥发法也包含在干法中。Co-Mo/Al_2O_3、Ni-Mo/Al_2O_3、Cu-Ni、Ni-Cr 等催化剂均可用此法回收，但能耗较高。

(2) 湿法。用酸或碱或其他溶剂溶解废催化剂的主要成分，滤液除杂纯化后，分离可得到金属氢氧化物或难溶于水的盐类硫化物，继续干燥可进一步加工成最终产品。湿法处理废催化剂，载体通常以不溶残渣形式存在，若处理不当，产生的固体废弃物会造成二次污染；载体随金属一起溶解，金属和载体分离会产生大量废液；金属组分存在于残渣中，可用干法还原残渣。电解法亦属于湿法。贵金属催化剂、加氢脱硫催化剂、铜系及镍系等废催化剂均可用此法回收，但此法会产生一些废液造成二次污染。溶解废催化剂的主要成分后，再采用阴阳离子交换树脂吸附法，或采用萃取和反萃取将浸液中的不同组分分离、提纯是近些年的研究重点。

(3) 干湿结合法。含两种及其以上的废催化剂一般采用干湿结合法进行回收。此法广泛用于回收物的精制过程。例如 Pt-Re 废重整催化剂回收时，浸去铼后的含铂残渣需经干法煅烧后再次浸渍才能将铂浸出。催化重整装置使用的废铂贵金属催化剂中还含有 C 和 Fe 的成分，回收过程中先经筛选除去杂质后，再焙烧除去炭。焙烧产物用盐酸溶解，使载体氧化铝和铂同时进入溶液，再用

铝屑还原溶液中的 $PtCl_2$ 形成铂黑微粒. 然后以硅藻土为吸附剂把铂黑吸附在硬藻土上, 经分离、抽滤、洗涤使含铂硅藻土与氯化铝溶液分离, 再用王水溶解使之形成粗氢铂酸与硅藻土的混合液, 经抽滤得到粗氢铂酸, 再经氯化铵精制等工序进行提纯, 最后制得海绵铂. 铂回收工艺副产品氯化铝, 经脱铁精制后成为精氯化铝, 可作为加氢催化剂载体的制备原料. 既回收了铂, 也回收了载体氯化铝.

（4）不分离法. 此法是直接利用废催化剂进行回收处理而不经过废催化剂活性组分与载体分离或两种以上的活性组分分离处理. 此法不分离活性组分与载体, 能耗小、成本低、废弃物排放少、不易造成二次污染, 是经常采用的一种废催化剂回收的方法. 回收铁铬中温变催化剂时, 往往将不浸液中的铁铬各自分离, 直接回收重制新催化剂; 回收生产 DMT（苯二甲酸甲酯）和 TA（对苯二甲酸）的钴锰废催化剂时, 分离钴、锰, 按工艺调整配比后可直接返回系统中使用.

3. 废催化剂的转化回收

（1）废催化剂精制石蜡

经酮苯脱蜡油后的含蜡馏分油得到的是含有少量胶质、沥青质等极性物质的粗蜡. 极性物质的存在会使石蜡发黄、安定性变差、贮存后颜色变深, 因此在生产商品蜡时, 需要进行脱蜡精制. 废催化剂含有大量微孔和较大比表面积, 这和目前一些炼油厂对蜡膏进行精制的吸附剂–活性白土结构相似, 因此可作为蜡膏精制吸附剂使用. 南阳炼油厂的实验结果表明, 白土中掺入 45% 的废催化剂时, 得到的精制石蜡与纯白土得到的蜡样在安定性、色度等多项指标上基本一致, 且回收率在 97% 以上. 该厂在不改变生产工艺条件下, 以减三线蜡膏为原料, 在白土中掺入 40% 的废催化剂, 生产装置上进行了 58 号半精炼蜡试生产, 所得产品指标全部达到了 58 号半精炼蜡的质量指标要求, 并且减少了滤饼中的含蜡量, 提高了过滤速度.

（2）精制催化裂化柴油

柴油中的不安定组分多为极性较高的物质, 导致柴油颜色变深、胶质增多. FCC（催化裂化）催化剂对极性化合物的吸附性较强, 可以用于吸附柴油中的不安定组分. 中国石油大学炼制系用废催化剂对济南炼油厂 FCC 柴油进行吸附精制, 在催化剂与废油的比例为 20g/500mL 时, 吸附物中氮与 FCC 柴油中的氮之比为 19∶2; 精制油中染色能力较强的胶质含量下降约 1%, 精制油的酸度和碱性氮质量浓度与 FCC 柴油相比各下降约 50% 和 72%, 碘值也有所下降. 同时, 在回收被吸附剂所吸附油的情况下, 即使不回收, 也可以达到 97.96%, 且其质量达到了优级轻柴油的指标要求。洛阳石化公司炼制研究所采用溶剂洗涤与 FCC 平衡催化剂（即废催化剂）吸附相结合的方法精制 FCC 柴油，取得了较好的结果。柴油贮存一个月后的颜色，仍达到了优级品柴油的标准。溶剂的用量为1%~5%，吸附剂的用量为 3%~10%，精制油的收率为98%以上，吸附剂可以间歇地送到催化剂再生器再生。

(3) 催化甲醛水蒸气重整制氢

氨气选择性还原是一种广泛应用的技术，已有相关文献对此进行报道（Jin Q et al., 2020）。常用的商业催化剂为 V_2O_5/TiO_2、WO_3/TiO_2、CeO_2/TiO_2 和 MnO_2/TiO_2。目前，处理 V_2O_5（WO_3）$/TiO_2$ 催化剂的废催化剂主要有两种方法：①细化二氧化钛和氧化钨；②深度填埋。然而，垃圾填埋场不仅不能解决 V_2O_5 的毒性问题，而且还会浪费资源。钛白粉和氧化钨的精炼工艺烦琐，经济成本高。南京工业大学材料科学与工程学院通过蒸汽重整的成本效益催化剂制氢。将废 V_2O_5（WO_3）$/TiO_2$ 催化剂作为陶瓷粉末载体进行研磨焙烧。然后将贵金属的廉价替代品 NiO 负载到陶瓷粉末载体上，形成新的催化剂。在此基础上，采用新鲜催化剂甲醛水蒸气重整制氢。新制成的催化剂具有四个优点：①活性组分（V_2O_5）具有优异的氧化还原性能，即使经过高温处理后性能下降，也可作为优良的助催化剂使用；②V_2O_5（WO_3）$/TiO_2$ 具有一定的水溶性，不能长时间放置在水中或水蒸气含量高的地方。制备成陶瓷，增加了强度，降低了水溶性；③TiO_2 在高温下易转化为金红石相，但金红石相仍是优良的催化剂载体；④甲醛是一种有害气体，它被转化为氢气，具有较高的经济价值。将 V_2O_5（WO_3）$/TiO_2$ 资源化可以同时解决催化剂废弃物的固体污染、挥发性有机化合物的气体污染和能源短缺这三大问题。

(4) 制作肥料

合成氨工艺用的催化剂中存在大量植物生长所必需的微量元素和中量元素铁、铜、硼、锰、钼、镁等。经粉碎后，加入复合肥中制成含微肥的复合肥或按比例用黏土造粒，可用于制作 BB 肥。黑化集团硝铵厂用含氧化锰、氧化锌和大铁钼的废催化剂制作锰肥、锌肥和钼肥，已在农业上取得了较好的成果。

除以上几种以外，含 Cu-Zn 催化剂，如 Cu-Zn-Al 催化剂可用于合成氨工业、制氢工业的低温交换反应以及合成甲醇和催化加氢反应。此类催化剂中多为还原状态的铜，因此容易硫中毒、卤素中毒、热老化等而报废。研究表明，这类催化剂可用来生产硫酸铜、氧化亚铜、无水硫酸铜、氧化锌和铜锌微肥；废 Cu-Zn-Al 催化剂中的氧化铜和氧化锌具有较大的硫容，可用作精脱硫剂，并且经过硝酸溶解、共沉淀、洗涤和煅烧后可使催化剂得以再生。

废催化剂的回收利用针对性较强，因此需要对催化剂的组成、含量及载体种类进行分析，再根据企业拥有的设备和能力及回收物的价值、性能、效率进行综合考虑后选择合适的分离方法。

8.3.4　污泥废弃物的资源化

在废水处理过程中会产生很多沉淀物质，如废水中所含固体杂质、悬浮物质、胶体物质以及从水中分离出来的沉渣等，均可叫做污泥。在污水处理的许多操作中都会产生污泥，其数量占处理水量的 0.3%～0.5%（含水率为 97%）。不同的废水产生不同组成和性质的污泥。污泥中含有有毒物质、细菌、病原微生物以及重金属等，如不经处理而任意排弃，将会污染水体、土壤和空气；而多数污泥中又含有植物营养素如氮、磷、钾、有机物等。因此，污泥的资源化利用是固体废弃物资源化利用中的一个重要内容。

1. 盐泥的资源化

盐泥是氯碱行业生产过程中的废弃物，主要成分为 $Mg(OH)_2$、$CaCO_3$、$BaSO_4$ 和泥沙。盐泥的废置堆放，不仅造成环境的污染、资源的浪费还占用大量的场地，直接危害人们的健康。目前盐泥的综合利用的方法主要有三大类，盐泥井下回注、制建筑用材（制砖、水泥、石膏、涂料和无机纤维等）和有用成分的分离提取（如碳酸钙、氢氧化镁、氧化镁、七水硫酸镁、硫酸钡和氯化钙等）。但井下回注在没有废井时，回注会给后续开采带来潜在危害；用作建材时，氯化钠会引起开裂等问题影响材料性能，若分离后再使用成本过高；分离提取时，工艺复杂、成本高、产品价格低廉，得不偿失，不能根本解决问题。对盐泥进行无害资源化利用主要分为以下几种：

①盐泥做吸附剂。重庆天原化工总厂以盐泥为原料将氯碱厂废弃盐泥与丙烯酸等共聚，过硫酸钾做引发剂，制得吸附率为 86%～89% 的 F^- 吸附剂，用于处理超标含氟污水；将盐泥与丙烯酸、钛酸四丁正酯等共聚，过硫酸钾做引发剂，制得 NO_3^- 吸附剂，同时得到了二氧化硅和碳酸钙。

②盐泥用于盐水钻井液技术。盐水钻井液一般由水、膨润土、盐、加重剂和其他化学处理剂按一定的配方组成。一般加重剂成分为铁矿粉、重晶石和超细碳酸钙；化学处理剂为碳酸钠、氢氧化钠和有机高分子聚合物（聚丙烯酸盐）等。盐泥的主要化学成分是盐水钻井液的重要组成部分，甚至可以说是半成品。因此盐泥用于盐水钻井液技术的可行性很大。

③盐泥做燃煤添加剂。盐泥中含有碱金属和碱土金属。哈尔滨华尔公司氯碱车间的盐泥中主要含有钠离子、镁离子和钙离子，在其中添加一些其他金属离子后可用作燃煤添加剂。通过催化、活化、促进氧化及离子交换，能有效降低煤的

燃点，提高煤的燃烧效率，控制一氧化碳的生成。

④盐泥制水泥和砖。盐泥中的氧化镁是水泥的限制物质，但含量高达10%以上，若直接用其制作水泥会影响水泥的安定性。经碳化提取镁之后的泥渣，氧化镁含量会明显下降，其组分接近天然石灰石。冀东化工有限公司利用盐泥生产生态水泥，生产过程类似普通水泥。将含10%盐泥的各种原料充分混合后进行研磨，再加入适量氯化钙补充氯组分含量的不足，然后进行造粒，在1300℃的炉窑中进行焙烧，即可得到水泥熟料，进一步研磨至布莱恩比表面积为5000cm^2/g，加入适量添加剂，可得生态水泥。

以盐泥为原料制成的10cm×10cm×1cm的地面砖，养护条件（常温、湿度70%左右）十分简单，不用烧制，脱模也容易。选择合适的添加剂，可以改善易返潮、泛白、耐水性差的缺点，制成美观、轻质的地面砖。

⑤盐泥做涂料。含水约80%的"钙镁泥"、钛白粉、立德粉等做填料，可以制备各种涂料，性能均可达到标准，白度可与其他白色涂料媲美。加入不同的颜料，可以制成色彩鲜艳的彩色涂料。通过实验可得，"钙镁泥"中氯化钠的质量分数控制在3%以内，不仅对涂料的性能没影响，而且对"钙镁泥"的回收利用提供了方便。"钙镁泥"可以不干燥，而且"钙镁泥"中氯化钠的质量分数很容易控制在3%以内，所以用"钙镁泥"做建筑涂料是一种可行度高的资源化方式。

⑥盐泥制氧化镁。氯碱盐泥与氨碱盐泥组成相似，可采用与氨碱盐泥生产轻质碳酸镁相同的工艺来用氯碱盐泥生产轻质碳酸镁。盐泥从化盐工段打入储罐，经自然沉降后弃去上层清液，浓缩后的盐泥打入泥浆槽，分批投入洗涤槽。洗涤后，进行配料，控制一定浓度，打入碳化塔。石灰窑气经洗涤后除去杂质，净化后的空气通入碳化塔塔底进行碳化，使氢氧化镁变为可溶性的碳酸镁，碳化液用板框压滤机过滤。过滤液用蒸汽加热，水解析出白色结晶物，离心分离得碱式碳酸镁，在加热炉中煅烧可得轻质氧化镁。

⑦盐泥制取七水硫酸镁与回收碳酸钡。盐泥中含有Mg（OH）$_2$、CaCO$_3$、NaCl等多种化学成分，其中Mg（OH）$_2$的质量分数为20%左右，从盐泥中制取七水硫酸镁可通过以下反应进行。

$$Mg（OH）_2+H_2SO_4+5H_2O \longrightarrow MgSO_4 \cdot 7H_2O \tag{8-5}$$
$$CaCO_3+H_2SO_4 \longrightarrow CaSO_4+CO_2+H_2O \tag{8-6}$$

配泥浓度影响产品的质量、产量，若浓度太低不仅产量少而且利用率低，因此要选择合适的盐泥与硫酸的质量比。

硫酸钡既不溶于水，又不溶于酸，在盐泥中加入盐酸，使碳酸钙、氢氧化镁变成溶于水的氯化物。反应方程式如下：

$$CaCO_3 + 2HCl \longrightarrow CaCl_2 + CO_2 + H_2O \tag{8-7}$$

$$Mg(OH)_2 + 2HCl \longrightarrow MgCl_2 + 2H_2O \tag{8-8}$$

过滤，可得到硫酸钡。滤液中的氯化物加入烧碱和纯碱进行处理。

$$CaCl_2 + Na_2CO_3 \longrightarrow CaCO_3 \downarrow + 2NaCl \tag{8-9}$$

$$MgCl_2 + 2NaOH \longrightarrow Mg(OH)_2 \downarrow + 2NaCl \tag{8-10}$$

2. 油污泥的资源化

含油污泥是一种富含矿物质油的固体废弃物，主要来自石油勘探开发和化工生产过程中产生的油泥、油砂。含油污泥的组成成分复杂，是一种极其稳定的悬浮乳状液体系，含有大量老化原油、沥青质、蜡质、固体悬浮物、胶体、盐类、细菌、酸性气体、腐蚀产物等，还包括生产中投入的缓蚀剂、阻垢剂、凝聚剂、杀菌剂等水处理剂，具有产量大、含油量高、重质油组分高、综合利用方式少、处理难度大等特点，对周围环境的危害很大。按照我国原油产量估算（1.6×10^8 t/a），每年将产生近百万吨的油泥，因此对含油污泥中的资源进行回收利用，同时将含油污泥进行无害化处理已成为迫在眉睫的问题。

①制作轻质油。油泥的组成主要有烷烃、环烷烃、芳香烃、烯烃等，由于油泥中重质矿物油含量比较多，一般利用其焦化反应，使油泥中的矿物油得到深度的裂解，最终生成化学性质稳定的石油焦和多馏分的轻质油。含油污泥首先在绝氧条件下被加热到100℃以上、烃类物质裂解温度以下的区间，然后进入分离塔进行闪蒸。轻质烃和水通过蒸发冷凝方式回收；重质烃和无机物以泥浆的形式于分离塔中取出。泥浆中含有一定量的泥沙，可以燃烧或者以建筑材料的方式进行综合利用。

②转变为无机物质。油泥利用生物处理的方法，将石油烃类作为碳源进行同化降解，使其完全矿化，转变为无害的无机物质（CO_2、水和脂肪酸等）。此种资源化利用的优点为：最终产物为无害的无机物质，不会形成二次污染或者污染物的转移；其次处理费用低，仅为焚烧处理费用的1/3；最后是处理效果好，经过生物处理后的污染物残余量得到大幅度降低。但也存在筛选石油降解菌和菌种培养困难以及对含油率较高的污泥处理效果不是很好。

中国石油天然气公司检测环境总站研究结果表明：油浓度越大，处理后油除去率越小，但去除速率越大，因为微生物接触油分子的概率高。但油浓度过高，土壤的疏水性增加，透气性降低，微生物活性降低，油的去除受到抑制。油浓度在15%～20%之间时，除去率和去除速率比较理想。

③回收原油。采用絮凝剂处理油泥，改变含油污泥颗粒的结构，破坏机体的稳定性，提高污泥的脱水能力。将污泥加入破乳剂进行搅拌除油，然后用离心机

分离出油、水、泥三相。水相可添加药剂进行循环使用，可降低破乳剂的用量，不会产生新的污染，多次操作可以直接排放，油相直接回收利用。也可利用"相似相溶"原理，选择合适的有机溶剂作为萃取剂，直接将有机废物从污泥中提取出来，然后进行蒸馏把溶剂从混合物中分离循环使用。回收的原油直接用来回炼。

有美国专利提出溶剂萃取氧化处理含油污泥工艺。在污泥中加入一种轻质烃作为萃取剂，萃取后油和大部分有机物被除去，但仍含有聚合芳香烃物质，残留的污泥继续进行氧化处理（用硝酸在 $200 \sim 375$℃ 及 101.325 kPa 下氧化），最终残渣可以直接用作堆肥。

④其他技术。有学者研究利用石油污泥制备环境可接受的砖，探讨了油泥对砖混合料塑性的影响，泥的加入降低了制砖过程中对水和燃料的需求，制备的砖均可达到相关标准要求。对砖进行毒性和浸溶实验，大多数有毒金属被固定，其玻璃化过程沥出值满足环保局对危险废弃物再循环的要求。另有研究将原油污泥砂热处理后，有机组分下降到 $15\% \sim 20\%$ 以下，再将沥青、混凝土、油泥固体残渣和矿石料混合用于路基材料。

3. 硼泥的资源化

硼泥是化工厂利用天然的硼镁矿经化学处理提取取后剩余的多种化合物的混合物，为灰白色、黄白色粉状固体。硼泥的化学组成主要是碳酸盐和氧化镁、氧化钙、氧化钠等碱性物质。硼泥属于不易溶性物质，具有一定的黏结性，可塑性好。硼泥呈碱性，堆积之处，寸草不生，碱液流入农田中，危害作物生长，甚至渗入地下污染水源。由于硼泥成粉状，失去水分后，随风扩散使粉尘飞扬，污染空气。硼泥中含有大量矿物质，完全可以被利用。随着硼矿石的不断消耗和日益枯竭，硼泥的资源化具有重要的现实意义。

①农用肥料。硼是农作物所需要的微量营养元素，可提高农作物的抗寒抗病能力。加用磷酸或者稀硝酸分解硼镁矿，同时发生中和反应，控制反应的 pH 为 $6 \sim 7$，然后将反应后的硼泥粉碎、风干，即可得到含有硝酸镁和硼酸的硼镁磷肥。将酸种类换成硫酸镁，同样按以上步骤操作，经过沉淀、过滤、蒸发（滤液）、浓缩、冷却结晶、离心分离、烘干即可得到晶体硼镁肥。硼泥还可与氨中和制作硼镁磷氮复合肥。添加 $75\% \sim 85\%$ 的粉煤灰、$2\% \sim 10\%$ 的氨或铵根离子、$10\% \sim 25\%$ 的硼泥，然后添加水，将各组分固体粉料与混合搅拌均匀，密闭 $1 \sim 5$ 日，即可得到肥料。

②制砖、陶粒及砌筑砂浆。硼泥与黄土、炉灰按 $1:2:0.3$ 进行混合，可制做高强度、致密的砖。制成的砖砖坯表面光洁，粘接紧密，而且不易断裂。同时

由于硼是一种典型的结晶化学稳定剂,因而加入硼泥制成的砖抗粉化、抗潮湿、抗冻性能俱佳。

硼泥中含有大量的碳酸镁,在煅烧时比黄土的膨胀性更强,可以制得高强度的陶粒,而且降低了质量。掺入 10% 的硼泥和电场粉煤灰制得的陶粒具有高的膨胀系数,而且生产工艺简单。

硼泥与水泥按 1 :(1~2)的比例混合用作建筑泥浆。硼泥的粒度小、黏结性好,能与水泥充分混合,拌和性好,砌体的强度明显提高,和易性改善。

③镁系列化工产品。硼泥中含有大量氧化镁,可将硼泥放入焙烧窑中焙烧 10h(温度 600~700℃),使氧化镁富集至含量为 70%,与氯化镁(或化工废料卤液)反应生成碱式盐,这种材料类似于镁氧水泥,可用于制作砖、花盆、隔音保温板等。或者将氧化镁加水硝化,再碳化,形成碳酸镁。将溶液进行过滤,蒸发滤液、浓缩、冷却结晶、分离、干燥处理后可得到轻质碳酸镁。除此之外还可以生产无定形硼粉,或进一步加工成高纯氧化镁等产品。

④农用除草剂。在硼泥中加入少量的碳酸钠、硫酸和氯化钠,进行充分混合,放入密闭容器中,通热水蒸气 10min,造粒、干燥可作为除草醚颗粒剂使用,也可起到微量元素的作用。

⑤燃煤黏合剂、除硫剂与净化剂。用部分硼泥代替黄土制作煤球和蜂窝煤,配方是煤:黄土:硼泥:水为 100:6:6:8。掺硼泥的煤球燃烧时火苗旺,而且容易烧透,没有煤核残渣,而且产生的热量高于用纯黄土制的煤。

利用硼泥、盐土等废渣并配合其他化合物质可制作除硫剂,解决企业中小锅炉高耗煤、低效率、超标排放煤烟及二氧化硫问题。

节煤净化剂以白云石、石灰石、硼泥、铜矿渣、铝矾土、铁矿渣、工业食盐、碳酸钾和硝酸钠为原料,粉碎至粒径为 0.5mm 以下,按照一定比例混合而成。该净化剂与煤按照(5:8):10 混合,可加快煤的点燃速度,使其燃烧完全,消除冒烟现象,并降低氮氧化合物和硫氧化合物的排放量。

⑥污水处理吸附剂。硫酸厂排出污水中含有砷、氟、重金属等有害物质,而且酸性比较大,硼泥中含有大量的碱性物质,可以作为硫酸、磷酸、氟酸等厂矿排放酸性物质的中和物质,而且硼泥溶于水后具有胶体性质,可以吸附沉淀砷、氟、重金属等有毒物质。

⑦烧结铁的抗粉化剂。在铁精矿中加入氧化硼成球,可以解决熔剂性烧结矿易粉化、强度低、影响高炉生铁质量的问题,而且硼可以抑制晶型转变。因此硼泥可作为低磷、高硅磁铁矿的抗粉化剂。

⑧制作防水、隔热材料。在硼泥干粉中加入少量的石棉粉、珍珠岩粉,然后与少量硬脂酸在 130~150℃下进行反应生成硼泥防水隔热粉,冷却后与丙烯酸酯

和乙烯-醋酸乙烯共聚乳液在40℃下发生聚合反应生成硼泥防水隔热膏，具有优异的不透水性、隔热性与耐老化性能。

⑨合成镁橄榄石与塑料、橡胶添加剂。利用硼泥生产镁橄榄石，性能等同于甚至略高于用生镁橄榄石煅烧的镁橄榄石，可在手板窑、轻工窑、玻璃窑中代替原来镁铬材料。

硼泥经一系列加工之后，可以做硬PVC塑料及橡胶制品的添加剂，降低产品成本。

4. 其余污泥的资源化

污泥中含有大量的有机物和丰富的氮、磷等营养物质，直接排入水体中会消耗大量的氧气，而且会使水体富营养化，藻类大量生长，影响水生物的生存、导致水体恶化；污泥中还含有多种有毒物质、重金属、致病菌和寄生虫卵等有害物质，未经处理会传播疾病、污染土壤和作物，并通过生物链转嫁于人类。污泥的资源化方式有农田林地利用、回收能源、建筑材料应用等。污泥中含有的N、P、K及微量元素是农作物生长的营养成分；有机腐殖质是良好的土壤改良剂；蛋白质、脂肪、是动物的饲料成分，因此农田林地利用是最佳的利用方式，但应该先进行堆肥处理杀死病菌及寄生虫卵避免污染。将污泥与调理剂和膨胀剂在适宜的条件下堆肥化。调理剂常用秸秆、锯末、树叶、粪便、生活垃圾等来调节堆肥的碳氮比与水分，满足微生物降解有机物的需要，并得到N、P、K含量较高的有机肥；膨胀剂常用木屑、秸秆、树叶、玉米芯、花生壳等来改善堆肥的松散性，增加污泥与空气的接触，利于好氧发酵，还可调整湿度。

污泥经堆肥化处理后，病原菌及杂草种子几乎全部被杀死，臭味降低，挥发性成分减少，重金属的含量降低，速效养分成分增加。堆肥化的污泥是一种比较干净且性质稳定的物质，可用作农田、绿地、苗圃、菜园、景区绿化等的种植肥料。但未经硝化处理的脱水泥饼由于所含有机质较多、易于腐化，含水量较高、难于运输和施肥，不可直接用于农田林地施肥，应该先在野外长期堆放，再进行施肥。

污泥堆肥产品可与市售的无机氮、磷、钾化肥配合生产有机无机复混肥。复混肥将生物肥料的长效、化肥的速效以及微量元素的增效融于一体，在向农作物提供速效肥源的同时，还能增加农作物根系的有益微生物，充分利用土壤潜在肥力，提高化肥的利用率。还可根据不同土壤的肥力以及不同作物的营养需求，调配复混肥各组分的比例。

回收能源。污泥中的有机物部分能被微生物分解，产物为水、甲烷和二氧化碳，此外污泥含有热量，可以通过制沼气、燃烧等方法，回收能量。污泥通过厌氧硝化可以得到甲烷含量50%~60%、二氧化碳含量30%以及一氧化碳、氢气、氮气、硫化氢的沼气。为达到厌氧硝化微生物对碳素和氮素的营养要求，需保持适宜的碳氮比，以获得较高的产气量。若以处理污泥为主，碳氮比为（10~20）:1；若要求产气量较高，碳氮比为（20~30）:1。也可以通过调整碳氮比和调节 pH 值范围为 6.8~7.5，维持弱碱性环境满足甲烷细菌的生存条件。

污泥中含有大量的有机物和一定的纤维木质素，作为燃料具有很大的开发潜力。通过焚烧可以减容，而且可以利用热交换装置（余热锅炉等）回收热量，用来供热或发电。另外，还可将污泥与煤混合，制成污泥煤球等混合燃料。污泥脱水后具有一定的热值，但脱水污泥的含水率仍高于75%，焚烧前需进行干燥处理，使污泥的含水量满足焚烧设备的要求。

建筑材料利用。污泥可用来制砖与纤维板材，生产水泥与陶粒等。污泥可以用干化污泥直接制砖与污泥灰渣制砖。干化污泥直接制砖时，调整污泥与黏土的质量比为 1:10，成分与制砖黏土的化学成分相当，强度与普通红砖相当。污泥焚烧灰制砖，污泥的性质对焚烧灰的成分影响很大。一般来说，焚烧灰的成分与制砖黏土成分较为将近，在制砖时加入适量黏土与硅砂调整比例为 20:10:（3~4），焙烧温度为 1080~1100℃，即可成砖。在污泥脱水时，加入石灰作助凝剂，会使焚烧灰的 CaO 含量增高。若生石灰含量过高，即使加入黏土与硅砂，烧成的砖强度也会降低，不符合标准。

污泥用来制作纤维板主要是因为活性污泥中含有 30%~40% 的有机成分粗蛋白与球蛋白酶，能够溶解于水及稀酸、稀碱、中性盐的水溶液。在碱性条件下，加热、干燥、加压后，蛋白质会发生一系列的物理、化学等性质的改变，即蛋白质的变性作用，从而制成活性污泥树脂（即蛋白胶），与经过漂白、脱脂处理的纤维胶结合压制成板材。但在制造过程中存在一些缺点需要克服，如有气味，需要进行脱臭措施；板材成品仍有气味；强度有待提高；污泥性质不同配方需要重新调整。

水泥熟料的焙烧温度为 1450℃，用污泥生产水泥时，污泥煅烧中产生的热量可以在做水泥熟料中得到充分利用；污泥灰烬的成分类似于水泥，可以直接当做生产水泥的原料使用；污泥中的重金属成分参与了熟料矿物的形成反应，被结合进熟料晶格中。因此用污泥生产水泥可以得到资源、能源的充分利用，还可吸收有毒有害物质，减小危害。垃圾灰:脱水污泥:石灰石及黏土的质量比为 1:3:3 时，经粉磨、均化、成粒后可在 1350℃ 下煅烧成熟料，再加入石膏、粉磨制成生态水泥。也可将污泥代替黏土质原料生产水泥。因为污泥具有较高的烧失量，扣除烧失量后的化学成分与黏土质原料接近，理论上可代替 30% 的黏土质原料。

与生产水泥中所述相同，污泥可代替黏土参与陶粒的配料。在用污泥做陶粒时，一般仅将污泥作为辅助配料，如污泥–粉煤灰陶粒（粉煤灰 65%～70%、脱水污泥 20%～25%、结合剂 7.5%～8%）、污泥–黏土陶粒的生产（黏土 60%～65%、干脱水污泥 30%～35%、复合外加剂适量）等。但污泥使用比例较小，难以达到大量处理污泥的目的。目前已开发出完全利用污泥为原料生产轻质陶粒的工艺，生产出来的轻质陶粒可用作路基材料、混凝土骨料或花卉覆盖材料。近年来日本将其作为污水处理厂快速滤池的滤料，代替常用的硅砂、无烟煤，产生了良好的成果，具有空隙率大、不易堵塞、反冲次数少等优点，而且相对密度大，冲洗时流失量少，滤液补充和更换次数少。

参 考 文 献

陈平，孙永康，2004. H 型 β 沸石催化降解聚烯烃的研究 [J]. 工业催化，12（12）：35-38.

董保澍，1988. 固体废物的处理与利用 [M]. 北京：冶金工业出版社.

高永华，崔佳丽，高利珍，2017. 钙钛矿型催化剂 LaNiO$_3$、LaCoO$_3$ 同时催化净化柴油车尾气中 NO$_x$ 和碳烟颗粒物 [J]. 太原理工大学学报，48（2）：163-168.

贺茂云，2009. 纳米镍基催化剂的制备及其对城市生活垃圾裂解气化制氢的催化性能研究 [D]. 武汉：华中科技大学，

黄河，孙平，刘军恒，等，2017. 纳米 CeO$_2$ 催化剂对柴油机碳烟颗粒和 NO 降低效果 [J]. 农业工程学报，（02）：64-68.

黄勇，王可欣，管斌，等，2018. MnCePrO$_{(2-\delta)}$ 复合氧化物在 O$_2$ 及 NO$_x$ 气氛中对柴油机颗粒的氧化活性研究 [J]. 柴油机，40（05）：19-23.

纪添译，2015. 内燃机尾气处理方法研究进展 [J]. 南方农机，46（7）：79.

李天昕，矫媛媛，吴世玲，等，2014. Mn-沸石催化剂的制备及其对 Fenton 工艺处理垃圾渗液催化氧化效果研究 [J]. 应用化工，40（009）：1626-1629.

李颖，2013. 固体废物资源化利用技术 [M]. 北京：机械工业出版社.

厉逸年，1998. 废旧塑料的热裂解技术 [J]. 上海化工，24：33-36.

林德强，丘克强，2012. 含油污泥真空热裂解的研究 [J]. 中南大学学报（自然科学版），04：1239-1243.

刘少康，孙平，刘军恒，等，2016. 铈基燃油催化剂改善柴油机颗粒物捕集器再生效果 [J]. 农业工程学报，32（1）：112-117.

刘文，杨琦武，张媛，2016. 光催化剂的研究进展 [J]. 工业催化，24（10）：28-32.

刘卓骅，蒋宝军，王飞虎，2019. 二氧化钛（TiO$_2$）/氧化石墨烯复合催化氧化垃圾渗滤液 [J]. 吉林建筑大学学报，36（2）：35-38.

罗希韬，王志奇，武景丽，等，2012. 基于热重红外联用分析的 PE、PS、PVC 热解机理研

究 [J]. 燃料化学学报, 40 (9)：1147-1152.

马建立, 卢学强, 赵由才, 2015. 可持续工业固体废物处理与资源化技术 [M]. 北京：化学
　　工业出版社.

尼玛楚多, 2019. 大气颗粒物来源及特征研究 [J]. 农村经济与科技, (8)：14.

牛冬杰, 孙晓杰, 赵由才, 2007. 工业固体废物处理与资源化 [M]. 北京：冶金工业出版社.

孙坚, 耿春雷, 张作泰, 等, 2012. 工业固体废弃物资源综合利用技术现状 [J]. 材料导报,
　　26 (11)：105-109.

谭文博, 2019. 浅谈我国固体废弃物污染的现状及治理 [J]. 资源节约与环保, (7)：84-84.

汪群慧, 2004. 固体废物处理及资源化 [M]. 北京：化学工业出版社.

汪昕蕾, 秦侠, 袁少鹏, 等, 2018. Ti/Ru/SnO$_2$+Sb$_2$O$_5$ 电极的制备及其对垃圾渗滤液的电催化
　　氧化 [J]. 环境工程学报, 12 (07)：19-25.

王华斌, 俞瑛健, 高峻峰, 等, 2018. 基于 Pd 催化氧化处理生活垃圾渗沥液 MBR 出水的试验
　　研究 [J]. 环境卫生工程, (4)：29-33.

王季秋, 2008. 纳米 CeO$_2$ 担载的钴氧化物催化剂的制备、表征及其对柴油炭烟的催化燃烧性
　　能的研究 [C]//全国稀土催化学术会议.

王书文, 鲁楠, 1991. 生物质热裂解技术及其应用前景 [J]. 沈阳农业大学学报, 22 (2)：
　　169-172.

王舒捷, 2015. Ce 基复合氧化物同时催化去除碳烟—NO$_x$ 的性能研究 [J]. 分子催化,
　　29 (4)：60-67.

王伟文, 冯小芹, 段继海, 2011. 秸秆生物质热裂解技术的研究进展 [J]. 中国农学通报,
　　06：355-361.

王振成, 1987. 固体废物处理及利用 [M]. 西安：西安交通大学出版社.

韦岳长, 刘坚, 赵震, 等, 2010. Co$_{(0.2)}$/Ce$_{(1-x)}$Zr$_x$O$_2$ 催化剂的制备、表征及其催化碳烟燃烧反
　　应性能 [J]. 催化学报, 31 (3)：283-288.

吴畏, 张鹏, 2014. 生活垃圾催化气化——改质制清洁合成气的研究 [C]//中国环境科学学
　　会学术年会.

吴晓羽, 李硕, 王仕峰, 2015. 废旧轮胎热裂解技术的研究进展 [J]. 特种橡胶制品, 06：
　　71-75+81.

吴鑫强, 2019. 探讨大气颗粒物污染及防治措施 [J]. 节能, 38 (7)：137-138.

吴忠标, 2006, 环境催化原理及应用 [M]. 北京：化学工业出版社.

谢小兵, 欧阳小琴, 唐本义, 2014. 固体废弃物的热裂解技术处理 [J]. 江西能源, 01：
　　27-29.

熊裕华, 李凤仪, 2005. TiO$_2$光催化降解聚乙烯薄膜 [J]. 应用化学, 022 (005)：534-537.

徐慧忠, 2004. 固体废弃物资源化技术 [M]. 北京：化学工业出版社.

徐晓军, 管锡君, 羊依金, 2007. 固体废物污染控制原理与资源化技术 [M]. 北京：冶金工
　　业出版社.

杨春平, 吕黎, 2017. 工业固体废物处理与处置 [M]. 郑州：河南科学技术出版社.

于凤丽, 侯海坤, 李露, 等, 2016. 介孔–微孔分子筛 MAS-7 催化裂解聚烯烃的研究 [J]. 高

校化学工程学报, 30 (1)：97-103.

于平, 姬登祥, 黄承洁, 2011. 生物质催化热裂解技术的研究进展 [J]. 能源工程, 01：25-29.

余春珠, 秦敏, 2014. 三效催化剂研究现状及展望 [J]. 科技风, (15)：80-81.

俞东辉, 2012. 废旧塑料热裂解技术的研究 [D]. 上海：华东理工大学.

赵刘, 高建东, 李玉泉, 等, 2017. 垃圾渗滤液浓缩液处理现有技术分析 [J]. 天津科技, 44 (7)：29-33.

中华人民共和国环境保护部, 2014. 2013 年全国大、中城市固体废物污染环境防治年报（节选）[J]. 再生资源与循环经济, (1)：4-8.

朱焕扬, 杨斌, 张剑平, 等, 2007. 改性纳米二氧化钛光催化降解聚乙烯薄膜的研究 [J]. 功能材料, 38 (3)：462-464.

庄伟强, 2008. 固体废物处理与利用 [M]. 北京：化学工业出版社.

Aguado J, Serrano D P, Escola J M, et al., 2000. Catalytic conversion of polyolefins into fuels over zeolite beta [J]. Polymer Degradation and Stability, 69 (1)：11-16.

Ahamed J U, Raiyan M F, Hossain M S, et al., 2016. Production of biogas from anaerobic digestion of poultry droppings and domestic waste using catalytic effect of silica gel [J]. International Journal of Automotive and Mechanical Engineering, 13 (2)：3503-3517.

Castaño P, Elordi G, Olazar M, et al., 2011. Insights into the coke deposited on HZSM-5, Hβ and HY zeolites during the cracking of polyethylene [J]. Applied Catalysis B：Environmental, 104 (1-2)：91-100.

Ding J, Xu W, Wan H, et al., 2018. Nitrogen vacancy engineered graphitic C_3N_4-based polymers for photocatalytic oxidation of aromatic alcohols to aldehydes [J]. Applied Catalysis B：Environmental, 221：626-634.

Gu L, Chen X, Zhou Y, et al., 2017. Propene and CO oxidation on Pt/Ce-Zr-SO_{42}-diesel oxidation catalysts：effect of sulfate on activity and stability [J]. Chinese Journal of Catalysis, 38 (3)：607-615.

Han X, Wang Y, Hao H, et al., 2016. $Ce_{(1-x)}La_xO_y$ solid solution prepared from mixed rare earth chloride for soot oxidation [J]. Journal of Rare Earths, 34 (6)：590-596.

Ouadi M, Jaeger N, Greenhalf C, et al., 2017. Thermo-catalytic reforming of municipal solid waste [J]. Waste Management, 68：198-206.

Raditoiu V, Raditoiu A, Raduly M F, et al., 2019. Photocatalytic degradation of some polyolefin-TiO_2 composites evaluated by molecular spectroscopy [J]. Materiale Plastice, 56 (1)：92-96.

Tarach K A, Góra-Marek K, Martinez-Triguero J, et al., 2017. Acidity and accessibility studies of desilicated ZSM-5 zeolites in terms of their effectiveness as catalysts in acid-catalyzed cracking processes [J]. Catalysis Science & Technology, 7 (4)：858-873.

Jin Q, Shen Y, Li X, et al., 2020. Resource utilization of waste $deNO_x$ catalyst for continuous-flow catalysis by supported metal reactors [J]. Molecular Catalysis, 480：110634.

Zhang L, Wu W, Zhang Y, et al., 2018. Clean synthesis gas production from municipal solid waste via catalytic gasification and reforming technology [J]. Catalysis Today, 318: 39-45.

Zhao S, Huang L, Jiang B, et al., 2018. Stability of Cu-Mn bimetal catalysts based on different zeolites for NO_x removal from diesel engine exhaust [J]. Chinese Journal of Catalysis, 39 (4): 800-809.